"十三五"
国家重点出版物出版规划项目

5G丛书

5G网络的机遇——研究和发展前景

[美] 胡飞（Fei Hu） 著
中国通信建设集团设计院有限公司 译

Opportunities in 5G Networks:
A Research and Development Perspective

人民邮电出版社
北 京

图书在版编目（CIP）数据

5G网络的机遇：研究和发展前景 /（美）胡飞
(Fei Hu) 著；中国通信建设集团设计院有限公司译. --
北京：人民邮电出版社，2020.4
（5G丛书）
ISBN 978-7-115-52166-8

Ⅰ. ①5… Ⅱ. ①胡… ②中… Ⅲ. ①无线电通信—移
动通信—通信技术 Ⅳ. ①TN929.5

中国版本图书馆CIP数据核字(2019)第209549号

内容提要

本书主要阐述了 5G 核心技术，主要包括毫米波通信、大规模 MIMO、云化的网络、软件定义网络的支持程度、基于大数据的网络运行、高效能源协议、认知频谱管理等技术的设计细节。

本书适合通信行业的工程师阅读，行业工程师可以使用相关章节中提供的原理和方案来设计 5G 相关产品。本书也可以作为高等院校的参考教材。

版权声明

◆ 著　　[美]胡飞（Fei Hu）
　　译　　中国通信建设集团设计院有限公司
　　责任编辑　李　强
　　责任印制　彭志环
◆ 人民邮电出版社出版发行　　北京市丰台区成寿寺路 11 号
　　邮编　100164　电子邮件　315@ptpress.com.cn
　　网址　http://www.ptpress.com.cn
　　三河市祥达印刷包装有限公司印刷
◆ 开本：800×1000　1/16
　　印张：32　　　　　　　　2020 年 4 月第 1 版
　　字数：603 千字　　　　　2020 年 4 月河北第 1 次印刷
　　著作权合同登记号　图字：01-2016-7042 号

定价：199.00 元
读者服务热线：(010)81055493　印装质量热线：(010)81055316
反盗版热线：(010)81055315
广告经营许可证：京东工商广登字 20170147 号

序

第五代移动通信技术（5G，5th-Generation Mobile Communication）是第四代移动通信技术（4G，4th-Generation Mobile Communication）的延伸，由标志性能力指标和一组关键技术来定义。其中，标志性能力指标为"Gbit/s 用户体验速率""毫秒级传输时延""千亿级连接能力"；一组关键技术包括大规模天线阵列、超密集组网、新型多址、全频谱接入和新型网络架构。以此构建以用户为中心的全方位信息生态系统，实现"信息随心至，万物触手及"的总体愿景。

2018 年 12 月 1 日 0 时，韩国三大移动通信运营商（SK Telecom、KT、LG U＋）共同宣布韩国 5G 网络正式商用，韩国成为全球第一个使用 5G 的国家。美国无线通信和互联网协会（CTIA）于 2019 年 4 月 3 日发布的最新《全球 5G 竞赛》报告指出，中国从 3G 时代的追赶、4G 时代的跟随到 5G 时代的领跑，我们要适应并且匹配当前的领先状态，提供卓越的移动互联网连接性能，助力中国进军 5G 时代，以此促进国家的数字化转型，提升国际影响力。

中国通信建设集团设计院有限公司为了迎接 5G 时代的到来，专门成立了以技术专家为主的技术跟踪和研发团队，进行标准跟踪、技术原理研究和规划设计应用方法研究，同时也深度参与了试验网建设工作。本书翻译人员均来自技术跟踪和研发团队，其中包括设计院、运营商和高校从事移动通信技术研究多年并跟踪 5G 标准化工作的技术人员，以及对 5G 技术原理应用有比较深入研究的人员。

　　本书将 5G 技术选项的发展前景，以深入浅出的方式呈现给大家，希望本书有助于帮助工程人员快速理解 5G 基本原理并对其研究 5G 的技术发展有所启发。

2019 年 10 月

前　言

5G 通信网是未来的信息网，它不是对 4G 蜂窝网进行的简单扩容。相反，5G 网络具有革命性的变化，如支持高频率、高密集组网、大规模天线阵列、高带宽等。5G 网络在以下方面具有高度的灵活性和智能性：频谱共享、毫米波（mmWave）通信、集成的"物联网"接入、大规模 MIMO（Multiple Input Multiple Output）、智能天线、大数据、云计算以及许多其他革新性的技术。5G 网络要求新的传输技术，还有类似 SDN（Software Defined Network）的虚拟化控制技术，高能效技术和监管标准化的问题。未来 5G 网络可以支持比 4G 高 1000 倍的数据速率。

近年来，设备数量和移动业务数据量增长迅速，为了解决越来越多的数据需求，通信技术也在不断发展，通信行业已经启动了从 4G 向 5G 过渡的路线图。据报道，到 2020 年，全球联网（物联网）的设备将达到 500 亿台。超高清多媒体业务、云计算和存储/检索等极低时延的业务大量涌现，这些业务对蜂窝网络的容量要求更高，对终端用户数据速率的要求也更高。未来 5G 网络有望支持沉浸式的应用，这些应用要求无线网具有非常高的连接速度并实现高保真的物联网连接，以降低业务时延，并提高频谱效率和能效。

当用户处在低速移动的环境下，5G 系统可以支持 10～50 Gbit/s 的数据业务速率。无论用户的位置如何，5G 系统都将提供吉比特每秒量级的数据服务。5G 还将提供小于 5 ms 的端到端时延和小于 1 ms 的空口时延，这相当于 4G 网络时延的 1/10 左右。在 5G 系统的每平方千米的连接数预计为 100 万个终端，连接能力远远高于传统系统。5G 系统还会降低每比特的成本和能耗，相比 4G 网络频谱效率可提升 50 倍。根据每个终端和服务的不同需求，5G 网络还能提供按需移动服务的能力。一方面，用户终端在移动环境保持服务的能力至少应保证与 4G 系统相同；另一方面，5G 系统甚至可以保证用户在 300～500 km/h 的移动速度下保持一定的数据业务速率。小区频谱效率将达到 10 bit/(s·Hz)级别，而初期 4G 网络的频谱效率仅为 1～3 bit/(s·Hz)。

本书由以下四部分组成。

第一部分介绍了 5G 网络的基础知识，分别从以下几个方面进行阐述。

——5G 的基础知识。我们将回答以下问题：什么是 5G？在案例中 5G 的真正用途是什么？5G 对移动运营商有何影响？

——从 4G 到 5G 的演进。5G 部署前 4G 网络（LTE/LTE-A）发展概述和服务愿景，以及 5G 网络发展的关键使能技术概述。

——5G 趋势和开放性问题。通过描述无线回传流量对 5G 移动网络部署的影响，验证基于云无线接入的 5G 网络架构。

第二部分介绍了 5G 网络的设计，包括 5G 网络设计的基础内容，描述了 5G 无线接入网络的部署指南和原则，蜂窝网络部署策略，蜂窝网络定向天线的应用、垂直扇区等概念。

第三部分介绍了 5G 物理层的内容，包括 5G 系统物理层技术概述、非正交多址等。

第四部分介绍了 5G 的厘米波（cmWave）和毫米波（mmWave）：① 5G 厘米波的概念，主要包括优化的帧结构、上/下行链路传输的动态调度、干扰抑制接收器和秩自适应；② 5G 毫米波模型和媒体访问控制设计，主要包括信道建模、波束跟踪、网络架构等。

感谢您阅读本书。我们相信本书可以帮助您对 5G 技术进行系统的科学研究和工程设计。由于时间有限，书中的错误在所难免，敬请读者和专家批评指正。

目　录

第一部分　5G 网络的基础知识

第 1 章　5G 的基础 ·· 3

1.1　历史简介 ·· 4

1.2　引言 ·· 6

1.3　5G 概念 ·· 7

　1.3.1　开放式的无线架构 ·· 7

　1.3.2　网络层 ·· 8

　1.3.3　开放传输协议 ·· 8

　1.3.4　应用层 ·· 9

1.4　5G 颠覆性技术 ·· 9

　1.4.1　以设备为中心的架构 ··· 10

　1.4.2　毫米波 ··· 11

　1.4.3　大规模 MIMO ··· 12

　1.4.4　智能设备 ··· 13

　1.4.5　支持机器间（M2M）通信 ··· 13

第 2 章　5G 概述：关键技术 ·· 15

2.1　为什么是 5G ·· 16

2.2　什么是 5G ·· 20

2.3　5G 的应用 ·· 21

2.4　5G 的技术规范 ··· 22

2.5　面临的挑战 ··· 22

2.6　5G 网络的关键技术 ·· 23

2.7　小结 ·· 25

第 3 章　从 4G 到 5G ·· 27

3.1　引言 ·· 28

3.2　LTE 概述 ·· 29

　　3.2.1　LTE 网络 ·· 29

　　3.2.2　LTE 帧结构 ·· 31

　　3.2.3　eNB、S-GW 以及 MME 池 ·· 32

　　3.2.4　协议栈 ··· 33

　　3.2.5　首次注册 ·· 33

　　3.2.6　基于 X2 的无 S-GW 重选的切换 ·· 34

　　3.2.7　基于 X2 的 S-GW 重选的切换 ·· 35

　　3.2.8　基于 S1 接口的切换 ·· 36

　　3.2.9　代理移动互联网协议——LTE ·· 39

3.3　LTE-A 概况 ··· 40

3.4　5G 时代的黎明 ··· 40

3.5　5G 服务愿景 ·· 41

　　3.5.1　物联网 ··· 41

　　3.5.2　身临其境的多媒体体验 ·· 42

　　3.5.3　万物上云 ·· 42

　　3.5.4　直观的远程访问 ·· 42

3.6　5G 的需求 ··· 42

　　3.6.1　单元边缘数据速率 ··· 43

　　3.6.2　时延 ·· 44

　　3.6.3　实时在线用户 ·· 44

　　3.6.4　成本效率 ·· 44

　　3.6.5　移动性 ··· 44

　　3.6.6　蜂窝频谱效率 ·· 45

　3.7　5G 关键技术 ·· 45

　3.8　小结 ·· 47

第 4 章　5G 空口技术面临的挑战和问题 ··· 49

　4.1　引言 ·· 50

　4.2　回传/前传对 5G 的影响 ··· 51

　4.3　部署场景和各自的挑战 ·· 52

　　4.3.1　3GPP 发布的微蜂窝部署的基本场景 ······························ 52

　　4.3.2　参考场景 1：多层基础网络的干扰管理技术——C-RAN ··· 54

　　4.3.3　参考场景 2：无处不在、按需服务的高速移动微蜂窝部署方案 ··· 55

　4.4　小结 ·· 56

第二部分　5G 网络的设计

第 5 章　5G RAN 规划的指导原则 ·· 61

　5.1　蜂窝概念/蜂窝网络简史 ·· 62

　　5.1.1　从全向天线到 6 扇区基站 ·· 62

　　5.1.2　宏蜂窝、微蜂窝、微微蜂窝 ··· 63

　　5.1.3　UMTS 和 LTE 系统性能瓶颈 ·· 64

　5.2　5G 沙盘 ··· 65

　　5.2.1　增加 1000 倍容量的定义 ··· 65

　　5.2.2　室外 vs 室内业务 ··· 65

　　5.2.3　主要服务配置层 ··· 66

　5.3　候选的 5G 蜂窝技术和关键技术 ·· 66

　　5.3.1　扇区高阶化 ··· 66

　　5.3.2　垂直扇区化 ··· 67

　　5.3.3　传统部署方案的演进 ··· 68

5.3.4 微蜂窝/超密集组网 ······69

5.3.5 分布式天线系统/动态 DAS ······72

5.3.6 大规模 MIMO ······73

5.3.7 毫米波通信 ······74

5.4 "5G/6G?"的非蜂窝方式 ······75

5.4.1 蜂窝 vs 非蜂窝 ······75

5.4.2 SPMA 的创新性概念 ······76

第6章 5G 网络的服务质量 ······79

6.1 移动网络的 QoS 管理模型演进 ······80

6.2 5G 网络的关键因子——QoS ······82

6.3 5G 网络的业务和业务量 ······84

6.4 QoS 参数 ······86

6.5 5G 网络的质量要求 ······87

6.6 小结 ······91

第7章 5G 大规模天线 ······93

7.1 MIMO 基础 ······94

7.1.1 MIMO 技术及其理论依据 ······95

7.1.2 多天线传输模型 ······96

7.1.3 多天线分集、复用和赋形的信道容量 ······100

7.1.4 多用户 MIMO ······102

7.2 天线 ······104

7.2.1 大规模 MIMO 天线阵列 ······105

7.2.2 超大型天线的问题 ······106

7.2.3 大规模 MIMO 测试台 ······111

7.3 波束赋形 ······112

7.3.1 波束赋形概述 ······112

7.3.2 波束赋形系统 ······113

7.3.3 波束赋形的基本原则 ······114

7.3.4 无线 MIMO 系统波束赋形技术的分类 ······117

7.3.5 MIMO 波束赋形算法 ······119

第 8 章　5G 异构网络中的自愈合 ·· 121

8.1　SON 简介 ··· 123

8.1.1　SON 架构 ··· 124

8.1.2　5G 前的 SON ·· 124

8.1.3　5G 中的 SON ·· 126

8.2　自愈合 ·· 128

8.2.1　故障来源 ·· 130

8.2.2　小区中断检测 ·· 130

8.2.3　小区中断补偿 ·· 131

8.3　自愈合技术的发展 ·· 131

8.4　案例研究：回传自愈合 ·· 133

8.4.1　5G 网络中的回传要求 ··· 133

8.4.2　5G 网络回传自愈合架构建议 ·· 134

8.4.3　新的自愈合方法 ··· 137

8.5　小结 ··· 144

第 9 章　5G 光纤和无线技术的融合 ··· 145

9.1　引言 ··· 146

9.2　无线与有线宽带及基础设施融合的趋势与课题 ·· 149

9.3　容量和时延约束 ·· 153

9.3.1　容量 ··· 153

9.3.2　时延 ··· 156

9.4　前传架构和光纤技术 ·· 158

9.4.1　前传架构 ·· 158

9.4.2　光纤技术 ·· 162

9.5　光载无线和 PON 系统共用光纤的兼容性问题 ··· 166

9.5.1　PON 系统中的 D-RoF 传输 ·· 168

9.5.2　用于 D-RoF 传输的移动前传调制解调器 ··· 170

9.6　小结 ··· 174

9.7　认证 ··· 175

第 10 章　基于 MCC 的异构网络的功率控制··177

　10.1　引言··179

　10.2　频谱感知：一种机器学习方法··179

　　10.2.1　特性···180

　　10.2.2　分类器···183

　　10.2.3　分类调制编码···186

　10.3　认知无线网中的功率控制··187

　　10.3.1　基于游戏理论的分布式技术···188

　　10.3.2　其他分布式技术···189

　　10.3.3　集中式技术···189

　10.4　使用分类调制和编码的功率控制···190

　　10.4.1　目前技术水平···191

　　10.4.2　系统模型···192

　　10.4.3　分类调制编码反馈···194

　　10.4.4　一种同时用于功率控制和干扰信道学习的新型算法·····································195

　　10.4.5　结论···197

　10.5　小结··200

第 11 章　关于 5G 蜂窝网络的能源效率——光谱效率折中····························203

　11.1　EE-SE 平衡··205

　11.2　分布式 MIMO 系统··207

　　11.2.1　D-MIMO 信道模型···208

　　11.2.2　D-MIMO 的遍历容量探讨··209

　　11.2.3　D-MIMO 系统容量的近似极限···209

　　11.2.4　D-MIMO 功率模型···210

　　11.2.5　D-MIMO 的 EE-SE 平衡公式···212

　11.3　EE-SE 平衡的近似闭合形式··212

　11.4　用例方案··213

　　11.4.1　单无线接入单元情景···213

　　11.4.2　M 个无线接入单元···215

　　11.4.3　$M=2$ RAU 的 D-MIMO 系统···217

11.4.4 CFA 的准确性：数值结果 ·· 219

11.5 D-MIMO EE-SE 平衡下低 SE 的近似值 ··· 221

11.6 D-MIMO EE-SE 平衡下高 SE 的近似值 ··· 225

11.7 通过 C-MIMO 实现 D-MIMO 的 EE 增益 ··· 227

11.8 小结 ··· 229

第三部分 5G 物理层

第 12 章 5G 的物理层技术 ·· 233

12.1 新波形 ··· 234

12.1.1 滤波器组多载波 ··· 235

12.1.2 通用滤波多载波 ··· 242

12.1.3 广义频分复用 ·· 245

12.2 新调制 ··· 250

12.3 非正交多址 ··· 251

12.3.1 基本 NOMA 与 SIC ·· 252

12.3.2 没有 SIC 的基本 NOMA ·· 255

12.4 超奈奎斯特通信速度 ·· 257

12.5 全双工无线电 ··· 261

第 13 章 GFDM：为 5G 物理层提供灵活性 ··· 263

13.1 5G 场景和动机 ··· 266

13.1.1 Bitpipe 通信 ··· 266

13.1.2 物联网 ·· 267

13.1.3 触觉互联网 ·· 267

13.1.4 无线局域网 ·· 268

13.2 GFDM 原理和性能 ··· 268

13.2.1 GFDM 波形 ·· 269

13.2.2 GFDM 的矩阵表示法 ··· 271

13.2.3 连续干扰消除 ·· 274

13.2.4 用 Zak 变换设计的接收滤波器 ··· 276

13.2.5　低 OOB 排放的解决方案 279

13.2.6　GFDM 符号差错率的性能分析 282

13.3　GFDM 的偏移量 QAM 287

13.3.1　时域 OQAM-GFDM 287

13.3.2　频域 OQAM-GFDM 290

13.4　通过预编码提高灵活性 291

13.4.1　每个子载波的 GFDM 处理 291

13.4.2　每个子符号的 GFDM 处理 293

13.4.3　GFDM 的预编码 294

13.5　GFDM 的发射分集 297

13.5.1　时间反转 STC-GFDM 297

13.5.2　广泛线性均衡器（WLE）STC-GFDM 302

13.6　LTE 资源网格的 GFDM 参数化 308

13.6.1　LTE 时频资源网格 309

13.6.2　LTE 时频网格的 GFDM 参数化 310

13.6.3　GFDM 和 LTE 信号的共存 311

13.7　GFDM 作为各种波形的框架 312

13.8　小结 316

第 14 章　5G 微蜂窝系统的新型厘米波概念 317

14.1　引言 318

14.2　毫米波和厘米波的特点 320

14.3　5G 厘米波蜂窝系统概述 321

14.3.1　主要特征 321

14.3.2　理想的 5G 帧结构 321

14.3.3　MIMO 和支持的高级接收机 324

14.3.4　动态 TDD 的支持 324

14.4　动态 TDD 325

14.4.1　动态 TDD 的预期收益 326

14.4.2　动态 TDD 的缺点 329

14.5　5G 厘米波蜂窝系统中的秩自适应 331

14.5.1　基于 Taxation 的秩自适应方案 ……………………………… 332

14.5.2　绩效评估 …………………………………………………………… 333

14.5.3　秩自适应和动态 TDD ……………………………………………… 336

14.6　能量效率机制 …………………………………………………………… 337

14.7　小结 ………………………………………………………………………… 340

第四部分　5G 的厘米波和毫米波波形

第 15 章　应用于 5G 无线网络的毫米波通信技术 …………………… 345

15.1　引言 ………………………………………………………………………… 346

15.2　毫米波技术的标准化工作 …………………………………………… 347

15.3　毫米波信道特性 ………………………………………………………… 348

15.4　毫米波物理层技术 ……………………………………………………… 351

15.5　毫米波通信设备 ………………………………………………………… 352

15.6　毫米波室内接入网络架构 …………………………………………… 353

15.7　小结 ………………………………………………………………………… 354

15.8　未来的研究方向 ………………………………………………………… 355

第 16 章　基于毫米波技术的通信网络架构、模型和性能 ……… 357

16.1　引言 ………………………………………………………………………… 358

16.2　频谱 ………………………………………………………………………… 359

16.3　波束跟踪 …………………………………………………………………… 361

16.4　具有变化角度的信道模型 …………………………………………… 362

16.5　UAB 网络架构 …………………………………………………………… 367

16.5.1　以负载为中心的回程 …………………………………………… 368

16.5.2　多频传输架构 …………………………………………………… 370

16.6　系统级容量 ……………………………………………………………… 371

16.6.1　MIMO 预编码 …………………………………………………… 371

16.6.2　性能评估 ………………………………………………………… 372

第 17 章　毫米波无线电传播特性 …………………………………………… 375

17.1　引言 ………………………………………………………………………… 376

17.2 传播特性 ···377

    17.2.1 高方向性 ···377

    17.2.2 有限噪声无线系统 ·······································379

17.3 传播模型和参数 ···380

    17.3.1 路径损耗模型 ···380

    17.3.2 毫米波特定衰减因子 ·································382

17.4 链路预算分析 ···384

    17.4.1 通过信噪比计算得到的香农信道容量 ·······385

    17.4.2 60 GHz 毫米波信道的 IEEE 802.11ad 基带计算 ·······386

17.5 小结 ···389

第 18 章 室外环境中毫米波的通信特性 ···············391

18.1 引言 ···392

18.2 毫米波信道特性 ···393

    18.2.1 自由空间传播 ···395

    18.2.2 大尺度衰减 ···396

    18.2.3 小尺度衰减 ···402

    18.2.4 车辆环境中的毫米波特性 ·························403

18.3 毫米波传播模型 ···405

    18.3.1 基于几何的随机信道模型 ·························405

    18.3.2 近距离自由空间参考路径损耗模型 ···········406

    18.3.3 射线跟踪模拟 ···408

    18.3.4 组合方法 ···408

18.4 小结 ···409

第 19 章 关于毫米波媒体访问控制的研究 ···········411

19.1 引言 ···412

19.2 mmWave MAC 设计中的定向波束管理 ···············413

    19.2.1 彻底/暴力算法搜索 ···································413

    19.2.2 IEEE 标准中的两级光束训练 ·····················414

    19.2.3 交互式波束训练 ·······································415

    19.2.4 优先扇区搜索排序 ···································417

19.3　mmWave 系统的调度和中继选择 417
　　19.3.1　调度 418
　　19.3.2　IEEE 802.11ad 中的中继选择 418
19.4　视频流 419
　　19.4.1　室内无压缩视频流 419
　　19.4.2　室外实时视频流 419
19.5　下一代无线蜂窝网络 MAC 421
19.6　小结 422

第 20 章　毫米波的 MAC 层设计 425
20.1　引言 426
20.2　MAC 层设计的主要挑战和方向 427
　　20.2.1　方向性 428
　　20.2.2　阻塞 428
　　20.2.3　MAC 层中的 CSMA 问题 428
20.3　空间复用 429
20.4　毫米波通信中的 MAC 协议比较 429
　　20.4.1　资源分配 430
　　20.4.2　传输调度 430
　　20.4.3　并发传输 431
　　20.4.4　阻塞和方向性 431
　　20.4.5　波束成形协议 431
20.5　MAC 设计指南 432
20.6　毫米波通信标准 433
　　20.6.1　局域网 433
　　20.6.2　个域网络 434
20.7　未来的研究方向 435
20.8　小结 436

参考文献 437

第一部分

5G 网络的基础知识

第 1 章

5G 的基础

1.1 历史简介

20 世纪 80 年代，第一代移动通信技术（1G）的出现改变了人类的思考模式。在那个时代，Nordic 移动电话使用的 1G 是最新的。与此同时，科学家、研究人员、工程师们的工作都致力于改善通信系统，增加用户的可靠性，并且避免浪费用户的宝贵时间，以便用户能够在高度保密的情况下进行通信和数据传输。10 年之后，第二代移动通信技术（2G）的概念诞生，全球移动通信系统（GSM）于 1991 年在芬兰建设。2G 的主要优势是，它引进了短消息业务（SMS）、图片消息和多媒体消息业务（MMS），这是在私密性和保密性条件下全球范围内传输数据的基本概念。与 1G 的模拟通信系统不同，2G 是数字通信系统。之后 2G 又衍生出 2.5G 和 2.75G 通信系统。正交子信道和动态频率分配是在 GSM 演进中引入的两个新技术[1]。

2.5G 使用通用分组无线服务（GPRS）技术，它在分组域和电路域都可以实现。对于从 GSM 到第三代移动通信技术（3G）而言，GPRS 的出现是重要的一步。增强型数据速率 GSM 演进技术（EDGE）或由 8PSK 编码推动的增强 GPRS 在 2.75G 中被使用。此数字移动电话技术的数据速率有了大幅度提高，并且在 2003 年被美国引入到 GSM 系统。在 3G 中，无线通信数据速率达到 2 Mbit/s。为实现此数据速率的目标，核心网和接入网都发生了巨大的变化，以满足高的数据需求。3G 是国际电信联盟主导制定的 IMT-2000 的新一代标准。应用服务包括广域无线电话、移动互联网、话音呼叫、移动 TV，所有的业务都是在移动环境中实现的。

2009 年，第四代移动通信技术（4G）成为无线蜂窝网络的标准。4G 主流技术是国际移动通信增强技术（IMT-A），以满足 4G 的速率目标：高速移动通信场景下峰值速率达到 100 Mbit/s，低速移动通信场景下峰值速率达到 1 Gbit/s。世界上第一个商用的长期演进（LTE）网络于 2009 年 12 月 14 日在瑞典首都斯德哥尔摩（爱立信、诺基亚和西门子的网络系统）和奥斯陆（华为系统）开放。

第五代移动通信技术（5G）或称为第五代无线系统，从 2011 年开始就在一些研究文章和项目中被描述为超越 4G/IMT-A 移动通信标准的下一个阶段。据研究人员、科学家和工程师的探讨，5G 将为用户提供千倍于 4G 的带宽以及百倍的数据速率，以满足未来移动基站的巨大的应用需求[2]。同时，多种新兴技术将应用于 5G 以满足用户的需求，太赫兹频段移动通信技术将是其中之一[3]。5G 无线移动互联网络是实实在在的无线世界，它将广泛应用于同步码分多址（LAS-CDMA）、正交频分多址（OFDM）、多载波码分多址（MC-CDMA）、超宽带（UWB）、网络本地多点分配业务（LMDS），以及互联网协议版本 6（IPv6）。4G 和 5G 共享基本的 IPv6。1G～5G 的特点分类归纳见表 1.1。

表 1.1　1G～5G 的特点分类归纳

历程	定义	吞吐速率	技术	年代	特点
1G	模拟通信	14.4 kbit/s（峰值）	AMPS、NMT、TACS	1981—1990 年	无线电话只能用于语音通信
2G	数字窄带电路域数据	9.6/14.4 kbit/s	TDMA、CDMA	1991—2000 年	多个用户共同复用一个信道，数字蜂窝电话也只是用于蜂窝通信
2.5G	分组数据包	171.2 kbit/s（峰值） 20～40 kbit/s	GPRS	2001—2004 年	互联网开始普及，多媒体服务和数据业务开始增长，手机开始支持网页浏览
3G	数字宽带数据	3.1 Mbit/s（峰值） 500～700 kbit/s	cdma2000（1xRTT、EV-DO）、UMTS、EDGE	2004—2005 年	支持多媒体业务，接入互联网越来越便利
3.5G	分组数据	14.4 Mbit/s（峰值） 1～3 Mbit/s	HSPA	2006—2010 年	高速率的业务流要求更高的速率
4G	数字宽带分组数据、全 IP、超高吞吐量	100～300 Mbit/s（峰值） 3～5 Mbit/s 100 Mbit/s（Wi-Fi）	WiMAX、LTE、Wi-Fi	现在	高速率和定义的数据流，高数据速率的数据流开始出现，未来可能还会增长，支持世界漫游

续表

历程	定义	吞吐速率	技术	年代	特点
5G	超高带宽，低时延，大容量 MIMO	Gbit/s	LAS-CDMA、OFDM、MC-CDMA、UWB、Network-LMD-S	即将到来（2020 年）	未来可能基于高带宽会提供非常高的业务速率

1.2 引　言

　　本章的目标是使读者了解 5G 技术。5G 网络在全球将是十分重要的通信技术，这是由于当前的数据流量速率、话音、视频业务的不断增加。目前的 3G 和 4G 技术不能支撑网络未来数据流量逐渐增长的容量需求。关于 5G 技术，原来并没有一个确切的定义[4-5]。从根本上讲，我们需要知道到底什么是 5G。首先，我们必须从技术角度上阐明 5G 的真实含义。为了解释清楚 5G 的真实含义，我们首先要解决的 3 个重要问题是：

　　① 什么是 5G？

　　② 什么是 5G 的实例？

　　③ 5G 对运营商造成的影响是什么？

　　移动通信技术经历了几个时代，将蜂窝网络升级为一个连接全球网络的集合。到 2020年，5G 将为 90 亿用户提供话音、视频流以及一系列非常复杂的通信业务和数十亿的设备连接能力。但是，什么是 5G，5G 提供了一个新的思考方向。其包含为机器间通信（MTC）开发的网络方案，同时，5G 将能够提供有效的应用支撑，这些应用能适应多变的系统参数，支持多种业务的灵活性开发。对于目前的通信系统而言，5G 是网络技术的联合，5G将有能力在任何地方、任何时间，为个人、商业和社会共享数据接入。

　　5G 不仅仅是一个新技术的集合，相比于上一代通信系统，其要求设备及终端性能有极大的提升。该技术的目的是以已经实现的电信系统的发展为基础。在许多已有的无线技术中采用的互补技术（无线核心技术和云技术的联合）也将在 5G 中使用，以满足 5G较高的数据业务和多种设备需求以及在不同场景下的不同操作需求。图 1.1 描述了 5G 的预期性能指标。

　　对于 5G，业界一致认为 5G 仅仅是大量技术、场景和环境联合利用而不是开发新的、单一的无线接入技术。5G 技术的预期性能指标[6]将需要满足：

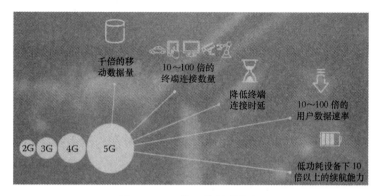

千倍的移动数据量

10~100 倍的终端连接数量

降低终端连接时延

10~100 倍的用户数据速率

2G 3G 4G 5G

低功耗设备下 10 倍以上的续航能力

图 1.1　5G 的预期性能指标

> 低功耗设备下 10 倍以上的续航能力；
> 10~100 倍的用户数据速率；
> 降低终端连接时延；
> 高达 10~100 倍的终端连接数量；
> 高达千倍的移动数据量。

现在的问题是："我们将走向哪里？" 5G 将允许极大数量的连接性，但是这个技术并不是孤立地被开发。5G 的开发在衡量不同的因子，如长期持续性、花费以及安全性方面扮演着重要角色，并且需要为数以亿计的用户提供连接性。但是 5G 的综合状况不过是一个联合配置的问题，很显然，适应数以千计的业务应用是 5G 的关键性，并且其将能够实现什么应用也是一个要点。5G 技术的重要发展因素包括：数据完整性、时延、智能通信、通话能力、数据吞吐量、能源消耗、技术融合。

1.3　5G 概念

5G 概念与开放系统互联（OSI）相对应。OSI 的 4 个基本层在 5G 中都有体现。表 1.2 对 OSI 的协议层和 5G 各层进行了比较。

1.3.1　开放式的无线架构

5G 中开放式的无线架构对应于 OSI 参考模型的物理层、数据链路层和媒体接入控制层（MAC），它们分别对应层 1 和层 2[7]。

1.3.2　网络层

如表 1.2 所示，5G 的第二层分为高层网络层和低层网络层。5G 的网络层对应于 OSI 的第三层，即为网络层。该层基于 IP 技术进行传输。目前，在该概念上是毋庸置疑的，IPv4 在全球广泛使用，但是还存在许多问题：如地址空间有限以及无法提供每一数据流的服务质量保证（QoS），这些问题 IPv6 可以解决，但是对于权衡数据报报头较大的问题方面，移动性问题也需要考虑移动性问题和数据报长度之间有什么关系？对于此，存在移动 IP 标准和许多微移动解决方案。5G 移动网络将使用移动 IP 技术，其中每个终端将成为一个外地代理（FA），它们维护一个从固定的 IPv6 地址到现有无线网络转交地址（CoA）之间的地址映射。但是，一个手机能同时连接至多个手机或者无线网络[8]。

表 1.2　OSI 的层和 5G 的层之间的对比

OSI	5G
应用层	应用层（服务）
表示层	应用层（服务）
会话层	开放传输协议层
传输层	开放传输协议层
网络层	高层网络层
网络层	低层网络层
数据链路层	开放的无线空口架构
物理层	开放的无线空口架构

1.3.3　开放传输协议

开放传输协议层作为 5G 技术的第三层，对应于 OSI 模型的传输层和会话层。

无线网络和移动设备在传输层方面不同于有线网络。

在有线网络所有的传输控制协议（TCP）中，假定分组丢失的原因是网络拥塞。但是无线空口的特点是误比特率比较高，这是无线空口的一个特点。所以在移动和无线网络中，TCP 需要修改和完善，需要仅仅在无线链路上重传损坏的 TCP 片段。

对于 5G 的移动终端而言，适合于有一个能够被下载和开发的传输层。这些移动设备将有能力下载在基站（BS）侧开发的特定的无线技术版本，被称为开放传输协议（OTP）[9]。

1.3.4 应用层

应用层是 5G 的最后一层，同时也是 OSI 模型的最后一层。对于应用层而言，5G 移动终端的最终要求是为多种网络提供智能 QoS 管理。如今，移动电话用户对一个特定的互联网服务手动选择一个无线接口，而不再根据 QoS 为一个特定服务选择最好的无线连接。5G 移动电话将可能进行服务质量测试，并且能在移动终端的数据信息库中存储测量信息。

QoS 参数，如时延、抖动、丢包率、带宽和可靠性将存储于 5G 移动电话的数据库中，这些参数能移动终端中智能算法因子参与系统进程，最后系统将根据所要求的 QoS 质量和个人开销约束提供最好的无线连接。通过 5G 网络服务，一系列新的服务模式将成为可能。这些服务和模式需要根据 5G 系统设计的接口进行进一步检查[10]。未来无线网络必须实现低复杂度并且需要在终端用户和无线基础设施之间提供一个有效协商的途径。互联网应用是移动无线用户提高数据速率和高速接入的动力。这也将成为全移动 IP 核心网络演进的动力。

1.4 5G 颠覆性技术

过去的几年间，移动和无线网络发展迅速。5G 不断演进，发展的标志是什么？5G 将仅仅是 4G 的演进吗？或者正在开发的技术将受到阻断？迫使我们对已经确定的蜂窝标准进行全盘思考？

我们认为以下 5 个潜在技术将会推进 5G 架构和设计因子的变化[11]：

（1）以设备为中心的架构；

（2）毫米波（mmWave）；

（3）大规模输入输出（MIMO）；

（4）智能设备；

（5）支持机器间（M2M）通信。

1.4.1 以设备为中心的架构

在 5G 系统中，蜂窝系统的基站架构将会改变。为了在网络中根据不同的目的和优先级对不同节点集进行信息流的寻路，我们必须重新考虑定义控制信道和业务信道以及上行链路和下行链路。蜂窝网络设计一般依靠小区的硬件部分作为无线接入系统的关键部分。终端通过建立一个下行链路获得服务，进一步地，通过终端对小区发出指令，一个携带控制信息和数据流的上行连接也需要被建立。在过去的几年，以小区为中心的颠覆性结构已经被不同的趋势所证明。

➤ 随着异构系统数量的增加，基站的密度也迅速增加。异构系统在 4G 中被标准化，但是其架构并不能在本地支持该系统。要实现系统化可能需要 5G 在架构上做出一些变化。不同系统的基站具有不同的传输功率和覆盖区域，例如，要求上行链路和下行链路解耦合，从而允许信令可以在不同节点集之间传输[12]。

➤ 急剧增长的频谱需求将促进在同一个系统框架内共享具有不同传播特性的频带。在这种情况下，文献[13]提出了虚拟小区的概念，在虚拟小区中，数据平面和控制平面有所不同：高功率节点在微波频段发送控制信息，但是低功率节点在毫米波频段传输负载信息。

➤ 另一个观点称为簇和频带，正在基于云的无线接入系统中研究[14]。该概念允许网络拓扑虚拟化，这意味着虚拟化网络节点以及分配给一个节点的实际设备可以在网络的不同物理位置。例如，在一个存储池中的设备可以根据以系统管理为特征的数据测量结果，被按需分配给不同的节点。

➤ 使用更智能的设备可能会影响无线接入系统。具体而言，设备到设备（D2D）和智能连接呼叫都需要重新定义设计，从而重心从系统中心移动到边缘（终端、无线中继）。

以小区为中心的架构需要发展成为以设备为中心的架构。一个给定的设备（人或者机器）应该有能力通过一些可能的异构节点集交换大量的信息流进行通信。整合到固定设备的系统节点集和在特定会话阶段的这些节点的目标应该是为这些特殊的设备和阶段所定制的。基于此愿景，上/下行链路和控制/业务信道需要重新规划（见图 1.2）。尽管在架构设计层面颠覆性变化的需求很明显，真实的研究工作仍然期望将这些设想变为现实。因为历史经验[15]表明，设计的改变往往驱动着重要革新的中断。我们认为，以上 4 种趋势将对 5G 的发展起重要作用。

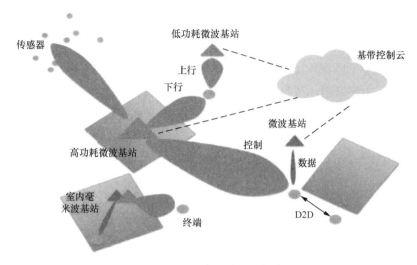

图 1.2　以设备为中心的架构

1.4.2　毫米波

智能手机设备的迅速增多和移动数据增长导致全球带宽短缺，成为亟待解决的巨大挑战[16-17]。在 600 MHz 左右宝贵的窄带微波蜂窝频带已经被运营商们占用[18]。现代通信需要更宽的电磁波频谱。这里有两个增加蜂窝通信的微波频谱的方法。

➢ Refarm（频谱重耕）在全球范围内重耕这些频谱，通过再利用电视频谱为农村提供宽带应用；但是重耕并不意味着能提供更多的频谱：仅仅有 80 MHz 左右频谱以高代价实现重利用。

➢ 公开频谱使用情况。例如，使用认知无线电技术。认知无线电最初的巨大希望已经破灭，这是因为大多数主用户（授权用户）没有完全准备好与次用户（认知用户）合作。也就是主用户不能立即响应次用户和他们的合作机制。

整体而言，使用微波频段对目前的蜂窝频带宽度进行成倍扩展是一个最优方案。重要的是，适用于蜂窝通信的毫米波频带范围为 3～300 GHz，预期千兆赫兹的频带将为 5G 所用。对干扰（阻塞、妨碍）的敏感性将是毫米波频率和微波频率的主要不同之处。文献[18]的结果表明：在视距传播条件下，路径损耗指数为 2；在非视距传播条件下，路径损耗指数（将加性功率损耗计入在内）为 4。毫米波蜂窝研究将包括对干扰的敏感性以及更复杂的信道建模研究工作，进一步研究使能器的影响，例如，中继和高密度的基础设施。

天线阵列是毫米波系统的重要技术。毫米波系统在噪声受限条件下能通过窄波束的自适应天线阵列有效减少干扰，但这在干扰受限系统中并不适用。基本通信通过这种方式能够获得可接受的阵列增益，这要求新的随机接入协议，该协议的适用场景为发射机只在一个特定的方向发射，接收机仅从特定的方向接收消息。当天线波束被人/物阻挡，或者设备天线被用户自身阻挡时，需要相应的自适应阵列算法快速响应这种变化。毫米波系统也需要在硬件方面进行许多改动。

从前面的讨论得出，参照 Henderson-Clark 模型[15]，可知毫米波需要系统有根本性的变化，并且毫米波是实现 5G 网络的一个潜在的颠覆性技术，当然，还需要克服上述讨论的困难，提供更优的数据速率和完全差异化的用户体验。

1.4.3 大规模 MIMO

大规模 MIMO 也叫大规模天线系统，其中，BS 上的天线数量远远大于每个信令资源连接的设备[19]的天线，BS 的许多天线向不同设备提供不同的信道。我们在 Henderson-Clark 系统中认为，大规模 MIMO 是 5G 的颠覆性技术，原因如下。

➢ 大规模 MIMO 是节点级别的可扩展技术。这与 4G 不可扩展完全不同：未来，天线是不能进行角度调整的，因为在垂直方向上空间受限和传播角度的扩展；单用户 MIMO 受限于可使用的天线的数量，只适合某些特定的手机。与此相反，在时分双工方式下，BS 可以通过上行链路导频信号进行效果良好的信道估计，所以对于安装在 BS 侧的大规模 MIMO 天线的数量基本没有限制。

➢ 大规模 MIMO 天线系统赋予了网络新的架构和部署方式，虽然人们可以想象未来宏基站会被低增益的天线阵列代替，但是在农村等其他广大区域还可以进行其他形式的部署方式。总体来看，使用大规模天线阵列组网，比较适用于分散部署的方式，整个校园或者可以被大量的分布式天线覆盖，这些分散的天线整体上服务于众多的用户。

大规模天线仍然存在各种各样的挑战。因为必须了解和利用信道的状态，信道估计和用户的移动性让信道的连续性中断成为一个关键的限制因素，并且随之而来的是限制终端设备所使用的正交序列组。从实现的角度来看，可以采用低功耗、低成本的硬件实现大规模 MIMO 天线，其中，每个天线半独立地工作，但是仍然需要付出巨大的努力来证明该解决方案的成本效益问题。从前面的讨论中我们可以得出结论，大规模 MIMO 是 5G 的颠覆性技术，但是在应用之前还要克服大规模 MIMO 应用的挑战。

1.4.4　智能设备

当前，移动蜂窝网络的部署要求对基础设备有绝对的控制权。这里我们讨论了让设备发挥更重要作用的可能性，也因为如此，5G 网络的规划需要想办法多增加一些智能设备。我们关注 3 个不同的技术示例，这些技术可以组合成更加智能的设备：我们重点关注 3 个不同的技术应用方向，这些技术可以组合成更加智能的设备：D2D、先进的干扰抑制和本地捕获系统。

➢ D2D 能够更加顺利地处理本地通信，其他技术也可以实现本地的高速率业务，如蓝牙、Wi-Fi 的直连技术。应用业务的内容要混合使用本地和非本地业务，或者是高速率、低时延的混合业务，可以作为使用 D2D 的代表性业务。具体而言，我们认为 D2D 对低时延业务承载影响巨大，特别是在基带处理集中化和无线虚拟化的趋势下。3GPP 正在验证 D2D 技术的可用性，主要是集中验证邻近检测的公共安全[20]。

➢ 业务数据量大、存储在无线节点之前的有线系统边缘的方法，主要适用于对时延容忍的业务，因此，这种方法只应用在以话音业务为中心的系统中，可能在以数据为中心的系统中也有长足的发展[21]。进一步考虑的是，当前的智能终端的内存都比较大。在无线接入系统的边缘和终端侧，本地的缓存是必不可少的，这也归功于 mmWave 和 D2D 厂商的授权。

➢ 终端除了要具备 D2D 能力和巨量存储器，未来移动终端还会受到其他一些因素的影响，在特殊情况下，这些设备可能需要具备多根天线，从而具备干扰抑制的能力、波束赋形的能力和空间复用的能力。

从以上讨论中，我们认为智能设备具有 5G 颠覆性技术应用的所有属性。

1.4.5　支持机器间（M2M）通信

5G 中的 M2M 通信需要重点考虑实现 3 种差异性、多样化的低数据速率业务需求：大量低速率设备的支持、在几乎所有情况下保持一个极低数据速率、低时延数据传输。考虑到这些需求，5G 在架构级和组件级都需要新的技术和观点。

就像电力和水资源一样，无线通信正在慢慢成为一种商品[22]。这种商品化趋势为新业务提供了许多新的先决条件：海量连接设备、极高的链路可靠性、低时延和实时操作。

第 2 章

5G 概述：关键技术

2.1 为什么是5G

在讨论 5G 的特性和结构之前，有必要明确说明设计这样一个网络的必要性，因此，回顾以往几代移动网络将有所收获。第一代移动通信技术（1G）的速度可达 2.4 kbit/s。由该网络提供的话音呼叫被限制在一个国家，且基于模拟信号。1G 有很多缺陷，如话音质量差、电池寿命短、手机尺寸大、容量有限、切换可靠性差。第二代移动通信技术（2G），使用数字信号，其数据速率高达 64 kbit/s，可提供诸如文本信息、图片信息和多媒体信息（MMS）等服务。与 1G 相比，其网络的质量好、容量大。该网络对数字信号的高度依赖，以及它对处理复杂数据如视频等的无能为力，是其最主要的缺点。处于 2G 和 3G 之间的技术称为 2.5G，它是 2G 蜂窝技术和通用分组无线业务（GPRS，General Packet Radio Service）的结合。该网络的特征是提供电话呼叫、收发电子邮件、浏览网页，并提供 64～144 kbit/s 的数据传输速率。

随着 2000 年 3G 的引入，数据传输速率从 144 kbit/s 增加至 2 Mbit/s。3G 的突出特点是提供更快的通信速率，可以发送和接收大容量电子邮件，并提供高速网络、视频会议、流媒体电视和移动电视。然而，3G 昂贵的业务牌照和基础设施建设是人们面临的主要挑战。而需要高带宽、大容量是 3G 另外的缺点。第四代移动通信技术（4G），提供了更高的数据传输速率和高品质的视频流传输，并将 Wi-Fi 和 WiMAX 结合在一起，该网络可提供 100 Mbit/s～1 Gbit/s 的数据传输速率。5G 有望在前几代移动网络尤其在 4G 网络的基础上取得重大进展。尽管在 4G 中服务质量（QoS）和安全性已经得到了显著提升，每比特的成本更低，但与前几代移动通信技术相比，4G 仍有其不足，如终端更加耗电、所需的硬件复杂、难以实现，且组建 4G 网络的设备成本高昂。作为本章主题的 5G，它将成为下一代移动通信技术，其目标在于提供一个几乎没有限制的完整的移动通信网络。

考虑到不同领域的进步，5G 将负责提供一张唯一的网络，该网络能够以吉比特每秒（Gbit/s）的速率传输数据，支持具有高清的多媒体报纸和电视节目。而 5G 的另外一个优势在于可以提高用户拨号速度和音、视频的清晰度，并支持交互式多媒体。表 2.1 对各代移动通信网络的特性进行了对比。

表 2.1　各代移动通信网络特性对比

网络	1G	2G/2.5G	3G	4G	5G
部署时间	1970 年/1984 年	1980 年/1999 年	1990 年/2002 年	2000 年/2010 年	2014 年/2015 年
带宽	2 kbit/s	14~64 kbit/s	2 Mbit/s	200 Mbit/s	>1 Gbit/s
技术类型	模拟蜂窝	数字蜂窝	移动宽带/CDMA/IP 技术	非授权的 IP 技术与无线技术在 LAN/WAN/WLAN/PAN 的融合	4G+WWWW（全球无线网络）
业务类型	移动话音	数字话音、短信息	高质量话音、视频和数据的融合	信息的动态接入/可变设备	信息的动态接入/AI 下的可变设备
多址方式	FDMA	TDMA/CDMA	CDMA	CDMA	CDMA
交换链路	电路域	空口和核心网都是电路域	除空口外都是分组交换	全分组交换	全分组交换
核心网	PSTN	PSTN	分组网络	互联网	互联网
切换		水平方向	水平方向	水平方向	水平方向和垂直方向

图 2.1 显示了 5G 如何汇集所有可能的网络来建立一张唯一的网络。

为了呈现一个更好的移动电信网络，对于 5G 网络的主要期望如下：首先，5G 网络的目标是为大量用户提供高速数据传输速率；其次，它能够支持海量并发连接，以支持大量传感器的部署，并且与 4G 相比，5G 网络的频谱效率应该有所提升。最后，5G 网络应该与 4G/LTE 和 Wi-Fi 实现很好的兼容，提供高速率覆盖、低延迟的流畅通信。图 2.2 显示了 IP 网络中数据流量每月的变化情况。从中可以看出，随着数据传输需求的大幅增长，下一代网络应该具备大容量的特点。

为实现上述 5G 目标要求，5G 网络必须具备以下特点：① 具有高度的灵活性和智能化；② 严格的频谱管理方案；③ 在降低成本的同时提高效率；④ 能够提供物联网（IoT），支持不同来源的数十亿设备的连接；⑤基于用户需求的灵活带宽分配机制（按需使用、按需付费）；⑥能够与先前和当下的移动蜂窝系统和 Wi-Fi 标准融为一体，提供高速率、低延迟的通信。通常，对于 5G 技术，讨论的热点在于网络密集化和毫米波（mmWave）蜂窝系统，以及多入多出（MIMO）技术的进步。

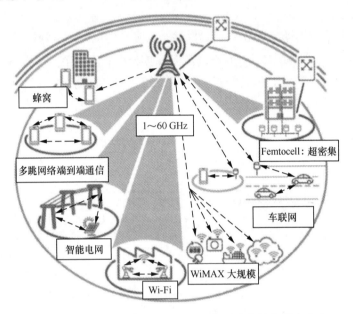

图 2.1　集多种无线/接入为一体的远期网络化社会解决方案

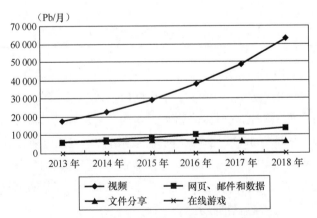

图 2.2　2013—2018 年 IP 网络数据传输需求

与前几代网络相比，5G 网络需要运用多种技术，包括 Wi-Fi 和 LTE，提供多个频段以支持更多用户。考虑到 4G 系统实施的成熟度，研究人员通常会尝试着回答下一代移动通信网络是否应该具备实施成熟度这一问题。年度视觉网络指数（VNI）已经明确表示，仅依靠 4G 网络的增量开发将无法满足越来越多的用户对更多网络容量的需求[1]。在过去的 10 年中，智能手机、平板电脑、视频流和在线游戏的使用显著增加，因此，建立具有更好性能的新网络是非常有价值的。不断增长的数据量，与其信道容量相关的设备数量和数据速率也将显著增加。不同应用吸引着不同年龄段的用户，更多的互联网公司致力于开发新的应用程序，而 5G 将负责解决所有相关的网络问题[2-4]。事实是有多少工程师负责技术的创新以满足用户的要求，如 METIS[5]和 5GNOW 等项目[6]，学术研究人员参与设计和建立新网络。此外，产业界正致力于 5G 标准化活动。

　　对于 5G 系统的需求在不同时期有其不同的阐述。表 2.2 显示了对 5G 网络当前的陈述和未来的期望。尽管所有时期的需求都很重要，但是同时满足所有的需求几乎是不可能的，并且还需要依赖于应用。例如，在诸如高清视频流等应用中，延迟和可靠性在某种程度上可以被忽略；然而，在无人驾驶汽车或公共安全应用中，这些参数是不可能被忽略的。表 2.2 中的第一个参数是数据传输速率，它决定了网络能够支持移动数据流量爆发的程度。

表 2.2　5G 网络期望改进的方面

	数据速率		时延	成本
	区域容量	边缘速率		
从 4G 到 5G 需要提升的方面	1000×4G	100×4G	4G 的 15 ms 网络时延到 5G 的 1 ms 网络时延	5G<<4G

　　表 2.2 以多种方式衡量这一术语：① 区域容量（总数据传输速率），即网络可提供的总数据比特率；② 边缘速率，用户在网络服务范围内所期望的最差的数据速率；③ 峰值速率，用户期望的最高数据速率。通常 5G 的目标是提升数据速率和边缘速率，与 4G 网络相比，分别提升 1000 和 100 倍。时延是另一个评估网络的指标。尽管 4G 网络的往返延迟足以满足现有业务，而 5G 将基于新的云网络技术，以支持诸如谷歌眼镜和许多其他可穿戴设备等应用。为了实现这个目标，参与设计 5G 的研究人员需满足约 1 ms 的往返延迟，这远远低于 4G 的 15 ms 时延。降低网络成本和能耗也可以通过 5G 网络来实现。数据速率将在 5G 中增加 100 倍，因此每比特的成本降低至 1%。这意味 5G 将采用更加廉价的 mmWave 频谱。

2.2　什么是5G

第五代移动通信技术（5G）是下一代移动通信标准。鉴于对移动通信网络的改善，5G 网络主要的期望如下。

首先，5G 网络的目标是为大量用户提供高数据传输速率。其次，5G 支持海量并发连接的大规模传感网络。最后，与 4G 相比，5G 网络的频谱效率应该有明显的提升。自 1G 问世以来，移动网络领域几乎每 10 年就经历一次更迭。新移动网络是由每个频道分配新的频段和更宽频谱带宽而产生的。表 2.3 显示了不同移动通信系统间的演进及其相应的频谱带宽[7]。

表 2.3　不同移动通信系统间的演进及其相应的频谱带宽

网络	时间	带宽
1G	1981 年	<30 kHz
2G	1991 年	<200 kHz
3G	2001 年	<20 MHz
4G	2012 年	<100 MHz

5G 网络期望可优化的其他参数，如更高的峰值速率、处理更多海量并发连接的设备、更高的频谱效率、更长的终端待机、更好的覆盖和更低的故障率。数据覆盖在更多区域内提供高速率、低时延、更多设备的连接，且基础架构部署成本更低、通信更可靠。该网络的预期部署时间为 2020 年。

我们所面临的一个具有挑战性的问题是，现有网络将不能满足更多网络需求，如更加均衡、分布式的网络需求。

随着网络资源共享和传输诸如音视频、图像和数据等多种文件格式需求的不断增长，我们需要新的内容源编码技术，如 H.264。另外值得考虑的是，先进的无线接入网络（RAN，Radio Access Network），如异构网络（HetNet），甚至用于无线接入技术，如新的无线广域网（WWAN，Wireless Wide Area Network）。考虑到未来 5G 网络需要适应更高速率和互操作性的需要，优化现有移动通信相关的技术是非常有必要的。通常，这种优化将在网络、设备和应用程序上进行。5G 网络提供数据传输的高带宽将改变我们使用 5G 无线终端的方式。而另一个关于 5G 的事实是，5G 将通过使用智能技术把整个世界连接起来。

它将基于一个多路径数据方案的新概念，提供一个真正的全球无线网络（WWWW，World Wide Wireless Web）。要设计这样一个网络，融合的网络是必不可少的。最终实现的将是一个多带宽、多路径，聚集当前和未来的网络技术，并引入 5G 新架构的网络。图 2.3 显示了该网络架构，并聚集了当前和未来的网络架构。

因此，在这样一个真实的 5G 世界，码分多址（CDMA，Code Division Multiple Access）、正交频分复用（OFDM，Orthogonal Frequency Division Multiplexing）、多载波码分多址（MC-CDMA，Multi-Carrier CDMA）、超宽带（UWB）和因特网协议版本 6（IPv6）

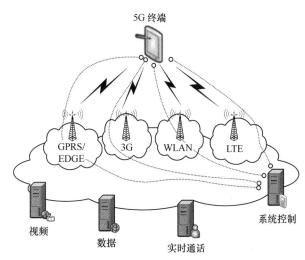

图 2.3　基于当前和未来网络的 5G 网络架构

技术将得到应用。5G 采用更具可扩展性的网络架构，网络将提供更高的数据吞吐量、无限制的呼叫量和数据广播传输能力。这种能力要求在 5G 网络中的路由器和交换机具备高连接性。另一个 5G 的预期是，它能够在多个接入基站间进行不同速率的平滑切换。5G 网络的启用，将为无线网络提供更高的带宽，形成双向的大带宽。5G 技术的一大特点是它在远程诊断方面的能力，用户将体验到通过远程管理获得更好和更高速率的解决方案。

2.3　5G 的应用

随着 5G 的发展，5G 将对其他的通信方式产生某种程度的影响。让我们看看建设 5G 新网络的真正动机。很明显，高吞吐量连接需求的增长、移动互联网数据量需求的增加，以及对更高服务质量和更低价格的追求，都是促进 5G 网络建设的因素之一。移动互联网、医疗保健、网络中的音视频数据流、游戏、安防以及我们生活的各个方面都将从 5G 网络中获益。同时它还将在商业、工业、学校，甚至于医生、飞行员和警察的日常工作中，以及我们生活的许多其他领域都扮演着重要角色。5G 的最大优势之一是，具备建立全球网络的能力。5G 网络是在所有可用通信网络的基础上进行的。如基于人工智能的可穿戴设备，可以帮助我们监控身体的日常活动，如心率变化、血压和大脑的活动，并与中央医疗中心建立实时在线通信。5G 的目的在于为此做出巨大的贡献。

2.4 5G 的技术规范

在 3G 和 4G 网络中，首要目标在于提高峰值速率和频谱效率。而 5G 基于一种最有利的低成本架构，即密集 HetNet，其目的在于提升网络效率，这是为了满足行业的所有需求，并提供无差异的连接。在 5G 中，HetNet 的体系结构将会包含各个频段。这些频段包括在授权频带内的宏基站，如 LTE；还包括有授权频段和非授权频段的小微站，如 Wi-Fi。另一种可能性是使用更高频率的频谱，如小微站中的 mmWave，它将提供超高的数据传输速率。

2.5 面临的挑战

在设计和建立 5G 移动网络的过程中，最主要的挑战之一是集成各种标准，并提供通用平台和适当基础设施的机制。在 5G 移动网络的建设过程中，需求可以表述为 3 个主要类别。第一，5G 网络具备高吞吐量和广连接；第二，5G 网络将支持各种各样的服务、应用和不同领域的客户；第三，建立 5G 网络的灵活性和高效性，其利用所有可用的频谱来开展不同的网络应用场景。移动网络越来越多地涵盖了我们日常交流的方方面面。因此，这些网络应该能够在连接时实现必要的 QoS，并提供可靠性和安全性。为了实现这些目标，用于建立 5G 的技术应该具有超高质量和多媒体交互的可视通信能力。

5G 的最终目标是建设一个支持多种终端的网络，从车辆到可穿戴设备，再到家用电器等。这样一个泛网络的性能可以被看作是不受限制的，并提供每秒多个吉比特。5G 网络的主要用途之一是智慧城市的建设，提供智慧城市所需的基础设施。其借助 5G 网络的低时延和高可靠性的连接，提供工业自动化、车联网和其他物联网应用。

随着移动服务越来越多样化，服务范围越来越广泛，各个维度的网络性能需求是必要的。图 2.4 对 5G 网络的需求进行了概述，如网络吞吐量、时延和连接数。

如图 2.4 所示，在设计 5G 网络过程中，满足上述所有服务需求几乎是不可能的，主要面临的挑战是：为了满足提供超高清视频和虚拟现实应用的要求，5G 应该支持至少

1 Gbit/s 或更高的数据传输速率。图 2.4 清楚地展示了 5G 如何改进以满足高数据速率、低时延、不同移动接入技术之间的平滑切换和低能耗方面的所有要求。通常 5G 网络的潜在需求如将流量负荷增加近 1 000 倍，峰值数据速率为 5～10 Gbit/s，频谱效率为 10 bit/(s·Hz)，用户平面时延为 1 ms、控制平面时延为 50 ms。同时还应考虑 mmWave 和未经授权的频段应用。另一项性能要求是移动性，要求最大速度超过 350 km/h，切换时间低于 10 ms。因此，对 5G 网络的可靠性要求非常高。

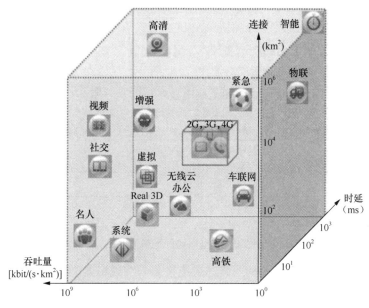

图 2.4 5G 业务需求和应用场景

2.6 5G 网络的关键技术

图 2.5 展示了 5G 网络的技术要求。在 5G 网络中，我们希望通过使用大规模 MIMO、mmWave 和新波形来提供用于通信的数吉比特每秒的数据传输速率。对于蜂窝和移动网络的容量和带宽需求也将大幅提升。

未来，5G 移动网络的数据速率将增加至数吉比特每秒。数据高速率可以通过使用基于 mmWave 频谱的可操控的天线来完成。这种较小的毫米波长可以与定向天线集成，以获得更高的吞吐量，而作为空间处理技术的大规模 MIMO 可以提供正交偏振和波束成形自适应来实现。

图 2.6 展示了移动网络的毫米波频段。采用载波聚合方式提供更高的数据传输速率，通过组合单独的频谱带来创建更大的虚拟带宽。提高带宽的策略之一是使用授权和未授权波段的载波聚合。

5G 网络也将采用高密度组网，使用先进的小型微站、良好的节点间协调和自组织网络技术。5G 网络的另一个优点在于利用更高频段的载波聚合，运行于未授权和毫米波频段，以及采用感知无线电技术。

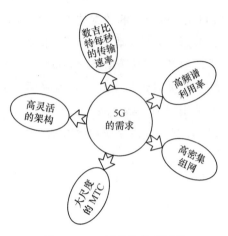

图 2.5　5G 网络的技术要求

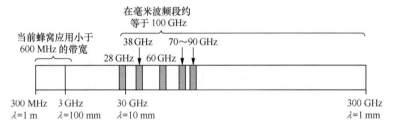

图 2.6　移动网络的毫米波频段

在 5G 网络中，部署类似移动网络的采集设备来实现机器类型通信（MTC，Machine Type Communication）设备的大规模应用[8]。因此，5G 支持许多移动性操作模式，例如，设备到设备的通信（D2D，Device to Device）、低功耗操作模式、多无线接入技术集成和管理、先进的多接入访问方案，以及低频段的优化操作。

5G 网络将从所有的网络可能性中受益，因此，其架构应该是高度灵活的。为此，使用上下文感知的网络是为数字网络提供最大限度的稳定性和可靠性的一种方法。实际上，该网络基于将哑网络和智能网络的属性与功能相结合。同时 5G 中将采用基于软件定义的无线电的动态无线电资源管理技术[9]。动态无线电资源管理基于认知无线电技术，其允许不同的无线电技术以有效的方式共享相同的频谱，通过自适应方式搜索未使用的频谱并调整对应于技术要求的传输方案，共享频谱。网络功能虚拟化（NFV，Network Functions Virtualization）是另一种使 5G 更加灵活的技术。通过使用该功能，我们可以将网络功能与专用设备分离，从而允许在虚拟机上托管网络服务。通过使用 NFV，5G 网络将导致开发和运营网络业务所需的专有硬件设备数量大幅减少。

MIMO 技术结合多个发射机和接收机或天线，可以被认为是一个智能天线阵列组。MIMO 技术在 5G 中应用，主要由于它提供了比局部多用户 MIMO 更高的性能。基于数百个阵子阵列的大规模 MIMO，其典型的运行频率高于 10 GHz，且有足够的阵子可以增加容量。应用大型 MIMO 存在一些技术上的挑战，如相互天线耦合、设计复杂的射频硬件和信道估计。5G 网络将采用更高密度和更加灵活的组网方式。

2.7　小　　结

5G 的上述功能特征将彻底改变移动通信市场。超级核心的概念将会被 5G 增强，在这个概念中，所有的网络运营商都将通过一个单一的核心联接起来，并且无论它们采用何种访问技术，都将有且只有单一的基础设施。5G 网络将结合多种改进技术，以满足建立一个更高效、更高容量、更高 QoS 和低能耗的网络要求。为了设计一个具有如此高质量和能力的网络，更高密度的小微基站是组建网络的关键。在 5G 网络中，频谱共享仍然是一个很大的挑战。

5G 将解决从现有的有线通信到无线通信的所有相关问题。安全和防护仍然是 5G 所面临的重要问题之一。预计 5G 将建立一个广泛、可靠的网络，并有能力提供安全防护。如图 2.7 所示，任何移动互联网应用都可以在 5G 网络中实现。

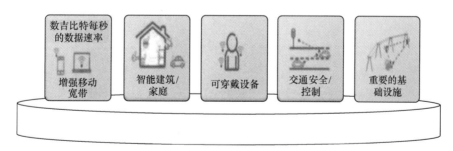

图 2.7　5G 作为实现未来移动互联网应用的平台

第 3 章

从 4G 到 5G

3.1 引　言

在过去的几年中，由于智能终端数量的快速增长，全球移动数据业务需求也有了明显的增长。预计在未来几年，移动数据流量将增长 20～50 倍。其中，近 80%的移动数据流量会发生在室内环境中，这需要增加深度覆盖的链路预算和范围来满足终端用户体验。由于无线电信号会受到墙壁、天花板、地板的影响而导致严重的衰减、扭曲和重定向，室内无线性能比室外差很多。因此，当前的蜂窝结构最初旨在进行广覆盖，在应对室内通信的需求时不再有优势。

随着智能手机数量的增加，产生了大量的突发连接需求和移动需求，网络流量负荷变得越来越重。这会消耗不平衡的网络资源、影响网络吞吐量和效率，在极端的情况下，还会让 3G 或 4G（LTE/LTE-A）蜂窝网络崩溃[1]。

增加频谱效率或带宽作为常规方法也很快地接近其理论极限。业界也有越来越多的人认识到，当前 3G 和 4G（LTE/LTE-A）的蜂窝无线电接入技术不再能够满足移动中流量需求的预期增长。

为了应对挑战，无线产业已经开始规划从 4G 到 5G 演进的路线图。基于 4G 网络的现状，人们普遍认为 5G 网络必须解决 LTE-A 网络遇到的问题和挑战。

移动网络中互联网业务的变化，如雪崩式的互联网流量、各种连接设备数量爆炸性增长、使用情况和要求的多样性，都导致对移动网络资源和性能需求的变化[2-3]。

5G 移动网络将有效地应对这种业务变化。在这些变化中，需要考虑的因素就是如何处理移动数据（互联网）流量的爆发式增长[4]。

为了解决移动数据流量急速增长的问题，研究人员提出了许多想法，包括微蜂窝组网、设备到设备（D2D）通信等。但是，我们注意到，这些方案主要集中在如何提高无线电链路的容量。5G 系统包括无线接入网部分和移动核心网部分，两者的有效设计直接影响 5G 目标的实现程度。

本章的主要内容是 4G 网络（LTE / LTE-A）、5G 曙光、5G 服务愿景、5G 要求以及 5G 网络关键技术的概述。

3.2 LTE 概述

3.2.1 LTE 网络

数据业务的持续增长挑战了 3G 网络能力的极限，因此，2005 年，3GPP 开始致力于下一代网络的标准制定工作。LTE 由 3GPP 进行主导，以确保 3G 技术的竞争力，作为未来十几年内的引领性标准。LTE 支持时分双工（TDD，Time Division Duplexing）和频分双工（FDD，Frequency Division Duplexing）[5-6]。

为了区分称为 Node B 的全球移动通信系统基站与 LTE 基站，LTE 基站（BS）被称为增强型 Node B（eNB）。eNB 与 Node B 相比更为智能，LTE 网络架构中没有了无线网络控制器（RNC，Radio Network Controller），RNC 的功能转移到了 eNB 和核心网关。eNB 之间的业务可以通过 X2 接口进行切换，从源 eNB 到目标 eNB 转发下行链路数据。X2 接口对控制平面（GTP-C）采用隧道协议。eNB 通过 S1 接口连接到网关节点。所有的 eNB 在 S1-MME 接口至少被连接到一个移动性管理实体（MME，Mobility Management Entity）。MME 作为控制平面节点，主要处理移动性管理认证、业务承载管理、网关选择、会话信令管理，以及移动设备的位置跟踪。上述 MME 功能的实现，依赖于基于 IP 用户的签约数据。为了获取用户签约信息，MME 通过 S6a 接口连接到归属签约用户服务器（HSS，Home Subscriber Server）。签约数据包括认证和访问授权认证。HSS 还支持 LTE 网络之间以及 LTE 和其他接入网络之间的移动性。移动终端上传、下载的数据由两个节点处理，称为服务网关（S-GW）和分组数据网关（PDN-GW）。S-GW 与 eNB 之间使用的是 S1-U 接口，S-GW 是 3GPP 之间切换的移动锚点。当终端处于空闲模式时，S-GW 还对下行链路分组数据进行缓冲。对于漫游用户，总是使用拜访地的 S-GW，并支持计费功能（计费结算）。S-GW 和 MME 可以在同一个硬件中实现或者在不同硬件中分别实现。如果分别实现，两者之间的通信使用 S11 接口。PDN-GW 是 LTE 网络通过 SGi 接口连接外部 IP 网络的点。PDN-GW 提供了 IP 多媒体业务、数据包过滤、策略控制和 IP 地址分配。如果用户在归属地网络中，S-GW 和 PDN-GW 通过 S5 接口连接；如果用户驻留在拜访地网络，则通过 S8 接口连接。当用户在不同 S-GW 控制的蜂窝之间移动时，通用分组无线业务（GPRS，General Packet Radio Service）利用用户协议平面、通过 S-GW 来获取用户数据。策略和计费规则功能（PCRF，Policy and Charging Rules Function）确定了服务质量和计费规则，并通过 Gx 接口连接到 S-GW / PDN-GW。当代理移动 IPv6（PMIP）用在 S5 接口时，PCRF 通过 Gxc 接口连接到 S-GW。本地 PCRF（非漫游）和拜访 PCRF（漫游）通过 S9 接口互联。当正在服务用户的 MME 由于失效或者节点失效，用户在两个 MME 池之间移动时，则通过 S10 接口连接两个 MME。LTE 的网络架构如图 3.1 所示。

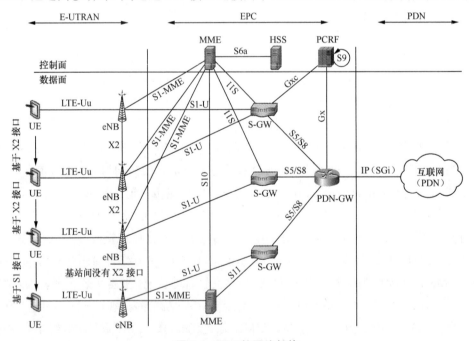

图 3.1 LTE 的网络架构

LTE 的下行链路即从基站到终端用户设备的数据传输使用的是正交频分多址（OFDMA，Orthogonal Frequency Division Multiple Access）技术。OFDMA 的基本概念是总带宽信道频谱

（例如，10 MHz）被细分成多个 15 kHz 的子载波，子载波之间是正交的。因为大量的数据比特是并行发送的，每个子载波的传输速率可以比整体数据速率低得多。由于多径衰落和传播时延与信道带宽独立，可以有效地减少多径衰落的影响。LTE 无线链路中最常用的调制技术是二进制相移键控（BPSK，Binary Phase Shift Keying）、正交相移键控（QPSK，Quadrature Phase Shift Keying）以及正交调制（QAM，Quadrature Amplitude Modulation）。

对于 OFDMA 下行链路传输，快速傅里叶逆变换（IFFT）把信号的频域变换到时域。所得到的信号在调制和放大后由空口传输。在接收端，信号首先被接收器接收，接收器解调和放大信号，然后，通过快速傅里叶变换（FFT，Fast Fourier Transform）将信号从时域变换到频域。OFDMA 中的多址是指下行数据由多个用户同时接收。移动终端发送缓存中的数据，通过使用控制信息，终端可以知道通过多址接入发送哪些数据、忽略哪些数据。在物理层中意味着，从 QPSK 到 16QAM 再到 64QAM 的调制方案都可以在不同子载波中快速地应用，以满足不同的信道接收条件[1, 8-10]。

LTE 上行链路传输，使用了单载波频分多址（SC-FDMA）。由于 OFDMA 峰均比（PARP）比较高，这样对终端的电池能量消耗比较大。在一般情况下，SC-FDMA 类似于 OFDMA，但具有低的 PARP。这是上行链路传输选择 SC-FDMA 的原因。SC-FDMA 通过很多子载波的空中接口发送数据。一部分输入比特被分组，首先通过 FFT 传输，然后被送入 IFFT 模块，由于终端不能占用所有的子载波，所以许多空闲的子载波被设置为零。当信号被接收端接收后，它首先被放大和解调，然后传送到 FFT 模块。得到的信号被送入 IFFT 模块以对抗传输中额外的影响。所得的时域信号被传送到一个检测器，就可以恢复出原始信号[1, 8-10]。

LTE 中应用了 MIMO 技术，MIMO 在传输和接收侧需要 2 个或 4 个天线同时工作，2个或者 4 个天线在同一个带宽中传送数据。然而，LTE 仅在下行链路用多天线传输，因为对于上行链路传输来说，由于移动设备有限的天线尺寸和功率约束[8,11]，比较难以实现 MIMO。

3.2.2 LTE 帧结构

图 3.2 展示了 LTE 的帧结构。LTE 帧长为 10 ms，然后分成 10 个持续时间为 1 ms 的子帧。每个子帧又细分成两个时隙，每个时隙 0.5 ms。每个 0.5 ms 的时隙又分为 12 个子载波，6 或 7 个 OFDM 符号取决于使用标准还是扩展循环前缀（CP）上。当使用扩展 CP，OFDM 符号的数目减少到 6 个。物理资源块分组（PRB，Physical Resource Block）占用12 个子载波时总带宽为 180 kHz。两个时隙组成了一个子帧，这也称为传输时间间隔（TTI，Transmission Time Interval）。在 TDD 操作的情况下，子帧可以分配给下行链路或上行链路。

这是由上/下行链路的网络参数决定的。然而，在 LTE 网络部署时，大多数网络使用 FDD 方式，其中，上行和下行各自使用单独频带[1,8-10]。

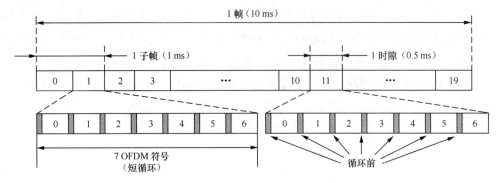

图 3.2　LTE 的帧结构

3.2.3　eNB、S-GW 以及 MME 池

图 3.3 展示了 eNB、S-GW 以及 MME 池的逻辑框图。

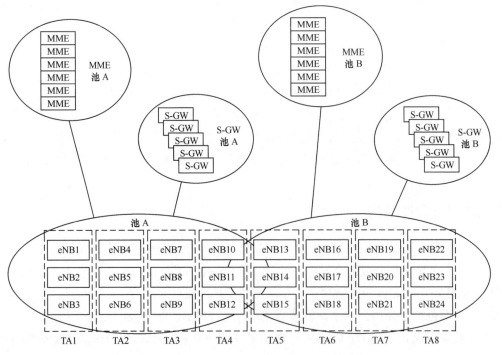

图 3.3　eNB、S-GW 以及 MME 池的逻辑框图

跟踪区域（TA，Tracking Area）：在某个区域内提供服务的 BS 组，此区域由 TA 标识（TAI）来标记。用户设备（UE）只要在 TA 内漫游就不需要发送 TA 更新。

区域池：可以成为一个或多个 TA，由一个或多个 MME/S-GW 池提供。

MME 池：一个或多个 MME 可以服务其他池。

S-GW 池：一个或多个 S-GW。

3.2.4 协议栈

图 3.4 展示了在 4G 演进分组核心网（EPC，Evolved Packet Core）中，数据传输的协议栈。无线接入使用了媒体访问控制（MAC，Media Access Control）、无线链路控制（RLC，Radio Link Control）和分组数据转换协议（PDCP，Packet Data Convergence Protocol）。GTP 用于 cNB 与 S-GW/PDN-GW 之间。GTP 把原始 IP 包封装到一个外部 IP 包[7]。

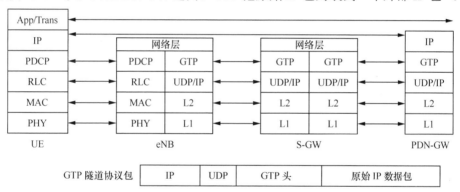

图 3.4 数据传输的协议栈

3.2.5 首次注册

图 3.5 描述了 4G-EPC 初始化的步骤：UE 首先与网络连接并绑定更新，并且数据从一个 UE 传输到另一个 UE。当 UE 建立与 eNB 的无线链路时，它发送"Attach Request"到 MME。然后，在 UE 和 MME 之间执行与安全相关的程序。MME 将更新相关的 HSS。为建立传输路径，MME 发送"Create Session Request"到 S-GW。当 S-GW 接收到来自 MME 的请求时，它将发送"Modify Bearer Request"消息到 PDN-GW。PDN-GW 回复"Modify Bearer Response"给 S-GW。然后 S-GW 回复一个"Create Session Response"消息给 MME。MME 将从 S-GW 接收到的信息在"Initial Context Setup Request"消息中发

送给 eNB。这条信令中还包含着"Attach Accept"消息，这是"Attach Request"的响应。eNB 回复"Initial Context Setup Response"消息给 MME。然后 UE 发送"Attach Complete"消息给 MME。因此，MME 发送"Modify Bearer Request"消息给 S-GW，S-GW 将回复"Modify Bearer Response"消息给 MME[7]。

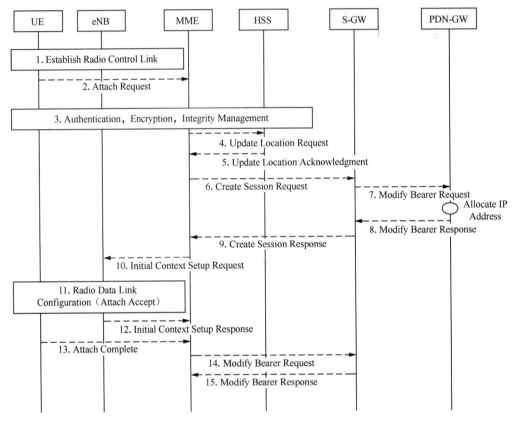

图 3.5 4G-EPC 的初始化注册

3.2.6 基于 X2 的无 S-GW 重选的切换

图 3.6 显示了基于 X2 的无 S-GW 重选的切换[7]。通过切换，UE 从源 eNB 向目标 eNB 迁移。目标 eNB 将"Path Switch Request"消息发送到 MME。然后 MME 发送"Modify Bearer Request"消息请求到 S-GW。在收到"Modify Bearer Request"消息时，S-GW 发

送"Modfiy Bearer Request"消息至 PDN-GW。随后，PDN-GW 将回复"Modify Bearer Response"消息给 S-GW。S-GW 也将回复"Modify Bearer Response"消息给 MME。然后，MME 发送"Path Switch Request Ack"消息给目标 eNB。目标 eNB 发送"Release Resource"消息给源 eNB。

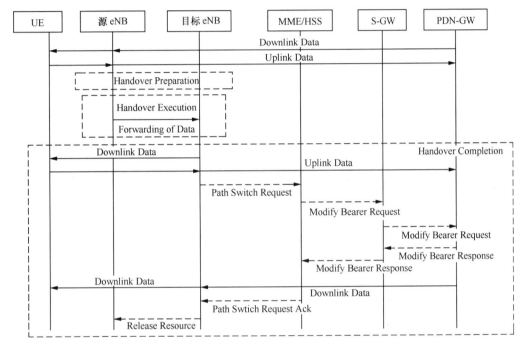

图 3.6　基于 X2 的无 S-GW 重选的切换

3.2.7　基于 X2 的 S-GW 重选的切换

图 3.7 显示了基于 X2 的 S-GW 重选的切换。通过切换，UE 从源 eNB 向目标 eNB 迁移。目标 eNB 将"Path Switch Request"消息发送到 MME。然后 MME 发送"Create Session Request"消息到目标 S-GW。在收到"Create Session Request"消息时，目标 S-GW 发送"Modfiy Bearer Request"消息到 PDN-GW。随后 PDN-GW 将回复"Modify Bearer Response"消息给目标 S-GW。目标 S-GW 也将回复"Create Session Response"消息给 MME。然后 MME 发送"Path Switch Request Ack"消息给目标 eNB。所以，目标 eNB 发送"Release Resource"消息给源 eNB。

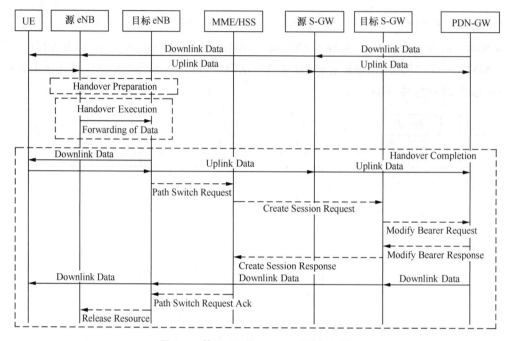

图 3.7 基于 X2 的 S-GW 重选的切换

3.2.8 基于 S1 接口的切换

图 3.8 显示了 S-GW 和 MME 重选下基于 S1 接口的切换[7]。源 eNB 决定发起基于 S1 接口的切换到目标 eNB。如无 X2 接口接到目标 eNB，或通过从目标 eNB 基于 X2 接口切换不成功之后，或由源 eNB（步骤 1）获得动态信息的错误指示后，可以触发基于 S1 接口的切换。源 eNB 发送 "Handover Required" 到源 MME（步骤 2）。源 MME 选择目标 MME，如果它已经确定重选上述目标 MME，则发送 "Forward Relocation Required" 消息给目标 MME。如果已经重选 MME，目标 MME 验证是否采用源 S-GW（步骤 3）。如果 MME 没有被重新定位，源 MME 决定该 S-GW 的重选。如果源 S-GW 继续服务该 UE，没有消息在这个步骤发送。在这种情况下，目标 S-GW 与源 S-GW 相同。如果选择一个新的 S-GW，目标 MME 发送 "Create Session Request" 使 PDN 连接到目标 S-GW。目标 S-GW 发送一个 "Create Session Response" 消息返回给目标 MME（步骤 4）。目标 MME 发送 "Handover Request" 消息给目标 eNB，在此消息中创建目标 eNB，包括 UE 安全上下文消息。目标 eNB 发送 "Handover Request Acknowledge" 消息到目标 MME（步骤 5）。

如果应用间接转发和 S-GW 被重新定位，目标 MME 通过发送"Create Indirect Data Forwarding Tunnel Request"给目标 S-GW 重置转发参数。目标 S-GW 发送"Create Indirect Data Forwarding Tunnel Response"给目标 MME（步骤 6）。如果 MME 已重选，目标 MME 发送"Forwarding Relocation Response"到源 MME（步骤 7）。如果应用间接转发，源 S-GW 发送"Create Indirect Data Forwarding Tunnel Response"消息到源 MME（步骤 8）。

源 MME 发送"Handover Command"消息给源 eNB。目标 eNB 对"Handover Command"消息来说是透明的，消息直接被发送到 UE（步骤 9）。源 eNB 发送"Status Transfer"消息到源 MME。如果 MME 重选，源 MME 通过"Forward Access Context Notification"发送消息给目标 MME，目标 MME 则发送确认消息"Forward Access Context Acknowledge"。目标 MME 发送"eNB Status Transfer"消息给目标 eNB（步骤 10）。源 eNB 开始将下行数据转发至目标 eNB（步骤 11）。UE 成功与目标蜂窝同步后，UE 发送"Handover Confirm"消息给目标 eNB。从源 eNB 转发的下行链路分组数据可以发送到 UE 了。此外，UE 也可以发送"Uplink User Plane Data"，数据被转发到目标 S-GW 和 PDN-GW（步骤 12）。目标 eNB 发送"Handover Notify"消息到目标 MME（步骤 13）。然后，目标 MME 发送"Forward Relocation Complete Notification"消息到源 MME。源 MME 回应"Forward Relocation Complete Acknowledge"消息给目标 MME（步骤 14）。此后，目标 MME 发送"Modify Bearer Request"消息给目标 S-GW 的每个 PDN 连接（步骤 15）。如果 S-GW 被重定向，目标 S-GW 的每个 PDN 连接发送"Modify Bearer Request"消息给 PDN-GW。PDN-GW 更新其上下文字段，并返回一个"Modify Bearer Response"消息到目标 S-GW。PDN-GW 开始发送下行数据包到目标 S-GW。这些下行数据包使用新的下行路由从目标 S-GW 到目标 eNB（步骤 16）。目标 S-GW 发送"Modify Bearer Response"消息到目标 MME。这个消息响应步骤 15 发送的消息（步骤 17）。在条款中列出的条件之一"区域更新触发"应用，UE 初始化"Tracking Area Update Procedure（步骤 18）"。

当步骤 14 启动的定时器到时间时，源 MME 发送"UE Context Release Command"消息给源 eNB。源 eNB 释放与 UE 相关的资源，回复"UE Context Release Complete"消息（步骤 19）。如果使用间接转发，在步骤 14 中，源 MME 启动的定时器到时间后会触发源 MME 发送"Delete Indirect Data Forwarding Tunnel Request"信息给源 S-GW，用以释放在步骤 8 中分配的间接转发中使用的临时资源（步骤 20）。如果使用间接转发，且 S-GW 重新定位，在步骤 14 中，源 MME 启动的定时器到时间时会触发目标 MME 发送"Delete Indirect Data Forwarding Tunnel Request"消息给目标 S-GW，用以释放在步骤 6 中分配的间接转发中使用的临时资源（步骤 21）。

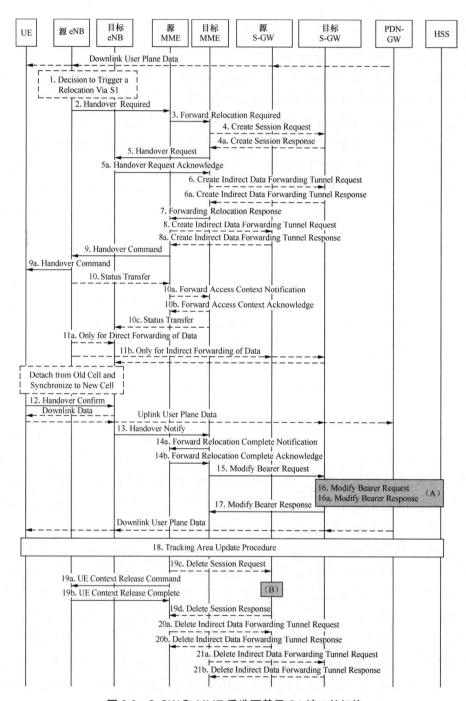

图 3.8　S-GW 和 MME 重选下基于 S1 接口的切换

3.2.9 代理移动互联网协议——LTE

在 LTE/系统架构演进（SAE）中，PMIPv6 已被认为支持 IP 移动性[13-15]。在研究中，为支持 LTE/SAE 架构中的 PMIPv6，PDN–GW 被用于 PMIPv6 的 LMA，S-GW 被用于作为 PMIPv6 的移动接入网关（MAG，Mobile Access Gateway）。基于 X2 和 S1 的切换与常规 LTE/SAE 相同。PMIP-LTE 在 S-GW 和 P–GW 之间使用通用路由封装（GRE，Generic Routing Encapsulation）隧道，代替了 GTP 隧道。在 S-GW 和 P-GW 交互代理绑定更新（PBU，Proxy Binding Update）和代理绑定确认（PBA，Proxy Binding Ack）消息，而不是发送 "Modify Bearer Request" 和 "Modify Bearer Response" 消息。PMIP-LTE 网络架构如图 3.9 所示。

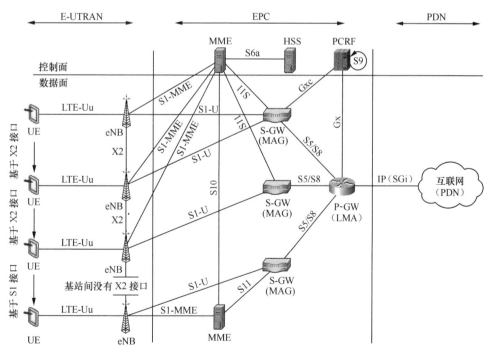

图 3.9　PMIP-LTE 网络架构

3.3 LTE-A 概况

LTE-A 是 LTE 演进的下一个重要里程碑，也是解决移动数据增加 1 000 倍的关键解决方案。它集成了多个方面的增强方案，包括载波聚合和先进的天线技术。但是大部分增益来自优化异构网络（HetNet），使得微蜂窝具有更好的性能。

众所周知，微蜂窝的优点是在需要的地方提供容量。同时还有干扰管理的挑战和解决方案的挑战。在 LTE-A 引入了"范围扩展"等增强方案，与仅仅增加微蜂窝相比，此方案增加了网络的容量而不影响整体网络的性能。

在国际电信联盟无线电通信部门（ITU-R）的计划内，LTE-A 将达到或超过国际移动电话（IMT-A）的要求。演进的 LTE-A 的目标是在 LTE 版本 R11 和 R12 中应用，例如，更多频段的载波聚合。LTE-A 还支持新的频段，LTE-A 向后兼容 LTE 的 R8 版本。LTE 的 R8 版本的 UE 可以在 LTE-A 网络中使用。另外，在 LTE-A 的 UE（R10 或更高）可以在 LTE R8 网络中使用。LTE-A 的部署采用增加室内 eNB 和归属 eNB（HeNB），它的覆盖范围比较小，半径通常小于 50 m[1, 16]。

3.4 5G 时代的黎明

近年来，随着连接设备和移动数据前所未有的增长，巨大的数据需求已经快速地接近 4G 网络的承载极限，无线产业已经开始规划从 4G 到 5G 过渡的路线图。据报道，物联网（IoT，Internet of Things）连接设备的数量到 2020 年预计[17]达到 500 亿，而移动数据流量预计到 2020 年将增长到每月 24.3EB[4]，如图 3.10 所示。

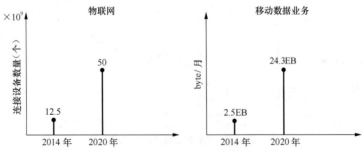

图 3.10 连接数量和移动数据的增长

此外，由于超高清（UHD）多媒体流对高电池容量和用户终端数据速率的需求以及云计算和存储/检索极低的时延需求，5G 期望可以支持相关的应用，支持高速无线连接、完全实现物联网、低时延、提高频谱和能量效率。让我们看看 5G 有望提供的服务和达到的要求。

3.5 5G 服务愿景

图 3.11 所示为 5G 服务愿景。

图 3.11 5G 服务愿景

3.5.1 物联网

5G 将使物联网成为现实。在 5G 网络中，不管任何时间、任何地点，设备都能够与网络保持连通，并连接所有设备，且无须人工干预。因此，5G 网络预计将支持每平方千米高达 100 万的连接数量，可实现各种机器到机器的服务，包括无线抄表、移动支付、智能电网、家庭联网、智能家居、智慧交通、健身/保健、智能存储、智能办公和车联网。智能设备将和其他设备自动通信和免费分享信息。

3.5.2 身临其境的多媒体体验

在 5G 中，用户将随时随地体验到栩栩如生的多媒体。当他们在智能设备上观看视频时，会觉得自己已经融入场景。为了提供这种身临其境的体验，在 5G 系统中，超高清视频流将提供逼真的体验。目前，在一些国家，超高清服务已经标准化。市场上的智能手机现在都基本上配备了摄像头，可以录制 4K 超高清视频。预计到 2020 年，超高清服务将成为主流。其他的应用还有虚拟现实（VR）和增强现实（AR）。VR 提供了一个虚拟场景，人们通过计算机图形仿真和模拟器件系统感受在客观物理世界中所经历的"身临其境"的逼真性。其他的应用包括 360° 互动电影、在线游戏、远程教育和虚拟乐团。在 AR 应用中，基于电脑辅助，用户的实时信息以图形的方式显示。对给定的产品，AR 有助于展示价格和产品细节。另一种 AR 服务是，汽车挡风玻璃上显示导航信息和其他有用的通知。

3.5.3 万物上云

5G 将为用户提供基于云计算的桌面体验。用户数据的存储和处理都在云上，通过低时延访问达到立即可用的效果。例如，当你去购物，智能终端可以显示你可能会喜欢的一件新外套马上会到货，或它会让你知道，根据你的购物历史，在新的库存中，这个外套与你喜好的匹配程度。当你进店时，这些提示便会触发。

3.5.4 直观的远程访问

在 5G 的环境中，用户将可以控制远程机器（重工业、机械）、远程操作以及访问有危险的场所，即使远在千里之外，它们也好像就在人们的面前。

3.6 5G 的需求

5G 的需求由图 3.12 所示的 7 个关键性能指标构成[18]。

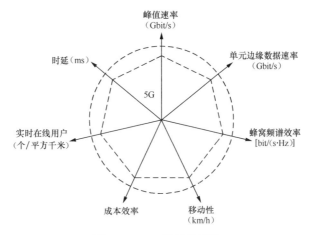

图 3.12 5G 的需求指标

3.6.1 单元边缘数据速率

预计 5G 系统将为低移动状态下的用户提供 10～50 Gbit/s 的数据速率。不管用户在什么位置，5G 系统都将提供吉比特每秒的数据服务，如图 3.13 和图 3.14 所示。

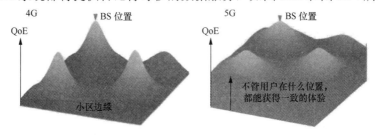

图 3.13 小区边缘，任何地点都可以实现吉比特每秒的速率

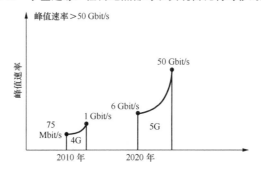

图 3.14 5G 和 4G 的数据速率对比

3.6.2 时延

5G 将实现小于 5 ms 的端到端时延，小于 1 ms 的空口时延，图 3.15 所示为 5G 与 4G 时延对比。

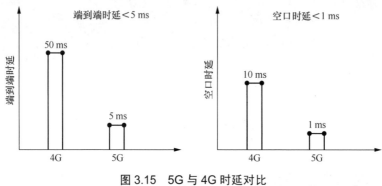

图 3.15　5G 与 4G 时延对比

3.6.3 实时在线用户

在 5G 系统中，并发连接预计超过 10^6 个/平方千米，这比传统的系统高得多。

3.6.4 成本效率

5G 系统的目标是通过降低成本以及每比特的能耗，与 4G 相比，5G 可以提高 50 倍以上的效率。实现这个指标需要降低网络设备成本、网络部署成本，同时在网络和 UE 侧提高节电的能力。

3.6.5 移动性

5G 技术将根据设备和服务的需求提供按需移动性。一方面，UE 的移动连接能力至少应保证与 4G 系统相同的水平。另一方面，5G 系统将支持移动性的速度为 300～500 km/h。

3.6.6 蜂窝频谱效率

如图 3.16 所示，蜂窝频谱效率被设定为 10 bit/（s·Hz）［对比在 4G 网络中，蜂窝频谱效率为 1~3 bit/（s·Hz）］。5G 系统还可以使用 MIMO 技术、先进的编码和调制方案，以及一个新的波形设计，以提高频谱的利用率。

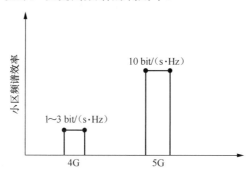

图 3.16 5G 与 4G 蜂窝频谱效率对比

3.7 5G 关键技术

5G 网络通过这些关键技术，将满足前所未有的网络需求速率、近似有线的网络时延、拥有用户体验质量（QoE，Quality of Experience）的无处不在的连接，且 5G 有能力将大量的设备连接在一起[18]。5G 将提供身临其境的体验，即使用户是在高速移动的情景下。未来 5G 系统利用新频段提高无线容量，在传统频带中使用先进的频谱效率增强方法，并且无缝地集成授权和未授权的频带。表 3.1 总结了 5G 网络的关键技术。

表 3.1 5G 网络的关键技术

使能技术	时延	实时连接	成本效率	移动性	蜂窝频谱效率	单元边缘数据速率	峰值速率
毫米波技术	√	√	√	—	√	√	√
多连接	√	—	—	√	√	√	√
演进的网络	—	—	—	√	√	√	√
演进的 MIMO	—	√	√	—	√	√	√
ACM 与多连接	—	√	√	—	—	√	√

续表

使能技术	时延	实时连接	成本效率	移动性	蜂窝频谱效率	单元边缘数据速率	峰值速率
演进的 D2D	—	—	√	—	—	√	√
演进的微蜂窝	—	√	—	√	√	—	—

    图 3.17 总结了 5G 使能关键技术。在 5G 系统中，使用毫米波（mmWave）增加带宽，提供的带宽是 4G 蜂窝频段的 10 倍，解决了容量需求高的问题；当在给定区域中，在微蜂窝可以智能管理的条件下，可以大量地部署增强型的微蜂窝；增强的多输入系统可以减少用户间和小区间的干扰，因此，实现了比当前的 MIMO 系统更高的吞吐量；新的 MA 方案，如滤波器组多载波（FBMC），配合 MIMO 的使用，也增加了一定的容量。自适应编码和调制［如频率和正交幅度调制（FQAM）］可以显著提高小区边缘性能，并且与 BS 联合部署的结合程度更高，将有助于实现"连接速率为吉比特每秒"的目标和统一的 QoE。对授权频段和未授权频段实施载波聚合技术的多 RAT 集成，也可以在很大限度上增加可用系统的带宽。在网络方面，靠近网络边缘的应用服务器的新型拓扑结构，将可以显著减少网络的端到端时延。演进的 D2D 技术也有助于减少通信时延，并支持网络中大量的连接并发。

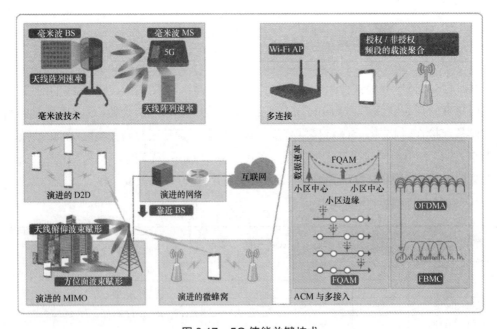

图 3.17　5G 使能关键技术

3.8　小　　结

　　本章介绍了 4G（LTE/LTE-A）的概况以及 5G 的概念、业务愿景、需求（这些需求在 4G 中尚未解决），还简单描述了 5G 的关键技术。

第 4 章

5G 空口技术面临的
挑战和问题

4.1 引　　言

　　在数据通信系统中，连接核心网和接入网的部分称为回传。电信网络的任何边缘设备的数据都通过回传。回传链路已经成为下一代网络建设的基石之一。世界各地的研究团队都在努力研究高效和增强的回传技术和拓扑结构。由于智能手机、平板电脑和计算机这些电子设备越来越多，带来了数据流量的激增，预计到 2020 年这一数字将达到前所未有的水平，所以回传的研究变得越来越重要。回传在处理大数据流量方面起着关键的作用，对移动宽带和使用 HetNet 提出了严格的要求。实际上，在过去 10 年中宽带发展迅速，促使回传技术随之发展，以满足运营商和客户的需求。通过采用以太网络作为物理接口，IP 网络层凭借自己的优势，从而促进了 RAN 的回传演进。

　　移动业务和更高级的宽带服务的使用一直在稳步持续地增长，使得当前无线标准提供的高速数据速率达到了极限要求，于是就演进到了新一代的移动通信标准：第五代移动通信技术（5G）[1]。预计，5G 作为移动网和互联网服务的融合网络，在个人网络、全球网络、扩展到家庭和办公可用的真正的宽带连接背景下，在 HetNet 的基础上出现了移动互联网这个术语[2]。但是，随着手机的功能越来越强、业务越来越复杂，能耗也越来越高。因此"绿色通信"在 5G 网络的演进过程中也发挥着重要的角色，主要的移动网络运营商通过成本收益的设计方法驱动社会向绿色社会发展。微蜂窝的组网已明确成为节能、高速的移动互联网方案。

除了无线的新概念外，很明显 5G 的苛刻要求对无线发射机背后的网络有着巨大的影响。研究人员普遍认为，只有对无线接入网和固定接入网都进行优化，才能满足 5G 的要求。未来的接入网络使用因特网和 IP 网的各种混合的固定和无线接入技术（如光纤、铜缆、DSL、微波、毫米波和可见光），形成一体化的通信平台。而且，使用这些协议，通过虚拟化和基于云的无线技术，可以让多个运营商共享物理基础设施。在所谓的 5G 开放网络中，可以支持更多设备商的设备和使用多个运营商的网络[3]。

4.2   回传/前传对 5G 的影响

众所周知的微蜂窝[4]代表了微小区解决方案的室内形式,而微微蜂窝则主要应用于室外覆盖。微蜂窝方案的性价比较好，但是仅限于室内使用。微微蜂窝是更加通用的室外型解决方案，但是运营商要进行无线网络规划和基础设施建设，CAPEX 和 OPEX 都比较高。显而易见的是，如果我们能够突破当前微型的应用场景，把它扩展到室外网络也可以接入的场景，我们会无意间发现微蜂窝也可以应用到 5G 网络的场景中。

未来可见的是，连接的移动终端设备越来越多，加上新兴的宽带业务对服务质量（QoS）的要求越来越严格，网络扩容技术和策略导致成本增加比较高，运营商的数据资费也就丧失了竞争力。除非出现新型的突破性的技术，否则运营商在频谱资源越来越贵的今天，仅选择"购买更多频谱和基础设施"来增加网络容量，将不能有效地解决用户需求的问题。很明显，如果我们想要以高性价比的方式来满足当前的问题，必须采用新的策略。

在 HetNet 中，规划和设计微蜂窝部署时，移动运营商面临两个重要的问题[5]：

（1）如何把边缘小区的业务数据传输到移动核心网；

（2）如何管理 RAN，具体来说是干扰管理和资源调度。

但是，这两个独立的问题又是紧密联系的，由于流量管理和路由回传至移动核心网将会影响干扰协调策略的设计要求，并驱使运营商寻找特定的解决方案。连接微蜂窝和主体网络的边缘链路可以使用不同的技术：有线（如光纤）或者无线（如视距链路或非视距链路）；授权或非授权频谱，点对点或点对多点传输；微波或毫米波。毫米波已经为短距离服务标准化，并应用在微蜂窝的回传链路中。因此，如果在宽带网络中应用，它将会获得相当可观的数据速率和完全不同的用户体验。

传统上，回传将 RAN 与网络的其他部分连接起来，基带处理功能一般部署在小区站点。但是，前传接入的概念也逐渐引起人们的关注，因为它可以支持 C-RAN 的结构，基带处理部分采用拉远集中处理的方式，旨在减轻运营商基站选址的难度，C-RAN 的结构明显降低了对干扰探测收发器的需求。前传方案的出现扩大了微蜂窝部署的前传吸引力，因为光纤作为典型的前传技术成本较高，无法在许多微蜂窝场景中应用。

在无线蜂窝网络中，回传的功耗在总功耗中的占比经常被忽略，因为它在最小化无线功耗的范围之外。但是，移动数据业务几乎是呈指数级别增长的，需要大量的（主要是微蜂窝）基站或者宏蜂窝以及射频拉远单元（RRU）。因此，我们很容易得知，回传的部署将会增加成本（包括 CAPEX 和 OPEX），未来备受期待的 5G 无线网络系统的功耗将会比较高。显然，不同的回传技术和拓扑结构将会影响回传链路的同步和时延。

4.3　部署场景和各自的挑战

本章总结了 C-RAN 的两个参考场景和一个基准场景。3 个系统场景的主要内容如下：

（1）根据 3GPP 基于回传的基准小区场景；

（2）基于前传的 C-RAN 场景，应用于多层基础设施网络中的干扰管理；

（3）移动微蜂窝的回传链路不完善，但是为了满足无处不在的高速数据服务。

为了评估这些场景下的性能表现，在当前的移动网络部署和管理时有必要对微蜂窝的价值进行评估。

4.3.1　3GPP 发布的微蜂窝部署的基本场景

当使用回传架构时，集成的微蜂窝设备（包括天线、射频单元和基带单元）连接到汇聚节点，汇聚节点采用的是微蜂窝或者通过光纤连接到移动核心网的节点。由于微蜂窝承载无线接入网的流量，运营商可以采用多种回传方案，包括使用光纤等有线回传方式和无线链路回传方式。无线链路方案包括视距传输（LOS）（毫米波）和非视距（NLOS）传输方案（微波）频带、PTP、PMP 或者 Mesh 组网，以及授权或者非授权频段。需要强调的是，这是基础网络运营商在提供数据服务采用的低成本建网的策略，传统微蜂窝部署方案如图 4.1 所示。

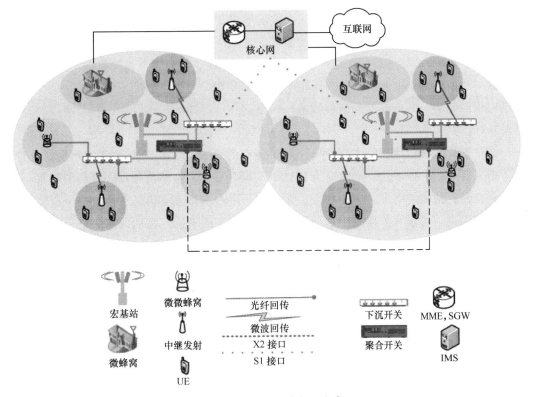

图 4.1　传统微蜂窝部署方案

在这种"基于基础设施"的多层网络部署中，利用回传链路让微微蜂窝提供高速的数据服务，而典型的宏蜂窝继续提供标准的低速、广覆盖数据服务。这种部署方案受限于同信道干扰的影响，不仅是基础设置的层间部署，而且是我们称为微蜂窝技术的随机部署。当前的部署场景变化，引起了人们对覆盖增强型技术的关注，如多点协同传输（CoMP，Coordinate Multiple Point）[7]，以及类似于几乎空白子帧（ABS）的干扰管理方法，这两种技术已经标准化并且是 LTE-A 架构中的关键部分。在前面说的 CoMP 技术主要应用在小区簇的干扰控制以及在小区边缘提供更好的覆盖，随后又提到的 ABS 技术主要是宏蜂窝处在空白期而微蜂窝处在发射状态的无线资源切换的干扰管理。

然而，目前所有的方法在频谱效率和复杂度管理方面能力有限，因此在多层微蜂窝环境中，如何对干扰有效管理仍然是一个开放性的挑战。

4.3.2　参考场景 1：多层基础网络的干扰管理技术——C-RAN

未来的微蜂窝的部署场景正朝着云无线的形式发展。C-RAN 作为一种新型的无线技术，它将基带处理单元（BBU）与无线前端如 RRU 分开部署。在这种技术中，多个 BS 的 BBU 放置在中心接入机房，这些 BS 的无线前端 RRU 被放置在基站机房[8-10]。因此，这种新型的架构为集中和协同处理算法/技术的应用展示了一个新的示例。但是这些新技术的应用面临着一些潜在性的研究挑战，时延问题、高效的前传设计、融合网络的无线资源管理。

前传支持 C-RAN 架构，在这种架构中，所有的 BBU 都放置在远离基站机房的位置。前传把来自无线射频端的信号传输给 BBU。与回传相比，虽然前传需要更高的带宽、更低的时延和更精确的同步，但它可以更高效地应用 RAN 资源，再结合传统的干扰管理和移动管理工具，可以有效地减少这种网络结构中存在的干扰，包括微蜂窝—宏蜂窝之间的干扰。

基于前传的参考场景 1 的总体架构如图 4.2 所示，共包括 3 个主要部分[10]，① 集中的 BBU 池；② 带天线的 RRU；③ 传输链路，传输链路的作用是将 RRU 连接到 BBU 池。

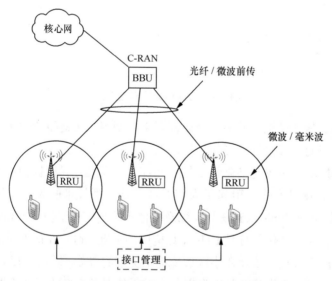

图 4.2　基于前传的参考场景 1 的总体架构

在下行链路中，RRU 将 RF 信号发送给用户设备（UE）；在上行链路中，RRU 接收到 UE 的基带信号，然后在 BBU 池进行进一步的处理。BBU 池由虚拟基站的 BBU 组成，主要是处理基带信号，并优化一个或者一组 RRU 的网络资源分配。前传链路可以使用不同的技术来实现，如有线（光纤→理想）和无线（毫米波→非理想）。

研究挑战

C-RAN 的引入具有几个新优势，如实现微蜂窝组网时的高速连接，同时还能减轻干扰。但是，在干扰管理、前传设计和移动性方面还要克服一些挑战。

尽管通过资源协调管理可以有效地控制干扰，但是这需要在微蜂窝和宏蜂窝之间进行协调调度。协调算法还影响系统的复杂性。需要在协调集大小、复杂性和发射功率之间找到潜在的平衡。

对于微蜂窝来说，前传设计直接影响数据的连接速度，可以为微蜂窝边缘提供非常高的连接速度。到目前为止，要在前传的部署成本和传输效率之间进行平衡时，可选择的传输方案包括光纤和微波 PTP。然而，随着毫米波技术的出现，在提升数据速率方面我们有了一个新的选择，即在终端侧使用 64 振元的天线。然而，研究表明，这种方案在非视距传输下，传输距离非常短。

真正的 C-RAN 可以为能源效率带来额外的收益，基带处理单元集中化部署，特别是绿色数据中心在能源效率方面也有很大的改善。C-RAN 链路所需的能量仍然是一个未知数。

因为毫米波提供了前所未有的带宽资源[1]，所以毫米波能量效率的研究至关重要。

考虑到宏微蜂窝能耗的类型不同，少量的宏蜂窝和大量的微蜂窝之间的平衡研究也是比较有意义的。

然而，微蜂窝技术和随机部署微蜂窝还是会引起干扰的问题，如何处理这些问题也是一个挑战。

4.3.3　参考场景 2：无处不在、按需服务的高速移动微蜂窝部署方案

我们引入了移动微蜂窝方案，其中，移动终端或者 RRU 作为接入节点。这是传统的纯粹以网络为中心到以设备为中心的理念的转变，现在移动终端被运营商当作扩展网络覆盖范围的额外资源池。这种新范式对合作激励的研究提供了挑战。从更广的角度来看，射频拉远为运营商之间建设和共享通信基础设施提供了一条新的路径。这些基础设施在共同协商的管理规则下，可以由统一的控制中心进行管理维护[12]。

参考场景 2 的特征如图 4.3 所示，其中，首先分为控制平面和数据平面，控制平面由

宏基站来承担整个区域的信令服务，在控制架构和合适的空口条件下微蜂窝主要承载高速数据业务（毫米波可能是最优的选择）。

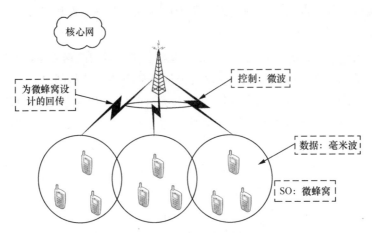

图 4.3　以设备为中心、按需服务的微蜂窝部署方案场景

研究挑战

按需引入的微蜂窝有几个潜在的新优势，包括在新型微蜂窝网络部署情况下减少信令负荷，以及增强移动性管理的手段。但是在干扰管理和移动性管理方面，仍然存在着一些挑战。随机按需部署的自组织（SO，Self Organizing）干扰管理包括：

① 在按需部署的微蜂窝中如何处理 SO 移动性管理；

② SO 的节点发现机制也是一项研究挑战；

③ 为了满足微蜂窝的接入，微蜂窝的传输和接入网络资源联合优化问题还没有研究，而且这是一个极具挑战性的问题；

④ 在无线网络中，有各种原因——空间和时间需求的波动释放业务。这些波动在微蜂窝网络中会被放大。从蜂窝到 Wi-Fi 再到微蜂窝网络，数据业务负载变化的边界余量是一个有待深入研究的问题。

4.4　小　　结

本章以 5G 无线网中的微蜂窝传输设计为起点，该架构以利用 RRU 技术部署微蜂窝为中心，介绍以光纤连接设备到核心网的回传网络架构。我们通过采用 C-RAN 结构的网络来克服潜在的多层干扰。C-RAN 的目标是在公共单元覆盖下的用户共用基带处理资源，从而为运营商提供完全的控制网络的能力，以及协调信号发射的能力，为网络提供明显的干扰抑制能力，并降低对干扰感知收发器的需求。事实上，这是 3GPP 技术路线图的一部分内容，在前传的部署策略中仍然存在一些研究挑战（参考场景 1）。在参考场景 2 中，首先利用 C-RAN 架构分离控制/业务平面，其中，宏基站为整个覆盖区提供信令服务，并让轻控制负载的微蜂窝通过合适的空口（毫米波）专门提供高速的数据服务。然而，我们也要转变网络的理念，从传统的以网络为中心的网络理念转变为以终端为中心的网络理念，其中，移动终端作为额外的资源池，成为运营商按需有效扩展覆盖的重要手段。我们利用移动微蜂窝的概念（参考场景 2），用户终端能够仿真 RRU 服务，并且在移动条件下提供高速上网业务。在这种情况下，我们考虑非理想回传的超密集微蜂窝组网。这对移动微蜂窝的共存和移动性管理方面提出了巨大的研究挑战。自组织网络（SON，Self Organizing Network）被认为是微蜂窝组网成功部署必不可少的技术，为了增加微蜂窝用户的容量，自组织微蜂窝网络采用自动 SO 方案，能适应动态的发射功率控制和动态频率选择，保证宏小区覆盖下用户的性能。

第二部分

5G 网络的设计

第 5 章

5G RAN 规划的指导原则

5.1　蜂窝概念/蜂窝网络简史

通读移动网络简史，蜂窝网络或者说蜂窝系统的概念不是凭空而来的，而是 D. H. Ring 在 1947 年正式提出的[1-2]。在此理论中,通过在大区制的网络中增加频率复用次数,进而提高了频谱复用效率, 增加了网络容量。在此理论公开发表几年后[3-7],具有蜂窝网络能力的移动通信系统开始出现。蜂窝移动通信系统的第一个专利是由贝尔实验室的工程师 Amos E. Joel, Jr 申请的[8]。Joel 提出了一个概念——小区间切换,即从一个基站（BS）的覆盖范围移动到相邻的基站覆盖范围时,连接的通话链路也随之改变。这样终端可以自动地重选小区并释放占用的频点,方便原小区中其他用户使用这些频率资源。这还意味着可以使用位置区来跟踪定位蜂窝网络的移动用户,并且这些概念在网络中已经应用。例如, 知道移动用户在网络中的大致位置后, 用户可以通过合适的小区接入移动网络。

5.1.1　从全向天线到 6 扇区基站

另一种增加覆盖和容量的概念就是小区扇区化,通过使用定向天线取代传统的全向天线,从而出现不同方向的小区部署,这种理论是在 20 世纪 70 年代末期提出的[9-10]。第一个具有 3 扇区的基站，在水平方向上的 3 面天线的间隔为 120°。如今，3 扇区基站一般用在初始无线网络规划中的新建基站。因此在特定的区域内，为了增加频谱效率和提高系统容量，将来可以使用增加扇区密度的方式，一个基站部署更多的扇区。最终的结果是给现在的基站增加了 3 个扇区，变成了 6 个扇区。在 5.3.1 节中我们会更加详细地讨论这个问题。

5.1.2　宏蜂窝、微蜂窝、微微蜂窝

在 20 世纪 80 年代中期提出了街道级蜂窝部署的概念[11-14]。它将宏蜂窝组网的概念进一步深化，就是现在的微蜂窝组网。在城市环境中的热点区域利用微蜂窝增加系统容量是一个简单可行的办法，在此情景下，小区的覆盖范围更小，天线挂高也低于建筑物的平均高度。

值得注意的是，20 世纪 90 年代初期，所有部署的蜂窝网络都是使用非屏蔽式双绞线或者同轴电缆作为基站的回传链路。因为当时这种回传链路成本比较高，限制了基站的大量部署。这个问题随着光纤技术的发展而解决，随之出现了以光纤作为回传链路的蜂窝网络。20 世纪 90 年代开始使用光纤回传技术，它是一种成本低、收益高、容量大、时延低的回传介质[15-17]。随着微蜂窝网络的部署，针对微蜂窝有了新的研究课题，包括微蜂窝规划、部署位置、覆盖面积以及微蜂窝与宏微蜂窝层之间的资源协同管理[18-24]。

当部署的蜂窝网络包括宏蜂窝和微蜂窝后，一种混合不同层的网络开始成型。这种形式称为 HetNet，它通常包括以覆盖为主要目的的宏蜂窝和以增加容量为主要目的的微蜂窝。起初，从纯蜂窝网络或微蜂窝网络部分向异构网络转变比较慢，但是随着 2G 移动网络开始具有了数据传输能力后，转变的动力越来越大。随着 3G 网络的部署，HetNet 的关注度变得更高。HetNet 也被称为多层小区结构（HCS）的网络，运营商也开始密切关注这种组网方式。

在近 10 年中，移动数据流量呈指数级别增长，出现这种情况，很大程度上是因为高速移动宽带服务的可用性，包括既得益于演进的 3G 网络数据业务价格低，也得益于智能手机的快速发展。流量的快速增长让电信从业者认识到，仅仅利用现有的无线基础设施是不能满足未来的业务需求的。因此，大家都在努力为此问题找到一个解决方案。当阿尔卡特在 1999 年第一次提出一种新型、紧凑、自优化的家庭蜂窝基站时，解决方案初具

雏形[25]。

　　家庭基站由运营商进行管理，自配置且独立，后来被大家称为微蜂窝，在 2005 年左右被产业界接受。在 2007 年，家庭基站论坛展开家庭基站标准化的相关工作（家庭基站论坛现在被称为微基站论坛，最早的发起者主要是微蜂窝和更小的微微蜂窝）[26]。这些基站包括企业级微基站、城市室外微基站和乡镇农村微基站[27-29]。

　　几年后，物理小区的覆盖范围越来越小，这是非常明显的趋势。宏基站有最大的覆盖区域，随之是微基站的覆盖区域就小一些，最后，皮基站和飞基站的覆盖区域最小。如今，有些供应商甚至提出了阿基站（Attocell），被认为是 Mini 飞基站，它的覆盖区域面积只有 1 m² 数量级。

　　因此，为了简化称呼，在本章内容介绍时，基站类型分为宏蜂窝、微蜂窝和微微蜂窝（包括所有小于微蜂窝的基站类型）。

5.1.3　UMTS 和 LTE 系统性能瓶颈

　　关于蜂窝网络的性能，有一个众所周知的事实，蜂窝网络所提供的数据业务速率通常会远远小于它们宣传时所承诺的速率。世界标准组织第三代合作伙伴计划（3GPP）（超过 200 个国家和地区的 500 多家运营商参与其中[30]）制定的 UMTS 标准，在下行链路上，可以提供理论上达到 14.4 Mbit/s 的峰值速率。HSPA 演进系统（HSPA+）可以在 16 点位星座图（16-QAM）混合正交相位振幅调制的方式下，双载波可以达到 28 Mbit/s 的速率；在 64 点位星座图（64-QAM）正交振幅调制下，双载波可以达到 42 Mbit/s 的速率，单载波可以达到 21 Mbit/s 的速率。然而，实际使用时不可能达到如此高的业务速率。基站的正常吞吐速率远低于理论速率，甚至在距离基站天线非常近、无线信道环境非常好的条件下，才可以达到标称的数据业务速率。参考文献[31]中的一项研究表明，已经商用的 HSPA+移动网中（最大的理论数据业务速率为 21 Mbit/s），超过 5 Mbit/s 的业务速率只有 50%的时间，并且测试的最大的数据业务速率是 17 Mbit/s。

　　3GPP 制定的 LTE 网络标准中也存在同样的瓶颈。在最初的 Release 8 版本中，LTE 网络在下行 20 MHz 的带宽下，可以实现 100 Mbit/s 理论峰值速率。但是，实际的平均数据速率远低于此，为 15～20 Mbit/s[32]。因此，网络实际的数据速率总是低于理论"承诺"的速率。必须着重强调的是，影响因素也包括用户设备（UE）的性能，特别是终端是否处在小区边缘的因素。

5.2　5G 沙盘

5.2.1　增加 1000 倍容量的定义

近年来，业务专家对移动数据业务发展的趋势进行了分析预测，在不久的将来数据业务需求将增加 1000 倍。

为了克服 1000 倍容量增长的挑战，通信产业界正在努力研究 5G，其设想是以可持续、低能耗、高性价比的方式来不断满足日益增长的容量需求。在参考文献[36,37]中，专家形成的共识是，将来的新技术不仅仅是增强的无线接入技术，而是以互操作技术和网络层的生态系统为代表，网络协同工作为用户提供无处不在的高速连接、弹性容量的网络和无缝漫游的体验。为了提高区域内的网络容量，显而易见的方法是在异构的无线接入系统的各个层面上增加网络的密度。超密集网络和密集组网（DenseNets）通过极高的空间复用率，目的是让网络密度达到全新的水平。本章讨论了基于 DenseNets 实现超 4G（B4G）网络的两种实现方法。

5.2.2　室外 vs 室内业务

关于室内业务和室外业务的相对比例，电信产业界达成的共识是，高达 80%～90% 的数据业务流量是由室内用户产生的[38]。假设在未来，室内、室外的数据业务比例没有变化，这就意味着，关于预计的容量需求，室内业务的预计容量需求增长为 800～900 倍（假设数据业务需求的增长为 1000 倍），同时室外数据业务需求增长为 100～200 倍。由于室内网络的容量能效比较低，对于容量需求的巨大增长，不能通过投资室外网络高效率地实现室内覆盖。此外，因为高层建筑的穿透损耗（BPL）比较大，所以室外信号覆盖室内时比较差，这是运营商受到投诉最多的方面。因此，对于 B4G 网络，运营商需要部署极为密集的室内微蜂窝网络。这种大规模的室内网络部署将导致当前的室外覆盖室内的网络部署方案转向基于室内网络覆盖室外的部署方案，这种方案不仅仅可以覆盖室内用户，而且某些室外临近的低速移动用户都可以使用此网络。

5.2.3　主要服务配置层

蜂窝网络部署的基本问题是网络的实施步骤。最初，只是部署网络的宏蜂窝层，但是如今的网络基本上都是异构网络。问题是如果主网络层继续保留，那么就是说：什么技术是移动网络扩展（覆盖）的第一选择，使用宏蜂窝层作为基本的覆盖这种假设是否合理。或者，考虑到网络容量受限的因素，在网络部署初期就用微蜂窝来增强网络覆盖是否合适。无论是哪种方式，网络的部署成本都是必须考虑的。

无论蜂窝网络的主层是什么，都还需要另一层甚至是可能其他几层网络来支撑。主层必须提供基本的连续覆盖，保证无处不在的蜂窝移动网络服务的连续性。

5.3　候选的 5G 蜂窝技术和关键技术

5.3.1　扇区高阶化

本章开头提到的，可以通过增加基站密度（又叫扇区分裂）或者基站扇区化来增加基站密度。基站扇区化包括在 BS 服务区域内增加物理扇区或者小区的数量。每个扇区只为原基站覆盖的一部分区域提供覆盖。扇区化的思路就是充分利用空分多址（SDMA）技术，也就是说，频谱的复用效率比以前高得多。通常运营商现有的移动网络已经使用 3 扇区化基站以满足其容量和覆盖需求。但是，随着移动宽带网络如 UMTS、LTE 等的出现，在市中心某些容量受限的地方，我们甚至可以看到 6 扇区的基站。扇区高阶化的概念是，通过增加扇区数量进一步增加网络密度，例如，在参考文献[39]中提到的使用 12 扇区的基站。这通常意味着必须使用较窄水平波瓣的天线，以减少小区间的重叠覆盖，而重叠覆盖会导致基站间的干扰问题。在 3 扇区化基站，天线的水平半功率波束宽度（HPBW，Half Power Beamwidth）一般为 65°～70°，6 扇区基站一般减小为 30°～32°。当升级到 12 扇区的站点时，天线的 HPBW 应该低至 15°～16°。使用高阶扇区化的增益是显而易见的：基站容量和扇区数量成比例地增加，扇区数量翻倍，则基站容量也翻倍。然而，事实情况并非如此，随着扇区数量的增加，重叠覆盖也增加了。这主要是因为虽然天线的 HPBW 降低了，但是天线的方向性也更强了，也就是天线的增益更高了，于是就导致了小区间的重叠覆盖变得更多。尽管如此，还是可以通过高阶扇区化显著提高系统的容量。相对于低阶扇区化，高阶扇区化让运营商为用户提供更高的容量。关于高阶扇区化，需要密切注意基站的布局，随着网络中扇区数量的增加，天线的方向应当重点优化。参考文献[39-40]表明，在 3 扇区基站中，使用 65° 天线，最佳基站布局是三叶草式的，如图 5.1（a）所示。而对于 6 扇区的基站，最佳的基站布局是雪花式的，如图 5.1（b）所示。同样，在 12 扇区中，最佳的基站布局是花朵式的，如图 5.1（c）所示[39-40]。

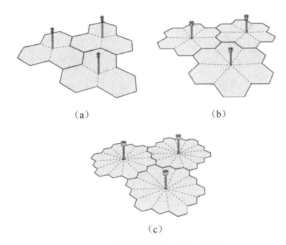

（a）　　　　　　　　　　　（b）

（c）

图 5.1　不同扇区化的不同布局

5.3.2　垂直扇区化

垂直扇区化是一个相对新的概念，可以从另一个维度上提高蜂窝网络的系统容量。顾名思义，不是在水平方向上增加扇区，而是在垂直方向上从一个扇区中分裂出来多个扇区。这在参考文献[41-42]中已经有了深入的研究，利用高级天线系统（AAS），已经在网络系统仿真中考虑扇区垂直化因子的影响。为了区分传统的水平扇区化和垂直扇区化，使用传统的水平方向不同方位的 3 扇区基站，站点标记为 3×1；当基站在水平方向上是 3 个扇区，在垂直方向是两个扇区时，站点标记为 3×2，如图 5.2 所示。从参考文献[41-42]中可知，垂直方向扇区化不仅可以增加网络的容量，还可以改善网络的覆盖范围。关于垂直方向扇区化方面的研究，读者可以阅读参考文献[41-43]。

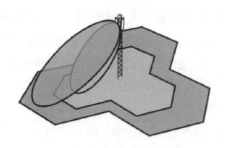

图 5.2　3×2 的垂直扇区化配置

5.3.3　传统部署方案的演进

宏蜂窝一直是全球蜂窝网络部署的基础。利用高功率放大器、结合高性能定向天线进行广覆盖，满足移动用户的业务需求。迄今为止，移动网络运营商可以采用单纯的宏蜂窝加密，或者宏蜂窝结合街道站微蜂窝部署来满足室内外的网络容量。密集市区尤其需要保证容量，因为密集市区网络的移动流量数据非常集中。在密集市区，宏蜂窝网络为高移动性和高层建筑中的用户提供覆盖服务，微蜂窝为热点区域提供了所需要的容量。然而，如 5.2.1 节所述，由于移动宽带服务的快速增长，预计未来的容量需求会增加 1 000 倍。因此，考虑到未来的容量需求呈指数增长，结合主要数据业务流量大部分是来自室内的事实，需要回答的问题是，当前的网络部署方案能否保证未来如此高的业务增长，换句话说，对传统网络部署方案进行加密，是否能满足未来的容量需求。在参考文献[44-45]中，对全负载网络情景，在密集市区中加密宏蜂窝和微蜂窝方案都会遇到室内网络容量利用率不高的现象。作为案例（见参考文献[44]），图 5.3 说明在城市环境中，宏蜂窝加密以后从室内和室外两种情形中评估网络的频谱效率和能量效率。显而易见，随着基站密度的增加，室内环境中网络容量并不能充分利用。当网络致密化时，基站间距离变小，这会带来更多的小区间干扰（ICI，Inter Cell Interference）。为了减小宏站层的小区干扰，就需要增加天线的下倾角[11]。但是压低天线下倾角会导致高层楼宇的某些楼层的无线信道环境比较差，从而降低了整个小区的频谱利用效率。此外，因为小区级的频谱利用效率降低了，在室内环境中，网络级的频谱效率也就达到了饱和，这意味着从室内业务的角度来看，加密宏蜂窝的方法效率相对较低。从网络效能的角度看，室内容量效率对网络能效的性能有直接的影响，由于室内环境频谱效率低，导致每比特的能量消耗相对较高，换句话说，单位能量的网络吞吐量比较低。

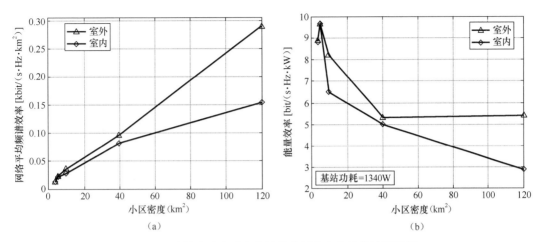

图 5.3　室外宏蜂窝致密化性能分析和室内接收性能展望

据参考文献[44]，根据图 5.3 所示的室内外移动用户的不同行为，当前从外部覆盖室内的方法需要有所改变，要从室内业务的角度聚焦网络提供的服务。因此，对于未来的网络，移动运营商必须提供更好的室内覆盖，以满足未来用户容量增长的需求。因此，建设室内微蜂窝网络已经成为低成本、高收益的解决方案，为无线运营商提供可持续演进的路径，以满足未来室内业务增长的需求[36]。

5.3.4　微蜂窝/超密集组网

关于 B4G 网络，专家们的设想是，为了满足突然增长的 1000 倍以上的容量需求，基本要求就是利用微蜂窝的超密集组网实现无缝覆盖，进而提升密集网络的概念。网络密集化，基于微蜂窝的超密集化部署，被业界认为是 5G 蜂窝网络解决 1000 倍数据业务增长挑战的关键技术之一[36]。这些小基站主要部署在室内场景，业界认为室内场景是将来贡献数据业务的主要区域。虽然对于高速移动的室外用户，室外宏蜂窝的基本覆盖非常重要，但是当前这种由外向内的广域覆盖的策略将会有新的转变，新型的覆盖方法即由内向外的覆盖方法，在这种情况下，不仅仅室内用户可以使用室内基站进行服务，还有一些室外低移动性的邻区用户也可以使用室内基站进行通信[46]。大家认为，将来用户会自己购买这些微蜂窝基站，这些基站是即插即用型的，安装在家中、企业、或者商业建筑中非常方便，基本上不用电信运营商的协助，这种模式可以显著地为运营商节省建设成本（CAPEX）和运营成本（OPEX）。此外，由于小基站的覆盖范围非常小，密集化的微蜂窝可以使得网络的频率资源复用非常紧凑，最终大大增加网络的容量增益，从而以较高的投资收益比满足室内容量的业务需求。

5.3.4.1　室内飞蜂窝解决方案

从室外网络提供服务的角度来看，移动运营商可以利用密集室内微蜂窝组网降低运营成本。尽管室内微蜂窝的覆盖范围比较小，但无线信号还是可以辐射或者泄漏到邻近的室外环境中。这些信号来源于附近建筑物内的微蜂窝。可以把室内微蜂窝小区组成一个开放用户组（OSG，Open Subscriber Group）的模式，为附近的室外用户提供服务，因为零租赁、零天馈、零回传成本，移动网络运营商可以有效地降低基站基础设施的成本开销，为室外用户提供低成本的网络连接服务。高通公司提出的"邻居"微蜂窝（NSC，Neighborhood Small Cell）[36, 46]概念与此类似，都是通过室内覆盖室外为用户提供服务（IOSP，Indoor to Outdoor Service Provisioning）。而且，在参考文献[46]中已经充分论证了有关 NSC 部署的移动性管理和无线资源管理（RRM，Radio Resource Management）的关键挑战。然而，如在参考文献[47-49]中显示，相关的研究中还缺少一项关键技术的论证，就是在现代建筑墙体穿透损耗（WPL，Wall Penetration Losses）如此高的情况下，IOSP 概念是如何实现的。

近年来，关于全球变暖的环保意识不断提高，由此产生了节能和减少二氧化碳排放的需求，建筑行业也开始发展，制造和使用保温性能更好的建筑材料，不幸的是带有保温材料的建筑物穿透损耗都比较高，对电磁波传播的影响更加大了。传统建筑中的穿透损耗值在 5～15 dB 的范围内，最新的一项研究表明，在现代建筑中 WPL 值高达 35 dB[48]。高 WPL 使得穿墙的信号衰减得厉害，最终信号的质量变差，影响网络的容量和数据业务吞吐量。

在参考文献[50]中，在现代建筑中不同的穿透损耗环境下，对 3 种性能不同的移动网络部署策略进行了评估，纯宏蜂窝组网、纯粹室内飞蜂窝密集化组网和郊区环境中的共信道宏微异构组网。图 5.4 中显示了参考文献[50]中研究的在郊区不同的 WPL 环境中，对室内和室外用户性能的影响。由上可知，对于 10/20/30 dB 的 WPL 情形，基于室内毫微微蜂窝解决方案在覆盖性能、小区和网络级别的容量性能和成本效率与理论证明是吻合的。因此，作者认为，为了解决移动运营商关注的"零能耗"和现代建筑的相关问题，最好的解决方案是部署专门覆盖室内的毫微微蜂窝和室外微蜂窝（如地铁飞蜂窝），以克服传统宏蜂窝的容量和能量效率低的问题。通过这种组网方式，利用可持续发展的能效和较少的频谱资源来满足未来呈指数发展的移动数据业务。此外，移动网络运营商利用室内接入点为室外用户提供特定的服务。但是为了保证更高的比特率，运营商还将部署特定覆盖的室外网络。需要强调的是，仅工作在街道或社区的 IOSP 和微蜂窝一样，由于发射功率水平比较低，只能覆盖建筑物附近的区域。如果没有专门的室外网络覆盖，任何室外超过几十米宽度的区域都可能有覆盖不足的问题。因此室内 DenseNets 的 IOSP 解决方案可以认为是室外网络覆盖的一个良好补充，例如，当室外网络在话务高峰期，可以将部分业务分担至室内网络。

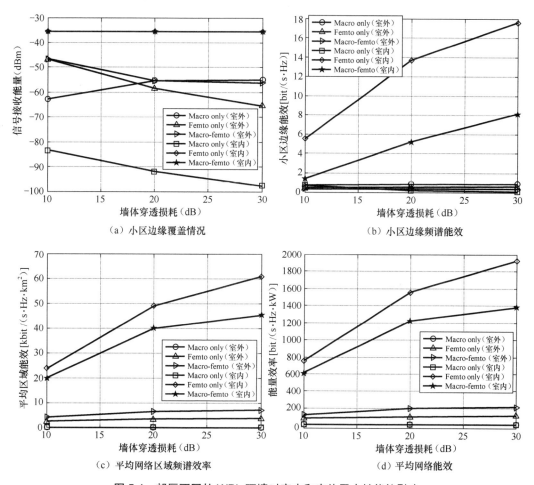

图 5.4　郊区不同的 WPL 环境对室内和室外用户性能的影响

5.3.4.2　Wi-Fi 的未来

电气和电子工程师学会（IEEE）为无线局域网制定的 802.11 标准，就是我们常称为"Wi-Fi"的标准。此缩写为 Wi-Fi 联盟的标识，经常被误认为是表示"无线保真"（Wireless Fidelity）的含义。然而，现在关于 Wi-Fi 这个术语和部署 Wi-Fi 网络非常普遍，已经引起了移动网络运营商的极大关注。最初，Wi-Fi 仅被计划用于专用无线网络，如办公室和家庭场景，它的特点是易于安装和维护，因为它仅需要一个固定接入点就可以搭建无线网络。因此，一些观点认为 Wi-Fi 网络对运营商是个"威胁"，因为人们通常可以免费地连接 Wi-Fi。事实上，截止到 2014 年年底，全球一共有 4 770 万个室内外的 Wi-Fi 热点[51]。大量的室外 Wi-Fi 也已部署，主要的场景包括大学校园、咖啡馆、酒店、机场、车站等区域。

非授权频带的 LTE（LTE-U）或授权频带的 LTE 接入（LAA，License Assisted Access）通常是指 LTE 和 Wi-Fi 之间某种程度的合作。其想法是在双频带 Wi-Fi 中使用 LTE，更确切地说是在非授权的 5G 频段使用 LTE 网络。此方案期望当 LTE 网络拥塞时，可以使用未授权频带，或者将 LTE 的业务回落到 Wi-Fi 网络上。当然，许多人怀疑当 LTE 和 Wi-Fi 两种技术使用同一频段时，将产生一些干扰方面的问题。

LTE-U 或 LAA 是否能获得发展的动力，需要时间验证，但是从 5G 发展的角度来看，这两种技术之间必定要发生某些联系。在其他很多方面，现有的无线技术之间的互操作朝着"透明网络"的方向发展，对普通的移动用户来说，消除了"N 代网络之间连接丛林"的复杂性。

5.3.5 分布式天线系统/动态 DAS

由于室外用户业务量低、移动性高的特征，移动网络运营商可能会在一段时间内继续依靠室外宏蜂窝提供的广覆盖为用户提供服务。然而，这种趋势不会持续很长时间，例如，对于近来演进的无线网络连接，可以支持从娱乐设备到安全驾驶的各种应用，将对移动运营商的宏蜂窝基础设施有严格的要求。这种创新需要"随时随地可用"的高比特率，本质上是缺少传统的室外宏蜂窝基站。此外，在典型的蜂窝网络中，每天的总话务量都随时间而波动。例如，通常在凌晨或深夜话务量符合比较低甚至是空闲状态，在白天和傍晚出现高负载话务峰值，如图 5.5 所示。此外，对于室外（下班后的高速公路和林荫大道）和室内（上班期间和晚上）的业务模式完全不一样。因此，需要对室外环境提供动态的容量以满足随时的业务需求。

在参考文献[52-53]中，提出了一种先进的动态 DAS，可以为运营商提供动态的解决方案。动态 DAS 解决方案基于室外业务环境，把远程节点动态配置为"超级微蜂窝服务"或单独的微蜂窝，如图 5.6 所示。在网络负荷比较高时，当许多用户同时接入网络时，动态 DAS 把远程节点配置成独立的微蜂窝。这样可以增加一定区域内的频率复用度，从而在特定区域内可以为更多的用户提供服务。当网络负载减少时，远程节点将配置成一个

"超级"小区，其中的所有节点都发射相同的无线信号，这样可以为小区中运动用户提供一致性的服务。

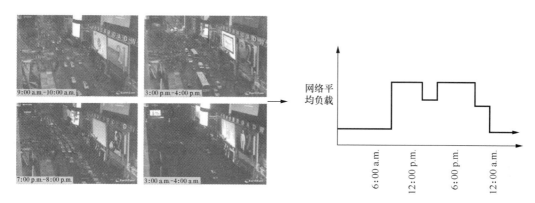

图 5.5　纽约不同时段下高速上的室外交通情况

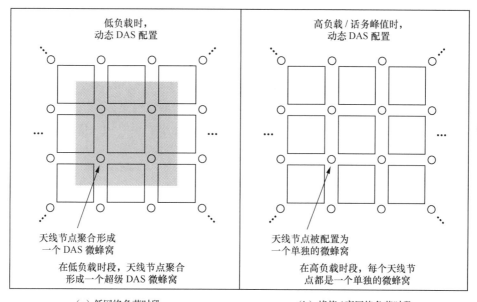

图 5.6　动态 DAS 配置

5.3.6　大规模 MIMO

5G 的主要提案之一就是大规模 MIMO 技术。大规模 MIMO 的概念是使用了大量的天线振子的天线系统，一般要超过数百个天线振子，但是一共具有 64 个天线振子的 8×8 天线也被称为"大规模 MIMO"天线。大规模 MIMO 必须能通过空间分集使用相同的时频资源，从而提高系统的容量。通过使用大规模 MIMO 天线系统获得的容量增益与常规天线容量相比通常为 5～20 倍[54]。使用大规模天线系统的唯一问题是只能在合适的环境中应用，从天线振子到 UE 的不同信道是复高斯系数的独立同分布信道，都服从瑞利信道衰落[55]。实际上，情况并非如此，但是大规模天线的效率仍在 55%～90%甚至更高[55-56]。

大规模 MIMO 天线系统存在的另一个问题是导频污染。随着每个天线系统导频数量的增加，邻区中复用导频就会受到限制[57]。因此，要想再增加大规模 MIMO 中的信道数量，必须找到相关的解决方案。随着天线振子数量的增加，天线阵列变得越来越大。天线振元之间的间距通常是工作频带的半波长，例如，对于 900 MHz 的电磁波，波长大概是 30 cm。因此，振元之间的距离为波长的一半即 15 cm，结果就是，对于 64 天线振元的均匀线性阵列天线（ULA，Uniform Linear Array）其长度为 9.6 m。即使是 2.6 GHz 的频段，128 振元的天线，ULA 天线长度也将有 7.3 m[56]。克服这个问题的解决方案之一是使用不同类型的天线阵列，如均匀圆柱形阵列（UCA，Uiniform Cylindric Array）。这种天线在 2.6 GHz 频段，使用 64 个双极化贴片天线形成的 128 振元天线，天线的尺寸大概为 30 cm 高，直径大概也为 30 cm。另一个解决方案是，使用更高频段的大规模 MIMO 天线，频段越高、波长越短，意味着天线振子的间隔越小，最终天线阵列尺寸就越小。这就是通常所说的毫米波（mmWave）通信。

5.3.7 毫米波通信

5G 的另一个重要的候选技术就是毫米波通信，它使用的是电磁波谱的毫米波长的频段。这对应的是 30～300 GHz 的频段。在这个频段上可用的频率资源更多，通信容量也就更大。事实上，业界认为毫米波通信的容量增益是现有蜂窝系统容量的 20 倍[58]。

这些频段用于通信并不新颖，因为它们已经在点对点的高带宽微波视距（LOS，Line of Sight）通信链路中使用过。这些微波频段主要应用于丘陵或山区的基站回传，因为在这些地方建设有线链路有些困难。然而，在蜂窝通信中使用"新颖"的毫米波通信主要想用于 UE 的接入。通常，人们认为毫米波通信的主要问题是穿透损耗高，因为这些频率的某些特定的频段如 60 GHz 在大气中衰减比较严重。然而，这些衰减在 30～300 GHz 的频段范围内都不太明显。事实上，如果只用在短距离通信是没有问题的，甚至可以使用毫米波进行非视距通信[59]。现在，毫米波通信作为一种蜂窝网络的接入技术，在业界有着广泛的研究。参考文献[60]中论证了毫米波通信的可能性。参考文献[58-59]中也已经表明几项研究进行了外场的测试验证，以了解毫米波在不同环境下的工作情况。

即使毫米波通信被证明不适合于蜂窝技术，它也在 Wi-Fi 中得到发展，由无线吉比特联盟开发的最初称为无线吉比特的 IEEE802.11ad 或者微波 Wi-Fi，是 WLAN 技术的下一代技术。如其原来的名字所示，它包括使用 60 GHz 频段的毫米波，吞吐量可以达到若干吉比特每秒。

5.4 "5G/6G?" 的非蜂窝方式

5.4.1 蜂窝 vs 非蜂窝

如今，蜂窝的概念是移动网背后的基本思想，并且看来这种情况在一段时间内会持续下去。然而，蜂窝概念存在的问题是，网络中一直存在干扰，降低了网络质量和容量，特别是在小区边缘/和边界区域这种情况下更加明显。以前，业界认为要想减少干扰的影响，就必须让小区覆盖的区域变小，以减少和邻区重叠覆盖的面积。然而,参考文献[45,61]表明，这种情况有点不符合实际情况。当小区变得越来越小时，小区之间的物理重叠确实是越来越小，但问题是小区的数量也在增加。因此，当小区的面积变小同时数量增加时，小区的重叠面积实际上是增大的。

传统的移动网络部署是基于蜂窝技术，无线频率资源可以在每个小区或者是隔几个小区后复用。在典型的蜂窝网络中，基站通常使用的是 65° 或者 32° HPBW 天线。因此，系统干扰主要来源于本基站的邻小区或者其他基站。参考文献[62]中论证，消除这些严重干扰的新方法是使用波束极窄的天线，并提出了一个新的概念，叫单路多址（SPMA，Single Path Multiple Access）的方式，这种多址方式通过电磁波针束来限制干扰。这些针束可以让电磁波在几米的范围内重新复用频谱资源（电磁波谱）。通过这种方式，相同的频谱在几米以后就可以复用，这可以大大增加系统的容量。SPMA 和常规的蜂窝网络方法不一样，在 SPMA 的方案中，每个用户都假设有自己的虚拟小区。这种方法不仅可以从根本上增加集中式宏基站的频率复用度，还带来了传统/常规的蜂窝概念思维的革命性变化。

5.4.2 SPMA 的创新性概念

参考文献[62]中提出的 SPMA 是基于演进天线解决方案的"创新性部署范例"。SPMA 被认为是 SDMA 的演进和增强方案。SPMA 利用无线信道的空间特性和特定地理位置的独立的传播特性。在传统的组网方案中，移动台（MS，Mobile Station）的接收功率是 BS 和 MS 之间的独立多径之和。

每一条多径分量经过多次反射、衍射和损耗，遵循着唯一的路径（轨迹）。在 SPMA 的情形中，不再使用多路的多径信号，仅仅使用单个独立的多径分量来建立 BS 与 MS 之间的连接。SPMA 概念的本质依赖于未来新型的天线将能够同时形成几个窄的自适应天线这个强假设。这些极窄的波束又叫针型波束，具有 0.5° 的水平波束宽度和 0.2° 的垂直波束宽度。在参考文献[63]中，这种尺度的波束在宏蜂窝的环境中，能够区分出来空间上相距几米的用户，它还假定每个激活用户都有自己独立的自适应波束，并且这些波束可以精确地跟踪用户。如果想要方向角和俯仰角的方向有窄的辐射图案，通常需要天线阵列。因此为了形成这种极窄的波束，需要非常大的天线阵列，如大规模 MIMO，这将会让天线的物理体积非常大，甚至需要一些其他的天线制造工艺。要想实现 SPMA 假设的概念，必须期望在下述方面可以实现。

新的电气材料，如人工结构材料像石墨烯、碳纳米管和碳纳米带，这些材料都将用于天线制造。石墨烯在制造微波和太赫兹频段的天线和 RF 器件的应用在参考文献[64]中已有研究，但是仍然需要研究开发部门努力地工作，使其有进一步的提升，可以应用在蜂窝通信的频带上。

对于 SPMA，建议使用集中式宏基站的方式，用 SPMA 节点取代只有几个扇区的传统的 BS。这样可以把 SPMA 节点部署在现有的宏基站点[65]。我们希望一个 SPMA 节点具有很多针型波束，这些波束预定义在水平波瓣和垂直波瓣上。在 SPMA 的情形下，每个用户都假设有自己的虚拟小区，因此，在下行链路上，每个用户都是另一个用户的干扰，无论另一个用户使用的是同一个 SPMA 节点还是其他的 SPMA 节点。因此，给自己服务的 SPMA 节点也将是其他 SPMA 节点的干扰源。

在 SPMA 中，第 m 个接收节点（Γ_m）的信噪比（SIR，Signal to Interference Ratio）计算如下

$$\Gamma_m = \frac{S_m}{\sum I_{n,\text{own}} + \sum I_{p,\text{other}}}, n \neq m \text{及} p \neq m \tag{5.1}$$

其中：

S_m 是在第 m 个接收节点的 SPMA 服务节点的第 m 个接收机的接收信号功率；

$I_{n,own}$ 是在第 n 个接收节点的 SPMA 服务节点的第 m 个接收机干扰信号功率；

$I_{p,other}$ 是在第 p 个接收节点的其他 SPMA 服务节点的第 m 个接收机的干扰功率。

图 5.7（形状是随机的）描述了传统的蜂窝方法和业界先进的针型波束方法之间的差异。

（a）传统宽波束天线时的小区覆盖

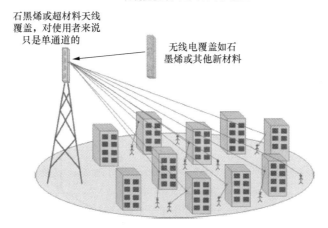

（b）先进的针型波束方法

图 5.7　传统的蜂窝方法和先进的针型波束方法

参考文献[63]中，实际城区和密集城区环境中对 SPMA 的组网性能进行了评估，并与传统的 3 扇区和更高阶的 6 扇区和 12 扇区的基站进行了对比。对比的主要指标包括 SIR、小区频谱效率和网络频谱效率。图 5.8（a）所示是用 3 扇区、6 扇区和 12 扇区的 SIR 的累积分布函数（CDF，Cumulative Distribution Function）。由图可知，虽然高阶扇区的基站使用的是窄波瓣的天线，但是小区的平均 SIR 水平随着扇区高阶化而降低。因为站点的扇区数目变多了，所以扇区之间的空间距离变小了，这导致来自邻区的干扰会增加。图 5.8（b）显示了使用 SPMA 得到的 SIR 的 CDF 图。图中表明 SPMA 的方式优于其他的扇形天线组网的方式。关于 SPMA 的假设已由仿真结果进行了验证，即直射型的针型波束有助于避免附近用户的干扰。与传统的扇区化基站相比，SPMA 明显地改善了 SIR。可以发现，在所仿真的整个区域内的采样点，除了极个别的接收点外，都具有高 SIR 的特性。

这些差的采样点散布在整个区域内，这可能是相邻的两个用户之间不能区分出来不同的信号路径，或者是缺少主导路径（LOS 或者反射）所致。

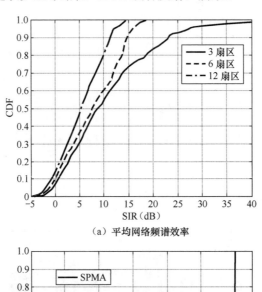

（a）平均网络频谱效率

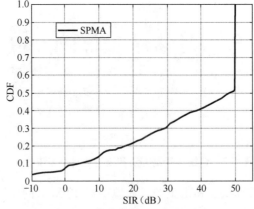

（b）网络能量效率 vs 蜂窝密度

图 5.8　信噪比（SIR）性能

第 6 章

5G 网络的服务质量

6.1 移动网络的 QoS 管理模型演进

经过前几代移动网络技术的发展，3GPP 已经成功地把网络级别的 QoS 管理标准化和模型化了。此外，3GPP 在移动网络业务中引入了服务质量管理的新特征。

从高速分组接入（HSPA）到长期演进（LTE）的网络中，3GPP 制定的网络标准在确保服务质量时都基于以下的原则[1]：

➢ 运营商提供服务管理；

➢ 服务质量差异化和在服务质量管理的过程中用户终端最小参与的原则；

➢ 支持接入网中客户端的 QoS 恒定不变；

➢ 快速建立会话；

➢ 前几代移动网络质量管理功能的连续性；

➢ 在移动网络和固定接入网络交互时能融合服务；

➢ 向市场快速推出新服务。

网络级别的 QoS 管理原则是，随着移动业务应用的稳步增长，控制的 QoS 要基于服务质量的需求，并通过承载服务建立必要的高层数据交换。

基于 QoS 模型管理的 4G 在网络级别可以应用 QoS 网络模型进行新的 QoS 管理。此时，必须更新原有的应用程序。但是，网络中还存在一些使用原来 QoS 管理模型的终端。这意味着未来一段时间，两种 QoS 管理模型共存在移动终端中。使用两种 QoS 管理模型和这些模型的演进情况如图 6.1 所示。业界认为 2008—2010 年这段时间，是从基于用户终端的 QoS 管理模型到网络 QoS 管理模型的转折时期。

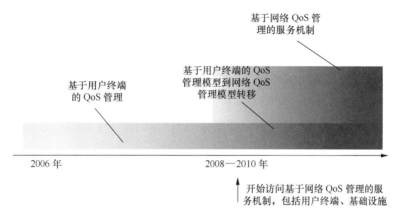

图 6.1　移动网络中的两种 QoS 管理模型

到目前为止，对于通用分组无线服务（GPRS，General Packet Radio Service）网络和分组交换网络，3GPP 要求在用户终端侧和网络侧都维持 QoS 管理，以便在网络级别提供向 QoS 管理的平滑过渡。

3G 用户要求确保"E2E"的业务连接中的 QoS，这是在网络协商过程中从激活 QoS 参数开始的。该过程取决于存储在归属用户服务器（HSS，Home Subscriber Server）数据库中的用户服务订阅参数，还取决于当前网络资源对 3G 用户的可用性，这两方面的组合保证了用户终端的 QoS。在 3G 网络中，对 QoS 参数批准和 QoS 管理的过程，开始于用户终端在非接入（NAS，Nonaccess Stratum）层发送会话控制的信令消息。在 4G 网络中，与 2G/3G 网络中的分组连接不同，当用户终端与网络连接时，为分组网络连接的预定 QoS 级别的典型数据交换服务就准备好了。用于数据交换服务的 QoS 选项由用户列表中的 QoS 参数确定，这些数据存储在用户属性存储器（SPR，Subscription Profile Repository）中。这种情况非常类似于 GPRS/3G 网络中的 QoS 管理。

但是，在 4G 网络中，用户终端传输第一个数据包之后，这个数据包被路由到分组数据网络（PDN，Packet Data Network）中，其中的策略和计费规则功能（PCRF，Policy and Charging Rules Function）服务器对 E2E 链路中请求服务的质量等级的网络策略进行管理并对话单进行分析。根据请求服务类型，PCRF 节点可以修改参与 QoS 数据服务管理的节点的 QoS 参数。与 2G/3G 用户终端不同，LTE 用户终端没有机会请求特定的 QoS 等级，只有 LTE 网络才负责 QoS 等级的管理。类似的，4G 网络用户不能请求 QoS 参数信息，在 3G 网络中，这些信息是通过上下文来完成的。

在 4G 网络中，QoS 管理的一个重要特征是，用户终端可以同时支持 E2E 链路中不同的激活服务，并且每种服务都有其独立的 QoS 列表。在演进的通用陆基无线接入网（E-UTRAN，Evolved UMTS Terrestrial Radio Access Network）的协议中，一个 4G 用户终端最多可以有 256 个演进的无线接入承载（E-RAB，Radio Access Bearers）（终端和 S-GW 之间的通信服务）。在 3G 网络中仅有 15 个不同的、可识别的 RAB-ID。

因此，在 5G 网络中，QoS 的管理机制必须由 NFV 支撑。

为实现网络 QoS 管理，我们必须为未来的 5G 网络定义主要的 QoS 参数，以确保新技术应用的质量管理。

6.2 5G 网络的关键因子——QoS

当前，国际上引领统计技术发展和标准化的组织包括：国际电信联盟（ITU，International Telecommunication Union）、3GPP、IEEE、欧洲电信标准化协会（ETSI，European Telecommunications Standards Institute），这些标准组织都没有严格定义可信任网络。然而，通信网络的可信度明显影响用户对运营商的选择，还影响国家对运营商活动的监管以及市场对通信服务和设备的需求。

可信的网络或可信的通信技术的市场和政府监管可以促进网络和技术的发展，增加网络和技术的吸引力和服务能力。因此，网络和通信技术必须符合市场和监管要求的可信度。

鉴于有很多因素都影响 5G 网络的可信度，本章简要地回顾主要的因素，并详细研究 QoS 对 5G 网络可信度的影响。

对于可信网络，当前的理解是基于计算机网络的开发者采用的概念[2]。

➢ 安全来宾访问：来宾访问网络受限，就不会威胁主机网络。

➢ 用户认证：可信网络将用户认证和用户接入相结合，以便更好地管理是谁使用了网络和谁用了什么业务。

➢ 终端完整性：可信网络对连接网络的设备状况进行检查，不合格的设备将被限制或返厂。

➢ 无人值守终端管理：可信网络提供框架来评估、管理无人值守终端，如 IP 电话、相机、打印机，并保证其安全性。

　　➤　协调安全：安全系统通过元数据接入点（IF-MAP）标准协调和分享信息，以提高准确性和启动智能响应。

　　根据参考文献[3]，可信网络是可以被认为绝对安全的网络，你的计算机或其他设备在此网络中，不会遭受任何攻击，也不会遇到未经授权的数据访问。

　　对可信网络问题的提案，全面审查从消费者的角度补充的计算机网络开发者的概念，还包括可信网络提供的 QoS。用户和监管机构对可信网络质量方面的观点不完善，经常不考虑新的移动技术会对网络的可信度有削弱作用。

　　为了执行可信网络的系统化方法，通信市场中的两个重要角色的信任度必须考虑到：消费者和监管者，他们监管运营商基础网络的有效性。从图 6.2 中可以看到，消费者和监管者对可信移动网络的要求略有差别。影响用户和监管机构的主要因素如表 6.1 所示，表中是按重要性的降序进行排列的。

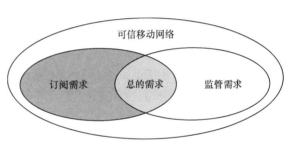

图 6.2　移动网络中的信任域

表 6.1　影响用户和监管机构的主要因素

消费者	监管机构
服务质量	网络安全
体验质量	信息安全
信息安全	网络性能
网络性能	网络可靠性
网络可靠性	服务质量
用户设备的便捷性和安全性	—

　　消费者和监管机构考虑的因素很多是相同的，但是我认为，消费者对移动网络的影响有决定性的因素。

　　在传统因素中，影响消费者和监管机构对 5G 网络可信度的因素包括机密用户数据的信息安全、用户设备的安全和网络基础设施的安全。此安全性的基础是抵抗用户设备上的物理攻击，例如，识别模块（通用用户识别模块（USIM）卡）的非法替换，可信移动网络用户一般要求监管机构在用户设备上安装恶意软件，并且影响用户设备的配置，防御用户设备和网络设备的网络攻击，如 DoS 攻击，和"中间件"攻击，以及抵抗对机密用户数据的攻击。

确保 5G 网络、设备和应用程序的安全运行，包括安全传输和存储用户数据，这是 5G 技术和网络开发人员优先考虑的事情。

除了安全性，用户和机构对 5G 网络的可信度要求还包括网络质量性能，因为移动网络的安全性不能保证像宣传的那样，让用户享受到不间断的移动通信业务服务。如果 5G 网络质量下降将导致可信度降低，就会导致用户流失。此外，鉴于 5G 网络将被用于各种金融系统、公共安全系统、交通和能源管理系统，如果网络质量恶化，甚至会导致用户丧命、环境灾难和金融欺诈等现象。

5G 网络的质量参数共分为 3 个等级：网络性能（NP，Network Performance）、QoS 和体验质量（QoE），如图 6.3 所示。NP 和 QoS 是客观指标，有专门的测量分析仪，而 QoE 是主观指标，是基于用户的个人经验进行评估的。QoS 和 NP 指标恶化主要会影响监管机构、商业对商业（B2B，Business-to-Business）、商业对政府（B2G，Business-to-Government）、用户对 5G 网络的信任度；而 QoE 的恶化主要影响大众市场对网络的信任度。

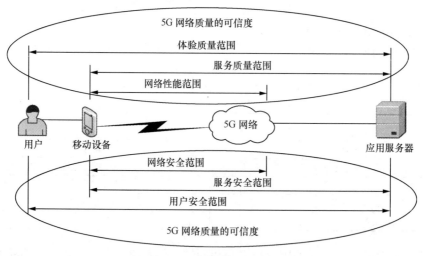

图 6.3　移动网络中质量和安全等级的可信度

6.3　5G 网络的业务和业务量

为了满足未来 5G 网络的 QoS 要求，我们必须对未来服务要求的水平进行分析，如高密度视频和 M2M 通信，然后把业务需求级别转换成 5G 的 QoS 要求。

根据国际 5G 项目组工作的专家预测[5-7]，视频服务，如高清视频（HD）和超高清视频（UHD）这些具有高质量分辨率的视频业务将在 5G 网络提供的服务中占据主导地位。引领 4G 网络发展的运营商报告显示，用户流量中视频业务占据主导地位，并在 5G 网络中继续占主导地位。

例如，不同的运营商估计，在当前的业务中，视频业务占 4G 网络总流量的 66%～75% [5]，其中，包括 33%的 YouTube 业务和 34%的高清视频业务，如 M2M 网络中的闭路电视（CCTV）监控（视频监控）系统。此外，移动 M2M 连接的数量将以 45%的复合年增长率持续增加[8]，到 2020 年达到 21 亿的连接数量。假如所有行业的 M2M 业务都有大幅度的增长，则在 4G 和 5G 网络中它们将超过基本业务（话音和数据），占据主导地位。

欧洲的 5G 发展战略同样瞄准的是让移动用户在 2025 年，通过 5G 调制解调器或地面无线数字视频广播（DVB-T）接入电视广播业务。

因此，这需要适当的质量管理机制。开发者将努力提高质量管理机制，聚焦在视频和 M2M 服务业务，提高质量检查的效率，并创建新的质量评估方法。

当在 5G 网络中开发 QoS 需求时，必须考虑到两种关键的业务模型：高速“服务器用户”视频流和大规模 M2M。视频传输业务对 5G 网络流量的发展是重要的刺激，也是快速增长的业务。在 2013 年，4G 网络用户的视频服务业务量超过总流量的 50%，到 2019 年，预计最少增加 13 倍[9]。因此，我们将观察到在 4G 网络中用户流量的第一波“海啸”浪潮。4G 网络中用户月均消费数据流量已达到 2.6 GB；在 5G 网络中，用户月均消费数据流量将超过 500 GB。

视频业务流量的增加将与使用的各种各样的视频业务图像质量技术有关，从标准（SD）TV 到 UHD TV（8K），这要求网络的传输能力要达到 10 Gbit/s 以上。图 6.4 是每代移动网络的技术能力和它们支持的视频图像质量[10-11]。视频广播的能力依赖于无线接入网的数据传输速率。

M2M 运营商的战略目标是创建通用的 M2M 平台，在不同垂直经济领域应用。这对从 M2M 网络派生出来的结构化和非结构化大数据应用成为可能，这些应用包括应用方法、工具和处理方法。

和视频业务相比，M2M 业务对数据速率的需求比较小，并且通常为非保证比特率业务。然而，很多 M2M 业务，尤其是应用在工业系统管理的业务，对移动网络的时延要求非常高。因此，M2M 业务也对 5G 网络的质量有影响。

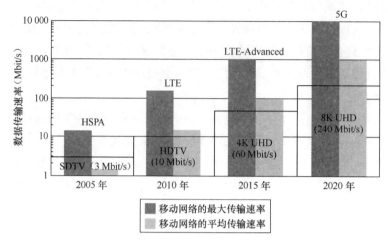

图 6.4　不同代别的移动网络的视频传输技术能力

6.4　QoS 参数

移动网络中的质量控制和管理是基于使用关键的 QoS 参数，如比特率、时延和丢包。

在当前的移动网络中，存在两种主要类型的网络承载：保证比特率（GBR）和非保证比特率（Non-GBR）。GBR 承载通常用于实时业务，如富媒体通信中的语言和视频。GBR 承载要求网络保留最小需求带宽，并总是消耗无线基站中的资源，无论这些资源是否应用。如果恰当应用，GBR 承载在无线链路和 IP 网络中不会因为拥塞而导致丢包。GBR 承载也将被定义为具有低时延和抖动的典型实时业务需求。

但是 Non-GBR 承载没有特定分配的网络带宽。如文件下载、电子邮件和网页浏览这些 Non-GBR 承载通常是尽力而为式的服务。当出现网络拥塞时，这些业务承载可能会丢包。Non-GBR 承载的最大比特率不是定义在某个特定的单个承载基础上。但是，它是基于每个用户而制定的最大聚合比特率。

数据包时延预算（PDB，Packet Delay Budget）：这个参数明确表示最大可接受的端到端时延，端到端是从用户设备（UE）到分组数据网络网关。使用 PDB 参数的目的是为了支持在连接状态下数据规划流程和网络功能的排队。最大时延预算参数是指最大数据时延，通常的置信区间水平为 98%。PDB 参数定义数据包时延的时间限制，会话时的"最后"的数据包将以不大于 PDB 预定的时延值来传输，此时不应丢弃数据包。

误包丢包率：是指因为错误导致收到数据包的丢弃比例。参数范围的最大值表示在网络传输期间数据包丢失的最大值。

根据对假设的分析，这些 QoS 参数将用于 5G QoS 需求的开发过程中，目标是支持 5G 的 3 个主要商业模型。

6.5 5G 网络的质量要求

当前，在移动网络中，数据流量滚雪球般地增长，无线设备的数量也持续增加，各种应用服务层出不穷，5G 移动技术将显著提高用户的 QoS[5]。据估计，基于 5G 技术的移动通信网络，将能提供超过 10 Gbit/s 的峰值业务速率。

图 6.5 表示的是从 2G 到 4G 网络的 QoS 的演进，QoS 大概翻了两倍。这些趋势为 5G 提供了足够多的 QoS 问题分类。

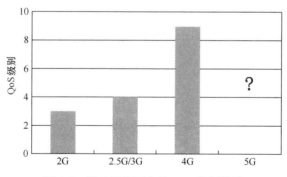

图 6.5　移动通信网中的 QoS 级别演进

前期的 4G 技术（LTE/LTE-Advanced）基于数据传输的性质，将灵活的 QoS 管理分为 9 个类别。这些类别包括了 4G 的质量原则：无保证的 QoS（尽力而为或 Non-GBR）和有保证的 QoS（GBR）[1]。

遗憾的是，在 QoS 管理领域的 LTE 技术演进只包括了 E2E 链，尤其是在 5G-5G 和 4G-4G 网内部的连接中。在 5G 终端用户和其他移动网络如 2G/3G/4G 及固网之间，质量管理体系并不能扩展。在 5G 网络和 IP 固网和前几代移动网络之间，缺乏协调和弹性质量管理的可能性，在很长一段时间内，这对 5G 用户的服务质量都会有限制。

METIS 项目组已经定义了 5G 网络中的 12 个用例：虚拟现实办公室、密集城区信息化、购物广场、体育馆、智能电网远程保护、交通拥堵、监控盲点、移动终端实时远程计算、露天聚会、应急通信、大规模部署传感器和执行器、交通安全和效率，并已经开发出相应的 QoE 要求。表 6.2 给出了 5G 网络的 QoE 性能要求。原有数据用户对业务的最高需求是开发出来的"虚拟现实办公室"用例。最终用户在 95% 的办公地点和 99% 的忙时，至少可以体验 1 Gbit/s 的业务速率。此外，最终用户在 99% 的忙时、20% 的办公地点如办公桌旁，至少可以体验 5 Gbit/s 的业务速率。最高网络时延是针对"密集城区信息化"用例开发的，其中，设备到设备（D2D，Device to Device）的时延小于 1 ms。对 5G 网络可用性和可靠性最高要求的用例是"交通安全和效率"：在路上每点的服务都要求近 100% 的可用性和 99.999% 的可靠性。

表 6.2　5G 网络的 QoE 性能要求

QoE 指标	性能要求
原有网络用户	数据层面和用户层面的吞吐量为 5 Gbit/s
时延	D2D 时延小于 1 ms
可用性	≈100%
可靠性	99.999%

在 3GPP 网络的（全球移动通信系统/通用移动通信系统）QoS 管理机制演进期间，存在从 UE 级别的 QoS 管理到网络级别的 QoS 管理的迁移。这种 QoS 管理方法在 5G 网络中也会保留。

对那些基于 IP 的视频和话音的 Web 搜索和其他对质量可容忍的业务，5G 网络的 QoS 管理机制应为其提供流量优先级。

不能缓存的流媒体业务对网络时延非常敏感，因此，确定 QoS 需求的最重要的参数是 RAN 空口形成的 PDB 总数，并被认为是置信水平为 98% 的最大包时延。

表 6.3 中列出了 3GPP[14] 和 METIS 项目[15] 规定的 3G/4G/5G 网络的时延需求。从数据中可以看到，随着移动网络的升级演进，对数据通过网络边界的时延要求越来越小。另外，对 5G 网络要求的时延分析表明，由于延迟累计的影响，对 5G RAN 网络时延的要求要小于 1 ms。

控制面和用户面对信令流量和业务流量的需求时延对比如图 6.6 所示。从图中可见，5G 网络要求用户平面的流量是刚性需求的两倍，接入平面流量是刚性需求的 10 倍。

表 6.3 3G/4G/5G 网络的时延要求

QoS 原型	包时延（ms）		
	3G	4G	5G
无质量保证	—	100～300	—
有质量保证	100～280	50～300	1

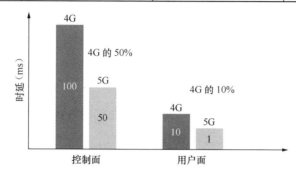

图 6.6 4G/5G 网络中的控制面和用户面的需求时延

另一个指标是接收数据包时发生的因为丢包的比例（IP 包错误率）。在 3G/4G/5G 移动网络中的视频广播，IP 数据包丢失的最大值由这个指标决定，如表 6.4[16]所示。

表 6.4 视频广播业务的丢包率要求

QoS 指标	丢包率			
	SDTV	HDTV	4K UHD	8K UHD
可能的移动通信代别	3G/4G	4G	4G	5G
保证质量的视频广播	10^{-6}	10^{-7}	10^{-8}	10^{-9}

对于 M2M 业务，其服务质量也是由 3G/4G/5G 网络中接收时的丢包率决定的。鉴于在两种情况下的 M2M 用户设备的服务条件，在保证 QoS 和无保证 QoS 的情况下，要求数据丢失分为 3 个层次。M2M 业务对丢包率的要求如表 6.5 所示。

表 6.5 M2M 业务对丢包率的要求

QoS 指标	丢包率		
	3G	4G	5G
无质量保证（Non-GBR）	10^{-2}	10^{-3}	10^{-4}
有质量保证（GBR）	10^{-2}	10^{-6}	10^{-7}

近场通信（NFC，Near Field Communication）将产生质量管理功能虚拟化，可以通

过两种形式的功能引入：云 QoS 管理功能（CQMF，Cloud QoS Management Function）和云 QoS 控制功能（CQCF，Cloud QoS Control Function），如图 6.7 所示。

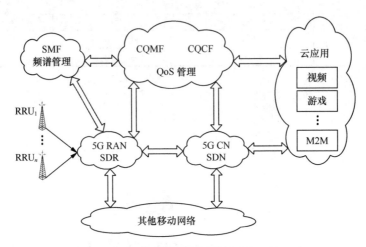

图 6.7　5G 网络中控制和管理功能的虚拟化

QoS 的 CQCF 控制功能为 5G 网络中基于 QoS 等级的连接建立业务提供实时的控制。基本的 QoS 控制机制包括数据业务的流量分析、规划和管理。

QoS 管理的 CQMF 功能根据服务级别协议（SLA，Service Level Agreement）规定，为 5G 网络提供 QoS 支持，同时提供 QoS 的监控、维护、审查和扩展。

在 5G 网络中，业务优先级算法的应用将基于业务分类程序，其重点是视频业务优先级和 M2M 业务。业务分类程序也要考虑自身的适用性，因为在 M2M 和视频业务方面，随着新应用的不断涌现，流量特征也会动态地变化。

在 5G 网络中，除了业务管理和优先级管理等相关的 QoS 管理之外，服务质量管理的范围还包括移动网络（频谱工具箱）对无线频率资源的管理。根据 5G 网络中在授权共享接入（LSA，License Shared Access）上访问无线电频谱的接入原则，向允许其他运营商访问自由频谱的运营商提供 QoS 保证[17-18]。

在 5G 网络中，频谱管理模块（SMF，Spectrum Management Function）被设计成一个频谱管理实体。SMF 作为网络实体，负责对具有相同优先级的移动网络做出资源分配的决策。

为了避免因为频谱资源不足，不能为业务提供保证的 QoS，5G 网络必须决定聚合额外的频率信道，可选的频道范围可以基于授权频谱和非授权频谱[18]。因此，QoS 管理器必须与频谱管理器进行信息交换，可以更加有效地管理频谱资源，有利于 5G 网络的 QoS

管理。频谱资源的分配决策过程是基于使用 LSA 中主要频谱的 5G 的 QoS 需求策略。

6.6　小　　结

5G 网络的重点放在无线网络性能方面，包括 QoS 的显著提升，让这些网络具有更高的可信度。

从安全的角度看，可信的 5G 网络将会限制可信的顾客和监管机构的增加。QoS 领域开发的高级别需求，将使 5G 开发者在 5G 初期阶段获得可信度。

鉴于在 4G 到 5G 过渡阶段，将保留 QoS 控制的原则，5G 开发者的主要精力应该集中在管理和控制 QoS 的网络功能虚拟化方面。此外，5G 的 QoS 架构也可以提供 QoS 管理器和频谱管理器之间的信息交换，从而可以有效管理频谱资源，可以更好地保证 5G 网络的 QoS 和可信度。

第 7 章

5G 大规模天线

2010 年年底，托马斯·马尔泽塔（Thomas L. Marzetta）提出了大规模多入多出（MIMO）的概念。大规模 MIMO 是多用户 MIMO 的一种形式，其基站的天线数量要比信源设备的数量大得多。大规模 MIMO 带来的好处如下：首先，和常规 MIMO 相比，大规模 MIMO 有着显著的增强空间分辨率。它可以更好地利用空间维度的资源，而不需要增加基站的密度。其次，波束赋形能更好地聚焦覆盖，利用非常窄的波束覆盖相对小的区域，能够极大地减少干扰。最后，与单天线系统相比，大规模 MIMO 在频谱效率和能量效率方面有着数量级的提升。就因为这些优势，我们认为潜力巨大的大规模 MIMO 系统是 5G 的关键技术之一。

大规模天线系统是通信理论、信号传播和电子学研究的新领域，是关于理论、系统和应用的思维方式改变的结果。要想实现大规模 MIMO，需要克服几个挑战。其中一个就是导频污染：对传输方案的性能分析倾向于假设一个大规模 MIMO 信道是理想的独立同分布（IID）信道。在此条件下，导频污染被认为是大规模 MIMO 系统的"瓶颈"所在。

7.1 MIMO 基础

为了充分发挥大规模 MIMO 的优势，我们需要设计适合大规模 MIMO 系统应用场景的精确的信道模型，以及相应的测量模型。同时，大规模 MIMO 仍然存在信道估计和信道反馈的问题，需要进行广泛的研究和测试。提高容量和峰值数据速率的同时也能降低能耗和时延。如今，在现网已经部署了传统的 MIMO 方案，通常使用的是 4 天线或 8 天线系统。5G 的大规模 MIMO 方案就是在基站侧的天线数量有着大幅度的增加，可能会扩展到 100×100 或者更大的天线阵列。在系统设计和工程实施方面，还有一些关键的技术问题需要解决。

7.1.1　MIMO 技术及其理论依据

本章介绍关于 MIMO 系统的基本理论知识，其中包括影响发射信道的因素、收发器的信号处理技术、信道容量以及在不同机制（多天线发射分集、空间复用和波束赋形）下的多用户 MIMO，这些因素组成了 MIMO 的基本内容。

7.1.1.1　无线传输环境

无线传输信道的传播特性受到以下因素的影响，包括自由空间传播损耗、阴影效应、多径效应以及多普勒频移[1-2]。

7.1.1.2　自由空间传播模型

从严格意义上来说，自由空间是指完全真空条件下的空间，但是事实上，一般理想的空间就被称为自由空间。在自由空间环境下，没有电磁波反射、折射和衍射现象，因此，无线电磁波的传播速度和光速一样。在这些信道条件下，接收信号的功率 P_r 可以表示为

$$P_r = P_t \left(\frac{\lambda}{4\pi d} \right)^2 g_t g_r \tag{7.1}$$

其中：

P_t 是发射功率；

g_r 和 g_t 是收发天线的增益；

λ 是电磁波波长；

d 是相应的传输距离。

传播损耗（L_s）是发射功率和接收功率之比，可以表示为

$$L_s = \frac{P_t}{P_r} = \left(\frac{4\pi d}{\lambda} \right)^2 \frac{1}{g_t g_r} \tag{7.2}$$

从式（7.2）可知，信号的接收功率和传输距离的平方成反比。

$$P_r \propto \frac{1}{d^2} \tag{7.3}$$

7.1.1.3 阴影衰落

阴影衰落又称为慢衰落，一般是因为建筑物的遮挡和接收天线所处的地形产生的电磁阴影，并且接收信号电磁场强度会因之变化。和快衰落相比，它的变化是宏观的，通常在一个大尺度的范围上进行测量。此外，慢衰落的衰减和频率无关，主要是取决于环境。最常见的阴影衰落统计模型是对数正态阴影模型，表示为

$$p(\psi) = \frac{\xi}{\sqrt{2\pi}\sigma_{\psi_{dB}}\psi}\exp\left[-\frac{(10\lg\psi - \mu_{\psi_{dB}})^2}{2\sigma^2_{\psi_{dB}}}\right], \psi > 0 \tag{7.4}$$

其中：

$\xi = 10/\ln 10$；

$\psi = p_t / p_r$ 表示发射功率和接收功率之比；

$\mu_{\psi_{dB}}$ 和 $\sigma^2_{\psi_{dB}}$ 是以 dB 为单位的 ψ_{dB} 的均值和方差。

7.1.1.4 多径效应

多径效应是无线通信的主要特征。在无线通信环境下，接收端的信号不会只经过一条路径传播，而是多条反射信号的叠加。因为不同的反射电磁波到达的时间和相位不一样，信号的叠加可能会导致信号增强或者信号衰落。

假设发射机把一个单位脉冲信号发送到接收端，$s_0(t) = \delta(t)$，因为多径效应的影响，所接受的信号可以表示为

$$s(t) = \sum_{n=1}^{N} a_n \delta(t - \tau_n) e^{j\theta_n} \tag{7.5}$$

其中：

N 是多径数量；

τ_n 是第 n 个路径的延迟；

a_n 是反射系数；

$e^{j\theta_n}$ 表示信号的第 n 个多径后相位的变化。

7.1.2 多天线传输模型

点对点的多天线传输系统框架如图 7.1 所示。

图 7.1　点对点的多天线传输系统框架

假设在发送端和接收端之间的衰落信道是平坦的，MIMO 系统的 $N_r \times N_t$ 维的信道矩阵 $\boldsymbol{H}$ 可以表示为

$$\boldsymbol{H} = \left\{ \begin{matrix} h_{11} & \cdots & h_{N_t 1} \\ \vdots & & \vdots \\ h_{1N_r} & \cdots & h_{N_t N_r} \end{matrix} \right\} \tag{7.6}$$

这里，$h_{i,j} \in C$ 表示发送天线 i 和接收天线 j 之间的信道衰落系数，属于复数高斯随机变量，多天线系统输入信号和输出信号之间的对应关系可以写成

$$\boldsymbol{y} = \boldsymbol{H}\boldsymbol{x} + \boldsymbol{n} \tag{7.7}$$

$\boldsymbol{y} = [y_1, \cdots, y_{N_r}]^{\mathrm{T}}$ 是接收信号矢量；

$\boldsymbol{x} = [x_1, \cdots, x_{N_r}]^{\mathrm{T}}$ 是发射信号矢量；

$\boldsymbol{n} = [n_1, \cdots, n_{N_r}]^{\mathrm{T}}$ 是加性噪声。

噪声变量 $\boldsymbol{n}_i \sim CN(0, \sigma^2)$ 是 IID 的零均值循环对称复高斯分布的。

7.1.2.1　发射机技术

为了提高 MIMO 系统的整体性能并减少误码率，通常在发射机端使用的是组合的空时编码（STC，Space Time Code）和线性预编码。

（1）空时编码：在不增加带宽的条件下，STC 通过空间和联合编码获得分集增益和编码增益。STC 技术可以达到更高的传输速率、抗衰落、提高能效，同时实现并行多路复用传输，从而提高传输效率。本节介绍了几个相对常见的 STC。

① 空时块编码：1998 年 Alamouti 提出了空时块编码[3]。实质上，它是基于两个传输天线的简单的发射分集技术。其基本思想与接收分集的最大比合并类似。Alamouti 的双天线传输策略[3]是

$$\boldsymbol{S} = \left\{ \begin{matrix} \boldsymbol{s}_1 & \cdots & -\boldsymbol{s}_2^* \\ \vdots & & \vdots \\ \boldsymbol{s}_2 & \cdots & -\boldsymbol{s}_1^* \end{matrix} \right\} \tag{7.8}$$

在第 n 时刻，发送第一个向量符号 $(s_1, s_2)^T$，然后在第（n+1）时刻，发送第 2 个向量符号 $(-s_2^*, -s_1^*)^T$，也就是说，系统在两个时刻发送两个符号，它的传输速率与单天线发射效率相同。

② 分层空时块编码：1996 年，贝尔实验室的 G. Foschini 提出了分层空时架构（BLAST，Bell Layered Space Time Architecture）。BLAST 利用信道的空间特性来提升频谱效率。它需要在接收机和发射机段使用多根天线，并且接收机的天线数量不小于发射机的天线数量（$N_r \geqslant N_t$）。此外，在接收端解码时，需要知道准确的信道状态信息（CSI，Channel State Information），如图 7.2 所示。

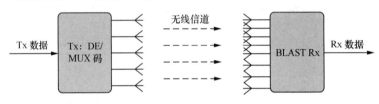

图 7.2　BLAST 系统框图

③ 差分空时编码：Tarokh 提出的空时块编码是单天线环境下基于正交设计的差分编码。差分空时编码框图如图 7.3 所示。

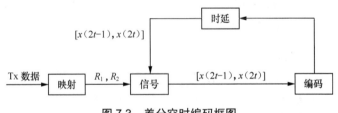

图 7.3　差分空时编码框图

从图 7.3 中可知，当前传输信号的两个符号周期 [$x(2t + 1)$, $x(2t + 2)$] 不仅和当前传输的数据相关，而且也和之前两个符号周期内传输的数据相关，如式（7.9）所示。

$$[x(2t+1), x(2t+2)] = R_1[x(2t-1), x(2t)] + R_2[-x(2t)^*, x(2t-1)^*] \qquad (7.9)$$

（2）线性预编码，发射端使用预编码技术，通过使用 CSI 可以提高系统的信道容量。常见的预编码可以分为线性预编码和非线性预编码。接收端的线性编码可以通过各种线性解码器进行解码，包括迫零算法（ZF）、最小均方误差（MMSE）和可扩展视频编码。典型的非线性预编码包括 Tomlinson–Harashima 预编码（THP）[4] 和矢量与编码（VP）[5]。

7.1.2.2　接收机技术

无线通信的信道具有很大的随机性，这就导致信号的幅度、相位和频率特性在接收端有失真，这是影响系统性能的主要原因。无线通信中，信道估计和接收检测是接收机的关键部分，也是无线通信研究的重要领域。

（1）信道估计。通信系统的信道估计通常是由接收机完成的，估计精度直接影响整个系统的性能。

例如，前面介绍的预编码性能严重依赖发射机获得的 CSI 的准确性。根据传输的信号不同，信道估计算法可以分为频域信号和时域信号。根据是否需要先验信息，信道估计可以分为基于参考信号的估计、盲估计和半盲估计。

通常，基于参考信号即导频序列的估计，可以得到更加精确的结果，但是它的缺点是频谱效率低。

如果使用盲估计和半盲估计，只需要非常短的序列，就可以获得相对高的频谱效率。但相应的缺点是估计精度非常低，存在严重相位模糊，以及估计不收敛问题。接收机使用信道估计进行检测，并且还需要 CSI 进行预编码。发射机和接收机都需要 CSI 来提高信道容量。通过接收端的传输，发射端得到 CSI 的反馈，接收机反馈模型如图 7.4 所示。

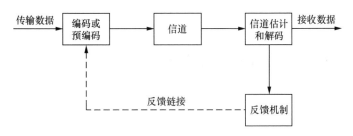

图 7.4　接收机反馈模型

常见的反馈模式包括平均反馈、方差反馈和基于码本的有限反馈。由于结构简单、反馈量少，引起了业界的广泛关注和研究。

（2）接收检测。MIMO 通信系统中的接收检测技术是 MIMO 技术应用的关键环节之一。信号探测算法根据对接收信号的处理方式不同可以分为线性和非线性探测算法。

在线性探测算法中，接收信号 x 经由线性运算可以完全恢复。

$$\hat{s} = \boldsymbol{F}x \tag{7.10}$$

其中，$\boldsymbol{F}$ 是接收机的运算矩阵。线性探测器通常包括 ZF 和 MMSE。

与低复杂度的线性探测系统相比，非线性探测器的特点是运算复杂度高，但是处理器的性能有着明显的提升。最简单的非线性探测器，就是在线性探测器的基础上加上一个反馈机制，即干扰消除（IC，Interference Cancellation）算法。另一类非线性探测器近似于最优检测算法，它需要搜索星座点图以获得最优的测试结果。典型的算法称为球解码算法，由于它使用的是最大似然估计模型，大大降低了运算的复杂度。球解码算法系统方案见式（7.11）。

$$\hat{s} = \arg\min_{s\in\Omega^n} \| x' - R_s \| \frac{n!}{r!(n-r)!}$$

$$= \arg\min_{s\in\Omega^n}\left(\sum_{i=1}^{N_t}\left| x' - \sum_{j=i}^{N_t} R_{ij}s_j \right|^2 + \sum_{i=N_t+1}^{N_t} | x'_i |^2 \right)$$

$$= \arg\min_{s\in\Omega^n}\left(\sum_{i=1}^{N_t}\left| x' - \sum_{j=i}^{N_t} R_{ij}s_j \right|^2 \right) \tag{7.11}$$

$$= \arg\min_{s\in\Omega^n}[f_{N_t}(s_{N_t}) + \cdots + f_1(s_{N_t},\cdots,s_1)]$$

对信道矩阵进行 QR 分解得到 $\boldsymbol{H}=\boldsymbol{QR}$，接收信号经过 $x'=\boldsymbol{Q}^{\mathrm{H}}x$，$f_k(s_{N_t},\cdots,s_k) = \left| x' - \sum_{j=k}^{N_t} R_{kj}s_j \right|^2$ 得到 Ω^n 表示星座点的集合。

7.1.3 多天线分集、复用和赋形的信道容量

根据式（7.12），假设传输信号是独立不相关的，并且总功率受限，标记为 P_t，传输信号的协方差矩阵表示为

$$\boldsymbol{R}_{xx} = \boldsymbol{E}(\boldsymbol{xx}^{\mathrm{H}}) = \frac{P_t}{N_t}\boldsymbol{I}_{N_t} \tag{7.12}$$

假设信号与噪声是独立不相关的，接收信号的协方差矩阵可以写成

$$\boldsymbol{R}_{yy} = \boldsymbol{E}(\boldsymbol{yy}^{\mathrm{H}}) = \boldsymbol{HR}_{xx}\boldsymbol{H}^{\mathrm{H}} + \boldsymbol{R}_{nn} \tag{7.13}$$

根据信息理论，信道容量模型可以表示如下

$$C = \log_2\left| \boldsymbol{I}_{N_r} + \boldsymbol{HR}_{xx}\boldsymbol{H}^{\mathrm{H}}\boldsymbol{R}_{nn}^{-1} \right|$$

$$= \log_2\left| \boldsymbol{I}_{N_r} + \frac{P_t}{N_t N_0}\boldsymbol{HH}^{\mathrm{H}} \right| \tag{7.14}$$

7.1.3.1 空间复用

传输速率是空间复用首要考虑的因素，发射机在发射端需要把信号进行串并转换，串行数据流分为多个并行的数据流。每个数据流对应到不同的天线上，传输速率会随着数据流数量的增加而线性增加。

对 $\boldsymbol{HH}^{\mathrm{H}}$ 进行特征值分解

$$\boldsymbol{HH}^{\mathrm{H}} = \boldsymbol{U}\begin{Bmatrix} \lambda_1 & \cdots & 0 \\ \vdots & & \vdots \\ 0 & \cdots & \lambda_N \end{Bmatrix}\boldsymbol{U}^{\mathrm{H}} \qquad (7.15)$$

其中：

$\boldsymbol{U}$ 是 $N \times N$ 矩阵；

第 i 列是矩阵 $\boldsymbol{HH}^{\mathrm{H}}$ 的特征向量 $\boldsymbol{q}_i$；

λ_i 是 $\boldsymbol{q}_i$ 的对应特征值。

信道容量可以在空间复用 C_{SM} 下获得

$$\begin{aligned} C_{\mathrm{SM}} &= \log_2 \left| \boldsymbol{I}_{N_r} + \frac{P_{\mathrm{t}}}{N_0 N_{\mathrm{t}}}\begin{Bmatrix} \lambda_1 & \cdots & 0 \\ \vdots & & \vdots \\ 0 & \cdots & \lambda_N \end{Bmatrix} \right| \\ &= \sum_{i=1}^{N_r} \log_2 \left(1 + \frac{P_{\mathrm{t}}}{N_0 N_{\mathrm{t}}} \lambda_i \right) \end{aligned} \qquad (7.16)$$

其中：

N_r 表示接收机的天线数量；

N_{t} 表示发射机的天线数量；

P_{t} 表示发射机功率；

N_0 表示噪声功率。

7.1.3.2　空间分集

MIMO 技术实际上包括空间复用增益和空间分集增益。与空间复用相比，空间分集首要考虑的因素是传输信号的质量，并充分利用无线信道的多径效应。接收机可以获得许多经过不同路径衰落的原始信号的副本，提高判断的准确性。

典型的空间分集技术是 STC。如果发射器使用的是 STBC，那么信道可以表示为

$$y = \| \boldsymbol{H} \|^2 x_{\mathrm{SD}} + n \qquad (7.17)$$

向量 $\boldsymbol{x}_{\mathrm{SD}}$ 的每个因子是 $P_{\mathrm{t}}/N_{\mathrm{t}}$。STBC 速率为 1，$C_{\mathrm{SD}}$ 的信道容量表示为

$$\begin{aligned} C_{\mathrm{SD}} &= \log_2 \left| 1 + \frac{P_{\mathrm{t}}}{N_0 N_{\mathrm{t}}} \| \boldsymbol{H} \|^2 \right| \\ &= \log_2 \left(1 + \frac{P_{\mathrm{t}}}{N_0 N_{\mathrm{t}}} \sum_{i=1}^{N} \lambda_i \right) \end{aligned} \qquad (7.18)$$

其中：

N_t 表示发射机的天线数量；

P_t 表示发射机功率；

N_0 表示噪声功率。

7.1.3.3 波束赋形

波束赋形的主要原理是通过数字信号处理的方法，使得主波束指向目标用户，旁瓣或零点指向干扰方向，从而改善系统的信噪比（SNR）。如果发射机能够获得需要的 CSI，系统模型可以写成

$$y = \boldsymbol{H}\boldsymbol{\omega}x + n \tag{7.19}$$

其中：

y 表示接收信号；

$\boldsymbol{H}$ 表示信道矩阵；

n 表示加性噪声。

波束赋形矩阵 $\boldsymbol{\omega}$ 是 N_t 维向量，并且 $\|\boldsymbol{\omega}\|=1$。同时，波束赋形系统的信道容量可以表示为

$$C_{BF} = \log_2 \left\| I_{N_r} + \frac{P_t}{N_t} \boldsymbol{H}\boldsymbol{\omega}\boldsymbol{\omega}^H \boldsymbol{H}^H \right\| \tag{7.20}$$

设计最优的波束赋形矩阵，最优权重就是 $\boldsymbol{H}\boldsymbol{H}^H$ 的特征值。

因此，容量方程式可以表示为

$$C_{BF} = \log_2 \left(1 + \frac{P_t}{N_t} \lambda_{max}\right) \tag{7.21}$$

其中，λ_{max} 是特征矩阵 $\boldsymbol{H}\boldsymbol{H}^H$ 的最大特征值。

7.1.4 多用户 MIMO

与传统的单入单出（SISO）系统相比，MIMO 技术可以大大提升系统的频谱效率，满足不断增长的需求。随着 MIMO 技术研究的深入，研究的重点从原来的单用户 MIMO 转移到多用户 MIMO 系统，特别是下行链路广播传输。

与单用户 MIMO 相比，多用户 MIMO 最重要的特点是对天线数量没有限制。多用户 MIMO 传输系统分为上行多址信道（MAC，Multi-Access Channel）和下行广播传输链路。

7.1.4.1　多用户 MIMO 系统模型

假设 M 表示 BS 的天线数量，N 表示用户设备（UE）的天线数量，并且 K 表示总用户数量。单小区多用户 MIMO 系统如图 7.5 所示。

假设 ψ_k 表示第 k 个用户发送的信号，BS 接收的信号可以表示为式（7.22）。

$$y = \sum_{k=1}^{K} \boldsymbol{H}_k \psi_k + v \qquad (7.22)$$

其中：

$\boldsymbol{H}_k$ 表示第 k 个用户和基站之间的上行链路的传输信道矩阵；

$v \sim \mathrm{CN}（0，N_0）$ 表示上行的高斯白噪声。

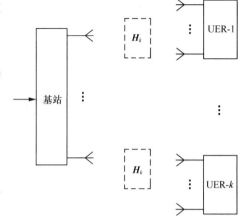

图 7.5　单小区多用户 MIMO 系统

由于 BS 需要同时给多用户进行广播传输，用户的接收数据不仅与自己的传输信道相关，而且影响同小区的其他用户。在多用户 MIMO 系统中，多用户干扰消除是提高系统性能最重要的手段之一。

如果 BS 可以完全获得 CSI，则多个用户之间的干扰可以利用脏纸编码（DPC，Dirty Paper Coding）完全消除，用以补充干扰引起的影响。

7.1.4.2　多用户 MIMO 系统的信道容量

1. 上行多址接入

如 7.1.4.1 节中描述的上行系统模型，如果使用并行多址进行干扰抑制。在 BS 处接收的上行链路的信号可以表示为

$$y = \boldsymbol{H}_k \psi_k + \sum_{i \neq k} \boldsymbol{H}_i \psi_i + v \qquad (7.23)$$

其中，$\sum_{i \neq k} \boldsymbol{H}_i \psi_i$ 表示多址干扰。如果式（7.23）乘以处理矩阵 $\boldsymbol{T}$，其表示如下

$$\boldsymbol{T}y = \boldsymbol{T}\boldsymbol{H}_k \psi_k + \boldsymbol{T} \sum_{i \neq k} \boldsymbol{H}_i \psi_i + \boldsymbol{T}v \qquad (7.24)$$

为了消除多址干扰，处理矩阵 $\boldsymbol{T}$ 的设计符合 $\boldsymbol{T} \sum_{i \neq k} \boldsymbol{H}_i = 0$。根据参考文献[6]可知，处理矩阵 $\boldsymbol{T}$ 是由矩阵 $\widehat{\boldsymbol{H}}_k \widehat{\boldsymbol{H}}_k^{\mathrm{H}}$ 的零向量空间构成的。

通过并行消除多址干扰，多用户 MIMO 系统可以被分为多个并行的单用户系统，系统的最大速率等于所有用户容量之和。

$$C = \sum_{k=1}^{k} C_k = \sum_{k=1}^{k} \max \log_2 \left| \boldsymbol{I} + \frac{P_r}{N_0} \boldsymbol{T}_k \boldsymbol{H}_k (\boldsymbol{T}_k \boldsymbol{H}_k)^{\mathrm{H}} \right| \qquad (7.25)$$

2. 下行广播信道

下行链路的多用户 MIMO 信道容量通过 DPC 的方式获得。这种方式要求 BS 获得全部的 CSI，从而获得同信道干扰（CCI，Co-Channel Interference）。

在这种情况下，CCI 信号的转换和叠加方式与未变换信号无转换地通过信道一样，见式（7.26）

$$C(x_k = \boldsymbol{H}_k s_k + \theta_k + n) = C(x_k = \boldsymbol{H}_k s + n) \tag{7.26}$$

其中：

x_k 表示下行广播链路中的第 k 个用户的接收信号；

s_k 表示在 BS 处接收的第 k 个用户的信号；

θ_k 表示由其他用户对传输信号干扰的总和；

$n \sim \text{CN}(0, N_0)$ 表示下行高斯白噪声。

式（7.26）表明，如能在 BS 处获得全部的 CSI，下行用户对信道容量的影响就可以完全消除，结果就是非干扰信道的容量。从而，可得 MIMO 的广播信道的容量，见式（7.27）

$$C_k = \log_2 \left| \frac{\boldsymbol{I} + \boldsymbol{H}_k \left(\sum_{j \geqslant k} \boldsymbol{Q}_j \right) \boldsymbol{H}_k^{\mathrm{H}}}{\boldsymbol{I} + \boldsymbol{H}_k \left(\sum_{j > k} \boldsymbol{Q}_j \right) \boldsymbol{H}_k^{\mathrm{H}}} \right| \tag{7.27}$$

其中，$\boldsymbol{Q}_j$ 表示传输信号 s_j 的协方差矩阵。

7.2 天 线

BS 处使用的大规模天线阵列也带来了新的问题，包括明显地增加了硬件成本和信号处理成本。在实际工程中，安装大面积的天线阵列可能比较困难，这刺激了人们设计和应用天线阵列来灵活适应复杂的环境。波束赋形可以非常尖锐地聚焦到小范围区域内，因此可以大大地减少干扰。

通常，具有相对宽的辐射模式的天线，由于其固定的辐射模式，其方向性相对较差。随着无线通信的持续发展，对高方向性的天线需求变得更加强烈。一个天线阵列要通过适当的电气和几何构造，然后对天线的元器件进行组装。通常，天线阵列的振子都一模一样，虽然振子不是必须一样，但是这样处理可以让天线设计更简单。可以让我们自由地选择（或设计）某个特定的阵列模式，而不用改变其物理尺寸。控制天线模式的基本方法之一是天线阵列（线性、圆形、矩阵等）采用合适的几何配置。天线阵列也可以使用有源天线来实现波束赋形的能力。它们可以实现多径信号接收的分集增益，并通过简单的天线单元实现高增益（阵列增益）。

7.2.1　大规模 MIMO 天线阵列

大规模 MIMO 系统是通过在 BS 处配置大量的天线来覆盖巨量在线用户的多用户 MIMO 方案。在每个时频资源块，BS 利用大规模天线实现空间复用，用以提高频谱复用能力和每用户频谱效率，同时利用 MIMO 的多天线分集和波束赋形的技术优势，大大地提高了频谱资源利用效率和传输速率。如果在 BS 处的天线数量明显地要比用户数量大得多，每个用户向 BS 发射、接收的信道相对于其他所有用户都接近正交。这就可以使用非常简单的接收、发送处理技术，如匹配滤波器，在有足够多天线的情况下，即使存在干扰，也可以接近最优解。

（1）结合毫米波：大型天线阵系统可以与毫米波相结合，让系统工作在比较高的载波频率上。例如，在 25 GHz，均匀线阵列（ULA，Uniform Linear Array）天线的长度从 5.94 m 缩小到 0.594 m，可以满足实际工程安装的要求。

（2）合适的天线阵列配置：此外，由于阵列孔径的限制，特别大的 MIMO 阵列预计将以二维（2-D）或三维（3-D）的结构实现，如均匀平面阵列（UPA，Uniform Planar Array）和均匀圆阵列（UCA，Uniform Circular Array）天线。

有一个问题必须考虑，不同的天线阵列拓扑结构将会导致信道特征的变化，并会对大规模天线阵系统的性能产生影响。直观地说，具有相同振子数的天线，在水平方向上摆放更多振子的天线将可以得到更高的频谱效率。阵列中放置的天线越多，所获得的频谱效率就越低，主要原因是垂直天线具有较小的角度扩展，同时终端在垂直角度上分布的范围比较小，所以，在垂直方向上需要更多的天线，获得足够的垂直增益，用以区分垂直方向的角度。

此外，天线振子的数量是固定的，在垂直方向上增加天线振子就意味着在水平方向上减少天线振子的数量，这会导致天线在水平方向上的性能下降。

（3）减少相邻振子的间距：天线的几何尺寸变小有利于工程安装，但是如果天线相邻振子的空间距离小于半波长，天线振子之间就会有相关性，会使得大规模 MIMO 不能形成精确的波束来区分用户，这将降低系统的性能。

7.2.2 超大型天线的问题

超大型天线的问题包括阵列的配置和部署。

7.2.2.1 传统的天线阵列

（1）2-D MIMO：在大规模天线系统中，增加天线数量会导致实际天线面积快速地增加，这给 BS 处安装天线带来了挑战。例如，在 BS 上安装的 100 天线振子的 ULA，天线阵列的空间距离是半个波长。对 2.5 GHz 的载波频率，线性阵列的长度是 5.94 m，对很多 BS 来说，铁塔上的空间有限，无法使用。在传统的通信系统中，由于 BS 处天线结构的限制，在无线信道上发射的电磁波束只能在水平方向上调整，而在垂直方向上，一旦 BS 进行优化，所有的小区用户都处在固定的角度，所以，传统天线中所有的波束赋形和预编码技术都是基于水平方向的信道。实际上，由于传播信道是一个 3-D 空间，角度固定的算法通常不能使系统达到最优的吞吐量。随着用户数量的增加，并且用户分布在小区内不同的区域，包括小区中心和小区边缘，使用传统的 2-D 波束赋形仅仅可以在水平维度上区分信道信息，但是，在垂直维度上不能区分信道信息。当用户的方向角都一样时，将不可避免地存在干扰问题，具体如图 7.6 和图 7.7 所示。

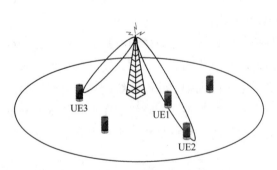

图 7.6　2-D 波束赋形（在相同的方向角度，UE1 和 UE2 之间存在干扰）

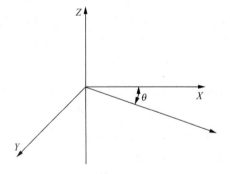

图 7.7　只有水平角度的 2-D MIMO

（2）3-D MIMO：传统的 2-D 波束赋形的缺陷和天线的结构密切相关。我们知道，当前的 BS 天线端口的线性阵列是沿水平方向布放的，所以，调整每个天线端口的幅度和相位只能控制水平维度上的信号分布。有源天线的出现改变了原有的天线结构，有源天线由多个低功率、相对独立的偶极子构成，射频（RF）集成模块可以独立地控制每个有源天线，从而具备了灵活高效的波束控制能力。因此，大规模 MIMO 的天线结构必须设计成 3-D 空间信道模型，同时要考虑 BS 和用户之间的信号传播的方位角和垂直方向。

如图 7.8 所示，一个基于 AAS 的 2-D 天线阵列，使 MIMO 系统可以更充分地利用垂直维度的传播空间。与只能调整波束方位角的 2-D MIMO 相比，3-D MIMO 能同时调整波束的方位角和俯仰角。

（3）天线建模：2-D 平面天线阵列如图 7.9 所示[7]，部署 2-D 平面天线阵列，包括交叉极化阵列和 ULA，这里 N 是阵列数，M 是每列中的振子天线数量。

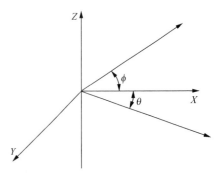

图 7.8 3-D MIMO 的水平方向角（Φ）和俯仰角（θ）

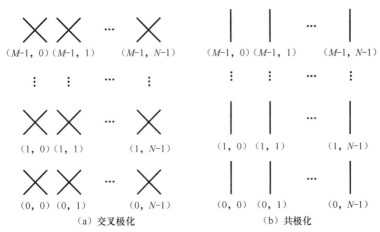

（a）交叉极化   （b）共极化

图 7.9 2-D 平面天线阵列

根据参考文献[1]，每个天线振子具有垂直方向的辐射模式

$$A_{E,V}(\theta'') = \min\left[\left(\frac{\theta'' - 90°}{\theta_{3dB}}\right)\right]$$

并且还有水平辐射模式

$$A_{E,V}(\phi'') = -\min\left[-12\left(\frac{\phi''}{\phi_{3dB}}\right), A_m\right]$$

3-D 天线振元模式的组合方法为

$$A''(\theta'', \phi'') = -\min[-A_{E,V}(\theta'') + A_{E,V}(\phi''), SLA_V]$$

其中：

SLA_V =30 dB；

A_m =30 dB；

θ_{3dB} =65°；

ϕ_{3dB} =65°。

7.2.2.2　超大天线阵列

随着天线数量的增加，天线阵列需要扩展到 2/3-D 天线阵列模型，天线的硬件设计需要考虑大规模 MIMO 系统的天线阵列在实际应用中的配置和部署。

如图 7.10 所示，天线阵列技术包括 ULA（天线振子线性分布）、UPA（天线振子平面分布，如矩形阵列）和 UCA（天线振子圆形分布）。最常见和最典型的几何结构是 ULA，由 N 个天线振子分布放置成直线。但是，当采用大规模天线时，ULA 的结构和 BS 天面空间受限不匹配。

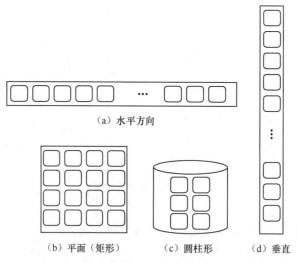

（a）水平方向

（b）平面（矩形）　　　（c）圆柱形　　　（d）垂直

图 7.10　实际天线阵列的不同配置和部署

（1）ULA：ULA 的天线振子是沿直线均匀分布的，通常是在某些固定的方向上实现良好的方向性。由于其几何形状简单，ULA 比较容易地分析和设计。对于 ULA，如图 7.11 所示，单用户的信道向量可以表示如下

$$\boldsymbol{a}(\theta_i) = \left[1 + e^{j(2\pi d \cos\theta/\lambda + \xi)} + \cdots + e^{j(N-1)(2\pi d \cos\theta/\lambda + \xi)} \right]^{\mathrm{T}}$$

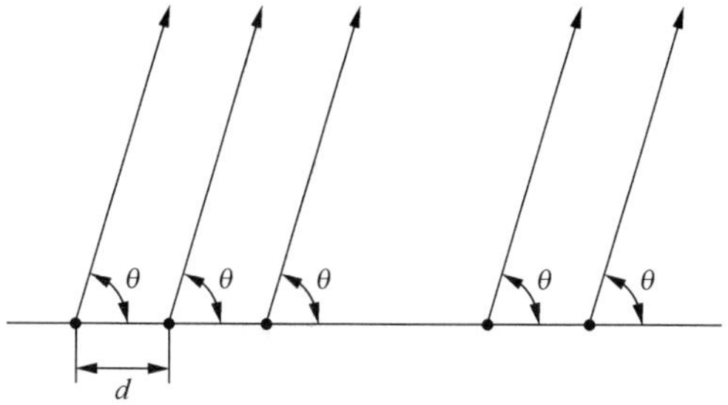

图 7.11 相邻振子间距为 d 的 ULA

其中：

λ 是载波波长；

d 表示相邻振子的间距。

这里，我们假设激励电流的幅度相同，相邻的振子之间的相位差为 ξ。

从 $\hbar = 2\pi/\lambda$，我们可以得到 ULA 的阵列因子。

$$AF = 1 + e^{j(\hbar d \cos\theta + \xi)} + \cdots + e^{j(N-1)(\hbar d \cos\theta + \xi)}$$

$$AF = \sum_{n=1}^{N} e^{j(N-1)(\hbar d \cos\theta + \xi)}$$

$$AF = \frac{\sin\left[\left(\dfrac{N}{2}\right)\hbar d \cos\theta + \xi \right]}{\sin\left[\left(\dfrac{1}{2}\right)\hbar d \cos\theta + \xi \right]} e^{j/2(N-1)(\hbar d \cos\theta + \xi)}$$

阵列因子的最大值条件是

$$\frac{1}{2}(\hbar d \cos\theta + \xi) = \pm m\pi, \quad m = 0, 1, 2\cdots$$

然后，我们可以得到最大波束的方向

$$\theta_{\max} = \cos^{-1}\left[\frac{\lambda}{2\pi d}(-\xi \pm 2m\pi) \right]$$

（2）UCA：UCA 的天线振子成圆形均匀分布。采取这样的设备配置，UCA 天线通常用于广角辐射方向（如图 7.12 所示）。

UCA 的阵列因子是

$$AF = e^{j[\hbar d \sin\phi \cos(\theta-\theta_1)+\xi_1]} + \cdots + e^{j[\hbar d \sin\phi \cos(\theta-\theta_m)+\xi_m]} + \cdots$$

$$= \sum_{m=1}^{M} e^{j[\hbar d \sin\phi \cos(\theta-\theta_m)+\xi_m]}$$

阵列因子的最大值条件是

$$\hbar d \sin\phi \cos\left(\theta - \frac{2\pi}{M}\right) + \xi = \pm 2n\pi$$

7.2.2.3　相邻振元间距和互耦效应

在实际工程应用具有大量天线的大规模 MIMO 时，我们发现天线之间的互耦性对天线性能有着实质性的影响，随着天线数量的增加，特别是对固定孔径的天线阵列，减小相邻阵列的间距，会直接降低系统的性能。随着相邻振元间距变小，天线效率在直观上就减少为单天

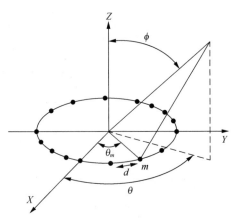

图 7.12　均匀圆阵列天线

线，其性能和单天线相同。当两个或多个天线相互靠近时，天线振元之间存在耦合电流或耦合电场，将产生相互干扰。这种干扰称为互耦效应，天线间的互耦效应通常由耦合系数矩阵来表示。

图 7.13 显示了阵列互耦网络模型：V_{st} 和 Z_{Lt} 分别是源电压和负载阻抗；Z_{st} 是阵列的阻抗；i_i 是天线系统的激励和接收电流（在第 i 个端口）；V_t 是第 i 个发射天线端口的端电压。

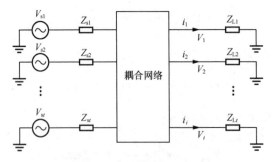

图 7.13　天线阵列耦合网络

根据参考文献[8]中的推导可知，系数矩阵是一个单位矩阵。如果我们忽略互耦效应，则互耦系数矩阵可以写为

$$C_r = \left(I_n + Z_L^{-1}Z\right)^{-1}\left(I_n + Z_L^{-1}Z_S\right)$$

其中：

Z_L=diag(z_{Li})，($i = 1, 2,\cdots, n$)是负载对角矩阵；

I_n 是 n 维单位矩阵；

Z =(z_{ij})，（$i, j = 1, 2,\cdots, n$）是互阻矩阵；

Z_S=diag(z_{si})，($i = 1, 2,\cdots, n$)是阵列的阻抗矩阵。

通常，我们假设每个天线的阻抗相同，因此共轭值等于负载阻抗。在此假设下，可以基于参考文献[9]来计算 Z 矩阵的因子。

7.2.3　大规模 MIMO 测试台

林雪平大学（Linköping University）、隆德大学（Lund University）和贝尔实验室已经开发出 128 振元的 ASS，其工作频率为 2.6 GHz，包含圆阵列和天线阵列的配置[10]。圆阵列天线由 128 个天线端口组成，天线阵包括由 16 个双极化贴片天线振元组成的环形天线，4 组这样阵列叠加成圆柱形天线阵列。这种阵列结构简单，可以解决在不同仰角上的散射问题。但是，由于其孔径的限制，其方位角的分辨能力比较差。线性天线阵列由 128 个天线端口组成。

信道的测试结果显示，当天线的数量是用户数量的 10 倍时，即使在非常恶劣的传播环境中，它们也能接近理想的理论性能[10]。参考文献[10]中的结论也证实，当天线数量增加到一定的数量时，多用户的信道之间显示出一定的正交特性，通过使用线性预编码，我们可以接近最佳的链路容量。这些结论有助于研究大规模 MIMO 的潜力。

由莱斯大学（Rice University）、贝尔实验室、耶鲁大学（Yale University）联合开发的 Argos[11]，工作在 2.4 GHz 频段，是大尺度多用户波束赋形天线测试系统的原型，可以同时为多个用户提供服务。它采用分层和模块化设计，使得系统更具有扩展性。Argos V1 让 BS 处可以安装 64 个天线，在室内的环境中，可以同时为 15 个单天线用户提供服务。2013 年，基于 Argos V1 的 Argos V2，在 BS 处的天线数量增加到 96 个。Argos 由无线开放接入研究平台（WARP）板、一台笔记本电脑、一台以太网交换机和一块基于 AD9523

的时钟分发板卡组成。

在最初的原型机中，系统包括中央控制器、Argos 集线器和 16 个模块，每个模块包含 4 个无线 WARP 模块。每个 WARP 模块由 4 个无线电子卡和 4 个天线组成，现场可编程门阵列主要负责把数字信号变成 RF 信号，或者把 RF 信号变成数字信号；时钟分发板卡主要是实现组件间的时钟同步；中央控制器负责基带数据的处理和分析；以太网交换机负责汇聚所有前端 RF 收集到的信号，并转发到中央控制器。

7.3 波束赋形

7.3.1 波束赋形概述

波束赋形是基于天线阵列的信号预处理技术。波束赋形技术是通过调整天线阵列中的每个单元波束的权重系数而产生定向波束，从而获得明显的阵列增益。因此，波束赋形技术在扩大覆盖范围、提高边缘吞吐速率、抑制干扰方面非常有优势。由于波束赋形引起空间选择，与空分多址有很大的关系。

波束赋形的目的是根据系统的性能指标对基带（中频）信号进行最佳的结合或分配。具体来说，它的主要功能是，补偿在无线传播过程中，由于自由空间损耗和多径效应引起的信号衰落和失真，同时也可以减少同频用户之间的干扰。所以，首先要建立一个系统模型来描述所有类型的信号，然后根据系统性能要求，将信号的组合和分解表示为数学问题，从而寻求最优解。

多天线系统中的波束赋形技术已被广泛研究，它可以有效地抑制多用户干扰，从而大大提高系统容量。通过赋形的发射波束，尽可能直接地把信号的主波瓣指向预期用户，并同时指向其他用户的零波瓣，以减小对其他用户的干扰。通过接收赋形波束，当前用户也可以避免其他用户的干扰，并同时尽可能地匹配所需信号的主瓣方向。

如图 7.14 所示，使用波束赋形技术的天线阵列，可以在优选的方向上（通常是通信方向）形成强波束，非意愿的方向上形成弱波束（通常是干扰方向）。波束赋形在强波束的方向上可以提升 SNR，并且在多用户环境中可以抑制弱波束方向的 CCI，从而提升整体的 SNR。所以，通过将波束赋形技术和空间复用技术或者空间分集技术相结合，可以大大提高系统的性能。

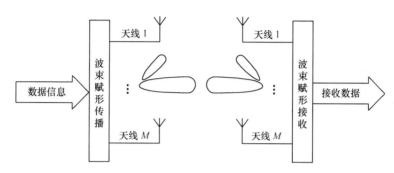

图 7.14　无线 MIMO 波束赋形技术原理

7.3.2　波束赋形系统

图 7.15 表示了波束赋形系统的一般结构，基本由 3 部分组成：天线阵列模块、模数（A/D）转换模块和权重计算模块。

（1）天线阵列模块：根据阵列组合和阵列振元的布放规则，天线阵列可以分为线阵列、面阵列和圆阵列等。天线阵列的振元数量也对智能天线的性能有直接的影响。在实际组网中，用户天线振元的数量通常是 8 或 16。例如，时分同步码分多址（TD-SCDMA）系统所使用的智能天线的结构就是 8 阵列的环形天线。

（2）模数（A/D）转换模块：BS 侧智能天线的每个通道都有一个 A/D 转换器。在接收（发射）模块中，天线将接收到的模拟信号变换为数字信号，或者把数字信号变换为模拟信号发送。

（3）权重计算模块：这是波束赋形的核心部分。数字信号处理器可以调整权重值系数 w_1，$w_2\cdots$，自适应地得到合适的波束赋形网络，或者在预设权重值中，选择一组最优值，以获得最佳的波束方向。通过这种方式，波束赋形设备可以跟踪用户或者智能选择波束赋形图。

接收波束赋形的结构如图 7.15 所示。发射波束赋形结构与接收波束赋形结构有所不同。其加权设备或加权网络放置在天线前面，无须添加合路器。

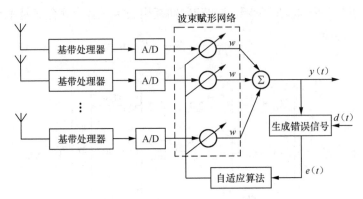

图 7.15　通用的波束赋形设备结构

7.3.3　波束赋形的基本原则

　　波束赋形是信号处理的空间滤波法，可以从输入信号、干扰和噪声的混合信号中提取我们想要的信号。

　　自适应波束赋形原理如图 7.16 所示。

　　假设 n 表示发射阵列振子的数量，M 是接收天线阵列振子的数量，d 表示阵列振子之间的距离。每个天线阵列接收所需的信号、干扰信号和噪声（高斯白噪声）。接收有用信号是通过到达角度 θ_1，θ_2,$\cdots$ θ_M；接收干扰信号是通过到达角度 θ_1,

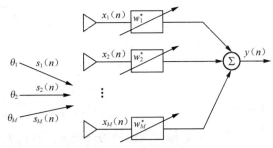

图 7.16　自适应波束赋形原理

$\theta_2,\cdots,\theta_s$。假设通过下变频和 A/D 转换器来变换接收的信号，阵列系统 $y(n)$ 的输出是接收信号向量 $x(n)$ 在每个天线振元上的分量的加权之和，可以表示为

$$y(n) = w^{\mathrm{H}}x(n) = \sum_{i=1}^{M}\omega_i^* x_i(n) \tag{7.28}$$

其中：

$w = [w_1, w_2, \cdots, w_M]^{\mathrm{T}}$ 表示天线阵列加权矢量；

$x(n)$ 表示天线阵列接收的总信号矢量。

接收的期望信号矢量被定义为

$$x_s(n) = \sum_{m=1}^{M} a(\theta_m) s_m(n) \tag{7.29}$$

其中，$a(\theta_m)$是由θ_m决定的$N \times 1$方向矢量，表示为

$$a(\theta_m) = \left\{ 1, \exp\left(j\frac{2\pi d}{\lambda} \sin\theta_m \right), \cdots, \exp\left(j\frac{2\pi d}{\lambda}(M-1)\sin\theta_m \right) \right\}^T$$

$$= [1, e^{j\beta_m}, \cdots, e^{j(M-1)\beta_m}]^T$$

其中：

$[(\cdot)]^T$是矩阵转置；

$\beta_m = \left(\dfrac{2\pi}{\lambda} \right) d\sin\theta_m$；

d是数组元素之间的距离；

λ是入射波长。

式（7.29）中的期望信号向量可以用矩阵方式写入为

$$x_s(n) = A_s s(n) \tag{7.30}$$

其中：

A_s是所需信号的$N \times M$向量和方向向量，定义为

$$A_s = [a(\theta_1), a(\theta_2), \cdots, a(\theta_M)] \tag{7.31}$$

$s(n)$是$M \times 1$向量和期望信号矢量，定义为

$$s(n) = [s_1(n), s_2(n), \cdots, s_M(n)]^T \tag{7.32}$$

我们可以得到干扰信号矢量

$$x_i(n) = [A_i i(n)] \tag{7.33}$$

其中，

A_i是$1 \times I$向量和干扰信号的方向矢量，定义为

$$A_i = [a(\theta_1), a(\theta_2), \cdots, a(\theta_I)] \tag{7.34}$$

$i(n)$是$I \times 1$向量和干扰信号向量，定义为

$$i(n) = [i_1(n), i_2(n), \cdots, i_I(n)]^T \tag{7.35}$$

因此，天线阵列接收的总信号矢量可以表示为期望信号、干扰信号和噪声信号的和。

$$x(n) = x_s(n) + x_i(n) + n(n) \tag{7.36}$$

可以基于公式（7.36）中的导出结果重写公式（7.28）

$$y(n) = w^H x(n) = w^H [x_s(n) + x_i(n) + n(n)] \qquad (7.37)$$

阵列振幅波束图定义为

$$F(\theta) = | w^H a(\theta) | \qquad (7.38)$$

要使波束点在法线方向（$\theta = 0°$），将 w 设置为

$$w = [1, 1, \cdots, 1]^T \qquad (7.39)$$

这时，波束图为

$$F(\theta) = | w^H a(\theta) | = \sum_{i=1}^{M} e^{j(i-1)\beta} = \left| \frac{\sin(M\beta/2)}{\sin(\beta/2)} \right| = \left| \frac{\sin(M\pi d/\lambda)\sin\theta}{\sin(\pi d/\lambda)\sin\theta} \right| \qquad (7.40)$$

其中，天线阵列振子之间的距离 $d = \lambda/2$。

均匀线性阵列如图 7.17 所示，图 7.18 是 8 振元均匀线性阵列波束图。

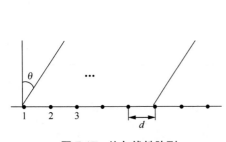

图 7.17　均匀线性阵列

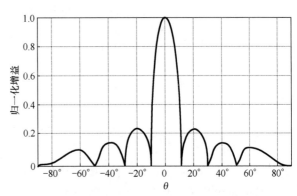

图 7.18　8 振元均匀线性阵列波束图

从图 7.18 可得出以下结论。

（1）最大天线增益的方向，即主瓣方向，位于 $\theta = 0°$。

（2）天线主瓣两侧的第一个零点之间的角度称为零点凸角宽度 BW_0。

$$BW_0 = 2 \arcsin \frac{\lambda}{Md} \qquad (7.41)$$

如果 $Md >> \lambda$，那么

$$BW_0 \approx \frac{2\lambda}{Md} \qquad (7.42)$$

主瓣半功率点的宽度（强度下降到最大功率的一半）可以近似为

$$BW_{0.5} = 0.886 \frac{\lambda}{Md}(\text{rad}) = 50.8 \frac{\lambda}{Md} \tag{7.43}$$

（3）方向图中第一旁瓣的电平最高，电平值随振元数量 M 的增加而减小。

（4）当 $d<\lambda/2$ 时，天线方向图中只有一个主瓣；当 $d>\lambda/2$ 时，可以产生较大的旁瓣，称为光栅波瓣；当光栅波瓣出现时，将在不同方向上有两个或多个大的输出，从而不能确保信号从哪个方向进入阵列。为了避免光栅，通常 $d\leq\lambda/2$。

7.3.4　无线 MIMO 系统波束赋形技术的分类

起初，波束赋形技术的初步研究主要集中在接收波束赋形上。如主波束赋形的深度、波束零陷点的宽度以及波束旁瓣的约束条件。在多发射天线和多用户环境中，MIMO 波束赋形与传统波束赋形不同，所以随着波束赋形技术的发展，发射端的波束赋形技术也越来越受到关注。MIMO 技术已经成为无线通信系统的核心技术之一，影响 MIMO 系统性能的关键问题之一是多用户 MIMO 环境中用户之间的干扰抑制。波束发生器设计是限制多用户干扰的重要途径。

在无线通信领域，波束赋形主要分为接收波束赋形、发射波束赋形和中继波束赋形三大类。

7.3.4.1　接收波束赋形（上行链路）技术

在无线通信中，与发射波束赋形相比，波束赋形接收在理论上更直接、更容易实现。所以接收波束赋形在 20 世纪取得了很大进展，分析方法类似于雷达研究。接收波束赋形通常工作在上行链路中，因此也称为上行波束赋形。

目前，接收波束赋形技术开发的主要方向是稳健性设计。传统的接收波束赋形设计通常需要估计引导信号矢量（数据和信道）或接收信号矢量（导向矢量和噪声）。在实际系统应用中，由于信道变化、定量和计算精度等因素，信道估计误差几乎是不可避免的。在此情况下，波束赋形发射器通常使用有限码本进行设计，并采用基于码本矩阵求逆（SMI，Sample Matrix Inversion）的最小方差（MV，Minimum Variance）技术。然而，基于 SMI 的 MV 估计对波束赋形设计的影响非常大，因为轻微的估计误差将会导致设计结果发生大的变化，从而影响接收性能。为了解决这个问题并提高基于 SMI 的 MV 的稳健性，可以使用对角线加载（DL，Diagonal Loading）方法。然而，其主要缺点是使用传统DL 难以获得 DL 系数。近年来，基于最坏系统性能的优化，开发了一种强大的设计方法，通过优化最差性能获得了波束赋形发生器。该方法源自严格的理论证明,可以保证天线性能的稳定,使其成为接收波束赋形稳健性设计的重要研究方向。许多用于稳健性设计的技术应用被推广,如将椭球模型引入到稳健性设计、宽带系统的稳健性设计以及与其他技术(如 STC)结合的稳健性设计。

7.3.4.2 发射波束赋形(下行链路)技术

传统的波束赋形通常在一个方向上形成强波束,而在其他方向上形成弱波束。然而,在多用户无线通信中,需要多个波束赋形向量以在所有用户的方向上形成强波束。这些波束赋形向量需要联合优化,在目标用户的方向上增强波束,同时在其他用户的方向上减小波束。发射波束赋形也称为下行波束赋形。目前,波束赋形研究主要集中在下行链路上。

1. 多用户 MIMO 下行链路波束赋形

接收波束赋形的优化变量在某些情况下可以独立优化,但是发射波束赋形通常需要联合处理。因此,发射波束赋形的设计相对复杂,在多用户环境中更为复杂。一个设计标准是为了消除用户之间的干扰。这可以通过 ZF 方法或块对角线方法消除(或接近消除)。另一种设计标准是通过服务质量来衡量的,通常在资源消耗(如发送功率)的限制下,将波束赋形问题转化为 QoS 最大化的问题,并在 QoS 限制下将资源消耗最小化的问题。上行链路和下行链路的对称性是解决 QoS 问题的重要而有效的方法。研究表明,因为上行链路的问题更容易解决,下行链路 SINR 限制下的功率最小化波束赋形问题可以通过上行链路中的迭代方法解决,上下行对偶法的最优性已被证明。在 MIMO 系统中,应考虑接收和发射波束赋形结合或单用户多数据流的情况。除了上行链路和下行链路对偶法外,凸优化也是多用户 MIMO 的 QoS 波束赋形设计中功率最小化问题的有效方法。

2. 多用户 MIMO 下行稳健波束赋形

发射波束赋形的大部分研究假设是已知发射机理想 CSI。实际上,由于信道估计误差、信道的实时变化、量化和反馈延迟等原因,发射机通常收到非理想信道估计矩阵,波束赋形的计算对信道矩阵非常敏感。因此,近些年来,在非理想 CSI 的情况下,波束赋形的稳健设计受到很多关注。通常有两种波束赋形稳健设计的分析方法。一种方法是基于信道矩阵统计误差(SE,Statistics Error)模型的统计分析方法,假设信道误差满足某些统计特性。该模式适用于信道估计处理造成信道误差的情况。与理想 CSI 情况类似,上行链路和下行链路对偶性仍然符合 SE 模型的均方误差(MSE,Mean Square Error),可用于下行链路波束赋形的设计。另一种方法是基于规范有界误差(NBE,Norm Bounded Error)模型的最坏情况设计方法,假设信道误差被限制在一个有界范围内。该模型不需要统计假设,适用于信道误差是由信道系数量化引起的情况。在实际系统中,出现最坏情况的可能性很小。与接收波束赋形类似，有必要引入概率因子，然后以概率的形式量化波束赋形设计的稳健性。

3. 多小区多用户 MIMO 下行链路协同波束赋形

由于小区之间存在干扰，在多小区环境中，通过多用户 MIMO 处理获得的容量增益将会严重降低。为了解决此问题，通过多小区环境中的 BS 之间的协作，提出 MIMO 处理策略或算法。对于蜂窝 MIMO 下行链路波束赋形，有两种主要的协作算法。算法一假设所有的 BS 完全协作：即所有基站和移动终端完全共享信道信息和数据，因此所有 BS 可以被视为一个大的 BS。在总功率的限制下，蜂窝网络波束赋形问题可以被认为是多用户 MIMO 波束赋形。虽然这种算法可以实现最佳性能，但是完全协作对系统协调有很高的要求，难以实现。算法二称为干扰协作，也就是说，假设所有的 BS 只能获得信道信息或本地信道信息，每个移动终端仅由一个 BS 服务。

这两种协作策略针对所有在实践中几乎不可能实现的 BS。由于小区之间的干扰主要来自邻小区，小区可以分组，并允许与同一组中的小区协同工作。此外，在设计蜂窝网MIMO 下行波束赋形的过程中，应考虑用户分布、分布式设计、稳健设计等一些实际因素。

7.3.4.3　中继波束赋形技术

中继信道和中继网络理论信息容量的研究表明，中继协作的前景广阔。中继网络波束赋形的关键思想是组合多中继节点的天线、构建虚拟天线阵列，然后将信息转换为目标通信中继。在某种程度上，中继波束赋形可以理解为接收波束赋形和发射波束赋形的组合。然而，中继波束赋形与接收和发射波束赋形完全不同。主要区别在于，由于空间分配，中继节点难以从其他中继节点获取接收信号；因此，波束赋形设计必须是分布式的。在中继波束赋形技术中，简单的中继技术是放大转发协议。目前，大多数研究都是基于这一策略的。

在实际系统中，波束赋形策略还应考虑码间干扰抑制问题。另外，中继网络波束赋形研究还有其他发展方向，如顽健波束赋形设计、收发器节点和中继节点设计的联合波束赋形设计，以及多跳波束赋形设计。

7.3.5　MIMO 波束赋形算法

现在业界有很多种波束赋形算法和分类方法。例如，这些算法可以根据 DOA 估计是否需要分为 DOA 和非 DOA 估计算法，包括根据是否需要参考信号的非盲自适应和盲自适应算法；根据不同应用的上行和下行波束赋形算法；根据信号域类的时域或空间算法和空时联合处理算法。

如图 7.19 所示,影响 MIMO 系统和速率性能的主要因素是噪声,同一用户之间不同数据流之间的干扰,以及多用户干扰。当 SNR 较低时,系统性能主要受噪声影响。在这种情况下,算法设计主要集中在提高所需信号的功率增益方面。当 SNR 高时,主要是多用户干扰和不同数据流之间的相同用户干扰在影响系统性能。因此,在高 SNR 的情况下,算法设计主要考虑如何抑制多用户干扰和数据流之间的干扰。

图 7.19 影响多用户 MIMO 系统吞吐量性能的主要因素

有几种主要的波束赋形算法,如匹配滤波(MF, Matched Filtering)算法、最小化干扰算法、最大化信噪比和噪声比(Max SINR)算法,以及最大化泄漏比和噪声比(Max SLNR)算法。

设计用于数据流之间的噪声和干扰的 MF 算法在信道矩阵上实现奇异值分解(SVD)。从 SVD 得出,左奇异矢量表示接收波束赋形矩阵,右奇异矢量的共轭转置表示发射波束赋形矩阵,以匹配信道特性。然而,当使用多用户 MIMO 系统时,在高 SNR 的情况下,系统性能会比较差,因为该算法仅考虑如何匹配期望的信道,而不管多用户干扰是否存在。

最小化干扰算法仅用于多用户干扰抑制的接收波束赋形设计。在低信噪比的条件下,算法的性能较差,因为在这种情况下,噪声对性能的影响起着主导作用。但是当 SNR 比较高时,由于可以有效地抑制干扰,算法可以实现更好的性能。

最大 SINR 算法是 MF 和最小化干扰算法之间的权衡,同时考虑噪声、数据流之间的干扰和多用户干扰对系统性能的影响。因此,在多用户 MIMO 通信系统中,这些算法不是最优的。

最大 SLNR 算法还考虑了噪声、数据流之间的干扰和多用户干扰的影响,可以完全消除数据流之间的干扰。但是由于发射机定义的 SLNR 不能完全匹配 SINR,所以干扰抑制的效果不如最小化干扰和最大 SINR 算法那么明显。然而,最大 SLNR 算法可以简化多用户联合设计的问题,然后通过瑞利定理获得发射波束赋形矩阵的闭式解。显然,这是个次优的算法。

在多用户 MIMO 系统中,多用户干扰的强度不但受到发射信号的发射和接收方向的影响,而且与干扰信号传输功率的水平有关。因此,应综合考虑和设计发射波束赋形、接收波束赋形和功率分配以优化系统容量。以这种方式,可以获得最佳的解决方案。但是,这是一个非凸优化问题,难以直接解决。通常有两个解决非凸优化问题的方法。一个是迭代法;另一个是找到非凸问题的紧下限(估计性能的上限),将非凸问题转化为凸优化问题,然后设计一个可以接近或其实已经实现的较低的性能下限。

第 8 章

5G 异构网络中的自愈合

5G 的主要需求由不同组织共同提出，如美国的 4G America、中国的 IMT-2020（5G）推进组和欧洲的 5G Private Public Partnership（5G PPP）。5G 需求将极大提高网络的复杂性，所需的自动集成和自主管理能力远超现在自组织网络（SON，Self Organizing Network）的特性。另外，极可靠通信对系统架构提出非常严格的时延和可靠性要求。

5G 网络的主要挑战来自于移动宽带的持续演进和新业务、新需求的出现，例如，实现任何事物之间的通信、非常低的时延（<1 ms）、减少信令开销和能量消耗（更绿色的网络）。未来移动网络不仅需要显著提高业务容量和数据传输速率，还需要接纳更多用户。这不仅包括人与人之间的通信，还包括人和周围环境中的传感器、制动器之间的通信，以及传感器和制动器之间的通信。

具有低发射功率、非规划的小接入节点有望密集部署，这会形成超密集网络（UDN，Ultradense Network）。UDN 也可称为异构网络（HetNet），这是一种多层网络，既有高功率的宏蜂窝，又有很密集的低功率的小小区（SCs）。该结构通过减少发射机和接收机的距离，提高区域频谱效率。UDN 是迈向低成本、即插即用、自配置和自优化网络的重要一步。5G 需要面对更多的基站，它们以异构的方式动态部署，结合了不同的无线技术，因此，需要把它们灵活地整合起来。此外，小功率接入节点的大量部署带来了一些挑战，如回传和移动性管理问题，5G 需要解决这些问题。

2020 信息社会移动与无线通信推动者（METIS）提出了 5G 愿景。根据该愿景，5G 的关键需求是：（1）总容量增加 1 000 倍；（2）连接 10～100 倍的终端；（3）终端用户数据速率增加 10～100 倍；（4）时延为之前的 1/5；（5）实现需求（1）～（4）的成本与当前相当或更少。5G 的实现是一个循序渐进的过程。但是，也许实现以上这些需求的 5G

关键条件是网络灵活性和可靠性。该条件可通过在即将来临的 5G 网络中采用 SON 实现。

本章的目的是阐述 5G 网络中的自愈合。自愈合是 SON 的一项重要功能，意味着网络从人工操作向自动操作演进（减少人工交互）。SON 定义了 3 个领域：自配置［即插即用网络单元（NE，Network Element）］、自优化（自动优化 NE 和参数）和自愈合（自动检测和处理 NE 的故障）。

本章结构如下，8.1 节介绍 SON 以及在 5G 之前和在 5G 中的特性；8.2 节详细介绍自愈合及其两个主要分类：小区中断检测（COD）和补偿；8.3 节介绍最新的自愈合技术；8.4 节详细介绍回传自愈合案例；8.5 节是小结。

8.1　SON 简介

SON 是在第三代合作伙伴计划（3GPP）和下一代移动网络（NGMN，Next Generation Mobile Network）联盟支持下定义的一种范式，旨在实现移动网络操作、维护和管理（OAM，Operation administration and Management）的自动化。通过 SON，运营商有望通过最小的代价实现最优的性能。图 8.1 是具有 SON 功能的网络操作和传统 OAM 的对比。SON 的目标是将未来网络性能提升到自动操作的新高度，这是通过网络规划、配置、优化和愈合的自动管理实现的，具体包括以下 3 个部分[2]。

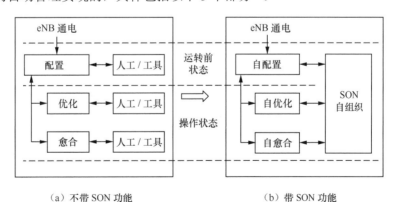

（a）不带 SON 功能　　　　　　（b）带 SON 功能

图 8.1　具有 SON 功能的网络操作和传统 OAM 的对比

自配置：NE 的即插即用性能，包括自规划，即由覆盖盲区和移动用户密集区域自动决定新站址的选择。此外，每个新站址的认证和鉴权是自动完成的。

自优化：利用用户设备和 NE 收集的测量信息和性能参数，实现系统整个运行期间参数的调整和自动优化。

自愈合：故障检测、诊断、补偿和网络恢复。通过在故障情况下执行某些操作使网络恢复正常或近似正常状态。

8.1.1 SON 架构

3 种不同的 SON 功能架构如下。

（1）集中式 SON：在集中式 SON 架构下，优化算法在 OAM 系统中实现，SON 功能存在少量节点中，且处于架构的高层。这样，所有的 SON 功能都位于 OAM 中，所以容易部署。但是，由于该架构的集中化处理，会给简单的优化案例增加时延，不适用于 UDN，因此也不适用于 5G 网络。

（2）分布式 SON：在分布式 SON 架构下，优化算法在宏蜂窝中执行。在该方案下，SON 功能位于很多位置，且处于架构的较低层。这样，所有的 SON 功能都位于宏蜂窝。这增加了部署开销，同时，难以支持复杂的优化算法，尤其在需要多个 BS 之间协调的情况下。但是，容易实现少量 BS 之间的快速优化响应。

（3）混合式 SON：在混合式 SON 架构下，某些优化算法在集中式的 OAM 系统中实现，某些算法在宏蜂窝中实现。这样，简单而快速的优化算法在宏蜂窝中执行，复杂的优化算法在 OAM 中执行。因此，这有利于灵活地支持不同种类的优化案例。

8.1.2 5G 前的 SON

8.1.2.1 全球移动通信系统和通用移动通信系统中的 SON

部署和运营传统蜂窝网络［全球移动通信系统（GSM，Global System for Mobile Communication）和通用移动通信系统（UMTS，Universal Mobile Telecommunications System）］是一项复杂的工作，包括很多工作，如规划、估算、部署、测试、商用、运行优化、性能监控、故障处理、故障恢复和日常维护。GSM 网络比今天的网络更简单，自动化程度和运行效率较低。这就是为什么 SON 需要与蜂窝网络的演进和复杂性的提升同步发展和演进。当初部署 GSM 时，需要很多人工操作，而人工操作在以后的演进系统中逐渐减少，如 UMTS 和 LTE，这些系统变得更加复杂，需要更多自动操作来实现高效率运行。

NGMN 联盟认为过度依赖人工操作是传统移动网络的一个主要问题，并且把运行效率作为一个主要目标。2006 年，NGMN 开启了一个围绕 SON 的项目。该项目的主要目标是解决传统移动网络（GSM 和 UMTS）的人工操作问题。该项目的成果在 3GPP 的开发中被采用。那时，3GPP 规定了 SON 的一些功能，如最小化路测、节省能源、切换优化和负载均衡。

8.1.2.2　3GPP 中的 SON

3GPP 的任务是基于 GSM 标准研发 3G 和 4G 网络。3GPP 原先关注 3G 系统的技术要求和标准化；后来 GSM 系统的维护和发展也变成了 3GPP 的使命，目前，3GPP 也负责 LTE 和 LTE-Advanced 的演进。3GPP 的架构包括 4 个技术标准组（TGS），每个组又分成几个工作组（WG）。负责 SON 演进的 WG 主要是无线接入网（RAN）WG3 和 SA WG5[3]。

SON 在 3GPP 中有不同版本的定义，最早是 Release 8。在 Release 9 中，主要的自配置功能被标准化了，并且描述了一个框架，覆盖使一个新的 eNB 进入运行状态（自配置）的所有必需步骤。同时，人工配置依然是一个可选项。Release 9 中的自优化包括以下实例：2G 和 3G 的邻区列表优化、移动负载均衡、移动稳健性优化和干扰控制。最后，几个自愈合的实例也在 Release 9 中被标准化了：NE 软件问题自恢复、板卡故障自愈合和小区中断自愈合。

在 Release 10 中，越来越多的 SON 功能被标准化了，如干扰控制的管理、容量和覆盖优化、不同 SON 功能间的互通和协调，以及自愈合输入输出的定义。在 3GPP Release 10 中，发起了将 SON 应用到 HetNet 中的研究，使其能在后续修订版本中被标准化。在 Release 10 以后的每个版本中，越来越多的功能被加入到各个 SON 分类中。此外，供应商的白皮书和不同项目的交付产物也为 SON 增加了新的功能和解决方案。SOCRATES 项目就是一个关注自配置和自优化的重要项目。该项目从 2008 年 1 月开始，持续了 3 年。该项目的主要目标是通过大量仿真验证已提出的设想，以及评估已提出的方案和已标准化的方案的执行效果和影响。

8.1.2.3　4G 中的 SON

移动宽带业务的爆炸式增长对无线网络提出了更多的要求。LTE-Advanced 系统开发了 HetNet 技术，通过在宏蜂窝范围内部署低功率节点来提高容量和扩展覆盖。在 HetNet 中，SON 是一项关键技术。一方面，在 HetNet 中使用 SON 能使运营商简化操作，不仅减少了 HetNet 中管理公共信道干扰的复杂性，而且为宏蜂窝和异构通信实体节省了运营开销，实现整个网络管理方法的协调和整体运行效率的提升。在 HetNet 中使用 SON 方案，已验证越来越多强大的优化策略能减少干扰并提升能源效率。另一方面，不幸的是，大多数 HetNet 还不能提供 SON 功能，因为在 3GPP 中标准化的 SON 架构主要是为同构网络拓扑结构设计的。

后面这个问题，即 SON 与 HetNet 的不兼容性，激发了标准化和研究的热情，主要关注于扩展 SON 范式，使其包括 GSM、通用分组无线服务（GPRS，General Packet Radio

Service)、GSM 增强数据速率演进、UMTS 和高速分组接入技术（HSPA，High Speed Packet Access）以及 LTE。多接入网 SON 方案的实现支持更多复杂的优化策略，能同时处理多个功能。该多接入 SON 方案在有跨层限制的优化过程中尤为关键。同时，多接入 SON 将提升不同技术间智能负载均衡策略的性能，从而提升整体网络服务的等级和容量。但是，要部署多接入 SON，我们必须知道 SON 不是 2G 和 3G 网络中原有的技术，需要一个外部集中式的实体为所有多接入网技术提供 SON 功能。

8.1.3　5G 中的 SON

未来 5G 网络的候选技术要求在不同层进行重大的演进，首先是朝着软件定义无线网络（SDWN，Software Defined Wireless Network）和集中式无线接入网络（C-RAN，Centralized Radio Access Network）等方向发展，同时 NE 按需配置 SON 功能。5G 网络中的 SON 将有别于 4G 网络中的 SON，因为这些候选技术具有的一些新特性将直接影响 SON 功能的应用。大多数新技术，如 C-RAN 和软件定义无线网络控制器将配备 SON 功能。它们都将为集中式实体中的 SON 控制器搜集所需的大量参数和信息。

8.1.3.1　5G 中的 C-RAN

C-RAN 是基于云计算的新型移动网络架构，支持当前已有的和未来的无线通信标准。C-RAN 将传统 BS 分成两部分：（1）天线和射频（RF）单元将位于各个站点；（2）所有其他 BS 功能将迁移到云端。它们之间是高带宽、低时延链路。核心概念是将原来 BS 的功能重新分配到基于云操作的中央处理器中。因此，该架构主要包括 3 个部分：（1）远端射频头（RRH，Remote Radio Head）；（2）基带单元（BBU，Baseband Unit）池；（3）前传链路（可以是有线或无线的）。

这样的智能式集中将支持小区间的协作，实现更高效的频谱利用和更绿色的通信。完全集中式的 RAN 是将大部分的 BS 功能放到云端，只将 RRH 留在小区。RRH 的主要功能是在下行（DL）方向上将 RF 信号传给用户或在上行方向上将基带信号传给 BBU 池，以便进一步处理。这样，BBU 或虚拟 BS 原来位于 BS 设备中，现在被放在云端或中央处理器中，因此就形成了被所有连接的 RRH 共享的池。BBU 处理基带信号，并优化网络资源分配。部署 C-RAN 将提升能使数据速率增加的无线技术的表现性能，如增强的小区间干扰协调（eICIC，Enhanced Intercell Interference Coordination）、大规模多入多出和协作多点（CoMP，Coordinated Multipoint）传输技术，这些技术都要求不同小区间紧密而快速的协调。因此，SON 将获益于 5G 网络中的集中式处理[6]。

8.1.3.2　5G 中的 SDWN

软件定义网络以控制平面和数据平面的清晰分离为特征，正作为一种创新范式被有线网络采用。通过部署 SDN，网络运营商可以更加有效地运营他们的基础设施，更快地部署新的业务，同时支持一些关键技术如虚拟化。

SDN 范式有很多优点，包括实现全局最优路由功能、简化网络、支持可编程、易于部署新功能、应用和协议，这些都将提高 5G 网络的灵活性和效率。将 SDN 的概念增加到 5G 架构中，将会为未来 5G 标准增加一些挑战，如需要运营和控制大量小小区，同时需要减少部署和运营的费用。

SDN 目前被认为是经典方案的替代方案，传统经典方案是用高度专业化的硬件执行标准化协议。直到现在，大多数能反映 SDN 范式优势的案例仍局限于有线网络，如谷歌数据中心。其实，将 SDN 概念应用到无线接入和回传网络比应用到有线网络更为有益。众所周知，无线网络的控制平面比有线网络更为复杂，因此，SDN 带来的灵活性的提升能获得更多的收益。应用 SDWN 架构使网络为服务提供商提供应用程序接口（API，Application Programming Interface），实现根据某组规则调整网络行为、承载特定业务。通过应用 SDWN，能将 API 提供给外部各方（如服务提供商），使他们能决定将每种业务提供给特定移动用户或用户群时，使用哪种接入技术。

UDN 将从用户平面和控制平面的解耦合中大大获益。5G 用户频繁跨过小区边界，切换和小区重选时产生信令负载。在宏蜂窝和 SCs 之间，用户平面和控制平面解耦合的概念也常称为软小区或虚拟小区。图 8.2 显示了传统蜂窝网络和 5G 采用控制/数据平面分离的概念。虚拟小区将数据发送给用户，并从用户接收数据（宏蜂窝数据分流），同时，宏蜂窝向用户发送和接收所有的无线资源控制和信令信息。这种分离技术将在宏蜂窝或中央实体中收集 SON 所需的决策信息，从而减少 5G 网络 SON 功能的复杂性。

8.1.3.3　5G 新路损模型

在部署 UDN 时，BS（SC）之间将相互通信和交换信息。不同的通信场景将引入新的路损模型。传统的通信场景，如室外—室外通信、室内—室内通信甚至室外—室内通信，还是与原来一样。但是由于 5G 网络中 UDN 的部署，将引入一种新的场景，这就是室内—室外—室内通信。

该场景的一个例子是某个建筑内的家庭基站（Femtocell）与另一个建筑物内的家庭基站通信。在这个例子中，通过修改传统室外—室外通信方程式，提出一种新的路损方程式。PL_{I2o2I} 代表两个不同建筑内不同家庭基站之间经过室内—室外—室内的路径损耗。这样就有两次室外—室内穿透损耗，分别位于每一侧，认为两个建筑物内经过的室内距离是相同的。这等效于将两个家庭基站之间的总距离分成（$d_{in1}+d_{out1}$）和 d_{in2}。简单起见，我们认为 $d_{in1}=d_{in2}=d_{in}$，$d_{out1}=d_{out}$ 以及 $L_{ow1}=L_{ow2}=L_{ow}$，路径损耗方程如下[7]。

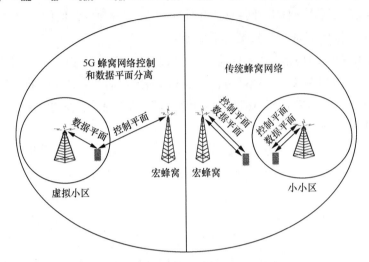

图 8.2　控制/数据分离网络与传统网络的对比

$$PL_{I2O2I,dB} = \max(38.46 + 20\lg d_{out}, \kappa + \nu\lg d_{out}) + 0.3(2d_{in}) + qL_{iw} + 2L_{ow}$$

其中：

κ 和 ν 分别是路径损耗常数和路径损耗指数；

d_{out} 是两个建筑物之间的室外距离；

d_{in} 是建筑物外墙到家庭基站之间的室内距离。

式中第一项取最大值是因为考虑到最坏情况。将内墙造成的损耗建模成 0.3 dB/m 对数线性值，L_{iw} 是建筑物内墙的穿透损耗，q 是墙的数量，L_{ow} 是室外—室内穿透损耗（室外信号穿过建筑物造成的损耗）。所有距离的单位是 m，假设所有上述提到的公式可通用于 2～6 GHz 频率范围（参阅参考文献[7]查看更多细节）。该方程经过某些修正后，可用于毫米波的建模。

8.2　自愈合

无线蜂窝网络容易引起故障的原因有：可能与软件或硬件相关。在传统的系统中，故障主要是由集式中的 OAM 软件检测。当告警的原因无法被远程清除时，维护工程师必须亲自去故障现场。在系统恢复正常运行前，这个过程可能需要几天。在某些情况下，故障不能被 OAM 发现并解决，除非不满的用户提交正式投诉文件，这会产生显著的网络性能退化。在未来的 SON 系统中，这个过程需要通过自愈合功能进行改善。

自愈合是采取行动、保持网络正常运行或防止破坏性的问题产生的功能。在响应故障时，自愈合程序平滑消除它，即使存在故障，网络也能接近正常工作。自愈合包括两个步骤：COD 和小区中断补偿（COC，Cell Outage Compensation）。

COD 和 COC 提供 BS 故障自动缓解功能，特别是在基站设备无法识别出服务中断、因此未能通知 OAM 该中断的情况下。检测和补偿是两种不同的行为，通过二者的合作，可以完全缓解或至少减轻故障。

检测和补偿都为网络运营商提供了许多帮助。传统的蜂窝网络发生故障时，直到运营商收到客户支持人员对于现场问题的报告，他们才会发现故障。COD 确保运营商在终端用户发现之前就知道故障，所以它需要检测和分类故障，同时最大限度地减少检测时间。COC 能暂时缓解主要的故障问题，如小区断电。它能采取措施来解决或者至少减轻问题的影响。如果故障的时间超过一定的阈值，它被认为是一个永久性的故障，就需要操作人员赴现场恢复该基站。因此，在 5G 网络中，故障自动检测和补偿是必须的。

在图 8.3 中，网络的正常运行意味着网络中的 BS 都没有任何故障。监测系统用来检测任何故障。在发生故障的情况下，自愈合功能被激活，并仅在故障区域执行，而网络的其余区域在正常模式下运行。为了减轻故障的小区站点的影响，相邻的小区可能会增加其功率或改变其天线的倾角，以解决故障区域的覆盖问题。当故障被修复时，恢复正常工作模式，相邻小区恢复原有功率和天线倾角配置。

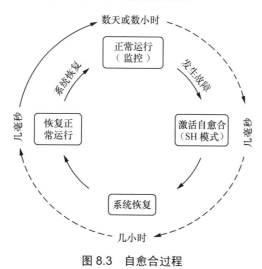

图 8.3　自愈合过程

从时序角度看，图 8.3 说明无任何故障或错误中断的正常运行往往持续数小时或数天。在发生故障的情况下，系统将在几毫秒内检测和激活自愈合策略。如果故障无法自动修复，系统修复就由操作维护人员完成，通常最长在 24 小时内完成，在这种情况下，自愈合策略将在故障区域执行满足最低系统要求的恢复策略，即使在最坏的情况下（多个故障）也是如此。系统修复后，将在几毫秒内切换到正常操作。

8.2.1 故障来源

无线蜂窝系统像大多数系统一样，容易出现故障。这些故障可以归类为软件故障或硬件故障。软件故障可以通过重启或重新加载故障节点的软件实现恢复，而大部分的硬件故障，需要赴小区现场进行手动修复，这可能需要长达 24 小时。在发生故障期间，网络必须以可接受的质量体验实现接近正常条件下的运行。

8.2.2 小区中断检测

COD 使用收集的本地和全局信息来确定 BS 是否正常运行。检测包括主动通知，其涵盖 OAM 能识别出故障的一般情况。在整个基站发生故障的情况下，OAM 将无法与故障的 BS 通信以确定其小区是否仍在提供服务。通信缺失可能是 OAM 回传故障的表现，而不是基站故障的标识。在这种情况下，网络管理者需要有其他的证据来确定问题的性质。如果该小区仍处于服务状态，它将继续与核心网络交互，因此网络管理者应该能够从核心网络测量中确定是否有与特定 BS 的持续交互。

潜在故障确定是基于故障检测中所记录的数据信息，如异常统计，而不是基于报警或状态变化。这是最具挑战性的 COD 的情景，因为 OAM 指标将表明它持续正常运行。这种类型的检测可以通过统计和活动监视时钟的配合来实现。运营商通常有一组定义的通用策略，每一个策略都描述了被视为表示小区中断的事件的组合。可通过使用一组区分小区特定类型的规则来提升检测性能，即所有同一特定类型的小区使用单独的或另外的策略（宏蜂窝、微蜂窝、毫微微蜂窝或它们的组合）。也许基于真实数据的检测机制最有价值的地方在于基于时间/天来分析每个小区。这是通过收集在一段时间内的统计数据，逐步对一个给定的时间，如一天或工作日或周末，建立预期性能统计图来实现的。当收集到的小区的统计数据明显偏离通常看到的小区数值时，就存在潜在故障的可能性。

8.2.3　小区中断补偿

COC 的行为完全是基于 COD 的检测，具体见 8.2.2 节的描述。一些软件故障可以自动修复，而其他软件和硬件故障必须由网络工程师手动清除。故障检测后立即触发补偿行为。如果整个 BS 发生故障，补偿行为将由相邻 BS 完成。它们启动重配置行为，如改变它们的天线倾斜角和增加发射功率，来扩展它们的小区覆盖，以覆盖故障 BS 的覆盖区域。

发射功率会对 BS 的覆盖产生直接的影响，但是，传统的蜂窝系统使用最大可用功率，不预留使 BS 在邻区故障方向上增加覆盖的余量。这个问题必须在未来的网络规划中进行考虑。

通过改变天线模式来实现额外的邻区覆盖是一种弥补故障 BS 覆盖范围的有效方法。在大多数情况下，是通过天线倾斜角来改变的。然而，新的天线技术，如大规模 MIMO，能按需进行很多复杂的覆盖模式调整。使用天线倾斜角调整来支持任何 SON 的真正挑战是确保有一个控制回路，来保证天线的调整能改善故障区域的覆盖范围而不会影响 BS 本身的覆盖范围。SON 需要收集足够的测量来关注天线模式调整的影响。提高基站功率和改变天线的倾角不是 COC 过程使用的唯一方法，但它们被视为故障补偿的常规技术。

8.3　自愈合技术的发展

SON 是一个快速增长的研究和开发领域，在过去的 10 年中，不同的研究机构已将所有的不同的努力注入这一领域。参考文献[8]进行了广泛的研究，涵盖了 SON 的 3 个全部类别，并进行了全面的回顾，来清晰地了解这个研究领域，比较了现有解决方案的优点和缺点，并强调未来发展的重点研究领域。Imran 和 Zoha[9]从 SON 和大数据的角度探讨了 5G 的挑战。他们确定了什么挑战阻碍了目前的 SON 范式满足 5G 网络的要求。然后，他们提出了一个框架，利用大数据为 SON 提供助力，来满足 5G 的要求。

在 Ad Hoc 和无线传感器网络中，自愈合已被广泛研究。目前，很少有研究解决 4G 和 5G 网络中的自愈合问题。在自愈合领域所做的大多数工作是关于 COD 和 COC 的。对于 COD，一个小区被视为中断可能是因为该小区仍然工作但不是处于最优的状态，即在重大故障下运行，或该小区完全中断，即系统故障。参考文献[10]提出了一种基于统计性能指标的新 COD 算法，利用 BS 检测相邻小区的故障。仿真结果表明，该算法可以实时可靠地检测中断问题。参考文献[11, 12]中重点关注新兴的飞蜂窝网络中的 COD，并提出了一个协作式飞蜂窝中断检测体系，包括触发阶段和检测阶段。他们把检测问题建模成一个连续的假设检验问题，实现了通信开销和检测精度的提升。

参考文献[13]采用了分类算法，即 K 最近邻（KNN）算法，在一个两层的宏—微微蜂窝（Macro-Pico）网络中实现自动异常检测。他们证明了该算法的效率。参考文献[14]考虑了 SDN 范式，为具有独立的控制平面和数据平面的异构网络提出了数据 COD 方案。然后，他们把数据 COD 策略分成触发阶段和检测阶段。仿真结果表明，该方案可以可靠地检测数据小区的中断问题。

COC 比 COD 受到更多关注。在参考文献[15]中，Amirijoo 提出了对 LTE 系统小区中断管理的描述。不同于以往的工作，他们给出了一个对 COD 和 COC 方案的完整概述，突出运营商的策略和性能目标在设计和选择补偿算法中的作用。错误检测的可能性也被强调了。在同一研究小组的另一项工作中[16]，他们提出了具体的补偿算法，并评估在各种情况下所取得的性能效果。他们的仿真结果表明，所提出的补偿算法能够显著降低掉线用户数，同时还能为提供补偿的小区保证足够的服务质量。

参考文献[17]提出了由相邻小区通过天线重配置和功率补偿优化其覆盖范围来补偿故障小区，从而填补了覆盖盲区，提高了用户的服务质量。重新配置参数的正确选择是通过一个涉及模糊逻辑控制和强化学习的过程。结果表明，在中断区域，系统中每个用户感知的网络性能有所改善。Moysen 和 Giupponi 在参考文献[18]中也用强化学习重新配置参数。他们提出了在 eNB 中分布式部署 COC 模块，该模块在检测到故障时才发挥作用，补偿相关的中断。中断区域周围的 eNB 自动不断地调整自己的下行发射功率水平，并找到最佳的天线倾斜角，来填充覆盖和容量的盲区。他们的研究结果表明，从中断恢复的用户数量方面来看，这种方法优于目前最先进的资源分配方案。

参考文献[19]提出了一种新的异构网络控制平面和数据平面分离下的小区中断管理框架。在其体系结构中，控制和数据功能没必要由同一节点处理。控制 BS 负责控制信息和 UE 移动性信息的传输，而数据 BS 负责处理 UE 数据。这种分离结构意味着一个平面中 BS 的中断必须由同一平面上的其他 BS 补偿。他们同时解决了 COD 和 COC 问题，使用两个 COD 算法来分别应对数据平面和控制平面，两个 COD 算法对应同一个 COC 算法，即该 COC 算法可以应用于两个平面。COC 算法是一种基于强化学习的算法，来优化某个平面中确定中断区域的容量和覆盖。他们的研究结果表明，所提的框架可以检测数据小区和控制小区的中断，并以可靠的方式补偿检测到的中断。Fan 和 Tian 在参考文献[20]

中提出了一种基于联合博弈的资源分配算法,在 SC 网络中实现自愈合和补偿突发的小区中断。在他们所提出的算法中,SC 通过联合博弈形成一组联合,以决定子信道的分配,每个由 SC 组成的联合能以优化的功率分配方案服务用户。他们的结果证明,该算法可以有效地解决网络故障问题。

8.4　案例研究:回传自愈合

5G 网络的回传连接将承载超过 1 000×目前的网络流量。所以,问题是如何在保证 QoS 的情况下并在超密集小区网络中传送数百吉比特每秒的回传流量。5G 网络必须支持大范围的数据率,可高达数吉比特每秒,并需要在出现故障时能高可靠地保证数十兆比特每秒的速率。在高速网络(如 5G 网络)中,如果回传连接仅仅只有几秒钟的丢失,数据丢失将达到数百吉比特的数量级。为了解决这个问题,我们提出了一种新的预先规划的应答式自愈合方法,为 5G 网络每个 BS 新增加 SHR。这些 SHR 只有在网络中任何 BS 回程故障的情况下才可以运行。一个新的控制器来处理自愈合过程。

8.4.1　5G 网络中的回传要求

5G 网络的回传解决方案相比于传统的回传解决方案需要更具成本效益和可扩展性,并易于安装。在 5G 网络中,为了实现高数据速率和低时延,需要回传传输的支持,即实现终端节点和核心网络之间超高容量的数据传输。传统上,在具有有线基础设施的地方,铜缆和光纤已被认为是具有成本效益的可选传输方案。然而,对于没有有线基础设施的地方,从成本和可扩展性方面考虑,有线传输的建设可能不是一个可行的方法。因此,有必要为 5G 移动宽带网络开发具有容量非常大、时延非常低(小于 1 ms)以及可扩展的、具有成本效益的无线回传解决方案。

为了经济地部署非常高容量的回传链路,在 30～80 GHz 频率范围内的毫米波是对现有技术的一个有吸引力的替代。当然,对于基于毫米波技术的无线回传还有几个研究课题要解决,例如,回传网络拓扑结构的影响、移动性对回传的影响、接入和回传之间的频谱共享以及不同双工方案的影响,这些都正在研究中。然而,毫米波与异构网络其他层的共存是不容易的。为了保证与异构网络其他层的共存,可能是非毫米波,需要支持与不同异构网络层之间的有效互通。因此，有必要设计毫米波通信的共存方法，并成为 5G 系统的一个整体组成部分。

8.4.2　5G 网络回传自愈合架构建议

该 5G 异构网络架构包括宏蜂窝小区。在某个宏蜂窝小区的覆盖范围内有一些 SC，如图 8.4 所示。SC 分为微蜂窝和飞蜂窝。根据宏蜂窝小区和微蜂窝之间的距离，微蜂窝通过毫米波和微波连接宏蜂窝，实现回传，这里假设 LOS 是可行的；否则，微蜂窝可以使用 NLOS 连接。该架构中有两种飞蜂窝。第一种称为预规划的飞蜂窝（PFC，Preplanned Femtocell），它们都是由 5G 网络运营商拥有和控制的，部署在大型单位如学校、商场、机场等公共场所。它们在自愈合过程中起着至关重要的作用。它们总是使用光纤连接实现回传，以保证为用户和需要愈合的 BS 提供高速连接。第二种是随机的飞蜂窝（RFC，Random Femtocell），它们都是由用户拥有，安装在家里或小型办公室，因此，这类家庭小区的部署是完全随机的。用户可以自由购买常规的飞蜂窝（不含 SHR）或自愈合飞蜂窝。在后者的情况下，用户参与自愈合过程，5G 网络运营商必须对这些用户使用一些补偿或激励手段。

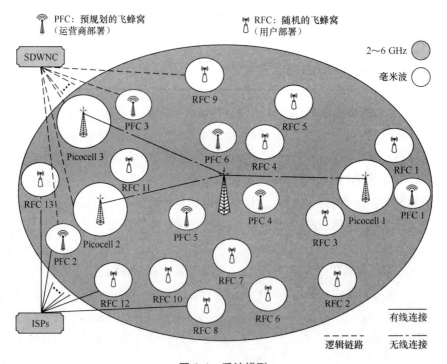

图 8.4　系统模型

本书提出的网络架构包括两种 5G 候选技术：毫米波和 SDWN。

8.4.2.1　毫米波通信

有的文献中已经提出了用于 5G 网络的毫米波频段。它已经被应用在短距离 LOS 链路，例如，在宏蜂窝和附近的微蜂窝之间提供一条有限范围的吉比特每秒的回传链路。这是由于这些波具有高衰减和氧吸收特性[21-23]。

将毫米波用于 SC 将为 5G 用户提供目标数据速率，在这种情况下，SC 将依赖于高增益波束赋形，以减少路径损耗[24]。

宏蜂窝的覆盖范围广（可达 2 km），因此，其情况更复杂。由于大覆盖距离和高穿透损耗会造成高衰减，将毫米波用于宏蜂窝仍然处于研究过程中。我们从 4G 网络中知道，80% 的网络流量用于室内，只有 20% 是在室外使用的[25]。20% 的室外业务将由宏蜂窝和室外微蜂窝（SC）共同服务。这一趋势预计将延续到 5G，这意味着在 5G 网络中，宏蜂窝提供的业务流量将远远低于由室内和室外 SC 承载的业务流量。

在我们提出的方案中，毫米波仅用于短距离视距通信（不同 BS 之间的回传）及 SC 与 UE 之间的非视距通信。然而，宏蜂窝将使用传统的蜂窝频段（2～6 GHz）提供与 UE 间的非视距通信。宏蜂窝使用传统的蜂窝频段是因为传统频段有更好的覆盖、较低的穿透损耗以及能消除 SC 层与宏蜂窝层之间的干扰问题。这种方式将避免复杂、烦琐的干扰消除方案。传统的蜂窝频段唯一的限制是它的带宽有限，但使用大规模 MIMO、载波聚合/信道捆绑和其他技术可以实现宏蜂窝吉比特每秒的吞吐量[26]。

8.4.2.2　软件定义无线网络控制器

SDN 的概念是将网络控制平面与转发平面分开。这使网络控制器直接可编程。SDN 是一种新兴的架构，是可管理的、动态的和具有成本效益的。SDN 的这些优点使其在即将到来的 5G 网络中成为理想的使用架构[27]。

SDN 的概念已被引入到无线网络中，定义为 SDWN。更详细和精确的 SDWN 介绍，读者可以参考文献[27]。使用 SDWN 的概念，异构无线接入网络在层 2 和层 3 中实现接入、转发和路由功能，并支持多种功能水平。该 SDWNC 通过传输控制协议（TCP，Transmission Control Protocol）逻辑连接到所有网络 BS。在我们的 5G 架构中，SDWNC 是一个必要的组成部分，因为它是适用于所有网络 BS 的所有自愈过程的主管、决策者和管理员。

8.4.2.3　新的自愈合射频

我们建议将 SHR 增加到 5G 基站中，包括宏蜂窝、微蜂窝和飞蜂窝。SHR 只在回传故障的情况下激活。每个 BS 可以有一个或多个 SHR，SHR 的数量是由运营商决定的或根据每种类型 BS（宏蜂窝、SC）分布优化的。SHR 可以集成在 BS 天线中或单独部署，这取决于供应商/运营商。同时，他们可以与 BS 接入天线运行在同一频段，或使用另一个频段，如 8.4.2.4 节中讨论的。

8.4.2.4　自愈合射频频段

SHR 可以使用毫米波频段、传统的蜂窝频段（2~6 GHz）或一个新的专用频段。毫米波频段对非视距 SHR 之间的传输有距离限制，而且穿透损耗高。2~6 GHz 频段的一部分同时也被宏蜂窝使用，作为 SHR 专用通信频段会影响频段的利用率，因为只有回传故障时 SHR 才被激活，否则，这部分频段将不能被使用。最后，使用专用的频段（购买用作自愈合通信）将大大增加资本支出（CAPEX），同时，这个频段也不会被充分利用。

我们建议的解决方案是使用 2~6 GHz 频段，如传统的蜂窝频段。使用认知无线电（CR）的概念进行 SHR 通信，可以优化可用频谱的使用。使用的频段与传统的蜂窝频段相同（蜂窝频段的一部分，20%）将被用于 SHR。

它们主要的区别是，当 SHR 未被激活时，就是在无故障的情况下，根据 CR 的概念，宏蜂窝将作为次级用户使用这部分频段。因此，如果宏蜂窝带宽紧俏，它会感知 SHR 部分（信道），如果其没被使用，宏蜂窝（次级用户）将利用空闲信道，直到主用户（SHR）被激活。一旦主用户（SHR）被激活（这意味着故障已经发生），宏蜂窝将腾出这个信道，供故障的主用户（BS）使用。

此外，在我们的模型中，宏蜂窝可以简单地通过 SDWNC 了解 NE 的故障状态，以避免浪费频谱感知时间。如果没有故障，宏蜂窝将使用预留的部分频带，而不用进行感知。如果发生故障，SDWNC 会立即要求宏蜂窝腾出使用的信道，供主用户使用。

8.4.2.5　自愈合射频的覆盖范围

SC 中的 SHR 是全向的，但它们在宏蜂窝的 3 个扇区中是定向的，其中，在宏蜂窝的每个扇区有一个或以上的 SHR。SC 中的 SHR 的覆盖范围大于无线接入网的覆盖范围。这将允许 SC 在附近的其他小区发现其他 SHR。SC 的 SHR 的覆盖如图 8.5 所示。很显然，在图中 RFC 4 已经激活了它的 SHR（或 SHR 集），其覆盖范围远大于无线接入网的覆盖范围。如果 SHR 的覆盖范围与无线接入网的覆盖范围相同，它将找不到任何其他 BS 的 SHR 进行连接。在前一种情况下，根据 RFC 4 中 SHR 的数量，RFC 4 可以连接到宏蜂窝、RFC 5 或 RFC 6。

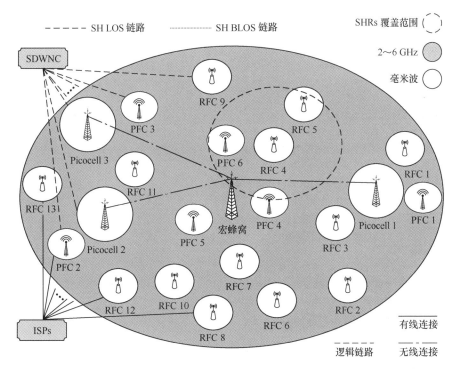

图 8.5   SC 的 SHR 的覆盖

8.4.3   新的自愈合方法

8.4.2 节描述的网络结构显示 BS 都在正常运行，即没有回传故障。SDWNC 的主要功能是监视整个网络状态、检测故障，并采取适当的步骤缓解这些故障。当任何 BS 回传出现故障，BS 将自动激活它的 SHR，但它无法通知 SDWNC，因为它完全与 SDWNC 切断连接了。在这种情况下，回传服务提供者［其他 BS、互联网服务提供商（ISP，Internet Service Provider）或核心网］将故障报告给 SDWNC。SDWNC 将激活所有相邻 BS 的 SHR。

激活故障 BS 和附近 BS 的 SHR 后，故障 BS 将尝试通过 SHR 按照一定的优先顺序、可用资源和接收信号强度（RSS，Received Signal Strength）连接其他 BS。

回传连接故障可能是永久的或暂时的。我们的自愈合方法在以上两种情况下都适用，唯一不同的是，在永久性故障时，经过一定时间阈值后，SDWNC 会通知网络运营商发生了一个永久性故障，需要维修人员亲自去故障站点。

算法 8.1：小小区（SC）回传算法

Input：SC 回传状态，K（SC 的 SHR 数量）

1. **If** SC 回传状态为故障 **then**
2.   SDWNC 激活所有 BS 的 SHR
3. **End**
4. **while** 回传状态为故障返回步骤 6
5.   恢复通信，Picocell SC 测量宏蜂窝 SHR 的 RSS
6.   SC 连接到 M 个宏蜂窝 SHR，满足 RSS>RSS$_{th}$
7. $K=K-M$（SC 剩余未连接的 SHR）
8.   **If** K!=0（不是所有的 SC SHR 均被连接） **then**
9.   SC 测量覆盖范围内 PF 的 SHR 的 RSS
10.   SC 连接到 N 个 PF 的 SHR，满足 RSS>RSS$_{th}$
11. $K=K-N$（SC 剩余未连接的 SHR）
12.   **End**
13.   **if** K!=0（不是所有的 SC SHR 均被连接） **then**
14.   SC 测量覆盖范围内微蜂窝的 SHR 的 RSS
15.   SC 连接到 P 个微蜂窝的 SHR，满足 RSS>RSS$_{th}$
16. $K=K-P$（SC 剩余未连接的 SHR）
17.   **End**
18.   **if** K!=0（不是所有的 SC SHR 均被连接） **then**
19.   SC 测量覆盖范围内 RF 的 SHR 的 RSS
20.   SC 连接到 L 个 RF 的 SHR，满足 RSS>RSS$_{th}$
21. $K=K-L$（SC 剩余未连接的 SHR）
22.   **End**
23.   **if** 其他 SC 在 200 ms 内没有收到回传请求 **then**
24.   SDWNC 去激活这些 SC 的 SHR
25.   **End**
26.   SDWNC 收集所有 BS 的状态
27. **End**
28.   SDWNC 去激活所有 BS 的 SHR

8.4.3.1 单故障场景

    单故障意味着在一定区域内（在我们的模型中为宏蜂窝小区）只有一个 BS 回传发生故障，例如，一个 SC（飞蜂窝或微蜂窝）。在这种情况下，SC 将进入自愈合模式，它将激活自己的 SHR，然后尝试连接到其他 BS 的 SHR，这时 SHR 已被 SDWNC 激活。根据优先顺序，SC 将首先搜索宏蜂窝 SHR，然后是 PFC SHR，接着是微蜂窝 SHR，最后是 RFC SHR。RFC 被指定的优先级是最低的，因为它们由用户拥有，运营商将需要补偿 RFC 的拥有者。

    算法 8.1 显示发生故障的 SC（微蜂窝或飞蜂窝）为应对其回传故障所采取的一系列

措施。在算法 8.1 的前 3 行，SDWNC 监控 SC 的回传状态。第 4 行是我们自愈合过程的开始，当回传故障被修复时，while 循环终止。第 5~22 行，SC 将尝试连接 K 个 SHR（K 是故障 SC 的 SHR 数量）。前面提到过，它会首先尝试连接宏蜂窝 SHR。如果成功了，K 将更新为：$K=K-M$，其中，M 是连接 SC SHR 的宏蜂窝 SHR 的数量，M 小于或等于 K。如果更新后的 K 不等于零，PFC 将进行同样的过程，并用 N 更新 K，其中，N 是连接 SC SHR 的 PFC SHR 的数量。若 K 还是不等于零，再根据优先级选择 BS 类型，分别对 Picocell 和 RFC 重复这一过程。如第 23~26 行所示，SDWNC 将所有不参与自愈合过程的 SC 去激活。这一步是为了最大限度地减少未连接的 SHR 的功率浪费。第 26 行，SDWNC 收集所有 BS 的状态，如果故障的 SC 回传已经被修复了，将终止自愈合过程，去激活所有 BS 的 SHR，如第 28 行所示。

一个故障示例如图 8.5 所示，其中，RFC 10 的有线回传连接发生了故障。然后，RFC 10 将根据算法 8.1 中描述的优先级，尝试连接到邻近的 BS SHR，但因为它不在宏蜂窝、PFC 和邻近的微蜂窝的 SHR 的覆盖范围内，它将连接到 RFC 8 和 RFC 12 的 SHR，以应对故障。一旦故障被修复（RFC 10 回传重新正常工作），SDWNC 将去激活 SHR，网络将恢复正常运行。

宏蜂窝回传故障不能被视为一个单故障，因为该故障会立即引起所有通过宏蜂窝回传的微蜂窝的故障，导致网络中出现多故障场景。

8.4.3.2　多故障场景

除了在 8.4.3.1 节中解释的宏蜂窝回传故障会导致网络出现多故障，多故障是指两个或两个以上的回传故障同时发生的情况。可能的情况是两个或两个以上的 SC 发生故障，例如，在同一区域的两个飞蜂窝或一个飞蜂窝和一个微蜂窝发生故障。算法 8.1 可用于应对这些故障，为每一个故障的 BS 实施该算法，随着故障数量的增加，每个故障的 BS 愈合的概率取决于附近的 BS，因为可以使用它们的 SHR 提供临时回传。因此，正如 5G 网络所预期的那样，密集部署 SC 将提高我们所提出的自愈合方法的性能，特别是在多故障的情况下。

8.4.3.3　宏蜂窝回传故障

在异构网络下，宏蜂窝起着至关重要的作用，除了其主要功能和对室外用户的覆盖以外，它还为其他的 SC（在我们的模型中为微蜂窝）提供无线回传链路。从图 8.6 到图 8.8 一步步地显示了宏蜂窝回传故障和应对过程。宏蜂窝的回传是基于光纤的，它可能会由于两端的任何接口的硬件或软件问题而出现故障。由于挖掘或其他原因，光纤甚至可能被损坏或切断。为简单起见，仅仅显示宏蜂窝和微蜂窝 1 的 SHR 的覆盖范围。

图 8.6 显示了第 1 步，当回传故障刚刚发生时，由图中宏蜂窝周围的"⌒⌒"表示。

这种故障会立即导致所有通过宏蜂窝进行回传的 BS 也发生故障。从宏蜂窝到微蜂窝 1、微蜂窝 2 和微蜂窝 3 的微波连接用点划线表示，显示这些链路也发生了故障。

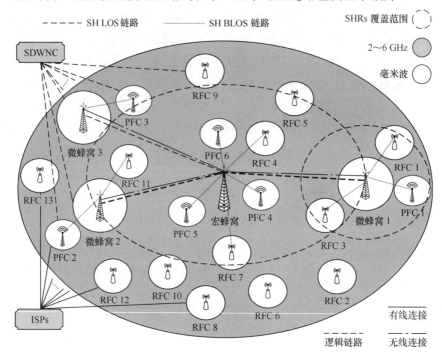

图 8.6　宏蜂窝回传失败回落的第 1 步

图 8.7 显示了第 2 步，宏蜂窝和 3 个故障的 Picocell 将激活它们的 SHR，SDWNC 会激活附近所有 BS 的 SHR。此时，故障 BS 的 SHR 会从相邻的 BS 寻找临时的回传连接。宏蜂窝将连接到 PFC 4、PFC 5、PFC 6、RFC 4 和 RFC 7，如图 8.7 所示。微蜂窝 1 会发现可获得临时回传连接的 3 个相邻的 BS：PFC 1、RFC 1 和 RFC 3。微蜂窝 2 将连接到 PFC 2 和 RFC 11，最后，Picocell 3 只连接到 PFC 3，因为 PFC 3 是位于微蜂窝 3 SHR 的覆盖范围内的唯一的 BS。

图 8.8 显示了第 3 步，当通过附近的 BS 恢复宏蜂窝和微蜂窝的回传后，如果有需要，微蜂窝也会使用视距微波链路为宏蜂窝提供临时回传。执行此步骤是因为宏蜂窝的业务量远远大于任何 SC 的业务量，需要许多恢复源才能以接近正常的效率工作。第 3 步后，所有故障的 BS 现在能够为它们的用户服务，或至少能够为用户提供最低速率要求，直到故障被修复，且无论回传故障持续多久。详细的宏蜂窝自愈合过程的启发式算法可以参见参考文献[28]。

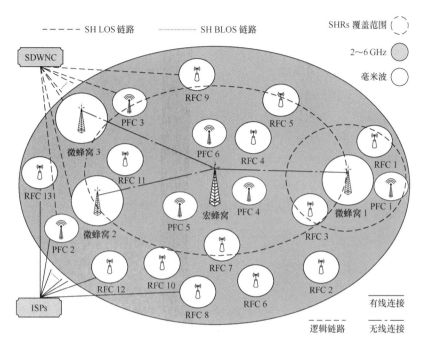

图 8.7　宏蜂窝回传失败回落的第 2 步

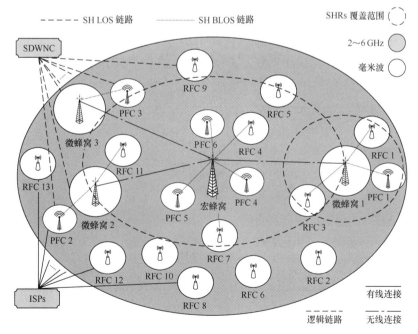

图 8.8　宏蜂窝回传失败回落的第 3 步

8.4.3.4 结果讨论

本节介绍了在宏蜂窝覆盖区域内实施提出的自愈合方法得到的仿真结果，考虑基站回传连接的单故障和多故障场景。

对宏蜂窝、微蜂窝和飞蜂窝，针对不同的故障场景，已经进行了大量的仿真。在宏蜂窝和微蜂窝故障的情况下，RFC 的输入速率是多样的（20 Mbit/s、60 Mbit/s 和 100 Mbit/s），其分布概率分别为 50%、40% 和 10%。在飞蜂窝故障场景下，速率固定为 100 Mbit/s，以评价在最坏情况下的结果。

我们用故障恢复程度（DoR，Degree of Recovery）来评估我们的自愈合方法。对于自愈合过程，某个 BS 的 DoR 定义如下

$$DoR = \frac{通过其他BS恢复的速率之和}{故障BS原来的输入速率}$$

8.4.3.5 宏蜂窝故障

8.4.3.2 节提到，宏蜂窝故障是一种特殊的情况。因此，有一种故障意味着多故障（所有通过宏蜂窝进行回传的微蜂窝将发生故障）。因此，宏蜂窝的 DoR 的评估与宏蜂窝和涉及自愈合过程的其他微蜂窝的 SHR 数量有关。

如图 8.9 所示，当宏蜂窝的 SHR 数量增加时，DoR 的数量也增加，但是 DoR 增加的幅度比不上微蜂窝的 SHR 数量增加时 DoR 增加的幅度。使用 1 个微蜂窝 SHR，同时将宏蜂窝 SHR 的数量从 1 个增加到 4 个，DoR 可以提高 26%。但是，使用 1 个宏蜂窝 SHR，同时将微蜂窝 SHR 的数量从 1 个增加到 4 个，DoR 可以提高 60%。这意味着增加微蜂窝 SHR 的投资将比增加宏蜂窝 SHR 的投资更能提高自愈合性能。在下面两个场景中，宏蜂窝的 SHR 数量固定为 3 个。

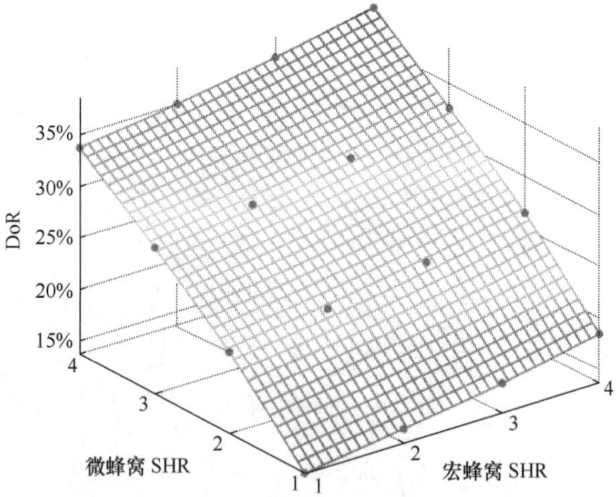

图 8.9 微蜂窝的 DoR 与 SHR 数量的关系

8.4.3.6 微蜂窝故障

图 8.10 对单故障和多故障场景下，微蜂窝 SHR 的数量由 1 增加到 7 时，微蜂窝的 DoR 进行了评估。在单故障的情况下，当 SHR 的数量由 1 增加到 4 时，DoR 迅速从 10%

增加到 20%。进一步增加 SHR 的数量不会使 DoR 明显增加，这说明微蜂窝使用的 SHR 数量建议设为 4。

同时，我们从图 8.10 中可以看到在多故障的情况下，通过使用 1 个 SHR，所有故障的微蜂窝可以恢复 10% 的数据速率。这是因为在每个微蜂窝 SHR 的覆盖范围内有一个专门的 PFC。因此，在多故障情况下，每个故障的微蜂窝可以至少找到一个 PFC 与之连接。随着 SHR 数量的增加，在两个故障和 3 个故障情况下，DoR 会降低。这是因为随着每个微蜂窝 SHR 的增加，网络资源将被消耗，不是每个微蜂窝故障的所有 SHR 都能得到足够的资源。同时，可以看出，在每个微蜂窝使用 4 个 SHR 的基础上进一步增加 SHR 的数量，所产生的提升效果是可以忽略的，DoR 几乎是恒定值。在下一个场景中，微蜂窝 SHR 的数量将固定为 4（见图 8.10）。

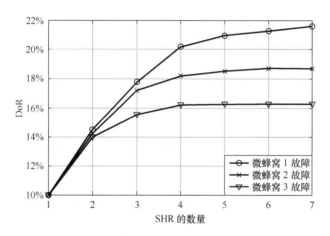

图 8.10　微蜂窝的 DoR 与 SHR 数量的关系

8.4.3.7　飞蜂窝故障

我们从图 8.11 中观察到，当飞蜂窝只有 1 个 SHR 时，飞蜂窝故障的 DoR 可达 50%。这是因为在大多数情况下，飞蜂窝通过其他拥有更高速率的基站进行恢复。这也解释了飞蜂窝在拥有超过 3 个或更多个 SHR 时，DoR 将超过 100%。使用 2 个 SHR 可以使飞蜂窝故障恢复 90% 的速率，这在故障情况下是一个可以接受的速率。从运营商的角度来看，恢复 100% 以上的速率是不能接受的。随着 SHR 数量的增加，在 2 个故障和 3 个故障情况下，DoR 会降低，这与上一节微蜂窝故障的案例类似。即使在 3 个故障的情况下，使用 2 个 SHR，DoR 约为 85%。这表明，我们的方法在多故障情况下是稳健的。

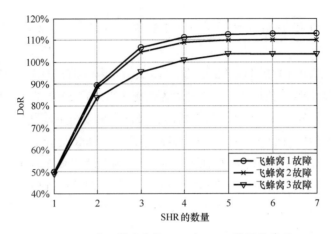

图 8.11　失败微蜂窝的 DoR 与 SHR 数量的关系

8.5　小　结

　　5G 网络预计将比 4G 网络复杂得多。这种复杂性需要 5G 网络引入更多的自动化和自 X 功能。SON 范式是有望被加入 5G 网络标准的候选技术之一。在 5G 网络中，自愈合是必需的，其即使在存在故障的情况下也能保证可靠性和服务的连续性。自愈合技术目前的发展水平表明，在小区中断管理方面有持续的研究成果，但这方面的研究成果仍然是不够的，在这方面需要更多的研究。研究界的进展是减少 5G 回传需求和回传能力之间的差距，但是，在前进的道路上仍存在严重的挑战。在所研究的案例中，我们讨论了5G 网络回传故障问题，然后提出了一种新的回传自愈合方法，以解决 4G/5G 异构网络中突然出现的回传故障。我们的方法为网络 BS 增加 SHR，与 BS 的成本相比，SHR 的成本可以忽略不计，并采用 CR 的概念使用网络频谱和减少干扰。仿真结果表明，我们的方法可以立即部分恢复发生故障的 BS，直到它返回到正常工作状态，并且该方法可以在单故障和多故障情况下使用。在各种类型的 BS 只使用一个 SHR 的情况下，我们的方法能恢复多故障场景中所有故障 BS 至少 10% 的 DoR。在 5G 网络或 3GPP 版本中，采用我们的方法时，为获得更好的 DoR，建议为每个宏蜂窝扇区配置 3 个 SHR；为每个微蜂窝配置4 个 SHR；为每个飞蜂窝配置 2 个 SHR。

第 9 章

5G 光纤和无线技术的融合

<h1>9.1 引　言</h1>

无线接入的数据速率需求和服务质量（QoS）要求急剧增加。这种快速增长的驱动力包括多媒体应用的多样性和人类用户或互联设备在类型和数量方面的爆发[1-2]。

总体而言，到 2020 年，预计在移动和无线业务量方面，相比 2010 年，每区域移动数据量将增加 1 000 倍，每用户设备典型数据速率将增加 10～100 倍。据估计，到 2020 年，将会出现新的大量消耗数据速率的业务，并具有低时延要求。以前的工作已经表明，未来的应用，如增强现实、三维（3-D）游戏和"触觉互联网"[3]需要实现的数据速率会增加 100 倍，相应的时延为之前的 $\frac{1}{10} \sim \frac{1}{5}$。因此，下一代无线网络通常被称为第五代移动通信技术（5G），必须设计成能满足这些数据速率和时延要求的网络。因此，无线通信系统应该支持不断增长的信息容量的要求，提供更高的频谱效率。此外，下一代系统的业务和系统运行要求正在变得更加严格，如低传输时延、降低的能源消耗以及更低的部署和运营成本。

到目前为止，无线域一直是满足日益增长的移动通信需求的主要瓶颈，而固定的光纤基础设施被认为是能够透明地适应无线域的需求。近年来，在无线域的突破［多输入多输出（MIMO）、认知无线电、协作通信、干扰协调和对齐等］被认为是提供大容量无线接入的关键，同时对固定的光纤基础设施提出新的、更高的要求。事实上，应该指出的是，在现有的和新兴的系统中，设计和管理两个域（无线和光纤）已经相当独立。然而，在未来的网络中，无线接入的密集化和增加的数据速率意味着对固定基础设施的要求越来越高。因此，在高需求的情况下，部署光纤基础设施不再是符合成本效益的。有一个新的需求，需要将信息容量同业务和运营要求以统一的方式在无线域和光纤域共同处理。为此，基于高速光纤基础设施的固定传输网络和宽带无线部分的融合已被确定为未来网络的一个关键推动者。

在无线域，目前正在研究新的技术和部署方案，以支持超高数据速率、低时延、高可靠性和低能耗，并减少资本/运营支出（CAPEX/OPEX）[4]。超密集网络被认为是实现 5G 网络系统宏伟目标的解决方案。然而，网络密集化伴随着额外的基础设施成本、更高的能源消耗和多个接入点之间的协调开销。这些成本还需要乘以不同接入技术的数量和运营商的数量。

云无线接入网络（C-RAN）架构是一种有前景的可选方案，通过将小型基站（BS）简化成远程天线［远端射频头（RRH）］并将基带处理移到中央单元（CU）[5]可降低高密度网络成本。C-RAN 架构提供了以下功能：① 通过共同处理多个 RRH 接收的无线信号提高容量［协作多点（CoMP）增益］；② 通过集中协调 RRH 和关闭闲置单元减少能源消耗；③ 根据在时间和空间上的需求分布，为 RRH 动态分配频谱资源，提高频谱效率。

然而，目前 C-RAN 架构有一定的局限性[5-6]。即现有的大多数 C-RAN 系统的 RRH 具有单个或有限数量的天线。同样，CU 只处理有限数量的 RRH 的信号。本章将讨论扩展这个框架，即允许联合处理数量非常高的 RRH，每个 RRH 具有多天线。在这项工作中，我们将 C-RAN、大规模 MIMO 和网络密集化的概念结合在一起，以统一、协调的方式将 3 种技术的优势相结合。

如此大规模的联合处理收益只能通过强大的光纤基础设施可靠地连接 RRH 和 CU（前传）来实现。即使是一个单用户，前传也需要非常高的数据速率，这是由于无线带宽在毫米波（mmWave）频段可以高达每终端用户 2 GHz。由于用户使用大量的天线元件，提升了对前传的要求（见图 9.1）。本章的内容是基于实现更大带宽和更高频谱效率的无线接入技术的研究进展以及这些技术的共同使用。这一愿景和配套解决方案为不久的将来实现每用户 10 Gbit/s 的数据速率铺平了道路，并为以后系统提供 100 Gbit/s 的每用户数据速率奠定了坚实的基础。这些数字会导致 RRH–CU 链路（前传）的聚合数据速率要求达到太比特每秒的量级。

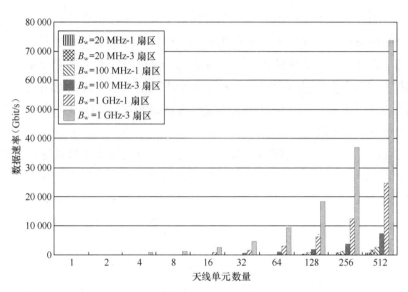

图 9.1　数据速率与不同阵列天线单元数量的关系

未来的无线网络提供如此大的前传容量需要通过无线和光纤技术联合的方式，依托三大主轴。

➤ 无线域：先进的无线链路技术来支持更高容量的前传链路（太比特每秒）。这可以通过先进的压缩技术实现，其考虑可能的 M-MIMO 结构、移动无线分散频谱的高效使用和无线回传解决方案的高带宽。

➤ 光纤域：新型光纤前传接入技术来支持超高数据速率（太比特每秒）传输。这是通过将分散的无线载波和天线信号高效地映射到光载波来实现。

➤ 联合无线和光纤域：无线和光资源的融合管理，例如，根据无线容量需求（目前和估计的未来需求）和可用的光纤传输能力来管理多个频段，反之亦然。

我们在本章阐述光纤-无线融合网络所面对的挑战和解决方案。本章的主要组织结构如下：在 9.2 节中，我们概述 C-RAN 架构的趋势和优势，以及无线域和光纤域之间融合的需求；在 9.3 节中，我们讨论和说明未来无线通信系统在容量和延迟方面的要求以及它们对前传设计的影响；在 9.4 节中，我们阐述移动前传（MFH，Mobile Fronthaul）中光载无线（RoF，Radio over Fiber）收发器的发展，MFH 能够为 C-RAN 应用传输 A-RoF 和 D-RoF 信号。将介绍在前传中可能使用的非冷光源的温度和偏置电流特性的实验结果。将进行实验评估利用基于简化的伏尔特拉级数的记忆多项式缓解 A-RoF 和 D-RoF 链路的非线性。9.5 节主要描述 D-RoF 传输与现有的和未来的无源光网络（PON，Passive Optical

Network）系统的共存，如下一代 PON2（NG-PON2）。

9.2　无线与有线宽带及基础设施融合的趋势与课题

近年来，通过具有重大意义的研究，颠覆性的方案产生了，即从传统的分层蜂窝网络走向更集中化的处理。该提案目前被分类在 C-RAN 名称之下，这是一个过度使用的术语，具有不同方式的宣传和使用，但基本上是指一种网络架构，其中，通常具有低复杂性的 BS 通过互联形成射频头云。

C-RAN 概念如图 9.2 所示。RRH 透明地向/从 CU 发送/接收无线信号，所有信号在 CU 进行处理。这种架构不同于传统小区的概念，在传统小区的概念中，每个用户设备（UE）连接到某个单一的 BS，而该 C-RAN 架构本身就允许网络单元之间的协作通信，从而促进分布式 MIMO 和协作技术的发展，这些技术始于物理层。考虑到可预见的高容量，由于光纤的低衰减、电磁干扰免疫力和巨大的带宽，因此，显而易见，光纤是建立该透明互联连接的最佳传输介质。

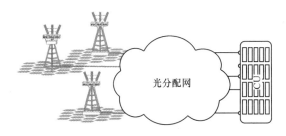

图 9.2　C-RAN 概念

在图 9.2 中，C-RAN 的概念通过小小区的部署而被拓展。在所谓的异构网络（HetNet）中，小小区已成为满足蜂窝网络容量需求增加的一个重要组成部分。小小区的部署使网络密集化，从而为增加系统容量铺平了道路，其与图 9.2 中 C-RAN 场景中的联合处理和 D-MIMO 获得的收益相辅相成。如图 9.3 所示，其中小小区和宏蜂窝并存。小小区在宏蜂窝的覆盖范围内，通过 RRH 提供服务。这些 RRH 可能有不同的处理能力，即从具有有限的射频（RF）处理能力到具有家庭演进 Node B 的处理能力，如长期演进（LTE）中那样。宏 BS 也可能具有 eNodeB 的全部处理能力或被简化成只具有射频功能。

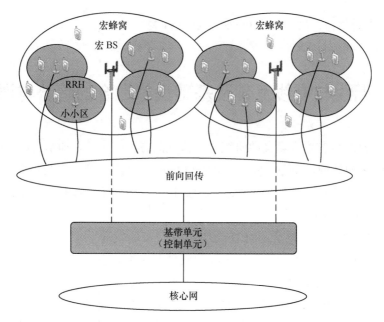

图 9.3　宏蜂窝和小小区共存时的结构

在 RRH 或 BS 具有有限（或零）基带处理能力的情况下，射频信号被传送到远程 CU 中，进行基带处理，这解决了由于传统蜂窝网络中 BS 复杂性不断增加而出现的几个问题，如对制冷的需要和站址获取的困难。当所有 RF 信号在 CU 中处理时，集中化处理方式也促进了共存算法的发展。分布式 BS 的想法可以追溯到分布式天线方面的初始工作[7]，尽管当时用不同的名称。与此相关的是，小小区的概念也是由于相似的目的而被开发的，但也同时具有进入室内环境的目标。

正如 9.1 节中指出的，为了满足非常高的数据速率，光纤技术是连接 RRH 或 BS 的最直接的选择，被称为前向回传（Fronthaul）。由于网络中有大量的宽带无线信道，也由于时延、抖动和对同步的严格限制[8-9]，通过光纤传输和路由线路向/从天线网络节点传输无线信道是一项重大的挑战。

需要具有低时延的接收和发送技术，同时也应该抵抗在单标准、单模光纤网络中传输如此大规模光波信道所面临的色散和非线性损伤。

无线基带的集中化和小小区的引入所推动的移动网络的演进对固定基础设施提出了关键要求，导致了所谓的前传技术的引入。这主要是容量方面的问题，但也有关于时延、大量 RRH 之间的同步和联合资源分配[8-9]的重要问题。事实上这可能代表了在光通信行业的一个显著变化：到目前为止，其主要的挑战是核心网的传输，但随着无线网络的密集化，在速率方面更为严格的要求有可能出现在前传领域。

在未来，回传和前传网络可能会合并成一个传输网络，基带池将被放置在接近移动核心网的位置。

此外，用 RRH 代替全功能 BS 或接入点在部署的灵活性和可升级方面具有重大意义。蜂窝网络规划的当前模式是维持小区间干扰到可接受的水平。这项任务随着具有不同需求的异构服务数量的增加变得越来越复杂，从可升级性方面，这意味着每次市场要求网络扩容时，必须进行重大规划。显然，当决定网络是否要扩容时，使用简单的 RRH 不涉及以上的限制，并且增加新的 RRH 和引发的新干扰模式可以在算法层面进行动态控制。

此外，在移动性方面，需要小小区（直径为 30～100 m）覆盖人口密集区域，这使高移动性用户的移动性管理问题很难处理。以 40 km/h 的限速，从一个小区移动到下一个小区只需要几秒钟的时间，因此，需要分层的小区架构将宏小区指定为高移动性小区。在该场景下，传统的硬切换机制会导致小区之间的控制信令太多，因此需要更高效的过程[10]。一种解决方案依赖于服务区中小区分组，形成一个虚拟的大小区，即一组合作的小小区会作为一个分布式 BS 出现在用户面前[10-11]。在这种设置下，切换会发生在虚拟小区边界。

此外，人们已经认识到，技术的复杂性、大量的利益相关者以及各种相互冲突的目标/策略将会造成无法部署一个干净的全新互联网架构。这激发了网络虚拟化的研究，目的是提供一个开放和可扩展的模型，可以适用于不同的解决方案。简化 RRH 的大量部署、CU 端的处理以及高效的光纤前传，允许为多个运营商和多个系统的无线接入开发虚拟化解决方案。这样，就有可能导致网络运营范式的变化（在一些地方正在进行中），基础设施的所有者从传统的电信运营商分离，可提供（或支持）网络虚拟化服务，允许多个运营商和不同的技术共享相同的基础设施。

光纤基础设施和认知无线电

透明的光纤基础设施可以是先进的无线概念的推动者，如认知无线电。具有宽带能力的简单 RRH 大规模部署后，通过频谱传感器网络（SSN，Spectrum Sensor Network）提供的上下文信息能支持认知无线电算法和过程的发展，从而实现在同一基础设施上的共享部署。

SSN 使 RRH 具有频谱监测功能，能够以协作的方式检测频谱空洞以及构建服务区的频谱活动时空图像。很重要的一个方面就是透明传输的监测信号将支持使用充分协同的算法，即使没有使用在局部传感中的高精密检测算法，也能提供可靠的频谱活动图像。

感知过程可以通过安装在 RRH 的传感器专用网络或通过 C-RAN 无线系统中的带内

测量进行。测量可以通过基于光纤基础设施的无线系统，或由基础设施的所有者作为服务提供给外部系统，外部系统将访问数据库（通过互联网），数据库中存储服务区内的频谱活动图像。

该概念在图 9.4 中从高层的角度进行了说明。为部署在服务区的 RRH 增加了宽带传感器，可以监测很宽的频率范围内的频谱活动。RRH 的传感器只是收集 RF 信号，然后 RF 信号通过光纤基础设施被发送（数字或模拟格式）到 CU。在 CU 端，来自不同 RRH 的信号通过数据融合单元共同处理，可以克服阴影效应和隐藏终端问题。处理过程的输出存储在认知数据库中，认知管理器使用存储的数据进行资源分配或由基础设施所有者将其提供给第三方。

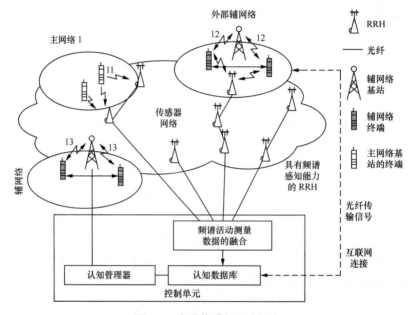

图 9.4 光谱传感器网络概念

嵌入在光纤基础设施中的传感器网络相比传统方法的优势在于，是终端局部感知还是无线协作感知。本地化感知显然是有局限的，不能解决隐藏终端问题。此外，要不依赖协作而实现良好的灵敏度，需要高度复杂的算法，发掘数据特性，这可能会导致复杂性显著增加。无线协作可以显著增强感知性能，但会出现两个问题：一个是需要开销来交换传感单元之间（或传感单元和数据融合中心之间）的信息，这意味着要减少开销，只有有限的信息可以交换；另一个是需要一个专用信道来交换信息或最终采用超宽带。在所提出的架构中，通过光纤从传感单元传输到数据融合中心，这样的交换没有额外的频谱需求，并且所有的信息可以没有任何硬限制地传输。

9.3 容量和时延约束

设计光纤前传时会出现一些问题，这在前面的章节中提到过。最重要的是需要提供具有非常高容量和时延限制的链路。在本节中，我们将注意力集中在这两个方面。

9.3.1 容量

目前，光纤前传解决方案大多是依靠使用通用公共无线接口（CPRI，Common Public Radio Interface）[12]和开放基站架构（OBSAI，Open Base Station Architecture）[13]，我们将会介绍前者的一些细节。尽管 CPRI 和 OBSAI 是标准接口，它们目前以"半专有"的方式使用，设计时没有考虑互操作性[14]。欧洲电信标准化协会（ETSI，European Telecommunications Standard Institute）的努力成果被命名为开放的无线接口，是 CU 和 RRH 之间全行业的互操作接口[15]。目前，CPRI 已被一些主要的移动运营商和行业参与者增强，如下一代移动网络联盟[14,16]。后面，我们将描述如何计算 CPRI 的速率［见式（9.1）］。

在 CPRI 中，控制和用户数据被组织在一个帧层次结构中，如图 9.5 所示。

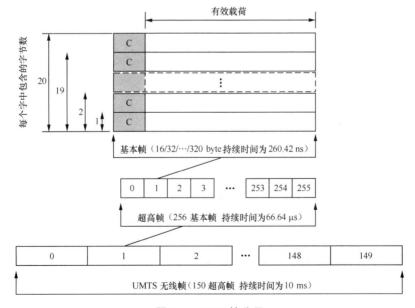

图 9.5 CPRI 帧分层

基本帧包括 16 个字，其中 1 个字用于控制，15 个字为有效载荷。每个字包含 1~20 字节，这取决于传输速率。CPRI 接口的传输速率与每个字的字节数成正比。一个基本帧的传输速率是 3.84 MHz，等于通用移动电信系统技术的码片速率，持续时间为 260.42 ns。

表 9.1 列出了 CPRI 版本 6.1[12] 和 OBSAI[13] 支持的所有传输速率。

表 9.1　CPRI 和 OBSAI 链路的特定线路速率

CPRI				OBSAI
选项	比特率（Mbit/s）	行编码	比特率计算	比特率（Mbit/s）
1	614.4	8 B/10 B	$16×1×8×3.84×10^6×10/8$	768
2	1228.8	8 B/10 B	$16×2×8×3.84×10^6×10/8$	1536
3	2457.6	8 B/10 B	$16×4×8×3.84×10^6×10/8$	
4	3072.0	8 B/10 B	$16×5×8×3.84×10^6×10/8$	3072
5	4915.2	8 B/10 B	$16×8×8×3.84×10^6×10/8$	
6	6144.0	8 B/10 B	$16×10×8×3.84×10^6×10/8$	6144
7A	8110.1	64 B/66 B	$16×16×8×3.84×10^6×66/64$	
7	9830.4	8 B/10 B	$16×16×8×3.84×10^6×10/8$	
8	10137.6	64 B/66 B	$16×20×8×3.84×10^6×66/64$	
9	12165.1	64 B/66 B	$16×24×3.84×10^6×66/64$	

对于每个 CPRI 选项，使用的线路编码是固定的，线路比特速率的计算由式（9.1）表示。

$$CPRI=16×N×8×3.84×10^6×C \qquad (9.1)$$

其中：

16 代表一个基本帧的字数；

N 代表一个字中的字节数；

8 代表一个字节中的比特数；

$3.84×10^6$ 代表一个基本帧的传输速率；

C 代表由于线路编码导致的传输速率放大因子。

CPRI 版本 6.1 认为比特率选项 1~6 和选项 7 使用线路编码 8B/10B，C=10/8，选项 7A、8 和 9 使用线路编码 64B/66B，C=66/64。变量 N 的可能值为 1、2、4、5、8、10、16、20 和 24，分别对应线路比特率选项 1~9。

在 CPRI 帧层次结构中，一个超高帧由 256 个基本帧组成，包括 256 个控制字。每个控制字有一个特别的功能，如标识超帧的起始、同步、控制和管理以及其他功能。一个无线帧由 150 个超高帧组成；一个无线帧的持续时间是 10 ms，这与 UMTS 和 LTE 的一个帧周期相等。图 9.5 显示了这 3 种类型的帧之间的层次关系。

CPRI 选项 8 和 9 的标准化原始速率分别为 10.138 Gbit/s 和 12.165 Gbit/s。简单的计算表明，它们都支持 20 MHz 带宽、30.72 MHz 采样、8 天线阵列以及 32 个量化比特（16 bit 用于 I 分量、16 bit 用于 Q 分量）的 LTE 连接。然而，10 Gbit/s 看起来很可观，但考虑到 3 扇区情况，一个选项 8（或 9）的 CPRI 连接只能支持 20 MHz 带宽、4 天线单元和每采样 2×12 量化比特。

事实上，目前这些能力在不久的将来将远远不够。数据速率的要求可能会随着 M-MIMO 的引入而大大增加。M-MIMO 的概念是简单地利用数百个天线单元将传统 MIMO[17]用到了极致。这特别适合于在未来的系统中使用的新频率。由于不能在 6 GHz 以下范围内找到并提供高带宽，因此，计划走向毫米波[18]，其中的频谱很丰富。在这样的高频段，天线单元的尺寸是非常小的，从而允许紧凑的阵列设计。大量的天线单元通过将波束指向所需的用户，从而实现空间复用，如图 9.6 所示。

图 9.6　大规模 MIMO 的概念

RRH 连接到基带单元（BBU）所需的原始数据率为

$$R = 2 \cdot n_q \cdot n_s \cdot n_A \cdot f_s \tag{9.2}$$

其中，n_q、n_s 和 n_A 分别代表每个分量的量化比特数、扇区数和阵列中的单元数；f_s 为采样频率。最终，吉赫兹范围的带宽结合每阵列数百个天线单元导致 BBU 和 RRH 之间每条光纤链路的速率要求达到数十太比特每秒。

例如，考虑利用 60 GHz 频段的 2 GHz 带宽、256 单元天线阵列、高于奈奎斯特频率 50%采样以及 14 位量化过程，单扇区会产生 21 Tbit/s 的速率。在密度极高的环境中，由于每平方千米内可能有数十个利用毫米波和小于 6 GHz 频带的 RRH，前传的整体业务量将是巨大的，需要使用压缩算法[19-21]以及模拟和数字传输相结合的方法[22]。

9.3.2　时延

目前，业界对低时延无线通信有着广泛的研究，以适应新兴和未来应用的需求，它们要求的往返时延远远低于 LTE 目前可以提供的时延。这是由网格应用、工业互联网以及所谓的触觉互联网[3]所驱动的，触觉互联网包括与汽车安全和游戏等相关的应用。此外，人们可以设想未来的 M2M 应用能形成反馈控制系统，具有严格的时延要求，如自动高频交易（见参考文献[23]）。

整个系统的时延需要最小化，这意味着前传时延必须保持在严格的限制范围内。在 C-RAN 架构中，RRH 和 BBU 之间的光纤链路处于物理无线信号层面，整体的最大时延需要考虑前传传输的时间。

对于 LTE 无线接入技术，最关键的时间限制是媒体访问控制（MAC，Medium Access Control）层上行的混合自动重传请求（HARQ，Hybrid Automatic Repeat Request）过程。在重传的情况下，该时间限制对每个用户的峰值数据有影响。HARQ 是 eNodeB 和 UE 之间的重传协议，需要将接收的每个子帧的接收状态报告给发射机。如图 9.7 所示，在 LTE 频分双工（FDD）网络中，eNodeB 必须将 ACK/NAK 反馈给接收到数据子帧下面的第 4 个子帧。HARQ 往返时间（RTT）等于 8 ms，如图 9.7（a）所示，$k+4$ 子帧收到的 ACK/NAK 必须被解码后，$k+8$ 子帧才能组装。

由于 LTE 的定时（HARQ）要求为 8 ms 的往返时间，这样的传输系统有严格的时延要求。

时延余量通常可以表示为

$$时延余量 = 3 \text{ ms} - T_{p\_NB} + t_A = 3 \text{ ms} - T_{p\_NB} + 2t_{pa} \tag{9.3}$$

其中，T_{p_NB} 和 t_{pa} 分别代表 eNodeB 的处理时间和在空气中的传播时间（时间提前 t_A 等于 $2t_{pa}$）。

在图 9.7（b）中，eNodeB 处理时间被移至 BBU，必须加上 eNodeB 和 BBU 之间的传播时间。时延余量变成

$$时延余量 = 3 \text{ ms} - T_{p\_NB} + t_A - 2t_{pf} \tag{9.4}$$

其中，t_{pf} 是 RRH 和 BBU 之间的传播时间，包括 RRH 和 BBU 之间所有单元的处理时间。

举例说明，t_{pf} 包括 RF、CPRI 和前传处理时间，并且它们的整体往返时间占 120 μs，

BBU 处理时间为 2.5 ms，在最小时间提前的情况下，留给我们的光纤传播往返时间限制是 380 μs，其代表的光纤长度约为 38 km。虽然，这对于当前的 LTE 帧定义可能是足够的，但如果为减少整体时延，空中接口的帧持续时间减少，可能会产生很大的影响。已有提交的提案，考虑只有 0.25 ms 的子帧，将使总往返时间变成 2 ms（所有的都缩减为 1/4）。我们得到时延余量为：

$$时延余量 = 0.75\text{ ms} - T_{\text{p\_NB}} + t_A - 2t_{\text{pf}} \tag{9.5}$$

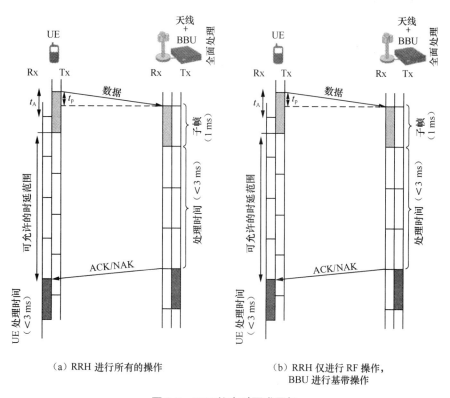

(a) RRH 进行所有的操作

(b) RRH 仅进行 RF 操作，BBU 进行基带操作

图 9.7　LTE 的定时要求图解

　　然后，将 BBU 处理时间缩为 1/4，原来的 RF 和光纤传输时间都减少到非常低的值或者说光纤长度会非常有限。即使我们认为 t_{pf} 只包括光纤内的传播时延，我们的光纤长度仍被限制为 12 km。另一种可能是加快 BBU 的处理，因为处理的集中性，将允许经济、有效地部署高速处理器和缓冲区。在这种情况下，我们可以实现约 40 km 的光纤长度。

9.4 前传架构和光纤技术

9.4.1 前传架构

图 9.8 描述了将 BSS 和 RRH 互联的不同方法。在传统的方法中，无线信号的调制和解调（L1 处理）靠近天线站点。这种方法，不是所有的无线信号的细节都通过回传被传输到无线网络控制器（RNC，Radio Network Controller）或 CU，因此不能提供分集增益或小区间干扰消除收益。

在数字化无线方法中，RRH 和 BS 之间的链路发送无线信号的数字同相（I）和正交（Q）采样，所以 RRH 下行方向包含数字/模拟（D/A）转换器、上变频器和放大器，上行方向包括模拟/数字（A/D）转换器、下变频器和放大器。RRH 比较小且简单，因为包括快速傅里叶反变换（IFFT）处理在内的所有信号调制功能都发生在 BS，BS 在 C-RAN 中位于 CU。

以数字光载无线（D-RoF）链路的方式进行数字传输，在 3G 和 4G 系统部署中是广泛的，可使用无线数字接口，如 CPRI[12] 和 OBSAI[13]。如 9.3.1 节提到的，数字化 I/Q 信号方式面临的主要问题是后 4G 系统带宽的增加，再加上要求传输多个无线信道来进行信道监测、估计、反馈和满足多 RRH 联合处理的要求，这将导致非常高的比特速率需求。

然而，D-RoF 高带宽的需求可以通过采用高阶调制方式[24]而明显减少，并通过压缩进一步显著降低带宽需求，将 EVM 保持在可接受的范围[14,25]。另外，目前大量生产的数字收发器可用于 D-RoF，最终降低成本，并提高生产厂家之间的互操作性。

图 9.8 描述的模拟方法提供了将大量 RF 信道聚合到一个数字化信道所需的带宽的可能性[26]。模拟光载无线（A-RoF）链路的典型特点是透明性，尽管还有附加噪声和失真的限制[26]。相比于数字传输，模拟传输的 RRH 没那么复杂，并具有更低的功耗，因为所有的数字处理是在 CU/BBU 中进行的。然而，模拟链路由于高信道带宽和高光损耗会降低动态范围，但在大多数情况下，该问题可以通过使用简单的技术而缓解，如上行链路功率控制和自动增益控制[26]。

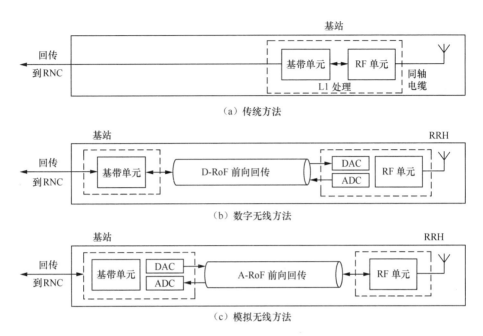

图 9.8　BBS 和 RRH 互联的不同方法

A-RoF 可显著增加前传容量，它提供了一个可以与 D-RoF 共存并且符合弹性光网络的高效带宽解决方案。一个合适的前传解决方案应将 D-RoF 用于移动宏蜂窝部署，这是因为这种传输方式能提供稳健性和高动态范围，同时，小小区（飞蜂窝和微蜂窝）采用 A-RoF 传输，其大规模的无线信道传输（如 M-MIMO）或高速毫米波业务要求高效带宽传输方案[27]。

为了实现这些功能，一个可能的解决方案是光分配网络使用子载波复用（SCM），RF 转换和低成本形式的波分复用（WDM）相结合[28]，如图 9.9 所示，也可定义一个包括光波长和电载波的二维空间。RRH 由波长寻址，同一个 RRH 不同天线单元的单独信号（或与不同无线系统相关的信号）通过 SCM 在电域分离。

SCM 使光纤传输系统的容量显著增加，受益于一个事实，即微波器件比光学器件更成熟，可以使用非常稳定和具有高选择性的滤波器[28]。

通过定义适当的粒度，可以很容易添加新的 RRH 和无线系统。在图 9.9（b）中，我们可以看到，这个二维空间可以适应不同类型的信号，包括模拟和数字无线信号。

对于 D-RoF 传输，可以考虑改进的光传送网络（OTN，Optical Transport Network）解决方案，将流量封装到光数据单元（ODU，Optical Data Unit）。特别是每个 CPRI 选项可以映射到不同的 ODU 类型，具体内容见表 9.2。

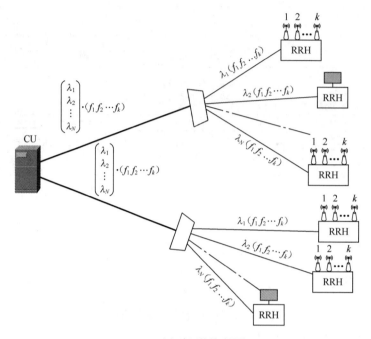

（a）光网络基础设施

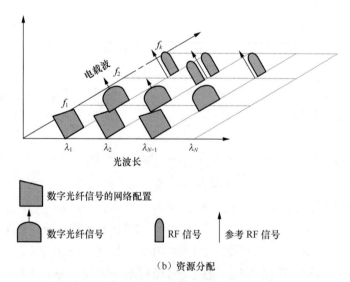

（b）资源分配

图 9.9　光分配网络使用子载波复用，RF 转换和低成本形式的
波分复用（WDM）相结合

表 9.2　CPRI 选项映射到不同的 ODU 类型

CPRI 选项	速率（Mbit/s）	GMP 映射
1	614.4	ODU0
2	1 228.8	ODU0
3	2 457.6	ODU1
4	3 072.0	ODUflex
5	4 915.2	ODUflex
7	9 830.4	ODU2

图 9.10 说明了基于 OTN 的 MFH，其中，位于 RRH 和光传送单元（OUT，Optical Transport Unit）成帧器/映射器的光客户端接口（OCI，Optical Client Interface）可以是标准的低成本光学接口，如 XFP、SFP 或 SFP+。对于位于 OTU 成帧器/映射器和 CU 的光线路接口（OLI，Optical Line Interface），使用具有低时延和高色散容忍性的光收发器是很重要的。

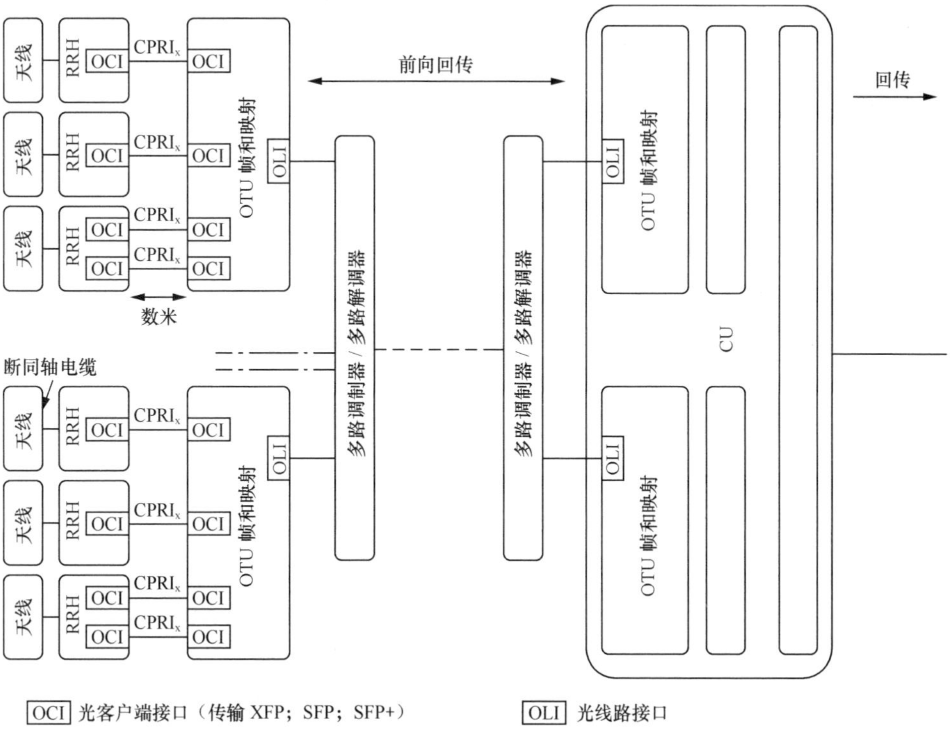

OCI 光客户端接口（传输 XFP；SFP；SFP+）　　　OLI 光线路接口

图 9.10　基于 OTN 的移动 FH 和 OCH 的共存

OTN 的一个优点是前向纠错（FEC，Forward Error Correction），这使链路对误比特不敏感，提高了可达性。然而，如 9.3.2 节已经提到的，前传链路长度通常不受技术限制，而受传输时延限制。在前向回传中，FEC 通过引入时延甚至会降低可实现的距离。

9.4.2　光纤技术

用于信号传输的光载波经强度调制后，在链路末端进行直接检测，这是 RoF 应用的广泛选择[26,28]。最简单的强度调制技术包括直接用电信号调制激光，以改变其输出功率。激光斜率效率代表 RF 调制电流被转换为调制的光功率的效率。因此，模拟链路的增益除了依赖于其他参数，还依赖于激光斜率效率。半导体激光器典型的相对强度噪声主要是由自发辐射引起的。直接调制（DM）的一种替代方法是外部调制（EM），其中，激光工作在连续波模式，外部设备负责激光输出功率的强度调制。由于载波数对受激辐射速率有影响，该方法不受激光的调制带宽限制。在 EM 可能的实现方法中，优先选择马赫–曾德尔调制器（MZM，Mach Zehnder Modulator）。MZM 基于电光效应，改变输入光场的相位，并使用干涉仪将相位变化转换成强度变化。

除了考虑哪种解决方案更有利于实现更高的数据传输速率和链路距离，寻求使用低成本的组件是与 RRH 的商业实现最相关的。因此，应该避免在 RRH 模块中使用复杂的激光结构或温度控制器，因为它们不仅增加了成本而且增加了天线/用户侧的功耗。

如今，市场上提供了几种非制冷激光器选项，因此，相对低成本的模块，如分布反馈（DFB，Distributed Feedback）激光器、法布里-珀罗（FP，Fabry Ferot）激光器以及最近的垂直腔面发射激光器（VCSEL，Vertical Cavity Surface Emitting Laser），可用作光源。但激光二极管的波长随温度变化仍然是一个巨大的技术挑战。封装的 VCSEL、FP 和 DFB 二极管有不同的形状和大小，激光功率范围可从几百微瓦到几毫瓦。发射光谱和强度受腔体的几何形状、偏置电流和二极管的温度影响。非制冷激光器二极管在 1 550 nm 波长运行的 3 种类型设备的特性见表 9.3。

表 9.3　非制冷激光器二极管在 1 550 nm 波长运行的 3 种类型设备的特性

特性	VCSEL	DFB	FP
型号	RC34051-F	RLD-CD55SF	C1237321423
制造商	RayCan	HGGenuine	Liverage
数据速率（Gbit/s）	10	10	1.25
偏置电流范围（25℃）（mA）	2～15	8～120	10～150
阈值电流（mA）	2	8	10
峰值波长（nm）	1 550	1 550	1 550

续表

特性	VCSEL	DFB	FP
光纤输出功率（mW）	0.5	2	1
边模抑制比（dB）	35	30	—

DFB 和 VCSEL 激光器一般优于 FP 激光器，这是由于后者的多模工作方式会在标准单模光纤（SMF，Standard Monomode Fiber）中以模式分配噪声的形式产生性能退化。FP 激光器，由于其相对宽的光谱宽度，也不适合需要波长复用或 SCM 的应用场景。基于 DM VCSEL 激光二极管（LD）的发射机成本通常低于基于 DFB-LD 的发射机成本，并且比使用 MZM 等的 EM 方案的成本低更多。

对于表 9.3 中描述的激光二极管，参考文献[29]进行了波长漂移和光输出功率随温度和电流变化的研究。从分析中得出的结论是，每个二极管激光器都具有优点和缺点。VCSEL-LD 通常具有成本低和能直接以高比特率调制的优点。然而，与其他两种设备相比，所研究的 VCSEL 的输出功率随温度和电流变化最大。DFB-LD 是单模激光器，它通常具有较高的输出功率，但 DFB-LD 的研究显示其阈值电流随温度变化最大。FP-LD 是多模激光器，可能不适合 DWDM。所有这 3 个设备对于 DWDM 传输系统都需要一定的温度控制，但这种控制会使这些组件更昂贵，并具有更高的功耗。

RIN 是半导体激光器的特点，主要由自发辐射引起。通常情况下，信号畸变是由调制装置引起的，而不是光检测器或光纤。线性化技术已经被用来减少 DM 或 EM 链路中的畸变影响[26,30-33]。

激光非线性可分为静态非线性或动态非线性。静态非线性的主要原因是激光工作在阈值或饱和态附近。动态非线性与激光有源区的光子和电子之间的非线性相互作用有关。系统非线性强烈影响正交频分复用信号，这是由于 OFDM 信号具有高峰均功率比。这限制了可以调制激光的无线信号的最大平均功率，随之影响 RoF 链路输出的信噪比。如果 RoF 链路中的非线性被补偿，无线信号的平均功率可增加。文献[34-35]介绍了传输 OFDM 信号的 DM VCSEL 使用记忆多项式[33]的预失真补偿方案的实施和实验结果，式（9.6）描述了 A-RoF 链路的逆传递函数。

$$y(n) = \sum_{k=1}^{K}\sum_{q=0}^{Q} a_{kq}x(n-q)\left|x(n-q)\right|^{k-1} \tag{9.6}$$

其中：

K 是非线性的最高阶；

Q 是记忆长度；

a_{kq} 是多项式系数；

$x(n)$ 和 $y(n)$ 分别是输入和输出信号，可假设为复值。

通过记忆多项式建模一个系统，必须满足：（1）获得系统中的输入和输出信号；
（2）估计最接近系统的系数 a_{kq}。观察（1），我们可以得出结论

$$y(n) \propto x(n-q)\left|x(n-q)\right|^{k-1} \tag{9.7}$$

因此，系数 a_{kq} 可以使用简单的最小二乘算法计算。

图 9.11 描述了基于 DM VCSEL 传输 OFDM 信号的 RoF 链路实验装置，并使用式（9.6）
所描述的记忆多项式来处理非线性。使用 MATLAB 生成符合 LTE 技术的 OFDM 基带信
号。产生的信号的持续时间为一个时隙（0.5 ms），总共有 2 048 个子载波，其中，1 201
个子载波用于数据传输，使用 64 正交幅度调制（QAM），其他 847 个子载波用于保护，
总带宽为 20 MHz。罗德与施瓦茨（Rohde & Schwarz）公司的 SMW200 A 信号发生器将
基带 OFDM 信号（由 MATLAB 生成）转换成模拟带通信号后，使用预失真技术。操作
的基本顺序是内插、数字到模拟转换、I/Q 调制和放大。所有实验中使用的载波频率为
900 MHz。射频信号直接调制 VCSEL。表 9.3 所示的电气特性的 VCSEL 的偏置电流为
6 mA。信号通过 20.1 km 的单模光纤传播。用 PIN 进行光电检测后，射频信号被北电网
络（Nortel Networks）（PP-10 G）跨阻光前端（OF）放大，之后，无线电信号通过 R&S FSW
频谱分析仪经过以下顺序操作解调：载波频率转换到中频、滤波器、采样、I/Q 解调和抽
取。再之后，数据样本被转移到 MATLAB 进行以下的信号处理操作：同步和无线信号在
RoF 链路衰减以及 I/Q 解调引入的相位旋转的补偿。

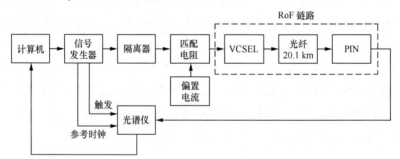

图 9.11　基于 DM VCSEL 传输 OFDM 信号的 RoF 链路实验装置

图 9.12（a）显示了发射和接收的 OFDM 信号是否有预失真处理的归一化功率谱密
度。可以看出，采用预失真器，OFDM 信号的边带被至少减少了 5 dB。图 9.12（b）描绘
了有/无预失真的接收星座图：测量误差向量幅度（EVM，Error Vector Magnitude）分别

为 6%和 3.5%。由于 LTE 技术要求 64 QAM 调制的 EVM 低于 8%[36]，结果证明该系统远远超过 EVM 性能的限制。

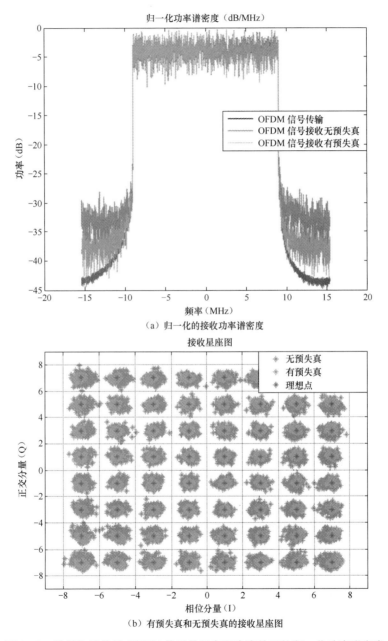

（a）归一化的接收功率谱密度

（b）有预失真和无预失真的接收星座图

图 9.12　发射和接收的 OFDM 信号是否有预失真处理的归一化功率谱密度

9.5　光载无线和 PON 系统共用光纤的兼容性问题

到现在为止，光通信和无线通信，一般采取独立的路径，有时被视为竞争对手，至少对于网络的接入端来说是这样的。事实上，这两种技术可以很好地共存。首先，无线通信可以作为固定宽带网络的延伸，实现逐步部署，有助于分阶段投资，也克服了城市和农村场景之间接入的不对称性。该选择也有助于开放性，即使现有运营商只部署光纤到节点，如果监管允许，新进入者可以通过部署节点到用户之间的无线链路来提供服务。其次，光纤接入基础设施的存在可以作为现有无线网络的前传、回传或它们两者。因此，宽带信号的有线分布以及向 RRH 传送/接收无线信号共享相同的基础设施的能力是全球运营商的一个重要方面，因为它通过几个网络共享成本，充分利用光纤接入部署所需的投资。据预计，至少在城市环境中，这两种技术的融合可以得到显著的益处，因为 PON 广泛存在于许多城市地区。这主要基于两种解决方案，这两种解决方案在全球范围内变得越来越受欢迎：GPON 和 EPON，分别是由国际电信联盟电信标准化部门（ITU-T）和电气和电子工程师学会（IEEE）开发的。目前，GPON 在美国和欧洲最受欢迎，而 EPON 系统在亚洲更为普遍。这两个系统物理层的光技术和网络体系结构是非常相似的。然而，它们在上层使用不同的方案。GPON 技术利用同步光网络（SONET，Synchronous Optical Network）/同步数字体系（SDH，Synchronous Digital Hierarchy）和通用成帧协议（GFP，Generic Framing Protocol）来传输，而 EPON 本身是一种以太网解决方案，具有以太网协议的特点、兼容性和性能[37-38]。GPON 为实现最佳 QoS 提供了一个更好的路径，这是支持 4G 服务的一个重要特征。

PON 是只使用光纤和无源器件的光纤网络，无源器件包括分光器、合路器或共存单元，而不包括有源器件，如放大器、中继器或整形电路。PON 基础设施通常的光缆长度限制为 20 km。

典型的 PON 部署是一点对多点（P2MP）网络，其中，服务提供商设施中的中央光线路终端（OLT）能为每光缆线路的多达 16～128 个客户提供三重业务［数据、互联网协议电视（IPTV）和话音］。图 9.13 展示了一个针对 3 用户的 PON 架构的示范案例。

在下行传输中，无源分光器将单个光信号分成多个相等但具有较低功率的信号给用户。在用户端，用户端设备（CPE）在 IEEE 术语中称为光网络单元（ONU）或在 ITU-T 术语中称为光网络终端（ONT），终止光纤线路。它的主要功能是将光信号转化为电信号（反之亦然），并且将下行信号分解成各个组成部分。在上行传输中，无源功率分配器是

CPE 所有数据信号传输的合路器。

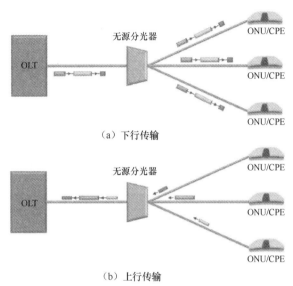

（a）下行传输

（b）上行传输

图 9.13   典型 PON（GPON 和 EPON）结构

EPON 和 GPON 采用两种复用机制。在下行方向（从 OLT 到 CPE），光数据分组以广播方式传输，如图 9.13（a）所示，但数据使用高级加密标准（AES）加密，防止窃听。在上行方向（从 CPE 到 OLT），如图 9.13（b）所示，光数据分组以时分多址方式传输，即每个用户分配一个时隙，且使用相同的上行光波长，这与下行传输不同，这样一根光纤可用于上行和下行数据传输。

GPON 提供 2.488 Gbit/s 的下行速率和 1.244 Gbit/s 的上行速率，可用的分光比为 1∶64～1∶128[39]。EPON 采用相同的上行传输速率和 1.25 Gbit/s 的下行速率，分光比为 1∶16～1∶32[40]。GPON 和 EPON 系统的波长分配目前基于 ITU-T G.984[39]，定义下行波段为 1 480～1 500 nm，上行波段为 1 260～1 360 nm，如图 9.14 所示。

GPON 系统的最新版本是十吉比特版本，称为 XG-PON1，或 10 GPON；XG-PON 的最大速率为 10 Gbit/s（9.953 28）的下行速率和 2.5 Gbit/s（2.488 32）的上行速率[41]。使用不同的波长波段：下行 1 575～1 580 nm 和上行 1 260～1 280 nm，如图 9.14 所示。这使得 10 Gbit/s 业务通过 WDM 与标准 GPON 共存于相同的光纤。还有一个 10 Gbit/s 以太网版本，定名为 802.3av[42]。实际线路速率为 10.312 5 Gbit/s。主要模式的上下行速率均为 10 Gbit/s。也有采用 10 Gbit/s 的下行速率和 1 Gbit/s 的上行速率。该 10 Gbit/s 版本使用与 XG-PON 下行相同的波长分配和 1 260～1 280 nm 的上行波长，所以 10 Gbit/s 可与标准 1 Gbit/s 系统复用于相同的光纤。

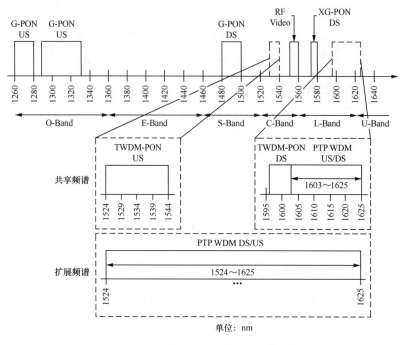

图 9.14　不同 PON 技术可用的光频谱

GPON 还考虑通过增加波段 1550～1560 nm 的叠加信道，实现在同一 PON 基础设施中传输模拟视频[43]，如图 9.14 所示。模拟视频业务通常也被 EPON 提供商部署在同一波段。

9.5.1　PON 系统中的 D-RoF 传输

PON 在 C-RAN 应用中是合适的前传架构，这得益于它是天生的集中化系统。然而，在 EPON 和 GPON 中传输 D-RoF 信号面临几个问题。这些技术的最大传输比特率甚至对于一个 LTE 小区都是不够的（1.22 Gbit/s，10 MHz 2×2 MIMO）。对于 XG-PON，在没有压缩的情况下，它只能承载一个宏小区[14]。然而，在现有的 PON 系统中传输 D-RoF 信号最大的问题（如 CPRI 和 OBSAI 信号）是上行传输基于 TDMA，这大大增加了时延和抖动，而且通常与前传要求不兼容。

为了克服这些问题，ITU-T 研究组 SG15——全业务接入网（FSAN）研究组现在已提出新的建议，是关于下一代 PON 的物理媒体相关（PMD）层的需求，称为 NG-PON2[44]。这些需求包括应该提供一个灵活的光纤接入网络，能够支持移动回程、商业和住宅业务的带宽要求。NG-PON2 波长计划被定义为通过波长叠加实现与传统 PON 系统共存。行业为 NG-PON2 选择的技术是时分和波分复用无源光网络（TWDM PON），包括附加选项——点对点的波长叠加信道（PTP WDM PON）。在 NG-PON2 中，PTP 波长叠加信道指的是下行和上行波长信道对，能够使用可用波长提供点对点连接。PTP WDM 的一个主要应用将是使用 NG-PON2 作为 MFH 来传输 CU 和 RRH 之间的 D-RoF 信号。然而，NG-PON2 中可用于 PTP WDM 的现有波段取决于与传统的 PON 系统（GPON、RF 视频、XG-PON）和 NG PON2 TWDM 的共存要求[44]。

　　图 9.14 描述了可用的光谱以及推荐的共享式和扩展式 NG-PON2 频谱选择。对于频谱共享，要求与 TWDM 共存，并且可供 PTP WDM 使用的子带被限制成相对较窄的 22 nm 带宽（1 603～1 625 nm），这需要调制解调器能够以很高的频谱效率传输 D-RoF，以适应 5G 可预见的高数量和高容量 D-RoF 信道需求。然而，如果不考虑与 TWDM 共存以及与 RF 和 XG-PON 间的兼容性，带宽可扩展为 1 524～1 625 nm。这个缺点可能会迫使运营商只有在绿色场景下才使用后面的解决方案，或重新思考和安排他们的网络。

　　在研究性项目 Flexicell 框架中，为了 MFH 应用，研究了柔性光 SCM 调制解调器，能够在 PON 基础设施中以高频谱效率传输 D-RoF 信号。D-RoF 信号的 PTP WDW 传输和在同一 PON 中多种接入技术并存是通过一个共存单元来实现的，如图 9.15 所示[45]。

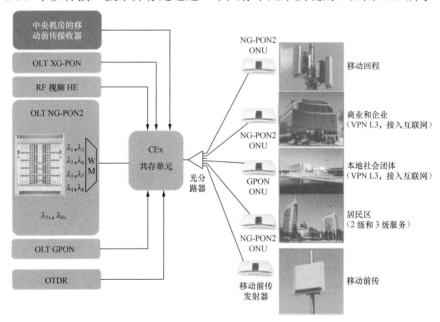

图 9.15　同一 PON 系统中多种接入技术并存

9.5.2 用于 D-RoF 传输的移动前传调制解调器

图 9.16 给出了用于 MFH 应用的调制解调器的可能的发射机和接收机结构。将每个调制后的 CPRI 信号映射到一个子载波以及将它们汇聚成一个复合信号完全在数字域进行，类似于一个具有最小模拟无线 OF 的软件无线电。数字信号根据用户定义的任意调制方式调制成 QAM 信号；然后，同步导频被加入 QAM 信号，复合信号使用预定义的传递函数或方程所描述的记忆多项式进行预失真处理。预失真后，数字信号由一个数模转换器（DAC）转换到模拟域，然后通过低通滤波。驱动放大器提供正确的电信号振幅来驱动 MZM，MZM 调制光载波。在接收端，如图 9.16（b）所示，光信号通过光接收机转换为电信号，然后通过模数转换器（ADC）转换到数字域。经过重采样，所选择的子载波信道下变频到基带，用根升余弦匹配滤波器（RRC）进行提取。经过降采样、时钟恢复和载波相位恢复，解调的子载波可以映射成比特序列。

图 9.17（a）提出一个替代方案，具有较少的数字结构，其中，在发射机侧，各子载波为数字基带信号，通过模拟混频过程上变频到相应的频率。如图 9.17（b）所示，接收机也不同，由两级外差接收机组成。在模拟子系统中，目标子载波首先被滤波，并下变频到中频。由两个变频阶段保证镜像抑制。然后，由此产生的信号进行数字化，并使用最后的数字下变频器转换成基带信号。这一可选架构呈现的主要优点是以比以前方案更低的采样率使用 DAC 和 ADC，代价是需要更多的模拟设备。然而，对于所考虑的采样频率，这些模拟设备的成本低得多，并可以集成到一个芯片。

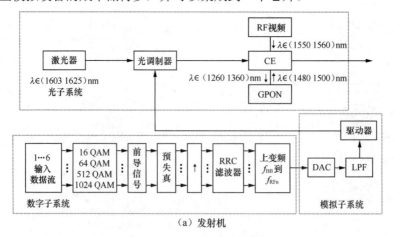

（a）发射机

图 9.16 移动前传调制解调器的结构

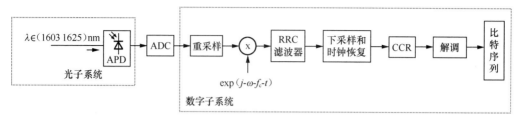

（b）接收机

ADC：模数转换器；LPF:低通滤波器；CE：共存元器件；CCR：时钟载波恢复；CDR：时钟数据恢复；DAC：数模转换器；f_{BB}：基带频率；f_{RF}:通带频率；GPON：吉比特无源光网络；LNA：低噪放大器；OL：本机振荡器；RRC：根升余弦滤波器；↓：下采样；↑：上采样

图 9.16　移动前传调制解调器的结构（续）

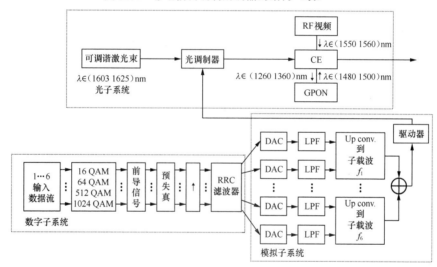

（a）发射机

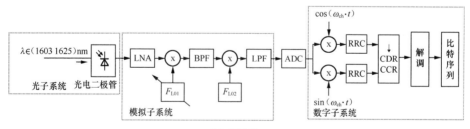

（b）接收机

ADC：模数转换器；LPF:低通滤波器；CE：共存元器件；CCR：时钟载波恢复；CDR：时钟数据恢复；DAC：数模转换器；f_{BB}：基带频率；f_{RF}:通带频率；GPON：吉比特无源光网络；LNA：低噪放大器；OL：本机振荡器；RRC：根升余弦滤波器；↓：下采样；↑：上采样

图 9.17　移动前传调制解调器的备选结构

图 9.18（a）所示为包括 6 个 16-QAM 信道的 SCM 频谱，每个信道的速率为 1.25 Gbit/s（接近 CPRI 线路速率选项 2）。频谱由图 9.16 所示的调制解调器架构获得，光纤长度为 30 km。利用反余弦函数进行预失真处理，反余弦函数近似是 MZM 的逆传递函数。图 9.18（b）是所有 6 个信道的星座图，但考虑的是 50 km 的光纤长度和使用 PIN 光接收机，接收到的光功率（ROP）是−11.5 dBm。6 个信道的 EVM 都低于 10%。接收机的灵敏度可以通过使用具有雪崩光电二极管（APD）的接收机来提高[46]。更多的实验设置细节和结果见参考文献[46]。

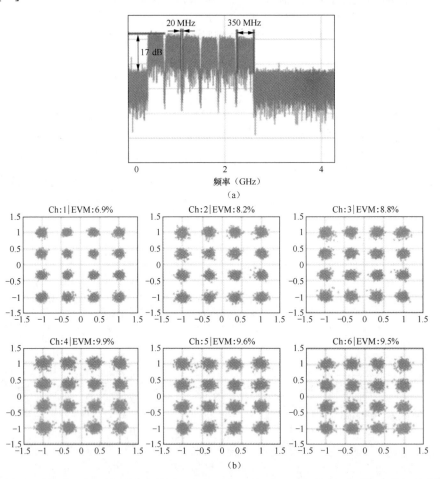

图 9.18　（a）6 个 16-QAM 信道接收到的频谱，在 30 km 的光纤中，每个信道的速率为 1.25 Gbit/s（接近 CPRI 线路速率选项 2）；（b）所有 6 个信道的星座图，但考虑的是 50 km 的光纤长度和使用 PIN 光接收机，接收到的光功率（ROP）是−11.5 dBm

对于更高阶调制格式，使用方程（9.5）描述的记忆多项式的预失真均衡。图 9.19 给出了接收到的星座图，分别为（a）有预失真和（b）无预失真，使用 512 QAM 调制，速率为 1.25 Gbit/s。它们分别使用 3 阶记忆多项式和 7 阶记忆多项式。

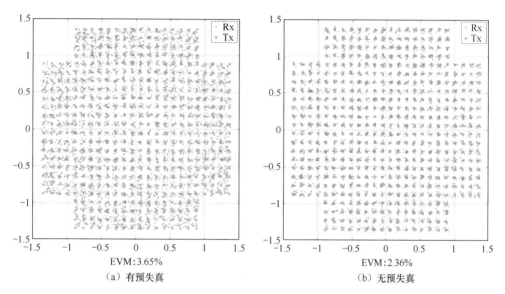

（a）有预失真 EVM:3.65%   （b）无预失真 EVM:2.36%

图 9.19　接收到的星座图

一种实时调制解调器被开发出来，能够灵活地发送和接收具有不同调制阶数的 M QAM SCM 信号，也可以使用不同的前向纠错（FEC）码[24]。图 9.20 显示了 1 024 QAM 星座图，为 4 个接收的 SCM 信道中最差信道的星座图，经过 20 km 的标准单模光纤传输。

这实现的未编码误比特率（BER）为 $2.9×10^{-4}$，符号传输率为 100 MBaud，有效数据速率对应约 900 Mbit/s。每个子载波的带宽只有 112 MHz，这意味着很高的频谱效率。这需要使用里德-所罗门编码（228，252）实现无差错传输。

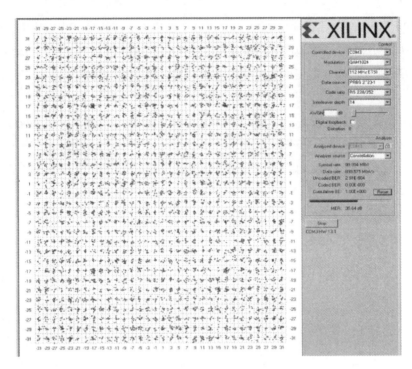

图 9.20　1 024 QAM 星座图，为 4 个接收的 SCM 信道中最差信道的星座图，
经过 20 km 的标准单模光纤传输

9.6 小　结

　　在本章中，我们考虑了无线和光纤技术的融合，以提供符合成本效益的无处不在的
宽带网络。容量和时延需求对前传设计提出了严格的要求，很可能前传设备设计将是未
来光纤通信的主要市场之一。总体而言，要提供全球的和无处不在的信息社会所设想的
功能，这两种在过去已经单独取得了进展的技术——光纤和无线需要融合，以利用协同
效应提供符合成本效益的解决方案。

　　我们提出的混合传输的解决方案结合了数字和模拟 RoF，能在远端天线单元和 CU
之间有效地传输异构无线信号。该架构超出了利用 RoF 进行远程传输的常规视角，将作
为几种无线技术发展的一个推动因素：M-MIMO 和认知无线电的概念实现宽带无线传输；
小区间干扰消除增加系统容量；发展高效的无线资源管理过程；协调人口密集的城市环

境中的辐射水平；宏蜂窝和小小区之间的智能资源分配。在概念层面，这代表 RoF 作为远程技术的传统视角转换为 RoF 作为新的无线网络架构和处理方案的推动者。

MFH 的发展可以解决使用现有和未来光纤到户 PON 基础设施的挑战，如 NG-PON2，将对未来 5G 和其配套通信系统中出现的 C-RAN 架构产生强烈的影响。WDM 传输与 SCM 的结合使用能增加支持的 RRH 数量。此外，通过增加调制的阶数，将会实现更高的频谱效率，使得这些收发器成为在频谱效率和成本方面有吸引力的解决方案，这主要得益于使用相对标准的 DAC 和光电器件。

9.7　认　　证

这项工作由电信研究院 UID/EEA/50008/2013 的 Hydra-RoF Ref:P01230 项目、FEDER COMPETE/QREN 的 no. 38901 项目和 DCT 项目 ADIN Ref：PDTC/EEI-TEL/2990/ 2012 所支持。

第 10 章

基于 MCC 的异构网络的功率控制

动态频谱管理（DSM，Dynamic Spectrum Management）技术是 5G 的关键技术之一，它可以实现频率灵活分配、提高频谱利用率。众所周知，认知无线电（CR，Cognitive Radio）是可以根据工作环境特性来调整传播参数的无线电技术，具备认知能力。在本章中，基于 DSM 框架的异构网络能够实现传统网络与 CR 网络共用频谱，提高频谱利用率。研究表明，集中功率控制方案和干扰信道增益算法可以解决允许 CR 网络访问传统网络用户的频段的问题。传统的无线网络频谱效率很低，但短时间内无法退网，使用"底层 CR 技术"是提升频带容量的方法之一，即在 CR 网络中，次级用户（SU）可以在主用户（PU）频带传输信息。只要对 PU 产生的干扰在一定的门限值以下，就不会对传统网络产生不利影响。

学习部分的关键是结合"调制和编码分类"（MCC，Modulation and Coding Classification）技术，主要提供 PU 调制和编码方案（MCS, Modulation and Coding Scheme）的估计信息[3]。由于 PU 和 SU 之间缺乏联系，CR 网络利用多级 MCC 感测反馈，作为 PU 链路的隐式信道状态信息（CSI），来不断地观察其导致的聚合干扰的影响。对每个 SU 采用统计信号处理和机器学习（ML）工具 [支持向量机（SVM）[4]]，来确定 PU MCS，然后将这些估计信息转发给认知基站（CBS，Cognitive Base Station）。

我们希望开发一种仅使用 MCC 的算法，在满足最大化总 CR 吞吐量等 PC 优化目标的同时，减轻 PU 干扰，减少优化问题。这种具有高收敛速度的理想候选学习方法是切割平面方法（CPM，Cutting Plane Method）[5]。在这里，我们主要分析其中已经通过数值模拟技术证明的两种算法：中心切割平面法和重心切割平面法。

10.1　引　　言

5G 无线系统的目标之一是大幅度提升用户的速率，而实现该目标的关键技术之一就是频谱管理。研究表明，当前频段一部分已经拥塞，但绝大多数频段利用率都不高[6]。出现该问题的主要原因是采用的频谱静态分配方法，即为特定的系统分配特定频带[1]。DSM 突破了传统的频谱静态分配，而是综合考虑整体频谱可用性、接入的限制需求、服务优先级、市场前景、网络优化目标等服务质量（QoS）要求，可以具体分配到用户和业务。

CR 是实现 DSM 的关键，实际上借用了计算机科学世界的"感知"概念。"感知"意味着能够侦测、理解、分析、适应无线电环境并与之交互信息。认知无线电在频谱上的传输有 3 种模式：底层模式、顶层模式及交织接入模式[7]。

① 底层模式：只要 CRN 对主用户（PU）的干扰低于某一门限值，CR 网络（CRN）可以在 PU 允许的频段内接入。

② 顶层模式：PU 与 CR 共享相关消息，以便减少对 PU 的干扰，甚至可以作为 PU 链路的中继，延长传输 PU 信息。

③ 交织接入模式：CR 感知并标识 PU 未占用的空白频谱，并且只能在这些空位进行接入。

这里，我们只关注底层 CRN 接入算法，即 PU 和 CRN 的频谱可以同时共存，也称为"次级用户"。

为了能够真正实现频谱的动态分配，智能无线电必备的功能通常被分为两大类：频谱感知（SS，Spectrum Sensing）和决策阶段（DM，Decision Making）[2]：首先运用先进的信号处理等方法，使 CR 能够"观察"频谱；然后执行无线电操作参数进行自适应配置，如发射功率、调制、编码和频率，以便达到系统吞吐量最大、SINR 最大、减小干扰等优化目标。DM 过程通常会采用优化工具或其他数学算法来增强频谱使用率，这里我们只关注有关 CR 发射功率电平的 DM，通常称为"PC 策略"。CR 技术发展的新趋势与其起源密切相关，即 ML 应用于 SS 和底层 PC。

10.2　频谱感知：一种机器学习方法

SS 是 CR 最重要的部分，如果将智能无线电比喻成"身体"，SS 就是"眼睛"和"耳朵"。在现有大多数文献中，SS 的主要功能是监测可用频段和频谱空穴。使 CR 知道当前环境的另一种方式是检测 PU 信号的类型。这种新的无线电必须能够识别所有种类的信号，其中一种简单的方法是识别 MCS。这种基于 MCS 检测的 SS 技术——MCC，可以通过提取信号特征，并基于特征或似然函数进行分类而实现[8]。

10.2.1 特性

通信信号中包含许多特征参数，这些特征可以让我们了解传输环境。这些特征参数有的可以直接提取，有的需要通过较为复杂的途径获取。文献[9-10]对分类调制相关的、最简单的特征参数进行了详细解释。

假设 CR 接收的 PU 感知信号为

$$r_{SU}[i] = h_S S_{PU}[i] + n_{SU}[i] \tag{10.1}$$

其中：

h_S 是感知信道增益；

$S_{PU}[i]$ 是 PU 发送的信号；

$n_{SU} \sim \mathcal{N}(0, N_{SU})$ 是增加的高斯白噪声。

假设 $A(i)$ 是每个采样点的振幅，N_s 是采样点数目，可以导出的第一个特征参数是 γ_{max}，即归一化中心瞬时振幅的频谱功率密度最大值，定义为[9]

$$\gamma_{max} = \frac{\max |FFT[A_{cn}(i)]|^2}{N_s} \tag{10.2}$$

其中：

FFT 是快速傅里叶变换；

A_{cn} 是零中心单位瞬时幅度，可以识别不同的振幅调制信号，定义为

$$A_{cn}(i) = \frac{A(i)}{E\{A(i)\}} - 1 \tag{10.3}$$

PU 感测信号的另一特征参数是归一化瞬时振幅的非线性分量的绝对值的标准差 σ_{aa}，定义为[9]

$$\sigma_{aa} = \sqrt{E\{A_{cn}^2(i)\} - E^2\{|A_{cn}(i)|\}} \tag{10.4}$$

该式可以用来区分 M-ASK、MQAM 和其他的幅度调制信号。

第 3 个易于提取的 PU 特征参数，是非弱信号样本中的样本相位的非线性分量的绝对值的标准差 σ_{ap}，定义为

$$\sigma_{ap} = \sqrt{E\{\phi_{NN}^2(i)\} - E^2\{|\phi_{NN}^2(i)|\}} \tag{10.5}$$

其中，ϕ_{NN} 为

$$\phi_{NN}(i) = \phi_N(i) - E\{\phi_N(i)\} \tag{10.6}$$

$\phi_N(i)$ 仅对应于非弱信号样本的相位，即要求采样的幅度高于某一阈值。

与先前特征非常类似的另一个特征参数，是非弱信号样本中的样本相位的非线性分量的标准偏差 σ_{dp}，计算公式为

$$\sigma_{dp} = \sqrt{E\{\phi_{NN}^2(i)\} - E^2\{|\phi_{NN}(i)|\}} \tag{10.7}$$

第 5 类特征参数是非弱信号样本中的样本频率的非线性分量的绝对值的标准偏差，用于 M 进制频移键控（M-FSK）信号的分类，在文献[9]中的计算公式为

$$\sigma_{af} = \sqrt{E\{f_{NN}^2(i)\} - E^2\{|f_{NN}(i)|\}} \tag{10.8}$$

其中，f_{NN} 的计算公式为

$$f_{NN}(i) = \frac{f_N(i) - E\{f_N(i)\}}{R_s} \tag{10.9}$$

$\phi_N(i)$ 仅对应于非弱信号样本的频率样本；

R_s 是 PU 信号的速率。

用于指示调制算法的另一组信号特征参数是"循环频谱"。这些参数是根据其统计特性随时间做周期性变化的信号导出的。这种复杂而又有趣的信号处理方法在文献[11]中首次提出，并且能够检测潜在的周期性。目前，大多数研究调制识别[11]的专家都希望在二阶统计中表现出周期平稳性的信号，如自相关函数。但是，二阶统计的循环频谱信号处理无法区分 QAM 和 PSK 方案，而循环频谱处理的高阶可以。引入二阶循环频谱处理来检测调制方案的研究文献有[12~16]。

由于需要考虑信号样本，所以信号 $r_{SU}[i]$ 所展现的循环频谱函数需要在离散时间中确定。第一个是循环自相关函数（CAF）$R_r^\alpha(l)$。如果我们用 $\langle . \rangle$ 表示时间平均运算

$$\langle \ \rangle = \lim_{N \to \infty} \frac{1}{2N+1} \sum_M^N = -N(\cdot) \tag{10.10}$$

则 $R_r^\alpha(l)$ 定义为

$$R_r^{\alpha}(l) = \langle r_{SU}[i]r_{SU}^{*}[i-1]e^{-j2\pi ai}\rangle e^{-j\pi al} \qquad (10.11)$$

其中，r_{SU}^{*} 是复共轭信号。仔细观察公式（10.11），可以帮助我们理解 CAF 测量信号的不同频移版本的相关性。只要存在任意一个非零的循环频率 α 使 $R_r^{\alpha}(l) \neq 0$，则该信号就是一个周期平稳信号。α 被称为"循环频率"，循环频率 α 的 $R_r^{\alpha}(l) \neq 0$ 集合被称为"循环频谱"。为了更容易检测循环频率，还必须有从时域到频域的转移。因此，循环频谱信号处理中的另一个有用的功能是基于 CAF 的傅里叶变换。这被称为"光谱相关密度（SCD）函数"，在文献[11]中给出了定义。

$$S_r^{\alpha}(f) = \sum_{l=-\infty}^{\infty} R_r^{\alpha}(l)e^{-j2\pi fl} \qquad (10.12)$$

此外，测量从频谱相关性导出的局部频谱冗余程度是有益的。计算的标准是光谱相干函数 $C_r^{\alpha}(f)$，即 $S_r^{\alpha}(f)$ 的归一化版本，在文献[11]中确定为

$$C_r^{\alpha}(f) = \frac{S_r^{\alpha}(f)}{\sqrt{S_r^0(f+\alpha/2)S_r^0(f-\alpha/2)}} \qquad (10.13)$$

计算量浩大的 CS 处理的最后一步是，获得 α 域配置文件或循环域配置文件（CDP）。计算公式（参见文献[11]）为

$$I(\alpha) = \max_f |C_r^{\alpha}(f)| \qquad (10.14)$$

对于调制分类来说，计算过程中表现出的光谱相干函数的峰值更方便处理。循环频谱分析在结合稳健检测工具后再进行信号分类中尤其有效。在文献[13,14]中，二进制相移键控（BPSK）、正交相移键控（QPSK）、频移键控（FSK）、最小频移键控（MSK）和振幅调制（AM）在信噪比（SNR）= −7 dB 时，检测概率 PDE = 100%。

用于调制分类的另一个特征是感测信号的累积，其在不同调制方案中有不同的理论值，虽然它们需要大量的样本，但计算过程比较简单。r_{PU} 的第 2、4、6、8 阶混合累积物，$C_{2,0}^r$，$C_{2,1}^r$，$C_{4,0}^r$，$C_{4,1}^r$，$C_{4,2}^r$，$C_{6,0}^r$，$C_{6,1}^r$，$C_{6,2}^r$，$C_{6,3}^r$，$C_{8,0}^r$，$C_{8,1}^r$，$C_{8,2}^r$，$C_{8,3}^r$ 在文献[12~18]中已经被成功应用，并且提供了有效的检测结果。

累积量最好用原始力矩表示。几个随机变量 $X_1, \cdots, X_n$ 的联合累积量的通式 X_n 是

$$C_{X_1, \cdots, X_n} = \Sigma_{\pi}(|\pi|-1)!(-1)^{|\pi|-1}\prod_{B\in\pi} E\{\prod_{i\in\pi} X_i\} \qquad (10.15)$$

其中：

π 为运行分区 1，$\cdots$，n 的列表；

B 为运行分区 π 的所有块的列表；

$|\pi|$是分区中的部件数。

例如，

$$C_{X_1,X_2,X_3} = E\{X_1X_2X_3\} - E\{X_1X_2\}E\{X_3\} - E\{X_1X_3\}E\{X_2\} - \\ E\{X_2X_3\}E\{X_1\} + 2E\{X_1\}E\{X_2\}E\{X_3\} \tag{10.16}$$

因此，复合接收信号的 p 阶混合累积量 $C_{p,q}^r$ 可以从式（10.15）导出为

$$C_{p,q}^r = C_{\underbrace{r,\cdots,r}_{(p-q)\,\text{times}}\,,\underbrace{r^*,\cdots,r^*}_{(q)\,\text{times}}} \tag{10.17}$$

由于到信号星座的对称性，用于奇数 p 的 p 阶混合累积等于零，并且还可以证明 $C_{p,q}^r = C_{p,p-q}^r$。

10.2.2　分类器

根据相关文献，分类器一般分为两种：第一种是基于特征的，其中，10.2.1 节中介绍了通过学习机对特征参数的收集、处理，将一组信号样本分类为噪声或任何其他类型的信号；第二种是基于似然的分类器，其通过比较似然比来区分不同的信号类。

在基于特征的分类器文献中，使用 ML 识别信号的调制方案取得了显著进展。这种学习算法分为两类：监督分类器和非监督分类器，区别在于监督分类器需要使用带标签的数据进行训练。以 10.2.1 节中的特征参数提取过程为例，假设由 CR 选择需要处理的感测信号样本，特征向量 $x_i \in X$，则监督方法也需要相应的标签 $y_i \in Y$。但如果采用无监督方法，可以通过累积类似的特征向量学习而不需要 y_i。

目前，较流行的监督分类是人工神经网络（ANN，Artificial Neural Network），ANN 是文献 [9,14]领域中 ML 的早期应用之一，已经成功地用于调制检测。类似于生物学处理过程，ANN 模仿一组相互连接的神经元（大脑的基本处理单位）的功能。事实证明，ANN 能够通过学习过程存储经验知识，并已经成为一种强大的分类技术。在 ANN 模型中，每个神经元都具有变换函数功能，可对其输入加权，输出执行结果。大量的神经元可以创建神经元层序列，其中，第一个是输入层，最后一个是输出层。在这两层之间，存在中间层或隐藏层，这两层不直接与外部连接。本研究领域使用的 ANN 类型是多层前馈神经网络[9]和多层线性感知网络[14]，它们能够识别 2-ASK、4-ASK、2-FSK、BPSK、QPSK 和 AM 的信号。

在调制分类文献[10,16]中使用的另一种监督分类工具是支持向量机（SVM，Support Vector Machine）分类器，其数学基础是由 Vapnik 开发[4]的统计学习理论。SVM 的主要

缺点是计算量大，但优点是分类非常准确。SVM 将训练样本划分为两类，然后在这两类的高维空间中找到超平面来进行操作。如图 10.1 所示，要求该超平面到每侧的最近数据点的距离最大，称为最大边缘超平面。SVM 最大的贡献是数据的非线性分离，即可以将输入的特征向量间接映射到高维空间中，使它们变为线性可分离[4]。

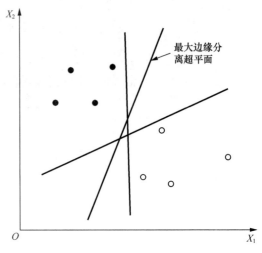

图 10.1　最大边缘分离超平面

SVM 操作的方式使这种高维度非线性映射方法没有任何额外的计算。具体来说，对于初始特征空间中的简单线性分离，SVM 仅考虑训练特征向量的点积，但必须解决二次规划问题。将该思想扩展到更高维度空间，SVM 仍然仅需要知道训练特征向量的高维度扩展点积，我们就可以克服无法进行非线性映射的障碍，只计算训练特征向量映射的点积。给定来自训练特征空间 x_i 和 x_j 的两个向量，它们在一些高维特征空间中的映射的点积是：

$$K(\boldsymbol{x}_i, \boldsymbol{x}_j) = \Theta(\boldsymbol{x}_i) \cdot \Theta(\boldsymbol{x}_j) \qquad (10.18)$$

其中，$K(\boldsymbol{x}_i, \boldsymbol{x}_j)$ 表示核函数。

目前，主要采用的核函数包括多项式核函数和高斯径向基（GRBF）核函数。其中最常用的是 GRBF，它实际上是无限级的多项式内核函数。最初，SVM 是二元分类器，但是如果将二元分类器进行组合，来找出特征向量最可能属于哪个类别，则它也可以用于多类别分类（这里指调制方案）。在这种方法中，标记测试信号特征向量的最典型的策略是，对每个二元分类器进行投票，在针对每一对分类重复该过程之后，将测试信号分配给具有最大投票数的类。

此外，隐马尔可夫模型（HMM，Hidden Markov Model）结合 CS 特征[13]，用于识别 AM、BPSK、FSK、MSK 和 QPSK 感测信号。尽管 HMM 分类器功能强大，但它们仍然需要巨大的存储空间来存储大量的资料，并且算法非常复杂，因此不适合嵌入 CR 设备中。

第二类基于特征的非监督分类器，以更自主的方式识别调制信号。这种学习方法不需要标记训练特征向量，因此配备这种学习模块的 CR 可以直接检测信号类型。在文献[19]中开始引入这一机制，共包括 3 种算法：K 均值、X 均值和自组织映射（SOM，Self

Organizing Map），来区分 8 级残留边带（8-VSB）、正交频分复用（OFDM）和 16-QAM
信号。K 均值算法是将观察到的特征向量累积成某一给定数目的类，以便使来自它们的
类中心的所有样本的距离的平方和最小化。X 均值算法是 K 均值方法的变体，能够在没
有类号的任何信息的情况下训练。SOM 是一种特殊类型的 ANN，表示低维空间中的训练
样本，其中，ANN 的神经元通过神经元权重更新过程来组织自身。

此外，非参数无监督学习程序已被用于区分信号类别，并具有显著成果。文献 [15,20]
的作者推荐基于"Dirichlet 过程混合模型"（DPMM，Dirichlet Process Mixture Model）的
分类器，并从后验分布采样到更新 DPMM 超参数使用"吉布斯采样"。另外，他们提出了
一个简化和连续的 DPMM 分类器，通过利用 Dirichlet 过程的"中国餐厅过程属性"，来
减少 DPMM 分类器，同时改进吉布斯采样器的选择策略。应用这个分类器已经可以高精
度地区分 Wi-Fi 和蓝牙信号[20]。

基于似然的分类器在调制和编码分类（MCC，Modulation and Coding Classification）中
都有应用。关于调制方案检测的技术概述可以在文献[8]中找到，其中证明了似然方法的 3
个变化：平均似然比检验（ALRT）、广义似然比检验（GLRT）和混合似然比检验（HLRT）。
因为 MCC 中关于调制方案的分类技术比较成熟，本节将不再赘述，只讨论编码方案识别。
编码方案识别属于基于似然的分类器类别，而不是基于特征的分类器类别。其主要原因是
从编码比特序列提取特征通常取决于编码的类型，虽然研究工作已经在向基于特征分类器
偏移，但目前最受欢迎的还是似然法。例如，利用对数似然比（LLR，Log Likelihood Ratio）
来识别空时块编码[21]、低密度奇偶校验码率和其他编码方案的码奇偶校验关系[22-23]。

它们的实用性是基于每个代码都有唯一性校验矩阵[22-23]。假设 CR 想要识别 PU 发射
机的编码器，并知道 PU 编码器的先验信息和其他关于 PU 系统的相关知识，则 CR 必须
检测正在使用的最可能的编码器。每一个候选编码器 θ' 都有专用的奇偶校验矩阵
$\boldsymbol{H}_{\theta'} \in \mathbb{Z}_2^{N_{\theta'} \times N_c}$。其中，$N_{\theta'}$ 是候选编码器的奇偶校验关系的数量，N_c 是由编码器 θ' 产生的
码字的长度。给定来自编码器 θ 的码字 $\boldsymbol{c}_\theta \in \mathbb{Z}_2^{N_c \times 1}$，在无噪声环境中，

$$\boldsymbol{H}_{\theta'} \boldsymbol{c}_\theta = 0 \qquad (10.19)$$

当且仅当 $\theta' = \theta$ 时，保持 Galois 域 $\mathbb{GF}$（2）。但是由于码字中的噪声，即使选择了
正确的编码器 θ，在式（10.19）中仍然会有一些误差，这些误差被称为"特征码 $\boldsymbol{e}^k$"，
对于候选编码器 θ' 向量形式，被定义为

$$\boldsymbol{e}_{\theta'} = \boldsymbol{H}_{\theta'} \boldsymbol{c}_\theta \qquad (10.20)$$

其中，$\boldsymbol{e}_{\theta'} \in \mathbb{Z}_2^{N_{\theta'} \times N_c}$，每行代表奇偶校验关系。

为了使用特征码 $e_{\theta'}$ 来进行码标识，需要计算码字 c_θ 每个比特的 LLR，其在对数似然域中进行一些处理，式为

$$\text{LLR}\left(c(m)\,|\,r_{\text{SU}}(n)\right) = \text{LLR}\left(r_{\text{SU}}(n)\,|\,c(m)\right) \qquad (10.21)$$

其中：

$c(m)$ 是要考虑的比特；

$r_{\text{SU}}(n)$ 是对应的接收符号采样。

这是对数似然软判决解调的结果。

然后，如果 $e_{\theta'}^k$ 是从候选编码器 θ' 的第 k 个奇偶校验关系导出的校正因子

$$e_{\theta'}^k = c(k_1) \oplus c(k_2) \oplus \cdots \oplus c(k_{N_k}) \qquad (10.22)$$

其中，N_k 是参与奇偶校验关系的异或（XOR）运算的码字比特数。

LLR 式为

$$\text{LLR}\left(e_{\theta'}^k\right) = 2\tanh^{-1}\left(\frac{\prod\limits_{q=1}^{N_k} \tanh(\text{LLR}(c(k_q)))}{2}\right) \qquad (10.23)$$

XOR 运算的对数似然性属性在文献[24]中给出了解释。

这些基于码校正因子的 LLR 提出了两种不同的方法，来标识正确的编码器：第一个建议是，广义似然比检验（GLRT）承担有关 GLRT 干扰参数分布的先验信息[23]；第二个建议是，作为软判决度量的码校正因子的平均 LLR，计算式为

$$\Gamma_{\theta'} = \frac{\sum\limits_{k=1}^{N_{\theta'}} \text{LLR}\left(e_{\theta'}^k\right)}{N_{\theta'}} \qquad (10.24)$$

一旦计算了所有候选编码器的平均综合 LLR，则可以将估计的编码器识别为

$$\hat{\theta} = \arg\max_{\theta' \in \Theta} \Gamma_{\theta'} \qquad (10.25)$$

其中，Θ 是编码器的候选集。

10.2.3 分类调制编码

本节介绍了能够有效执行 MCC 的技术组合，为 SU 配备该 MCC 模块，用来检测感知 PU 信号的 MCS。对于 MCC 过程的执行，根据 10.2.2 节的内容，对于调制方案的检测，

我们选择基于特征的分类器；对于编码方案的检测，我们选择基于似然的分类器[3]。首先基于特征的分类器估计信号的累积量，并将其送到监督分类器，和其他 ML 方法相比，SVM 识别具有更高的精度；然后基于似然的分类器使用平均综合 LLR 来检测 PU 编码器。

对于使用 LDPC 编码，QPSK 1/2、QPSK 3/4、16-QAM 1/2、16-QAM 3/4、64-QAM 2/3、64-QAM 3/4 和 64-QAM 5/6 调制方案的 PU 的感测信号，MCC 模块可以在 SINR 为[−11,14] 时进行识别。另外，根据仿真结果，要感知信号样本的数目为 N_s=64 800，才能获得所有的上述技术中使用的统计特征。对于类别 j，用来衡量 MCC 方法检测性能的参数是正确分类的概率（P_{cc}），如图 10.2 所示。可以看出，测试信号的 SNR 越高，P_{cc} 越高；待分类的星座或码率的顺序越低，越容易识别。另一个结论是，编码分类器的性能决定了 P_{cc} 曲线非常陡峭。

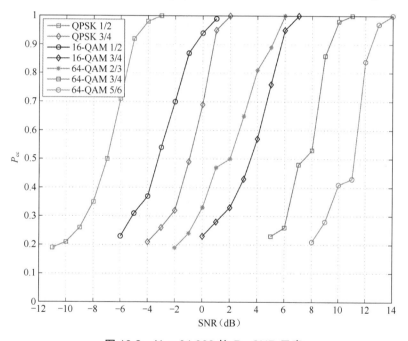

图 10.2 N_s = 64 800 的 P_{cc}-SNR 示意

10.3 认知无线网中的功率控制

认知无线（CR，Cognitive Radio）通信中的功率控制（PC，Power Control）是一个广泛的研究领域，在过去几年中引起了广泛关注，该领域考虑了各种各样的假设、协议、系统模型、优化变量、目标函数、约束和其他已知或未知的参数。PC 的一般形式是服从约束：对于 PU 的 QoS 约束，主要包括 SINR、数据速率或中断概率等；对 SU 系统主要考虑总吞吐量、最差用户吞吐量或每个 SU 的 SINR。目前，业界已经考虑将这些 PC 问题与波束成形模式、基站分配、带宽或信道分配和时间表相融合，虽然复杂，但它们的基本结构相同。

所有研究方案的主要区别是计算 PC 策略的方式和 CRN 结构。如果 CR 发射功率分配由中央决策者（CBS，Central Decision Maker）计算，则 PC 解决方案被定义为集中式；如果 CR 发射功率分配由每个 CR 计算，无论是否与其他 CR 或 PU 系统有任何合作，则其被定义为分布式。这意味着优化问题解决方案的选择原则，是问题变量（如 CR 发射功率电平）的信息量：如果具有完整的信息，采用集中式解决；如果只有部分信息，则采用分布式解决。在集中式方案中，所有方案根据性质由 CBS 使用相关技术处理。在分布式场景中，优化问题被分解为一组耦合的优化问题，并在游戏理论框架下，通过分布式优化算法来解决。

10.3.1 基于游戏理论的分布式技术

在游戏理论（GT，Game Theory）中，总体优化问题被分解为一组耦合的优化问题，如 10.3 节所述。这些优化问题的处理原则是令每个决策者效用函数最大化。效用函数的概念在游戏中非常普遍，它反映了 SU 的每个玩家或 CR 情况的满意度。通常，在通信中，该功能与 SU QoS 相关，如吞吐量、SINR。GT 中的另一个概念是与 GT 问题的解决方案相关的纳什均衡（NE，Nash Equilibrium）。在 NE 中，指定用户的功率，则没有玩家可以通过单独改变其功率来提高其效用水平。

无线通信中最早的 GT 方法之一是，分布式码分多址（CDMA）上行链路功率控制，其被定义为基于定价的非合作性 PC 游戏，目的是在社会福利中获得更好的功率分配解决方案[25]。实际上，社会福利意味着效用函数的总和，是对总体优化问题目标的另一种解释。这里的效用函数定义为每个传输能量单元的用户速率的效率函数。后来的许多研究成果都是基于 GT 无线通信框架的，这也鼓励研究人员可以将其应用于 CR 体系。基于这种理念，文献[26]中提出，在重复的游戏中使用迭代惩罚方案，来实现公平有效的功率分配策略。此外，文献[27]提出重复的 Stackelberg 游戏公式用于描述能效分布式 PC 问题；文献[28]中还开发了“讨价还价”解决方案，符合受 PU 干扰和 SU 最小 SINR 约束的纳什定理，提高 CRN 频谱效率。

PC 游戏是其中的一个子类别，考虑到频谱市场模型，为提高频谱利用率，追求 PU 收益最大化，SU 奖励频谱使用 PU 系统。首先，开发一种竞争性定价方案，即被建模为垄断的 PU，为受到 PU QoS 约束的 SU 提供频谱接入机会[29]。问题建模基于 Bertrand 游戏，并且另外实施惩罚机制以便 PU 之间互通。此外，在文献[30]中，采用次优定价方案研究了 PU 垄断市场，并且动态频谱租赁方法中，PU 根据获得的收益动态地管理可接受的 PU 干扰阈值，同时 SU 针对能量高效传输。

本节的最后一个子类包含 PC 游戏中的学习解决方案。随机游戏的一般学习框架，在文献[32]中给出，它是具有概率性动作转换的重复游戏。作者确定了 3 种可能的学习选项：近视适应、强化学习和基于行动的学习[33-34]。

10.3.2　其他分布式技术

其他分布式技术包括文献中提到的所有非基于 GT 的分布式解决方案，可能使用收敛算法、分解方法、变分不等式的数学理论（VI，Variational Inequalities），也可能仅仅基于模拟结果。

最早用于无线通信场景中的是收敛算法。文献[35]提出了固定步长的 PC 算法，即使用 1 bit 控制命令，在保证 QoS 的情况下功耗最小。在这个领域还包括同步迭代注水算法（SIWFA）[36]和异步迭代注水算法（AIWFA）[37]，分别属于一般 Jacobi（雅可比策略）算法类，是完全异步方案，解决了总速率最大化 PU 功率和 PU 干扰限制的问题。

在基于分解方法的分布式 PC 解决方案中，优化目标是 CRN 吞吐量的最大化，该类别中的所有问题都转换为几何规划问题，对于每个 SU 的功率变量，通过将其分解为简单的最大化问题，然后以分布式的方式解决。这种情况的解决方案仅仅是约束不同。在文献[38]中，介绍了 PU 和 SU 限定的最大和最小 SINR；在文献[39]中，解决了 PU 中断概率约束问题；文献[40]通过将 PU 干扰保持在给定阈值以下来处理优化问题。

此外，VI 的数学理论被称为在无线网络应用中开发分布式算法中最有前景的通用框架[41]。文献[40]将 VI 算法应用于 CR 中的 PC，并提出了强大的 AIWFA。最后，建立了基于 1 bit 反馈步长的 PC，来解决卫星上行链路和地面固定服务共存的情况[42]。在文献[43]中建议使用自由模型强化学习技术，称为"Q 学习"，来学习干扰信道增益，管理 PU 干扰。以上技术都通过数值模拟证明了它们的有效性。

10.3.3　集中式技术

集中式技术在任何优化问题中都是首先被研究的，本节介绍的集中式 PC 解决方案包含 CR 中的一些早期工作。文献[44]为不同类型的"注水"解决方案提供了统一的算法框架，对应于无线通信中的几个约束优化问题。这些解决方案包括多个水位和多个约束，适用于很多 CR 场景。本节中提出的下一个研究工作是联合波束赋形和功率分配，来解决多个 PU 和 SU 的情况下，PU 干扰和 SU 峰值功率约束的问题[45]。具体来讲，解决 SU "和速率"最大化和 SU SINR 平衡问题，并且通过解耦原始优化问题给出解决方案。

研究团队还制定并讨论了集中式 PC 问题的稳健公式。网络效用最大化问题基于 SU 到 PU 信道的统计，受限于 PU 干扰约束，在文献[46]中得以解决。此外，文献[46]中考虑了联合速率和功率分配方案，在满足终端和干扰约束的前提下，提供一个数据速率的比例公平算法。

在高网络负载且满足准入控制的情况下，文献[48]中描述了另一个联合速率和功率分配情况。目标是受 PU 干扰和 SU QoS 约束的比例算法和最大—最小公平算法。最后一个工作是使用 CSI 限速反馈的资源管理优化的随机方法[49]。作者的主要贡献是通过自适应调制、编码和功率模式，当信道统计未知时，根据 PU、SU 速率和功率约束来最大化用户平均速率。为了实现这一点，实施随机双重算法，在线学习信道统计，并将概率收敛到具有已知信道统计的最优解。

10.4 使用分类调制和编码的功率控制

除了在 10.3.1～10.3.3 节中描述的集中式和分布式分类之外，所有上述 PC 技术也可以基于不同场景的优化参数进行分类。这些参数可以是已知的、部分已知的和完全未知的。

优化参数已知：这有助于解决复杂的优化问题，但它在大多数情况下不适用。

优化参数部分已知：这种方式需要某些统计参数，但如何获取是重点。

优化参数完全未知：这是最现实的，这种学习机制的前提是由 CBS 或每个 SU 单独实现。学习过程的必要条件是，由 PU、CBS 或每个 SU 获取有效的反馈信息。

10.3.1～10.3.3 节描述的联合学习过程技术，取决于 CRN 和 PU 系统之间的合作类型，反馈信息可以是由 PU 或 CBS 传播的价格的值或惩罚因子；可以是约束违反指示符，如在注水过程中使用的指示符；也可以是由 CRN 本身获得的一条信息。如前所述，该信息涉及优化问题参数，特别是描述 CRN 与 PU 系统操作的参数，如 PU 干扰阈值、干扰信道增益。对于学习最优 PC 策略的有用反馈，是从 PU 反馈信道捕获的二进制 ACK/NACK

分组。该分组是 PU 链路的隐式 CSI 反馈，可以通过对 PU 反馈消息进行窃听和解码获得。

但是，目前看来这个想法有些不切实际：第一，解码 PU 反馈消息需要在 CRN 侧完全实现 PU 系统接收机，增加了 CR 硬件复杂度；第二，为了成功地解码该 PU 消息，CR 或 CRN 必须通过 SINR 足够好的感测信道来感测 PU 信号，这一点也很难保证；第三，即使满足以上两点，仍然存在安全、复杂性问题，因为解码来自 PU 系统的任何消息都可以被认为是恶意的和有害的。

文献[3]中提出了较为简单的方法，是使用 10.2.3 节中描述的 MCC 过程，检测 PU MCS，即用于 PU 链路的隐式 CSI 指示符。MCC 解决了前面描述的 3 个障碍：在硬件上实现较为简单，在低 SINR 条件下影响有限，并且不会对 PU 消息的实际解码造成任何安全问题。

10.4.1　目前技术水平

10.3.1～10.3.3 节中介绍的 PC 方法的主要问题是，它们所依赖的反馈参数更新机制非常慢，且只能被动地接收，而不向 PU 引入任何智能探测过程。文献[50]中提出主动 SS，即 SU 策略性地探测 PU，并感知 PU 功率波动的影响。此外，文献[50]在脚注中简要地介绍了基于 MCC 反馈的开发信息，最常见的用于估计优化问题的参数，如二进制的干扰信道增益参数、ACK/NACK 分组。

为了解决智能探测的问题，使学习过程更快、更有效，在本节中，我们将介绍在无线通信中应用最先进的学习方法。此外，CRN 由使用专用控制信道的 CBS 来协调 SU，即集中式 PC 方案[51]。具体来说，CBS 必须学习干扰信道增益，详细说明对 SU 发射功率电平的智能选择，并将其发送给 SU。很明显，适合于 CBS 使用反馈来学习多个 SU 的干扰信道增益的最快和最复杂的方法，来自多天线底层认知场景。为此，我们需要解释波束成形问题中的信道学习，如何更容易地转换成集中 PC 问题中的信道学习。如果我们假设多天线中的每一个天线对应于 CRN 中的一个 SU，那么协调波束成形向量估计 CR 到 PU 信道增益，类似于为了相同目的协调 CRN 发射功率的 CBS。事实上，在波束成形场景中，因为在 PC 中不包括相位参数，设计发射功率实际上比组合每个天线的复系数要简单得多。

该领域的研究人员首先研究了慢速随机近似算法（OBNSLA）[52-53]和基于 ACCPM 的学习算法[54-55]。最后将两种方法作为信道相关矩阵学习方法，其中，基于 ACCPM 的学习算法胜过 OBNSLA。所有这些学习技术都是基于一个简单的迭代计划来探测 PU 系统，并获得反馈信息，指示 PU 操作如何改变。这两种算法的另一个共同点是区分两个阶段：信道学习阶段和最佳的传输阶段（如实现最大总吞吐量或最大 SINR 等）。因此，优化目标只在学习过程终止之后实现。但是，我们的目的是进行联合处理，学习干扰信道增益，同时追求优化目标，而不影响学习收敛时间。基于这个理论，文献[56]提出了一种基于 ACCPM 的学习算法，以探测 PU 系统为目标，学习信道相关矩阵，在 SU 接收机侧最大化 SNR。

10.4.2　系统模型

在本节中，上述思想被应用在底层传输和集中 PC 中，即通过使用 MCC 感测反馈而不是从 PU 反馈信道捕获二进制 ACK/NACK 分组。对于这个问题的制定，执行学习从每个 SU 到一个 PU 接收机的干扰信道增益，同时在满足干扰约束的前提下最大化的总 SU 吞吐量，取决于这些信道增益。此外，这种方法被进一步研究，并将其结果与基准学习技术进行比较[57]。

现在，我们考虑存在于相同频带中的 PU 链路和 N 个 SU 链路，如图 10.3 所示。SU 使用多址技术避免彼此干扰，而 PU 链路的干扰，由每个 SU 链路的发射机部分到 PU 链路的接收机引起的。这里认为 PU 信道增益和未知的干扰信道增益是静态的。信道功率增益 g，其通常被定义为 $g=\|c\|^2$，其中，c 是信道增益。这里我们将信道功率增益称为信道增益。考虑到 SU 链路仅在 PU 频带中发送，PU 侧上的聚合干扰被定义为

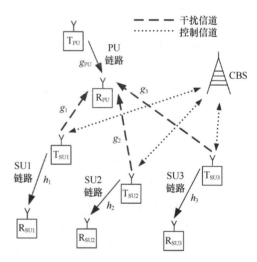

图 10.3　集中式 CRN 中的上行链路干扰

$$I_{\text{PU}} = \boldsymbol{g}^{\text{T}} \boldsymbol{p} \qquad (10.26)$$

其中：

$\boldsymbol{g}$ 为干扰信道增益向量 $[g_1, \cdots, g_i]$，其中，g_i 是 $\text{SU}_i \rightarrow \text{PU}$ 干扰信道增益；

$\boldsymbol{p}$ 为 SU 功率向量 $[p_1, \cdots, p_i]$，其中，p_i 是 SU_i 发射功率。

此外，PU 的 SINR 值定义为

$$\text{SINR}_{\text{PU}} = 10\lg\left(\frac{g_{\text{PU}} p_{\text{PU}}}{I_{\text{PU}} + N_{\text{PU}}}\right)\text{dB} \tag{10.27}$$

其中：

g_{PU} 为 PU 链路信道增益；

p_{PU} 为 PU 发射功率；

N_{PU} 为 PU 接收噪声功率。

下面要解决的问题是，在不对 PU 系统造成有害干扰的前提下，总 SU 吞吐量（$U_{\text{SU}}^{\text{tot}}$）最大化，公式为

$$\max_{\mathbf{p}} \text{mize}\, U_{\text{SU}}^{\text{tot}}(p) = \sum_{i=1}^{N} \lg\left(1 + \frac{h_i p_i}{N_i}\right) \tag{10.28a}$$

满足
$$\boldsymbol{g}^{\text{T}} \boldsymbol{p} \leqslant I_{\text{th}} \tag{10.28b}$$

$$0 \leqslant \boldsymbol{p} \leqslant \boldsymbol{p}_{\max} \tag{10.28c}$$

其中，$\boldsymbol{p}_{\max} = [P_{\max 1}, \cdots, P_{\max i}]$，这里 $P_{\max i}$ 是 SU 发射机的最大发射功率；

h_i 为 SU 链路的信道增益；

N_i 为 SU 接收机的噪声功率电平。

信道增益参数 h_i 和噪声功率电平 N_i 是 CR 网络已知的，并且不随时间改变。解决这个问题需要归一化到 I_{th} 的 g_i 增益足以定义干扰约束。因此，公式（10.28b）可以变为

$$\tilde{\boldsymbol{g}}^{\text{T}} \boldsymbol{p} \leqslant 1 \tag{10.29}$$

其中，$\tilde{\boldsymbol{g}}^{\text{T}} = \boldsymbol{g}^{\text{T}}/I_{\text{th}}$

该优化问题是凸优化问题，并且使用 Karush-Kuhn-Tucker（KKT）方法，对于闭合形式的每个 SU_i 获得封顶的多级注水（CMP，Capped Multilevel Water Filling）解决方案[45]。

$$p_i^* = \begin{cases} p_{\max i} & \dfrac{1}{\lambda \tilde{g}_i} - \dfrac{N_i}{h_i} \geqslant p_{\max i} \\[2ex] 0 & \dfrac{1}{\lambda \tilde{g}_i} - \dfrac{N_i}{h_i} \leqslant 0 \qquad i = 1, \cdots, N \\[2ex] \dfrac{1}{\lambda \tilde{g}_i} - \dfrac{N_i}{h_i} & \text{其他} \end{cases} \tag{10.30}$$

其中，λ 是干扰约束的 KKT 乘数，如文献[45]中给出的定义。

10.4.3　分类调制编码反馈

本节将介绍如何在干扰约束未知的情况下处理反馈信息。首先，要检查由未知的 $\tilde{g}_i$ 参数定义的干扰约束学习的启动器，首先必须定义 MCC 过程的输出。考虑到 PC 场景的集中结构和认知控制信道的存在，在以往的工作中[57]，采用了一种合作 MCC 方法，其中所有的 SU 配备只用于感知 PU 信号的辅助全向天线，MCC 模块使得它们能够识别 PU 的 MCS。具体来说，每个 SU 收集 PU 信号样本，估计当前 MCS，并且通过控制信道将其转发到 CBS，最后，使用硬判决融合规则，CBS 综合所有信息，以获得基于多投票系统的决定。在投票之后，CBS 就可以识别 PU MCS。

强干扰可能对由 PU 选择的 MCS 产生严重影响，PU 根据 $SINR_{PU}$ 的级别调整调制星座和编码速率。令 $\{MCS_1, \cdots, MCS_J\}$ 表示基于 ACM 协议的 MCS 候选集合，并且在 PU 调整其 MCS 的任何偏移时，$\{\gamma_1, \cdots, \gamma_J\}$ 对应所需的最小 $SINR_{PU}$ 值。此外，这些集合以 γ_s 升序出现的方式排列。

假设 N 个 PU 在 PU 接收机侧的接收功率保持相同，则 $\{\gamma_1, \cdots, \gamma_J\}$ 值对应于特定的最大允许 I_{PU} 值，定义为 $\{I_{th_1}, \cdots, I_{th_J}\}$。因此，每当 PU 活动时，对于每个 MCS_j，存在干扰阈值 I_{th_j}，在该干扰阈值之上，PU 被迫将其传输方案改变为较低阶调制星座或较低码率，并且其电平是 CRN 不知道的。这里必须指出，CRN 知道其尝试利用的频带内传统 PU 系统的一些基本信息，因此，可以合理地假设 CRN 预先知道 PU 系统的 ACM 协议及其 γ_j 值。

现在，我们将解释如何利用 MCC 反馈信息，将 MCS 转换成多级信息，而不是二进制信息。以 SU 系统不发射时的 PU MCS 作为参考，$MCS_{ref}=MCS_k$，对应的 $\gamma_{ref}=\gamma_k$，其中，$k \in \{1, \cdots, J\}$，可以定义 γ 比

$$c_j = \frac{\gamma_j}{\gamma_{ref}} \tag{10.31}$$

其中，$j \neq k$，且 $j \in \{1, \cdots, J\}$。

假定高 SNR_{PU} 方案，$g_{PU}p_{PU} \gg N_{PU}$，I_{th_j} 比例可以定义为

$$\frac{I_{th_j}}{I_{th_{ref}}} = \frac{\gamma_{ref}}{\gamma_j} = \frac{1}{c_j} \tag{10.32}$$

其中，$I_{th_{ref}}$ 为 MCS_{ref} 的干扰门限。

当 PU 系统的任何探测程序估计感应干扰时，这些比率是非常重要的一步。在这种情

况下，不仅需要考虑式（10.26）定义的聚合干扰超过 $I_{th_{ref}}$，而且还要考虑接近这个限制的程度。因此，通过获取 MCC 反馈、SU 系统，特别是 CBS 可以将其与没有引起干扰的初始 MCS 进行比较，并且根据 MCS 恶化程度导出两个不等式。假设 MCS_{ref} 是当 CRN 为静默期并且没有发生探测时的感测 MCS，$p=0$，SU 系统使用任意功率向量 $\boldsymbol{p}$ 探测了 PU 之后发生了恶化，定义 MCS_j 是恶化的 MCS。CBS 获得的信息是：

$$I_{th_{j+1}} \leqslant \boldsymbol{g}^{\mathrm{T}} \boldsymbol{p} \leqslant I_{th_j} \tag{10.33}$$

这些不等式可以使用比率 I_{th}，写为

$$\frac{I_{th_{ref}}}{c_{j+1}} \leqslant \boldsymbol{g}^{\mathrm{T}} \boldsymbol{p} \leqslant \frac{I_{th_{ref}}}{c_j} \Leftrightarrow \frac{1}{c_{j+1}} \leqslant \boldsymbol{g}^{\mathrm{T}} \boldsymbol{p} \leqslant \frac{1}{c_j} \tag{10.34}$$

其中，$\boldsymbol{g}$ 在式（10.29）中被标准化，其中，$I_{th} = I_{th_{ref}}$ 作为 $\tilde{\boldsymbol{g}} = \boldsymbol{g} / I_{th_{ref}}$。

因此，MCC 反馈使我们能够更准确地进行检测，其中，探测 SU 功率矢量位于可行区域内，不会白白搜索功率矢量可行域。式（10.34）也可以用归一化版本表示。

$$\tilde{\boldsymbol{g}}^{\mathrm{T}} \tilde{\boldsymbol{p}}_u > 1$$
$$\tilde{\boldsymbol{g}}^{\mathrm{T}} \tilde{\boldsymbol{p}}_l \leqslant 1 \tag{10.35}$$

其中，$\tilde{\boldsymbol{p}}_l = c_{j+1} \boldsymbol{p}$，$\tilde{\boldsymbol{p}}_u = c_j \boldsymbol{p}$。

10.4.4　一种同时用于功率控制和干扰信道学习的新型算法

相对于传统的二进制指示符（如 PU 链路的 ACK/NACK 分组）反馈，使用多级 MCC 反馈的优点是将由基于 CPM 的学习技术采用，用以估计未知干扰信道增益向量 $\tilde{\boldsymbol{g}}$，同时使用 SU 系统探测功率向量作为训练样本，实现式（10.30）定义的优化目标。在探测过程中，SU 系统可以智能地选择训练样本来学习，而不仅仅是接收。在 ML 中，这种学习称为主动学习：学习者可以更有信息量地训练样本，利用更少的训练样本和更少的处理过程，更快地得出学习解决方案。学习速度以及探测功率矢量的数量是新型算法的重要部分，SU 系统必须快速学习干扰约束，使它不会由于长时间干扰 PU 而降低 PU QoS。这里的"有效主动学习方法"是新引入该领域的 CPM，由于 CPM 的几何特性而更具有吸引力的收敛特性。

除了快速收敛之外，CPM 的主要优点是训练样本 P 可以基于任何理论来选择，而不影响参数 $\tilde{\boldsymbol{g}}$ 的变化，这个理由可以是式（10.30）中定义的优化问题的答案。因此，接近

参数向量 $\tilde{\boldsymbol{g}}$ 的实际值可以与最大化 SU 系统吞吐量的优化目标并行发生。具体地说，在每个学习步骤中，CPM 仅规定 $\tilde{\boldsymbol{g}}$ 不确定性集的中心——$\tilde{\boldsymbol{g}}$ 的估计值，由 P 确定的通过该中心的超平面/切割平面是式（10.28）的答案。由于所选择的切割平面通过它，所以认为 SU 系统功率分配向量满足到目前为止估计的干扰约束的相等性。

检查 CGCPM 和 ACCPM 及其对应的中心、重心和分析中心，由于凸集中的两种类型的中心点"更深"，因此有效地分析不确定性将其设置得更均匀，是快速达到所需要的点的必要条件。考虑在任何探测发生之前，CRN 的初始感测 MCC 反馈 $p(0)=0$，即 MCS_{ref}。在探测尝试之后，CBS 收集了 t 个 MCC 反馈，其对应于 t 对不等式：

$$\begin{matrix} \tilde{\boldsymbol{g}}^{\mathrm{T}} \tilde{\boldsymbol{p}}_u(k) > 1 \\ \tilde{\boldsymbol{g}}^{\mathrm{T}} \tilde{\boldsymbol{p}}_1(k) \leqslant 1 \end{matrix}, \quad k=1,\cdots,t \qquad (10.36)$$

如 10.4.3 节所述，式（10.36）由式（10.35）导出，并且考虑来自不导致 MCS 恶化的探测功率向量不等式。对于 $\tilde{g}_i$ 参数的附加约束是 $\tilde{g}_i$ 作为信道增益必须为正值。

$$\tilde{g}_i \geqslant 0, \quad i=1,\cdots,N \qquad (10.37)$$

在 CGCPM 中，式（10.36）和式（10.37）中的不等式定义了凸多面体 $\mathcal{P}_t$，搜索问题的不确定性集合：

$$\mathcal{P}_t = \{\tilde{\boldsymbol{g}} \mid \tilde{\boldsymbol{g}} \geqslant 0, \tilde{\boldsymbol{g}}^{\mathrm{T}} \tilde{\boldsymbol{p}}_u(k) > 1, \tilde{\boldsymbol{g}}^{\mathrm{T}} \tilde{\boldsymbol{p}}_1(k) \leqslant 1 \ \ k=1,\cdots,t\} \qquad (10.38)$$

在 CGCPM 中，以矢量形式计算凸多面体 $\mathcal{P}_t$ 的重心 CG：

$$\tilde{\boldsymbol{g}}_{CG}(t) = \frac{\int_{\mathcal{P}_t} \tilde{\boldsymbol{g}} \mathrm{d}V_{\tilde{g}}}{\int_{\mathcal{P}_t} \mathrm{d}V_{\tilde{g}}} \qquad (10.39)$$

其中，$V_{\tilde{g}}$ 表示参数空间中 $\tilde{g}$ 的体积。

CGCPM 的优点是可以保证收敛到目标点，不确定集切割或不等式需要的数量 $O[N\log_2(N)]$ [5]。该收敛速度通过以下事实来确保：通过 CG 的任何切割平面，在每个步骤处将多面体至少减小 37%。

在 ACCPM 中，以矢量形式计算凸多面体 Πt 的分析中心 AC

$$\tilde{\boldsymbol{g}}_{AC}(t) = \arg\min_{\tilde{\boldsymbol{g}}} \left(-\sum_{k=1}^{t} \lg(\tilde{\boldsymbol{g}}^{\mathrm{T}} \tilde{\boldsymbol{p}}_u(k)-1) - \sum_{k=1}^{t} \lg\left(1 - \tilde{\boldsymbol{g}}^{\mathrm{T}} \tilde{\boldsymbol{p}}_u(k) - \sum_{i=1}^{N} \lg(\tilde{\boldsymbol{g}}_i)\right) \right) \qquad (10.40)$$

也可以使用内点法有效地计算。

此外，已经评估了接近所寻求的点所需不等式数量的上限，以证明 ACCPM 的收敛性，其复杂度为 $O(N^2)$，也称为 ACCPM 的迭代复杂度。

尽管该框架看起来对于学习干扰约束是理想的，同时追求优化目标，但仍然存在问题。负责选择训练功率向量的优化部分集中于特定方向的切割平面。这些训练功率向量基本上遵守使 $U_{SU}^{tot}(p)$ 最大化的功率电平比，并且由初始干扰超平面估计。因此，它们仅有助于减少这些方向上的不确定性。这表明仅基于优化问题选择训练功率向量并不理想。相反，SU 系统应该以探索的方式开始探测 PU 系统，开始时使训练功率向量多样化，当获得了干扰约束的足够的知识时，逐渐转换到将功率水平分配给由优化问题解决方案指定的 SU。

文献[56]提出通过混合优化目标使探索阶段转向开发阶段，如将 SU 接收的 SNR 最大化与波束成形向量的相似性度量混合。在设计探测向量中，这些相似性度量的影响被确定为时间的递减函数，所以有可能发生所期望的转变。这是 ML 中已知的"ε 递减"和"上下文 ε 贪婪"策略的组合，根据该策略，使用探索或随机化因子 ε 来执行训练样本的选择。在这些策略中，该因子随着时间的推移而减小，或者依赖于训练样本的相似性，导致开始时的探索行为和末端的开发行为。但是，这种逻辑不仅需要根据执行结果调整探索因子的时间依赖性，而且不能保证已经发生足够变化以达到学习目标，在文献[56]的情况下是信道相关矩阵，因为时间本身不能是接近所寻求的参数精确值的指示符。

这里介绍的增强是将探测因子 ε 与 t 的几何关系相关联。根据这一点，不确定性区域变得越小，学习算法越接近精确值 $\tilde{g}$，因此探索应当发生得足够少，并且训练功率向量应当相对于优化问题更加相关。

10.4.5 结论

最后，与文献[57]中开发的基准方法相比，我们提出了 CPM 方法的两种模拟结果，还考虑了二进制反馈以显示多级 MCC 反馈的有效性。以图 10.4 中对应于 $N=5$ 的静态干扰信道情形和基于 LDPC 编码，且使用 QPSK 1/2、QPSK 3/4、16-QAM 1/2、16-QAM 3/4、64-QAM 2/3、64-QAM 3/4 和 64-QAM 5/6 调制的 MCS 信号。

图 10.4 表示基于 ACCPM 和 CGCPM 方法的信道估计误差，这取决于时间触发器的数量，其中每个时间触发器是协调 CRN、探测 PU 系统、感测 MCC 反馈所需的时间段，并共同决定 PU MCS。从图 10.4 中可以清楚地看出，基于 CPM 的方法优于学习基准方法。对于大约 1%的估计误差，所需反馈增益来自于一定数量的触发器：二进制反馈需要 18

个时间触发器，MCC 反馈需要 12 个时间触发器。这证明，在 CPM 执行的参数空间中使用二进制比使用功率向量空间中的二进制快得多。另一个结果是，使用 MCC 反馈代替二进制 ACK/NACK 反馈，可以在基准方法中以及基于 CPM 的学习方法中明显地减少收敛时间。具体来说，对于 1% 的估计误差，在基准技术中，时间翻转器的这种增益几乎为 13，在基于 CPM 的技术中接近 6。即使在 CPM 情况下收敛时间减少很小，但基于 CPM 技术的收敛速度已经足够快，因此也获得明显的增益。图 10.4 得出的最终结论是，两个基于 CPM 学习机制的比较。尽管基于 ACCPM 的方法有明显的优势，但是基于 CGCPM 的方案在某些估计误差边界之下可以超过前者。值得注意的是，对于 1% 的估计误差，基于 CGCPM 的过程优于基于 ACCPM 的二进制反馈情况下的 7 个时间触发器，并且在 MCC 反馈情况下优于 5 个时间触发器。

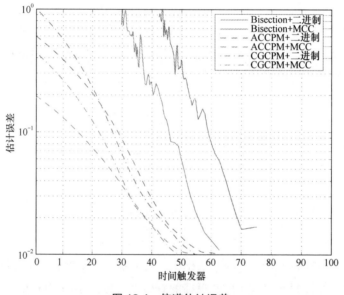

图 10.4　信道估计误差

图 10.5 和图 10.6 表明基于同时学习和 CRN 容量最大化方法的理论，采用二进制反馈（见图 10.5）和采用 MCC 反馈（见图 10.6）对 PU 造成的聚合干扰。首先，很明显，利用 MCC 反馈比利用二进制反馈有更小和更少的干扰峰值，而且可以实现更快的收敛。其次，可以看出，基于 CGCPM 的方案与基于 ACCPM 的方案相比，变化更少，可以更平滑地收敛到 PU 干扰阈值。

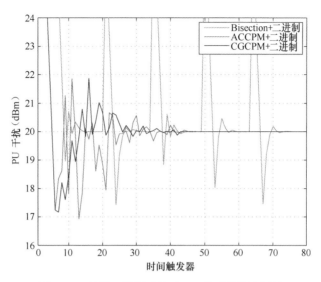

图 10.5　基于二进制反馈对 PU 造成的聚合干扰

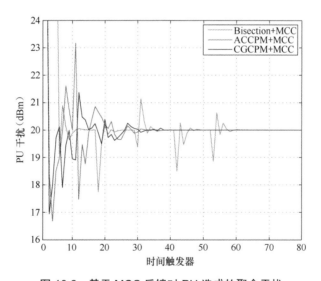

图 10.6　基于 MCC 反馈对 PU 造成的聚合干扰

　　图 10.7 和图 10.8 分别展示了基于二进制反馈和基于 MCC 反馈的 CRN 容量。可以看出，使用 MCC 反馈可以带来更大的增益；使用 MCC 反馈的 CRN 容量变化（其大多被解释为 CRN 吞吐量降级）比使用二进制反馈更少，在 CGCPM 的情况下更为明显。

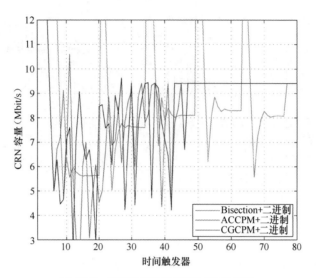

图 10.7　基于二进制反馈的 CRN 容量

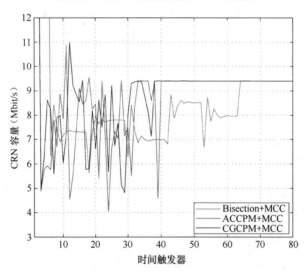

图 10.8　基于 MCC 反馈的 CRN 容量

10.5　小　　结

在本章中，集中 PC 和干扰信道增益学习算法同时允许 CRN 接入基于 ACM 协议操作的 PU 的频带。由于 PU 和 SU 之间缺乏联系，CRN 使用多级 MCC 感测信息作为 PU 链路的隐式 CSI，也作为多级干扰违反指示符来学习干扰信道增益。为了实现以上目标，研究人员已经尝试证明将 ML 用于信号分类中 SS 和底层 PC 场景。使用高度复杂的监督学习机器 SVM 将 PU MCS 与甚低 SNR 感测信号区分开，新引入的主动学习方法 CPM 被用于开发同时干扰信道增益学习和 CRN 吞吐量最大化算法。ML 的应用被证明是 CR 的关键，不仅因为 ML 有能力找到解决各种各样问题的方法，而且因为它使 CR 实际上是 "认知的"。使用 MCC 和智能集中式 PC 的底层方案是有前途的 DSM 技术，其中，CRN 可以与 PU 共存，而不会对 PU 造成显著干扰，并且在两个系统之间可以任意交换信息。基于 CR 框架的 HN 应用可以增加频谱使用的灵活性，并且使得 5G 能够获得更大的频谱使用效率和更快的速度。5G 的挑战将推动各种新技术的进一步发展，我们相信 ML 将是其中一个。

第 11 章

关于 5G 蜂窝网络的能源效率——光谱效率折中

在节约能源和缩减运营成本的背景下，能源效率（EE，Energy Efficiency）已经成为蜂窝网络中重要的性能指标。根据著名的香农容量定理，EE 的最大化和频谱效率（SE，Spectral Efficiency）的最大化这两个目标是相互矛盾的。因此，可以通过平衡 EE-SE 的值，实现两者的优点。在此背景下，本章的目标是探讨 5G 蜂窝网络中，EE 和 SE 之间的基本平衡，及其实现高数据速率需求的分布式多输入多输出（D-MIMO）方案。更具体地说，它通过 EE-SE 平衡的闭合式近似（CFA，Closed Form Approximation）解的方式，对 D-MIMO 系统从 EE 和 SE 两方面进行了综合分析。

本章首先以通用的形式，介绍了 EE-SE 平衡的概念；然后，阐述了关于 D-MIMO 系统模型、容量表达、实际功耗模型（PCM，Power Consumption Model）和 EE-SE 折中平衡公式；其次，给出 D-MIMO 的 EE-SE 平衡通用的 CFA；再次，分别针对一个或多个有源无线接入单元（RAU，Radio Access Unit）的场景，以及实际的天线设置场景进行分析，最后，将 D-MIMO 的 EE-SE 平衡的 CFA 与近似精确的方法（基于蒙特卡洛模拟和线性搜索算法）进行比较，CFA 的高精度值，是基于理想 PCM 和非理想 PCM 的上下行链路上，在很宽的 SE 值范围内得到的。当激活的 RAU 大于两个时，D-MIMO 的 EE-SE 平衡值 CFA 的公式变得更为复杂；当 RAU 数量比较多时，就不使用全部的 CFA 值进行计算，可以采用上下限的方法来计算 D-MIMO 的 EE 值。因此，本章还介绍了上下行链路信道中，D-MIMO 的 SE-EE 平衡时 SE 的上下近似极限。作为 D-MIMO 的 EE-SE 平衡 CFA 的应用，本章还介绍了传统的协作 MIMO 系统中，在下行信道中单 RAU 场景，以及理想和非理想的 PCM 场景下，D-MIMO 系统可实现的 EE 增益。

11.1　EE-SE 平衡

EE 的最大化，或者等效为单位比特消耗的最小能量，和 SE 的最大化之间是一对矛盾共同体，它们之间存在平衡关系[1]。最开始，在功率受限系统中引入 EE-SE 平衡的概念，并由 Verdú 在参考文献[2]中对低功率/低 SE 系统进行了精确的定义。EE-SE 平衡已经成为有效设计未来通信系统的优先选项，因为随着 SE 的逐步成熟，它包含的 EE 优点已经成为设计系统的关键指标。当前，EE 研究的趋势，已经从功率受限应用转变为功率不受限应用，EE-SE 平衡的概念必须推广到功率不受限系统，和最初的工作类似，还要对应用广泛的 SE 制定精确的标准[3]。

通常，EE-SE 平衡的研究可以分为两大类，第一类旨在根据给定的 SE 需求对 EE 进行最大化[4-8]；第二类则是将 EE 表示为 SE 的函数[2,3,9-14]。第一类方法的主要限制是，当 SE 是约束条件，最大化 EE 时，EE 和 SE 的性能都会受限。第二类方法是我们本章的重点，操作人员可以选择最适合系统的运行点。

EE-SE 平衡的概念

对于 EE-SE 平衡的概念，可以简单描述为，如何在给定的可用带宽上以 SE 来表示 EE。根据著名的香农容量定理[15]，SE 可以达到的最大值，或者等同于，每单位带宽的信道容量是信噪比（SNR）的函数 γ，如下所示

$$C = f(\gamma) \tag{11.1}$$

其中：

$\gamma = P/N$ 是发射功率 P 和噪声功率 N 的比值；

$N = N_0 W$，N_0 是噪声功率谱密度。

通常情况下，$f(\gamma)$ 可以描述为 γ 的递增函数，这个函数把定义域为 [0，+∞) 的 SNR 映射到值域为 [0，+∞) 的单位带宽的信道容量上。只要 $f(\gamma)$ 是双射函数，$f(\gamma)$ 将是可逆的，例如

$$\gamma = f^{-1}(C) \tag{11.2}$$

其中，$f^{-1}(C): C \in [0 + \infty) \to \gamma \in [0, +\infty)$，$f^{-1}$ 是 f 的反函数。例如，在加性高斯白噪

声（AWGN）信道中，$f(\gamma)$ 和 $f^{-1}(C)$ 由参考文献[10,15]分别简单地给出

$$f(\gamma) = \log_2(1+\gamma) \text{ 及 } f^{-1}(C) = 2^C - 1 \qquad (11.3)$$

如参考文献[10]所述，发射功率 P 可以被表示为 RE_b，因此可实现的 SE、S、EE 和 C_J 的函数重新表示 SNR，使得

$$\gamma = \frac{P}{N_0 W} = \frac{R}{W}\frac{E_b}{N_0} = \frac{S}{N_0 C_J} \qquad (11.4)$$

将式（11.4）代入式（11.2），通常情况下 EE-SE 平衡公式可以简化为

$$C_J = \frac{W}{N}\frac{S}{f^{-1}(C)} \qquad (11.5)$$

式（11.5）描述了 $P_T = P$ 情况下的 EE-SE 平衡，即理想的 PCM。然而对于更加通用的 PCM，使得 $P_T = g(P)$，EE-SE 平衡公式可以重新写为：

$$C_J = W\frac{S}{g\left(Nf^{-1}(c)\right)} \qquad (11.6)$$

为了对 EE-SE 平衡有更深入的了解，假设式（11.3），$S = C$ 及 $W = N = 1$，考虑 $f^{-1}(C)$ 绘制出式（11.5）和式（11.6）中表示的 EE-SE 平衡值，如图 11.1 所示。结果表明，EE 的最大化和 SE 的最大化是相互矛盾的目标，因此在这两个指标之间存在 EE-SE 平衡值。实际上在 $P_0 = 0$ W 的情况下，当 $C = 0$ bit/(s·Hz)时，EE 可以达到最大值；反过来，当 $C = 15$ bit/(s·Hz)，图中的 SE 可以达到最大值，但是 EE 非常低。因此，当 $P_0 = 0$ W 时，在 AWGN 信道上，最节能的算法不能传输任何信息。然而，当总消耗功率 P_T 不受发射功率 P 的限制时，消耗的总功率超过 P_0，最优 EE 运行位置也变得更加明显，在对不同的 P_0 值，在图 11.1 中已经圈出。这些平衡点的存在表明，EE-SE 平衡作为系统设计原则越来越重要。

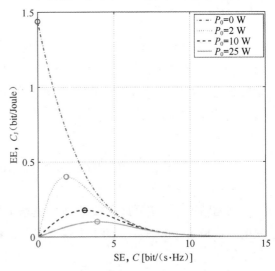

图 11.1　不同的功率开销的 AWGN 信道环境下 EE-SE 的平衡

11.2 分布式 MIMO 系统

最初提出的 D-MIMO 系统，只是简单地覆盖室内无线通信中的死角[16]。然而，对高数据速率的需求增长和无线网络中功率资源的受限让 D-MIMO 系统应用有了新的发展，因为 D-MIMO 方案可以通过减小传输距离提高容量性能[17-22]。在 D-MIMO 系统中，它和传统的集中式 MIMO（C-MIMO）系统相反，被称为 RAU 的天线单元分布在不同的地理区域，天线振子仅为波长的几分之一。D-MIMO 系统的容量增益和功率效率的提高大大超过 C-MIMO 方案，是因为它可以利用宏分集和微分集[17-22]。

在 D-MIMO 系统中，主处理单元集中在被称为中心单元的设备中，其自身通过高速率、低时延、无差错的射频或光纤信道连接到 RAU，如图 11.2 所示。RAU 和 CU 交换信令信息，并且假设它们完全同步。在 D-MIMO 系统的上行链路中，用户终端同时和一组分布在不同区域的天线进行通信，这些 RAU 都连接到具备联合信号处理功能的 CU。在 D-MIMO 的下行链路系统中，在 CU 中进行信号预处理，并把处理后的信号通过前传链路发送到分布在不同地理区域的一组天线单元上，然后 RAU 再把信号发送给 UT。

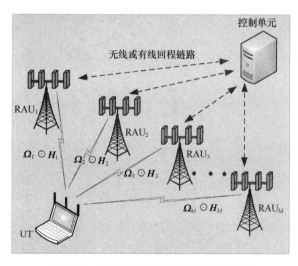

图 11.2 分布式大规模 MIMO 系统模型

参考文献[18,20,22]和参考文献[17-18,22-25]中分别给出了上行链路和下行链路的单小区 D-MIMO 系统的信道容量，多小区环境下的上下行链路的信道容量表达式在参考文献[26]和参考文献[27-28]中分别给出。分布式大规模 MIMO（DM-MIMO）系统是由分布在地理区域的几百根（甚至上千根）基站（BS）天线组成的，与 D-MIMO 系统不一样，DM-MIMO 系统在某区域的布放的天线最少也有几十根。DM-MIMO 系统中大量的基站天线与分布在各个区域的大量的 RAU 可以结合起来，每个 RAU 只有几根天线，在某个区域内的部分 RAU 则可以拥有大量的天线。因此，我们可以获得渐进式的容量表达式。在参考文献[29-31]中，我们可以得到适用于上下行链路信道的 DM-MIMO 容量的渐进闭合表达式，同时在参考文献[32]中已经推导出一般例子中的高 SE/SNR 的近似值，同时在参考文献[21]中利用大规模随机矩阵理论推导 DM-MIMO 上行链路的信道容量。就单小区 DM-MIMO 的 EE-SE 平衡而言，已经获得了某些受限的天线配置下上行信道的高 SE/SNR 的上下限[34]。

11.2.1　D-MIMO 信道模型

这里考虑的 D-MIMO 通信系统是由 M 个 RAU 组成，每个 RAU 配置了 P 面天线，同时每个用户终端具备 q 根天线，如图 11.2 所示。由于每对 RAU 和 UT 之间的距离很大，每个对应的信道矩阵由独立的快衰落和慢衰落分量组成。在第 $i \in \{1,\cdots,M\}$ 路 RAU 和 UT 之间，矩阵 $\boldsymbol{\Omega}_i$ 和 $\boldsymbol{H}_i$ 分别代表了确定的与距离相关的路径损耗/阴影衰落（宏观衰落分量）和 MIMO 的瑞利衰落信道（微观衰落分量），D-MIMO 系统的信道模型可以定义成如下形式

$$\tilde{\boldsymbol{H}} = \boldsymbol{\Omega}_V \odot \boldsymbol{H}_V$$

其中，$\boldsymbol{H}_V = [H_1^\dagger, H_2^\dagger, \cdots, H_M^\dagger]^\dagger$，$(\cdot)^\dagger$ 是复共轭转置，$\odot$ 符号表示哈达玛结果，$\tilde{\boldsymbol{H}} \in \mathbb{C}^{N_r \times N_t}$，$\tilde{\boldsymbol{H}}_V \in \mathbb{C}^{N_r \times N_t}$，$\boldsymbol{\Omega}_V = R_+^{N_r \times N_t}$，其中，$R_+ = \{x \in \mathbb{R} \,|\, x \geq 0\}$。此外，考虑到 UT 和 RAU 的多天线，$\boldsymbol{\Omega}_V = \Lambda \triangleq \boldsymbol{\alpha} \otimes \boldsymbol{J}$，$\boldsymbol{\Omega}_V = \Lambda^\dagger$ 分别在上行链路的情形中，其中，$\otimes$ 表示克罗内克积，$\boldsymbol{J}$ 为所有元素为 1 的 $p \times q$ 阶矩阵。$\boldsymbol{\alpha} \triangleq [\alpha_1, \cdots, \alpha_M]^\dagger$ 表示平均信道增益向量。α_i 表示 UT 和第 i 个 RAU 之间的平均信道增益。此外，发射天线的总数量和 D-MIMO 系统的接收天线分别定义为 N_t 和 N_r。需要注意的是，在上行链路场景中，$N_t = n = q$ 且 $N_r = M_p$；在下行链路场景中，$N_t = M_p$，$N_r = q = n$，其中，n 是每个节点发射天线的数量。接收信号 $\boldsymbol{y} \in \mathbb{C}^{N_r \times 1}$ 可以表示为

$$y = \tilde{H}s + z \tag{11.7}$$

其中：

$s \in \mathbb{C}^{N_t \times 1}$ 为具有平均发送功率 P 的发射信号向量；

$z \in \mathbb{C}^{N_r \times 1}$ 为具有平均噪声功率 N 的噪声向量。

此外，假设 H_V 是具有独立且相同分布的复圆高斯项的随机矩阵，其具有零均值和单位方差。

11.2.2　D-MIMO 的遍历容量探讨

在发射节点的信道状态信息（CSI）是未知的，且在接收端是完全知道的情形下，在发射机端采用的是等功率分配的方式。因此，在 D-MIMO 系统的上下行链路的单位带宽的遍历信道容量可以表示为

$$C = f(\gamma) = E_{\tilde{H}} \left\{ \log_2 \left| I_{N_r} + \frac{\gamma}{n} \tilde{H}\tilde{H}^\dagger \right| \right\} \tag{11.8}$$

其中：

I_{N_r} 为 $N_r \times N_r$ 的单位矩阵；

$\gamma \triangleq P / N_0 W$ 为平均 SNR；

$W (\mathrm{Hz})$ 为带宽；

N_0 为噪声功率谱密度；

$E\{\}$ 和 $|\cdot|$ 分别代表期望和行列式运算符号。

11.2.3　D-MIMO 系统容量的近似极限

参考文献 [30-31] 中已经证明，D-MIMO 系统的互信息是近似等同于高斯随机变量，使得每单位带宽的上下行遍历容量能力都可以近似地表示为

$$f(\gamma) \approx \tilde{f}(\gamma) = \frac{n}{2\ln(2)} \left[\kappa \sum_{i=1}^{M} \left(-1 + 2\ln(1+d_i) + \frac{1}{1+d_i} \right) \right.$$
$$\left. + \beta \left(-1 + 2\ln(1+g) + \frac{1}{1+g} \right) \right] \tag{11.9}$$

当 N_t 和 N_r 的值比较大时

$$d_i = d_0 \alpha_i^2 / \rho , \quad g = \kappa \sum_{i=1}^{M} \alpha_i^2 \left(\rho^2 + d_0 \alpha_i^2 \rho \right)^{-1} , \quad \rho = 1/\sqrt{\gamma} , \quad \kappa = (p/q) , \quad \beta = 1$$

其中，在上行链路中 $\kappa = 1$ 和下行链路中 $\beta = q/p$。此外，d_0 是（$M+1$）维多项式方程的唯一正根。

$$P_m(d) = (d\rho - \beta) \prod_{i=1}^{M} (d + \rho v_i) + dk \sum_{i=1}^{M} \prod_{k=1, k \neq i}^{M} (d + \rho v_k) \qquad (11.10)$$

其中，$v_i = 1/\alpha_i^2$。因此，式（11.9）给出的 D-MIMO 的单位带宽的容量可以重新表示为

$$C = \tilde{f}(\gamma) = \frac{1}{\ln(2)} \left(S_q + \sum_{i=1}^{M} S_{pi} \right) \qquad (11.11)$$

其中，S_q 和 S_{pi} 由式（11.12）给出，分别应用于上下行链路信道。

$$S_q = \frac{q}{2} \left(-1 + \frac{1}{1+g} + 2\ln(1+g) \right) \text{和}$$

$$S_{pi} = \frac{p}{2} \left(-1 + \frac{1}{1+d_i} + 2\ln(1+d_i) \right) , \quad \forall i \in \{1, \cdots, M\} \qquad (11.12)$$

11.2.4　D-MIMO 功率模型

通信系统中的 EE 与其总功率密切相关。在实际的 D-MIMO 设备中，评估这些系统的 EE 时，除了需要考虑发射功率之外，还需要考虑诸如信号处理、直流转直流（dc-dc）/交流转直流（ac-dc）转换器、传输设备功率，以及空调、电源柜和放大器的功率损耗。为了给 D-MIMO 系统建立功耗模型，假设每个 RAU 都是射频拉远头（RRH，Remote Radio Head），这样使得功放（PA，Power Amplifer）、RF 单元和 RAU 安装在相同的物理位置，而基带处理单元位于 CU 处，如图 11.3 所示。与常规的 BS 收发器相比，RRH 收发器不需要馈线电缆，于是就没有馈线损耗了。此外，PA 通过空气循环进行冷却，因此就不需要空调设备了。在参考文献[35]中，RRH 使用的是非理想型的 PCM，D-MIMO 系统的上下行链路的总功率消耗由式（11.13）和式（11.14）给出。

$$P_{T_u} = \frac{P}{\mu_{UT}} q P_{ct} + M \left(p P_{ou} + P_{bh} \right) \tag{11.13}$$

$$P_{T_d} = M \left(\Gamma P + p P_{od} + P_{bh} \right) + q P_{cr} \tag{11.14}$$

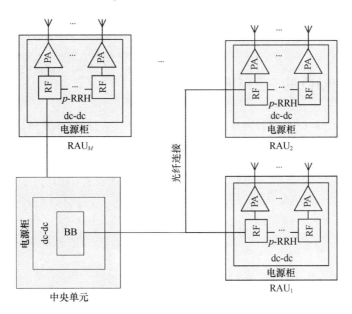

图 11.3　D-MIMO 功率模型

其中：

P_{ct} 和 P_{cr} 分别是 UT 的发射功率和接收功率，μ_{UT} 是 UT 放大器的效率，P_{bh} 是回传链路诱导功率。

此外，P_{ou} 和 P_{od} 分别是最小非零输出功率下的上下行分量，这些在参考文献[35]中都有定义。此外，$P \in [0, P_{max}]$，其中，P_{max} 是最大发射功率。假设回传链路的架构是基于光纤系统的，所有的交换机和接口都是一样的，如参考文献[36]所述。此外，每个 RAU 的数据回传链路时使用的都是热插拔小封装的光模块接口，每个 RAU 的功率消耗是 C；因此，每个 RAU 的回传总消耗功率 P_{bh} 可以表示为

$$P_{bh}(C) = \left(\frac{1}{\max_{dl}} \left(\Phi p_b + (1 - \Phi) \frac{A g_{switch}(C)}{A g_{max}} p_b \right) + p_{dl} + C \right) \tag{11.15}$$

其中：

$\max_{dl}$ 为每个汇聚交换机的接口数量；

p_{dl} 为汇聚交换机的一个端口接收核心单元回传链路业务的功率消耗；

p_b 为交换机的最大功率消耗，即所有的接口都使用时的功率消耗；

$\Phi \in [0,1]$ 为加权因子。

此外，Ag_{max} 和 Ag_{switch} 分别表示交换机的最大业务流量和实际业务流量，其中，Ag_{switch} 和系统的单位带宽容量成线性关系。

11.2.5　D-MIMO 的 EE-SE 平衡公式

能量受限的无线网络比特/焦耳的容量就是网络消耗 1J 的能量可以传送的最大比特数量，即系统容量和总功率消耗比。D-MIMO 系统的 EE-SE 平衡公式可以表示为

$$C_{J_u} = \frac{S}{N_0} \left[\frac{f^{-1}(C)}{\mu_{UT}} + \frac{qP_{ct} + M\left(pP_{ou} + P_{bh}(C)\right)}{N} \right]^{-1} \qquad (11.16)$$

和

$$C_{J_d} = \frac{S}{MN_0} \left[\Gamma f^{-1}(C) + \frac{pP_{od} + P_{bh}(C) + \frac{q}{M}P_{cr}}{N} \right]^{-1} \qquad (11.17)$$

在上下行链路信道中，其中，$N=N_0W$ 是噪声功率。

需要注意的是，当 $P_{od} = P_{ou} = P_{ct} = P_{cr} = P_{bh} = 0$ 和 $\Gamma = \mu_{oT} = 1$ 时，式（11.16）和式（11.17）就成为式（11.5），也就是理想的情况。

11.3　EE-SE 平衡的近似闭合形式

在式（11.16）和式（11.17）中，需要知道 $f^{-1}(C)$ 才能得到 D-MIMO 系统 EE-SE 平衡的表达式。然而，要想从遍历容量式（11.8）中得到 $f^{-1}(C)$ 显式解也是不可行的。但是，式（11.11）中的 $f(\gamma)$ 可以翻转，并且，由于 $\tilde{f}(\gamma)$ 是 $f(\gamma)$ 的精确近似值，于是 $\tilde{f}^{-1}(C)$ 也就是 $f^{-1}(C)$ 的精确近似值。

在式（11.9）的基础上，参考文献[13-14]中已经证明，D-MIMO 的遍历瑞利衰落信

道的 EE-SE 平衡可以利用精确的 CFA 表示为

$$\tilde{f}^{-1}(C) = \frac{-\left[1 + W_0\left(g_q\left(S_q\right)\right)^{-1}\right]\left(\sum_{i=1}^{M}\left(\frac{-\left[1 + W_0\left(g_p\left(S_{pi}\right)\right)^{-1}\right]}{\Delta_i} - \frac{1}{\Delta_i} + 1\right)\right) - M}{2M\left(\kappa\sum_{i=1}^{M}\alpha_i^2 x_i + \alpha_1^2\beta\right)} \tag{11.18}$$

其中，M 是 RAU 的数目

$$g_q\left(S_q\right) = -\exp\left(-\left(\frac{S_p}{q} + \frac{1}{2} + \ln(2)\right)\right)g_p\left(S_{pi}\right) = -\exp\left(-\left(\frac{S_{pi}}{p} + \frac{1}{2} + \ln(2)\right)\right)$$

$$x_i = \frac{W_0\left(g_p\left(S_{pi}\right)\right)}{W_0\left(g_p\left(S_{p1}\right)\right)}$$

$$\Delta_i = \frac{\alpha_i^2}{\alpha_1^2}$$

上行链路中 $\kappa = p/q$ 且 $\beta = 1$，同时在下行链路中 $\kappa = 1$ 且 $\beta = q/p$。此外，$W_0(x)$ 是 Lambert 函数的实数部分。Lambert W 函数是 $f(w) = w\exp(w)$ 的逆函数，同时 $W(z)\exp(W(z)) = z$，其中，w，$z \in \mathbb{C}$ 见参考文献[37]。

11.4　用例方案

注意，式（11.12）中 S_q 和 S_{pi} 是 γ 的函数。因此，当使用式（11.18）表示 D-MIMO 的 EE-SE 平衡值时，S_q 和 S_{pi} 需要写成 C 的函数。本节的主要内容是讨论在某些特定场景下如 M=1 RAU 和 $M \geqslant 2$ RAU 的情景下，S_q 和 S_{pi} 关于 C 的表达式。

11.4.1　单无线接入单元情景

这是只有一个 RAU 激活的情形，即 1-RAU D-MIMO 情景，是非常重要的场景，因为它相当于点对点的 MIMO 信道，它的 EE-SE 平衡 CFA 在参考文献[3,9]中已经给出。

显而易见，逆函数 $\tilde{f}^{-1}(C)$ 在式（11.18）中可以简化为

$$\tilde{f}^{-1}(C) = \frac{-1 + \left[1 + \dfrac{1}{W_0\left(g_q\left(S_q\right)\right)}\right]\left(1 + \dfrac{1}{W_0 g_p\left(S_{p1}\right)}\right)}{2\alpha_1^2\left(\kappa + \beta\right)} \tag{11.19}$$

在上下行链路信道中，当只有一个 RAU 处在激活状态时，即 $M=1$ 时，$x_1 = \Delta_1 = 1$。需要注意，式（11.19）和参考文献[3]中的公式（12）是等价的，其用于在瑞利衰落的信道环境下，获得点对点 MIMO 的 EE-SE 平衡封闭表达式。此外，对于大规模 MIMO 系统，$p >> q$，当 RAU 配置的天线数量远远大于 UT 的天线数量时，定义 EE-SE 平衡闭合表达式的问题，和在式（11.19）中，把 S_q 和 S_{p1} 表示成 C 的函数是等价的。实际上，对于 1 个 RAU 的场景，单位带宽的系统容量见式（11.11），可以表示为 $C\ln(2) \approx S_q + S_{p1}$。因此，可以定义函数 $\Phi_{p,q}(C) \approx S_q + S_{p1}$。然后求解两个简单的线性方程，得到关于单个 p、q 和 C 的方程 S_q 和 S_{p1}。S_q–S_{p1} 之间的差又可以表示为

$$\Phi_{p,q}(C) \approx S_q - S_{p1} = \ln\left(\frac{(1+g)^q}{(1+d_1)^p}\right) \tag{11.20}$$

因为 $q[-1 + 1/(1+g)] - p[-1 + 1/(1+d_1)] = 0$。利用参考文献[38]中提出的曲线拟合法，在 $p > q$ 且 C 值在 0～50 bit/(s·Hz) 时，参数方程 $\Phi_{p,q}(C)$ 可拟合为函数 $\exp((S_q - S_{p1})/q)$，图 11.4 是在对数坐标系下，$\exp((S_q - S_{p1})/q)$ 在不同的 p 和 q，其中，$p > q$ 以 C 为横坐标绘制的对数函数。可以看到，S_q–S_{p1} 是单调增加的，当 C 值低时以对数方式增加，当 C 值高时以线性方式增加。此外，在 $C=0$ 时，该函数为零。为了获得最佳匹配这些曲线的函数，曲线拟合法推导的参数函数为

$$\Phi_{p,q}(C) = \cosh\left(C\ln(2)\right)/(q\eta_1)^{\eta} \tag{11.21}$$

这里提供了任意 $\exp((S_q - S_{p1})/q)$ 符合要求的近似值，如图 11.4 中，$\kappa = p/q = 2$、5/2、10/3 和 $\eta_1 = 2.55, 2.247, 1.988$。所以，当 $p \geqslant 2q$ 时，式（11.22）可以得到关于 C 的函数 S_q–S_{p1} 的精确近似解。

$$\Phi_{p,q}(C) = q\eta_1 \ln\left(\cosh\left(C\ln(2)/(q\eta_1)\right)\right) \tag{11.22}$$

表 11.1 给出了各种天线的参数配置 η_1。

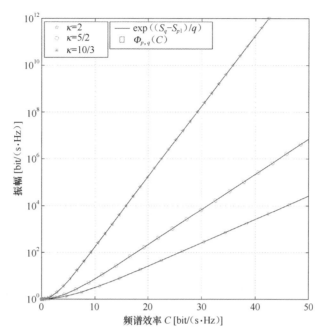

图 11.4　在 $\kappa=1/\beta>1$ 时，不同接收/发射天线速率的频谱函数

表 11.1　不同的 κ 或 β 的 η_1 值

$\kappa=p/q$	9	8	7	6	5	9/2	4	7/2	10/3	3	2
η_1	1.616	1.640	1.671	1.713	1.777	1.820	1.877	1.955	1.987	2.067	2.558

最后，通过式（11.22）和 $C\ln(2) \approx S_q + S_{p1}$，$S_q$ 和 S_{p1} 仅仅是关于 p、q 和 C 的表达函数。使得

$$S_q \approx 0.5(C\ln(2) + q\eta_1 \ln(\cosh(C\ln(2)/(q\eta_1)))) \text{ 和}$$

$$S_{p1} \approx 0.5(C\ln(2) - q\eta_1 \ln(\cosh(C\ln(2)/(q\eta_1)))) \qquad (11.23)$$

当 $p \geqslant 2q$ 时，CFA 的反函数 $f^{-1}(C)$，在单 RAU 的情形下得到 EE-SE 平衡。

11.4.2　M 个无线接入单元

每当大于一个的 RAU 处于激活状态时，定义 D-MIMO 的 EE-SE 平衡闭合表达式的问题，就可以等同地表示在式（11.18）中，关于 C 的函数 S_q 和 S_{p1}。由于在式（11.11）中，$C\ln(2) \approx S_q + \sum S_{pi}$，然后 $S_q - \sum S_{pi}$ 和 $S_{pi}/S_{p1} \forall i \in \{1, \cdots, M\}$，作为 C，S_q 和 $S_{pi}, \forall i \in$

$\{1,\cdots,M\}$ 的函数，可以通过求解一组 $M+1$ 的方程，很容易地得到关于 C 的独立方程。

1. $S_q - \sum S_{pi}$ **近似值**

在式（11.24）中，$S_q - \sum S_{pi}$ 精确近似的参数函数 $\Phi_{p,q}$，可以通过启发式 heuristic 曲线拟合法得到，使得[3]

$$\Phi_{p,q}(C) \approx S_q - \sum S_{pi} = \left[\ln \frac{(1+g)^q}{\prod\limits_{i=1}^{M}(1+d_1)^p} \right] \tag{11.24}$$

因为它可以通过直接替代法证明 $p(-1+1/(1+g)) - q\left(-M + \sum\limits_{i=1}^{M} 1/(1+d_i)\right) = 0$，在式 （11.12）中，如单 RAU 的情形下。与单 RAU 的情景类似，曲线拟合法主要用于参数函数 $\phi_{p,q}(C) = \exp(\Phi_{p,q}(C)/q)$ 的设计，在 $p>q$ 的情况下可以完全满足 $\exp(S_q - \sum S_{pi}/q)$。然后，$\exp(S_q - \sum S_{pi}/q)$ 固定信道增益偏置 C 的数值估计。即 $\Delta_i = \alpha_i^2/\alpha_1^2, \forall i \in \{1,\cdots,M\}$，图 11.5 所示的各种 M、P 和 q 值。与单 RAU 情况类似，$e^{S_q - \sum S_{pi}/q}$ 在 C 值低时呈现对数函数的特征，在 C 值比较高时呈现线性函数特征。此函数也是单调函数，其值在 $C=0$ 时为零。对于 1-RAU 的 $S_q - \sum\limits_{i=1}^{M} S_{pi}$ 的情形，在式（11.22）中给出的参数函数也提供了理想的近似值，如图 11.5 所示，当 $p>q$，然后可以求得 S_q，通过求解式（11.22）和 $C\ln(2) \approx S_q + \sum\limits_{i=1}^{M} S_{pi}$ 的近似值。

$$S_q \approx 0.5(C\ln(2) + q\eta_1 \ln(\cosh(C\ln(2)/(q\eta_1)))) \tag{11.25}$$

2. S_{pi} **的近似值**

此外，通过求解式（11.22）和 $C\ln(2) \approx S_q + \sum\limits_{i=1}^{M} S_{pi}$ 也可以得到

$$\sum_{i=1}^{M} S_{pi} \approx 0.5(C\ln(2) - q\eta \ln(\cosh(C\ln(2)/(q\eta)))) \tag{11.26}$$

在某些场景中，当 $p>q$，则 $S_q \gg S_{pi}$，因此，基于其低 SE 的近似值可以充分评估任何 $S_{pi} \forall i \in \{1,\cdots,M\}$，此外，从低 SE 情景中 D-MIMO 的 EE-SE 平衡值可以得到，在低 SE 处的比率 $S_{pi}/S_{p1} \approx \Delta_i$。

因此，任何 S_{pi} 都可以近似为

$$S_{pi} \approx \frac{\alpha_i^2}{2\sum\limits_{i=1}^{M} \alpha_i^2}\left(C\ln(2) - q\eta_1 \ln\left(\cosh\left(\frac{C\ln(2)}{q\eta_1}\right)\right)\right) \tag{11.27}$$

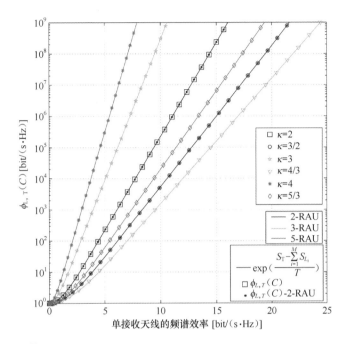

图 11.5 对比 $\exp(S_q\sum_{i=1}^{M}S_{pi}/q)$ 和从式（11.22）得到的参数函数 $\Phi_{p,q}(C)$，就是单 RAU 接收天线的频谱效率函数，可以应用在不同 RAU 数量的场景中，收发天线比是 $\kappa=1/\beta>1$ 和 $\Delta_i=10(i-1)$dB

11.4.3 *M*=2 RAU 的 D-MIMO 系统

参数 η_1 是随链路之间的信道增益比例即 Δ_i 而变化的。在只有两个激活的 RAU 情况下，Δ_2 的对数绝对值的变化是从零开始的，即两个信道的增益 α_1^2 和 α_2^2 是等价的，到 $+\infty$，即其中的一个链路要比另一个链路更强，使其分别对应于 $2p\times q$ 和 $p\times q$ 的 MIMO 系统。因此，$\eta_1\in[\varsigma_1,\varsigma_2]$，其中，$\varsigma_1$ 和 ς_2 分别是 $2p\times q$ 和 $p\times q$ 维 MIMO 系统情形下 η_1 的对应值。

根据图 11.6，其中不同的天线配置下 Δ_2 的变化范围均是 0～40 dB，η_1 描述的为 Δ_2 的函数，η_1 具有双曲线的切线特征，其中，在 $\Delta_2=0$ dB 时 $\eta_1=\varsigma_1$，同时当 $\Delta_2\to\infty$ 时，η_1 收敛到 ς_2。因此，通过图 11.6 曲线拟合法可以定义 η_1 的紧密近似值。

$$\eta_1=\varsigma_1+(\varsigma_2-\varsigma_1)\tanh(10\lg(\Delta_2)\lambda_1)^{\lambda_2} \qquad (11.28)$$

然后通过将式（11.28）插入式（11.22），通过 $\Phi_{p,q}(C)$ 获得 $S_q-(S_{p1}+S_{p2})$ 的精确近似，如图 11.5 所示。注意，在表 11.2 中给出了某些选定的天线设置参数 ς_1、ς_2、λ_1 和 λ_2。

将式（11.28）中的 η_1 插入式（11.25）和式（11.27），仅作为变量 C 和各种参数的函数 $S_q, S_{pi} \forall i+ \in \{1,2\}$ 和 $x_i \forall i \in \{1,2\}$ 很容易获得。最后，通过代入 $S_q, S_{pi} \forall i+ \in \{1,2\}$ 和 $x_i \forall i \in \{1,2\}$ 来表示 2-RAU D-MIMO 系统的上行链路和下行链路的 EE-SE 平衡的 CFA。在式（11.18）中将转换为 $\tilde{f}^{-1}(C)$，并分别在式（11.16）和式（11.17）中插入 $f^{-1}(C) \approx \tilde{f}^{-1}(C)$。

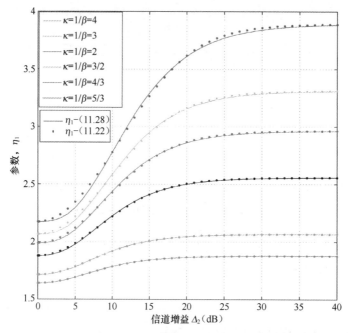

图 11.6　通过式（11.22）得到的参数 η_1 与通过式（11.28）的插值方法获得的 η_1 的比较

表 11.2　各种 κ 或 β 值的参数 ς_1、ς_2、λ_1 和 λ_2 的值

$\kappa\backslash 1/\beta$	ς_1	ς_2	λ_1	λ_2	$\kappa\backslash 1/\beta$	σ_1	σ_2	λ_1	λ_2
10	1.517	1.597	0.113 2	2.064 0	3	1.713	2.067	0.107 2	2.312 1
9	1.526	1.616	0.112 0	2.061 9	8/3	1.752	2.175	0.103 6	2.283 1
8	1.536	1.640	0.108 0	1.962 7	5/2	1.777	2.243	0.103 6	2.344 7
7	1.551	1.671	0.110 0	2.068 3	7/3	1.804	2.330	0.099 6	2.267 6
6	1.570	1.713	0.112 8	2.188 2	9/4	1.820	2.389	0.093 6	2.134 5
5	1.597	1.777	0.108 0	2.085 5	2	1.877	2.558	0.100 8	2.506 3
9/2	1.616	1.820	0.110 0	2.176 3	9/5	1.938	2.769	0.098 8	2.597 4
4	1.640	1.877	0.110 0	2.247 2	7/4	1.955	2.836	0.098 0	2.617 8
7/2	1.671	1.955	0.107 6	2.227 2	5/3	1.987	2.964	0.096 4	2.649 0
10/3	1.683	1.987	0.108 4	2.280 5	8/5	2.017	3.086	0.094 4	2.649 0

11.4.4　CFA 的准确性：数值结果

本节通过将 CFA 方法与基于蒙特卡洛仿真的完全近似方法进行比较，验证了在瑞利衰落的上行链路和下行链路信道中，2-RAU 场景的 D-MIMO EE-SE 平衡的 CFA 精度。线性 2-RAU D-MIMO 系统中的两个 RAU 位置如图 11.7 所示。需要注意的是，从线性架构得出的结论和理念可以应用于任何 2-RAU D-MIMO 架构。为了呈现实际结果，UT 和第 i 个 RAU 之间的平均信道增益即 α_i，由以下路径损耗模型确定。

$$\alpha_i = \sqrt{L_0\left(1 + \frac{D_i}{D_0}\right)^{-\eta}} \qquad (11.29)$$

其中：

D_i 是 UT 和第 i 个 RAU 之间的距离；

η 是路径损耗指数；

L_0 是参考距离 D_0 处的功率衰耗。

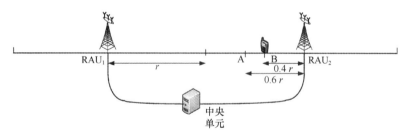

图 11.7　2-RAU D-MIMO 线性布局

参数 η 和 L_0 的值是根据城市宏观情景中的路径损耗模型和表 11.3 以及其他系统参数给出的[39]。

表 11.3　RAU 系统参数

参数	符号	值
RAU 单元半径（m）	r	100
参考距离（m）	D_0	1
参考路径损耗值（dB）	L_0	34.5
路径损耗指数	η	3.5

续表

参数	符号	值
最大 UT 发射功率（dBm）	P_{max}	27
最大 RAU 发射功率（dBm）	P_{max}	46
热噪声密度（dBm/Hz）	N_0	−169
信道带宽（MHz）	W	10

图 11.8 所示为理想 PCM 条件下将 D-MIMO 中 EE-SE 平衡的 CFA 与下行链路中近似精确的 EE 进行比较，UT 位于 A 点和 B 点，某些特定值为 $\kappa=1/\beta$，即 $\kappa=\{2, 1.5, 1.6, 1.5\}$，其对应于天线配置 $p\times q=\{2\times1, 3\times2, 5\times3, 6\times4\}$。结果清楚地表明在近似精确的 EE 条件下，CFA 的高度适应性；因此，它是下行链路信道的 CFA 精度的图解说明。此外，这些结果表明，当假定理想 PCM 时，最节能点出现在 $C\rightarrow0$，因为根据式（11.5），在 $C\rightarrow0$ 时获得最大理想 EE。还要注意，将 UT 从 A 点移动到 B 点，即更靠近其服务 RAU（RAU_2），显然可以改善 EE。图 11.9 比较了 D-MIMO EE-SE 平衡的 CFA 与实际 PCM 和某些特定天线配置的下行链路中近似精确的 EE。这里得到的结果与理想设置中得到的结果非常不同。在后者中，增加 RAU 或 UT 的天线数量可以使 SE 和 EE 得到改进。然而，在实际 PCM 中，由于基带处理和 RF 单元两者消耗的附加功率，增加 RAU 处的天线数量可以让 SE 改善，但在 EE 中不一定需要。附加设备（PA）消耗的功率随着下行链路中的 p 线性增加。

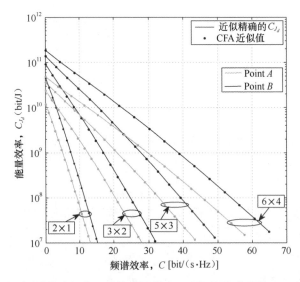

图 11.8 通过近似精确的方法和基于理想 PCM 的 CFA 获得的 2 RAU D-MIMO 系统下行链路的 EE-SE 平衡的比较

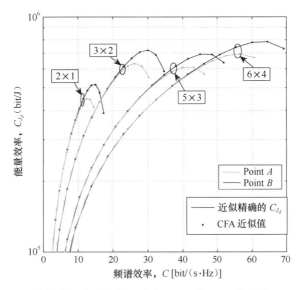

图 11.9 通过近似精确的方法和基于真实 PCM 的 CFA 获得的 2 RAU D-MIMO 系统的下行链路的 EE-SE 平衡比较

11.5 D-MIMO EE-SE 平衡下低 SE 的近似值

到目前为止，本章在考虑理想 PCM 时，低 SE 原则是 D-MIMO 系统中的节能原则。从式（11.30）可知，在低 SE 方案中，$C \to 0$，因此，该方案中的 D-MIMO EE-SE 平衡表达式可表示为[2]

$$f^{-1}(C)_{c \to 0} = \frac{N_t C \ln 2}{E\left(\text{tr}\left[\tilde{\boldsymbol{H}}^{\dagger} + \tilde{\boldsymbol{H}}\right]\right)} \tag{11.30}$$

其中，N_t 是发射天线的总数，可以在上行链路和下行链路情况下分别让 $N_t = p$ 和 $N_t = M_p$。这意味着必须评估 $E(\text{tr}[\tilde{\boldsymbol{H}}^{\dagger} + \tilde{\boldsymbol{H}}])$；但是，对这个术语的直接评估是无意义的。为了避免这种情况，人们可以求助于在 $C \to 0$ 处评估式（11.18）的 D-MIMO EE-SE 平衡 CFA。

在低 SE 状态下，$C\to0$，这样可以简化式（11.18），因此，逆函数 $f^{-1}(C)$ 的低 SE 近似，用于表征 D-MIMO EE-SE 在瑞利衰落信道上进行平衡，由式（11.31）给出

$$\tilde{f}_l^{-1}(C) = \frac{C \ln 2}{p\beta \sum_{i=1}^{M} \alpha_i^2} \tag{11.31}$$

其中：

上行链路和下行链路场景中 $\beta=1$ 且 $\beta=q/p$；

C 为每单位带宽的容量（SE）；

M 为 RAU 的数量；

α_i 为 UT 和第 i 个 RAU 之间的平均信道增益。

从式（11.31）可以看出，理想的 D-MIMO 条件下，EE-SE 平衡的结果低 SE 近似与发射天线的数量无关，这与点到点 MIMO 瑞利衰落信道[2,40]的结果一致。此外，由于改善了分集增益，接收天线的数量增加也会增加 EE。

为了给出一些数值结果，考虑了图 11.10 所示的 D-MIMO 架构，其中，7 个 RAU 与 UT 通信。系统参数在表 11.3 中给出，而平均信道增益在 UT 和第 i 个 RAU，即 α_i，由式（11.29）中给出的路径损耗模型定义。表 11.4 显示了 RAU 实际功率模型参数，应在实际路径损耗计算中予以考虑。图 11.11 和图 11.12 分别给出了在上行链路和下行链路情况下，在 $r=100$ m 和 500 m 的 D-MIMO 系统中 EE 的低 SE 近似值的数值结果。假设 UT 位于 E 点，则将式（11.31）中低 SE 处的新 EE 估计值与 Verdu 的低 SE 近似值进行比较，对于上行链路和下行链路信道，在式（11.30）中给出[2]。结果显示式（11.31）中的 D-MIMO EE 的新型低 SE 近似与 Verdu 的低 SE 近似之间的紧密匹配。根据 11.5 节中关于低 SE 状态近似值，图 11.11 和图 11.12 显示 D-MIMO 系统的 EE 与发射天线的数量无关，即上行信道中的 q 和下行链路信道中的 p，同时增加接收天线的数量，即上行链路和下行链路信道中的 p 和 q，分别在理想 PCM 时对 EE 有改善。此外，由于小区半径比较小，当信道质量得到改善时，系统的 EE 也随之增加。

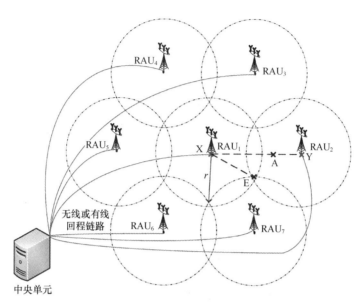

图 11.10　D-MIMO 系统模型

表 11.4　RAU 实际功率模型参数

参数	符号	数值
接收部分 RRH P_0（W）	P_{ou}	24.8
发射部分 RRH P_0（W）	P_{od}	59.2
RRH 与负载相关的 PCM 斜率	Γ	2.8
UT 接收电路功率（W）	P_{cr}	0.1
UT 发射电路功率（W）	P_{ct}	0.1
UT 功率放大器效率	μ_{UT}	100%
加权系数	ϕ	0.5
每个聚合交换机的接口数量	max_{dl}	24
一个接口消耗的功率（W）	p_{dl}	1
耗电量光学 SFP（W）	C	1
开关消耗的最大功率（W）	p_b	300
最大业务流量（Gbit/s）	Ag_{max}	24

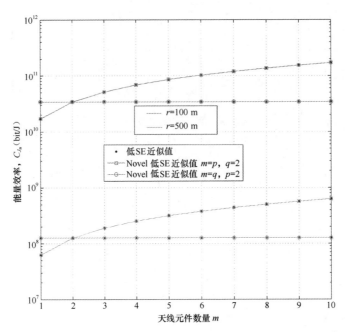

图 11.11　基于理想 PCM，将 D-MIMO 上行链路的 EE CFA 的低 SE 近似值与
UT 在位置 E 时的近似值进行比较

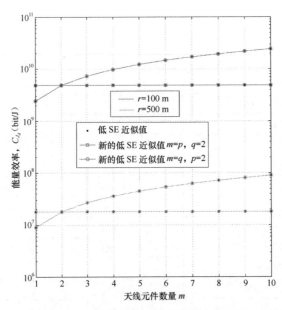

图 11.12　基于理想 PCM，将 D-MIMO 下行链路的 EE CFA 的低 SE 近似值与
UT 在位置 E 时的近似值进行比较

11.6 D–MIMO EE–SE 平衡下高 SE 的近似值

对于一般的通信网络,高 SNR/SE 近似值对于准确评估在中高 SNR/SE 状态下运行的 SE 或 EE 具有切实的意义[41]。D-MIMO 的 EE-SE 平衡条件下高 SE 近似值可以通过式 (11.10) 中给出的(M+1)次多项式的唯一实正根解来获得,即高 SNR 近似值 D_0。根据参考文献[32],此根的渐近公式取决于 RAU 处的天线总数与 UT 处的天线总数之间的关系,即 $M_p>q$, $M_p=q$, 或者 $M_p<q$。在这里,我们专注于 DM-MIMO,其中,$M_p>q$。基于参考文献[32],参考文献[14]中证明了 DM-MIMO EE-SE 平衡下高 SE 的近似值,$\tilde{f}_b^{-1}(C)$ 用精确 CFA 的公式表示

$$\tilde{f}_b^{-1}(C) = -\frac{1}{V}\left[1+\left(2W_0\left(-2^{-((C/q)+1)}\exp\left(\sum_{i=1}^{M}S_{pi}^{\infty}/q-1/2\right)\right)\right)^{-1}\right] \tag{11.32}$$

其中

$$V = \kappa\left[\sum_{i=1}^{M}\frac{\alpha_i^2\left(\kappa\sum_{k=1}^{M}\frac{\alpha_k^2}{\alpha_1^2}x_k^{\infty}-\beta\right)}{\kappa\sum_{k=1}^{M}\frac{\alpha_k^2}{\alpha_1^2}x_k^{\infty}-\beta\left(1-\frac{\alpha_i^2}{\alpha_1^2}\right)}\right] \tag{11.33}$$

另外,分别给出了独立的 C, x_i^{∞}, $\sum_{i=1}^{M}S_{pi}^{\infty}$。

$$x_i^{\infty} = \frac{u_i}{u_1} = \frac{\kappa\sum_{k=1}^{M}\Delta_k x_k^{\infty}-\beta\Delta_i x_i^{\infty}}{\kappa\sum_{k=1}^{M}\Delta_k x_k^{\infty}-\beta}, \quad i\in\{1,\cdots,M\} \tag{11.34}$$

和

$$S_{pi}^{\infty} = \frac{p}{2}\left[-1+\frac{\kappa\sum_{k=1}^{M}\Delta_k x_k^{\infty}-\beta}{\kappa\sum_{k=1}^{M}\Delta_k x_k^{\infty}-\beta(1-\Delta_i)}+2\ln\frac{\kappa\sum_{k=1}^{M}\Delta_k x_k^{\infty}-\beta(1-\Delta_i)}{\kappa\sum_{k=1}^{M}\Delta_k x_k^{\infty}-\beta}\right] \tag{11.35}$$

其中：

C 是每单位带宽的容量（SE）；

M 是 RAU 的数量；

$\Delta_i = \alpha_i^2 / \alpha_1^2$ 是 UT 和第 i 个 RAU 之间的平均信道增益；

$W_0(x)$ 是 Lambert 函数的实数部分[41]；

在上行链路信道中，$\kappa=p/q$，$\beta=1$；

在下行链路信道中，$\kappa=1$，$\beta=q/p$。

D-MIMO 的 EE-SE 平衡在其精确闭合形式上，高 SE 近似值的主要优点在于它可以很容易地进行评估，因为它不需要查找任何参数表进行评估。从式（11.32）可以看出，EE-SE 平衡的高 SE 近似值取决于容量 C、UT 和 RAU 的天线数量，即 q 和 p，分别为信道 UT 和 RAU 之间的收益 α_i^2、激活 RAU 的数量。此外，通过使用 Lambert 函数的属性，当式（11.32）中的其他变量都固定时，$\tilde{f}_b^{-1}(C)$ 线性增加（在对数刻度上），C 线性增加。因此，当 C 增加时，理想 EE 线性地（以对数标度）减小。此外，式（11.32）中可以观察到，虽然 $M_p>q$，但增加 q 导致分集增益的改善比增加 M 或 p 更大。这种分集增益的改善导致 $\tilde{f}_b^{-1}(C)$ 减小，从而改善理想 EE，如图 11.13 所示。在 D-MIMO 的 EE-SE 平衡中，为了给出高 SE 近似值的数值解，考虑图 11.10 中 D-MIMO 架构只有 RAU$_1$、RAU$_2$ 和 RAU$_7$ 有效的情况，即 $M=3$，假设 UT 位于 A 点，距离 RAU$_2$ 为 0.6r，$r=50$ m。在图 11.13 中，天线配置 $p \times q=\{1 \times 1, 2 \times 2, 2 \times 4, 4 \times 2\}$，确保 $M_p>q$，也用于证明在下行信道中高 SE 近似值的精度。高 SE 近似值是有效的，图 11.13 中的结果表明，它对任何天线设置都具有很高的精度，因为它在任何情况下都与几乎精确的 EE 结果紧密匹配。此外，不仅新的高 SE 近似值在高 SE 时非常准确，而且它们在 SE 中的值也比较精确，即对于 C>10 bit/(s·Hz)，如图 11.13 所示。图 11.13 还研究了在理想状态下增加 UT 处的天线单元数量（q）和 RAU（p）对 EE 的影响。对于 $M_p>q$ 的情况，即 $p \times q=\{2 \times 2, 4 \times 2, 2 \times 4\}$，增加 p 对改善理想 EE 的影响小于增加 q。从式（11.32）中可以看出，q 分为 C 份，这样它就直接影响结果的多样性并修改平衡曲线的斜率，如图 11.13 所示，而 p 作为 EE 乘法增益，于是具有不同 p 值的曲线彼此平行。这些结果与先前从式（11.32）中得出的结论一致。

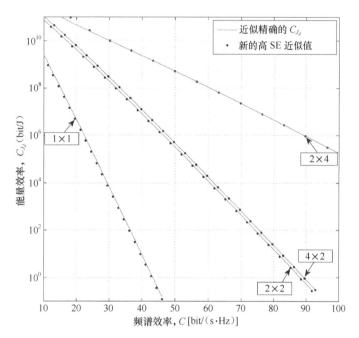

图 11.13　当 UT 处于 A 时，基于理想 PCM 通过近似精确的方法获得的 3 RAU D-MIMO 系统的下行链路的 EE-SE 均衡与其高 SE 近似值的比较

11.7　通过 C–MIMO 实现 D–MIMO 的 EE 增益

在考虑理想 PCM 的情况下，已经证明了 D-MIMO 系统在 C-MIMO 系统上的功率效率增益，其中，所有天线振元之间的距离为几个波长。在本节参考文献[17]中，下行链路信道中演示了 D-MIMO 系统在 C-MIMO 系统上的理想增益和实际中的 EE 增益。为了评估 D-MIMO 系统在 EE 方面与 C-MIMO 系统的比较，可以根据式（11.17）和现实的 PCM 表示 D-MIMO 相对于 C-MIMO 的 EE 增益。

$$G_{\mathrm{E}} = G_{\mathrm{Id,SE}} \frac{\varGamma f_1^{-1}(C_{\mathrm{C}}) + (M_P P_{\mathrm{od}} / N)}{M(\varGamma f_1^{-1}(C) + \overline{P}_0 / N)} \tag{11.36}$$

其中：

$G_{\mathrm{Id,SE}} = C / C_{\mathrm{C}}$ 是理想的 SE 增益；

C_C 和 C 是 C-MIMO 和 D-MIMO 系统的容量；

$f_1^{-1}(C_C)$ 和 $f_M^{-1}(C)$ 近似于式（11.19）和式（11.18）。

从 PCM 的角度来看，C-MIMO 被认为使用 RRH 的方式。当两个系统都需要实现相同的 SE，即 $C=C_C$ 时，可以降低 D-MIMO 发射功率产生 EE 增益。而它的实际值 $G_{Re,PR}$ 只是两个系统中总消耗功率的比值，如从式（11.36）中观察到的那样。

当假定两个系统的总发射功率固定时，也可以通过改进 SE 的能力来接近 D-MIMO 相对于 C-MIMO 的 EE 增益，即 $Mf_M^{-1}(C) = f_1^{-1}(C_C)$。因此，这个 EE 增益近似地等于设置的理想 SE 增益，即 $G_{Id,SE}$。注意，与 C-MIMO 系统相比，D-MIMO 系统包含额外的回程感应功率，所以其 SE 改进能力（$G_{Re,SE}$）的实际 EE 增益总是低于 $G_{Id,SE}$，如图 11.14 所示。

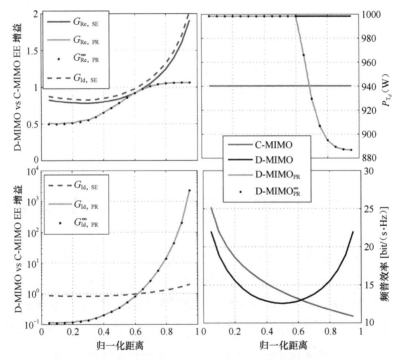

图 11.14　当 UT 从点 X 移动到点 Y 时，基于下行链路信道中的理想和实际 PCM，在 C-MIMO 上的 D-MIMO（$M = 7$）的 EE 增益

对于各种归一化 UT 位置和天线配置 $p×q=\{2×1\}$，图 11.14 比较了 D-MIMO 和 C-MIMO 系统的 EE。这里认为，所有 RAU 在 D-MIMO 系统中是灵活配置的，即 $M=7$，

并且在 C-MIMO 情景中，在 RAU₁ 处所有的 RAU 作用是一样的。在图的右下方，描述的是当总发射功率设置为 46 dBm 时，D-MIMO 和 C-MIMO 系统的 SE。如预料一样，当 UT 在其范围内时，C-MIMO 系统具有比 D-MIMO 更高的 SE 值，这是因为 C-MIMO 具有 M_p 集束天线，可以提供微分集增益，而在 D-MIMO 系统中，分布式 RAU 对应 p 个天线，当 UT 接近小区边缘（RAU₂）时，宏分集和微分集增益的组合会导致更高的 SE。在图左上方中，描绘了在 C-MIMO 系统上的 D-MIMO 系统的理想和实际的 EE 增益，也就是从式（11.36）获得的 $G_{\mathrm{Id,SE}}$ 和 $G_{\mathrm{Re,SE}}$ 值。通过分析可知，当 UT 与 RAU₂ 非常接近时，D-MIMO 的 SE 改善能力导致 EE 增益。与 11.7 节中的早期分析一致，由于 D-MIMO 的 SE 改进能力，即 $G_{\mathrm{Id,SE}}$，理想 EE 增益总是大于实际 EE 增益，即 $G_{\mathrm{Re,SE}}$。此外，为了演示由于功率降低而在 C-MIMO 上的 D-MIMO 的 EE 增益，新的高 SE 近似值用于绘制理想和现实 PCM 的 EE 增益，特别的，当 C-MIMO 的总发射功率固定为 46 dBm 且 D-MIMO 系统实现与 C-MIMO 系统相同的 SE 时。EE 增益，$G_{\mathrm{Id,PR}}$ 和 $G_{\mathrm{Re,PR}}$ 也基于数值搜索方法绘制，以进一步证明新的高 SE 近似值的准确性。在图右上中，绘制了当总发射功率固定在 46 dBm 时 C-MIMO 和 D-MIMO 系统的总功耗。此外，D-MIMO 系统的总功耗由 EE 增益的 $G_{\mathrm{Re,PR}}$ 和 $G_{\mathrm{Re,PR}}$ 决定。也就是说，也分别绘制了 D-MIMO$_{\mathrm{PR}}$ 和 D-MIMO$_{\mathrm{PR}}^{\infty}$。结果表明，可以通过牺牲 D-MIMO 的 SE 增益来实现降低 D-MIMO 系统中的总功耗，同时以较低的功率向小区边缘用户进行传输。

11.8　小　　结

本章介绍了 D-MIMO 系统的 EE 和 SE 之间的基本平衡，D-MIMO 系统是未来 5G 部署的候选架构。为此，通过考虑理想的 PCM 和实际的 PCM，推导出针对 D-MIMO 瑞利衰落信道的上行链路和下行链路的 EE-SE 平衡的通用、精确、闭合的表达式。然后，在仅有一个 RAU 处于激活状态时，D-MIMO 的 EE-SE 平衡 CFA 被简化为 MIMO 表达式。接下来，通过使用启发式曲线拟合方法提供关于如何针对实际天线设置（$p>q$）的情况生成平衡表达式的参数。对于各种实际天线配置和各种 SE，CFA 的精度以图形方式显示。然后，使用 CFA 表明在理想 PCM 中，增加 RAU 或 UT 的天线数量会使 SE 和 EE 得到改善，而在真实的 PCM 中，增加 RAU 天线的数量会使 SE 得到改善，但是 EE 不一定会改善。

　　本章还介绍了通用 M-RAU D-MIMO 系统的 EE-SE 平衡的低和高 SE 近似值。使用基于蒙特卡洛仿真近似精确方法验证了这些近似值的准确性。在图形上显示低 SE 近似值在低 SE 状态下是准确的，而另一方面，高 SE 近似值在中 SE 和高 SE 状态下都很准确。接下来，针对理想的和现实的 PCM，在下行链路信道中阐述了基于 C-MIMO 的 D-MIMO 的 EE 增益。此外，D-MIMO 的 EE-SE 平衡的低和高 SE 近似值用于评估 EE 增益。在两种 PCM 中发现，D-MIMO 比用于小区边缘 UT 的 C-MIMO 更节能。

第三部分

5G 物理层

第 12 章

5G 的物理层技术

本章概述了与 5G 系统有关的候选物理层技术。首先，描述了一种新的波形，在 5G 系统中，这种波形可能会替代正交频分复用（OFDM）技术，同时讨论了在满足 5G 系统的要求时，新波形和 OFDM 各自的优缺点。还介绍了频率和正交幅度调制（FQAM），在 5G 系统中，FQAM 是一种改善小区间干扰特性的调制技术。然后，介绍了非正交多址接入（NOMA，Nonorthogonal Multiple Access）技术，在这种技术中，多个用户在相同的频率和时间资源上进行信息传输，但在功率域中多路复用，并且讨论了有串行干扰删除（SIC，Successive Interference Cancellation）的 NOMA 和没有串行干扰删除（SIC）的 NOMA。本章还描述了超奈奎斯特速率（FTN）传输，在 FTN 中，增加符号速率，使其超过了奈奎斯特速率。最后，本章讨论了全双工无线电及其在无线回程链路中的应用。

12.1　新波形

OFDM 及其变形即正交频分多址（OFDMA）技术在无线和有线通信行业中已被广泛采用，诸如长期演进系统（LTE）、IEEE 802.16 系统（WiMAX）、采用 IEEE 802.11 的几个系统版本（Wi-Fi）、数字视频广播（DVB，Digital Video Broadcasting）系统和非对称数字用户环路（ADSL，Asymmetric Digital Subscriber Line）系统等，在这些相关的例子中，OFDM 和 OFDMA 技术被普遍使用。这种多载波调制最大的优点在于其处理可变信道带宽的能力；由于在信号处理中利用快速傅里叶变换（FFT），使其具有低复杂度，它可以与多天线系统的无缝集成；其对用户的时间和频率进行调度的能力；及其固有的多径稳健性。这些功能说明 OFDM 成为用于无线蜂窝系统（如 LTE 和 LTE-Advanced）的理想技术选择并非巧合。尽管有好处，但还是有很多缺点，当从传统的水平移动宽带应用（如移动视频）向探索其他垂直用途（如所谓的物联网）转向时，这些缺点显而易见。

➢　频率同步操作对发射机和接收机振荡器频率的偏移和相位噪声特性有严格的限制。

➢　时间同步操作强制设备执行与网络同步，同步性能应在循环前缀（CP）施加的限制之内。具体技术如协调多点（CoMP）也需要全球时间同步的网络[1]。

➢　OFDM 频谱掩模呈现出较差的带外（OOB，Out of Band）辐射行为，这类行为由类 Sinc 的子载波引起，促使大量用于保护光谱相邻系统的防护频带的引入。

➢　当符号长度非常短时，频谱效率的损失会和用于吸收信道最大预期时间色散的 CP 特别相关。

以上这些和其他缺点激发了关于具有循环前缀的 OFDM 演进技术作为 5G 基本组成波形的基础研究。多载波波形仍然是 5G 系统中最令人关注的，因此，大部分努力正在致力于对 OFDM 进行适当的修改以克服这些缺陷。目前，全球的研究人员正在为寻求 5G 的新波形做出重大努力，这些波形轻松具有时间和频率同步的稳健性，并改善其应用于狭窄光谱区域的光谱特性（如 TV 白色频谱[2]）。可以预料，使用 5G 网络的廉价机器型设备的数量将是爆炸性的，这要求收发器的复杂性显著降低，并且松散运行时间/频率同步操作是缓解振荡器稳定性要求的一种方法，从而降低成本。1 GHz 以下的可用频谱的缺乏不仅要求能够利用非常窄的频率区域，同时还不能妨害在相邻频段运行的其他现有业务。

12.1.1　滤波器组多载波

滤波器组多载波（FBMC，Filter Bank based Multicarrie）被公认为是 5G 最有前途的波形之一，Saltzberg[3]曾广泛研究过，基本思想包括采用一组并行的子载波滤波器对多载波信号进行滤波。滤波器能够减少 sinc 形子载波的旁瓣在频域的电平。因此，FBMC 在发射机处可以描述为"综合"滤波器组，在接收机处可以描述为"分析"滤波器组，两者对子载波电平执行合适的滤波操作。被滤波后，子载波的最终形状对整个方案具有深刻的影响，其中之一是要应用在顶层子载波的调制方案。通常，这种调制将是偏移正交幅度调制（OQAM）而不是正交相移键控（QPSK）或多进制正交幅度调制（MQAM），以避免跨载波干扰效应（如本节所述）。FBMC 发射机输出的基于 OQAM 的离散时间基带信号 x（t）可以表示为[4]

$$x(t) = \sum_k \sum_{n=-\infty}^{\infty} s_{k,n} \theta_{k,n} \beta_{k,n} g\left(t - \frac{nN}{2}\right) \exp\left(j\left(\frac{2\pi}{N}\right)kt\right), t = 0, 1, \cdots, KN-1 \quad (12.1)$$

$$\theta_{k,n} = j^{(k+n)}$$

$$\beta_{k,n} = (-1)^{kn} \cdot \exp[-jk(KN-1)\pi/N]$$

其中：

t 是离散时间指数；

$s_{k,n}$ 是在子载波 k 和符号 n 处，用户信息的发送序列；

K 是一个重叠因子；

N 是子载波的数量；

g 代表原型滤波器的脉冲响应。

第一个求和符号遍历分配给用户的子载波。因子 $\theta_{k,n}$ 在相邻的子载波和符号之间交替变换实部和虚部。除了存在 $\theta_{k,n}$ 和 $\beta_{k,n}$ 乘法因子，波形包括多个信号输出的叠加并且可以由合适的滤波器组来描述，这个滤波器组由脉冲响应为 g 的原型滤波器进行表征。

图 12.1 显示了 FBMC 中的滤波器组方法的原理。在此图中，原型滤波器 g（t）（具有实际的脉冲响应）在每个副载波上独立运行，以及基带信息符号的实部和虚部（分别是 $s_n^I(t)$、$s_n^Q(t)$）之间有半个符号延迟（用延迟脉冲响应 g（$t+N/2$）来表示），用半个符号延迟分别对它们进行处理。接收机执行简单的滤波器匹配操作，在这种操作中，时间反转脉冲对 g（t）和 g（$t+N/2$）的实部和虚部分别进行响应。原型滤波器 g 被设计为半奈奎斯特；也就是说，其频率响应的平方必须满足奈奎斯特准则以避免符号间干扰（ISI，Intersymbol Interference）。

因为卷积在频域中会变成简单的乘法，所以在这种情况下更希望在频域中执行滤波器的匹配操作，这些滤波器和原来设计的滤波器组相关。重叠因子 K 是 FBMC 符号在时域中重叠的个数。相应的，与 OFDM 相比，以处理更多样本（等于 KN）为代价，因子 K 增加频域中的子载波的分辨率。因子 $K=4$ 是常用的，因为它在合理复杂度的情况下表现出良好的性能。频域中的这种实现被称为频率传播 FBMC，可以从参考文献[5-6]中获得关于 FS-FBMC 的更多细节。

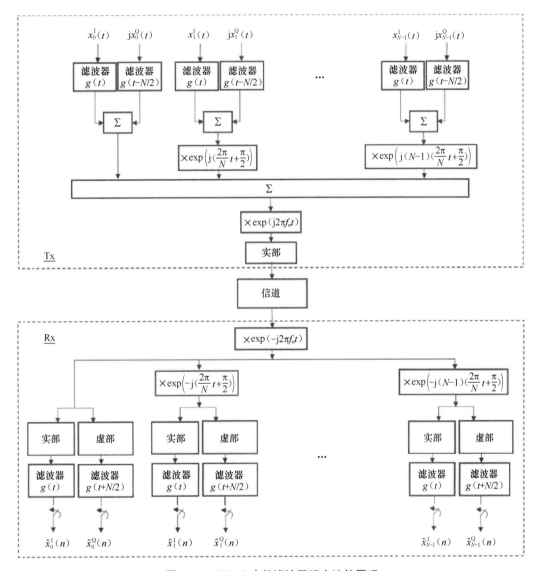

图 12.1　FBMC 中的滤波器组方法的原理

滤波子载波的频率响应显示出 FBMC 相对于 OFDM 的本质差异，如图 12.2 所示。虽然由于 sinc*信号的特性而具有完美的正交性，但在频域中，OFDM 还是会呈现出大的波纹。

---

* 在 OFDM 中，每个子载波峰值位置匹配所有其他子载波的零值位置。虽然在子载波之间还有一些重叠，但只需检测简单 FFT 处理过的中心采样的值，因此不再存在子载波之间的干扰（在完美频率同步的条件下）。

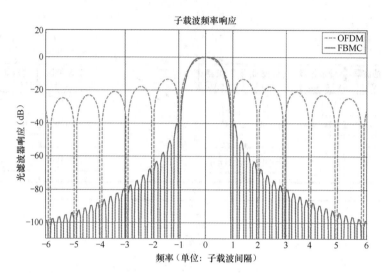

图 12.2　给定子载波带宽的情况下，FBMC 和 OFDM 的子载波响应的典型不同点

相反，FBMC 在紧邻给定子载波的两个子载波之外的幅度可以忽略，但是子载波之间的完美正交性不能保持。

FBMC 中相邻子载波之间存在很多重叠（见图 12.3）。与 OFDM 相反，这种重叠显著损害了接收器匹配滤波器的操作检测。这促使了如本节描述的 OQAM 的使用。

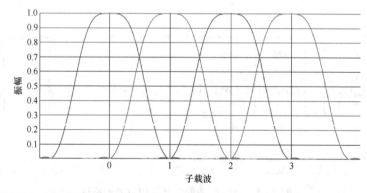

图 12.3　频域中子载波间重叠的原理图（注意到干扰只有在一个子载波的两个紧邻子载波中比较明显）

当采用所谓的非完美重建（NPR，Nonperfect Reconstruction）滤波器组时，在两个紧邻的子载波之外存在额外的（但很小的）频谱泄漏。[*]NPR 滤波器组更容易开发，因此在

---

[*]　PR 滤波器组的输出信号是输入信号的延迟复制。然而，NPR 滤波器组在输出端引入了一些失真误差。当 FBMC 有 OQAM 时，NPR 滤波器组在紧邻子载波之外还存在相关频率响应的重叠，因此引入少量失真，这与通道引起的失真相比通常可忽略不计。相反，PR 滤波器组不存在这种失真。有关 PR 和 NPR 滤波器组的更多信息，请参见参考文献[7]。

FBMC 中广泛使用。

这两个非正交的源导致出现载波间干扰（ICI，Intercarrier Interference）。使用 NPR 滤波器组引起的 ICI 通常可以忽略不计，$K=4$ 时约为 –65 dB [9]。

然而，紧邻的子载波之间的重叠非常显著，还不能使用标准的 QPSK 或 MQAM 调制。对 ICI 的详细分析表明，相邻子载波之间的干扰要么纯粹是时域的，要么纯粹是频域的，这取决于子载波在时间和频率上的相对位置[9]，这个结果激发了 OQAM 的使用。在 OQAM 中，复数基带信息符号的实部和虚部以交织方式调制子载波，如图 12.4 所示[8]（黑色和灰色方块分别表示实部和虚部）。

在时间和频率上将实部和虚部分量交错映射到子载波上，避免了相邻子载波之间的 ICI，因此仅剩下了 NPR 滤波器组的使用带来的 ICI 项。如果采用完美重建（PR，Perfect Reconstruction）滤波器组，就可以完全消除 ICI。

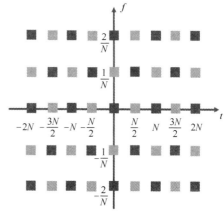

图 12.4　FBMC 的时频网格

在图 12.4 中描述的方案中，与 OFDM 相比，每个 FBMC 符号的发送信号速率减半，因为子载波仅携带原始信息的一半。因此，通过在时域中以双倍速率发送 FBMC 符号来补偿，即时间间隔为 $N/2$ 个样本。图 12.5 更清楚地说明了这一点[10]。并行发送对应于复数的实部和虚部的两组子符号。注意到时域中的符号之间存在显著的重叠（因为每个 FBMC 符号包括 KN 个样本），然而，滤波器设计遵循奈奎斯特准则，从而消除了没有多径的加性高斯白噪声（AWGN）信道中的 ISI。

但是，在存在多径的情况下，奈奎斯特条件不足以消除 ISI，并且会使一些性能下降。然而，与 OFDM 相比，在这种情况下不需要 CP 吸收来自先前符号的回波：和 OFDM 相反，由 ISI 引起的降级可以通过接收侧更复杂的均衡器来克服，而在 OFDM 中，在没有 CP 的情况下，多径会破坏信号的可检测性。在 FBMC 中不需要 CP 的原因是，滤波器脉冲响应的形状设计旨在提供针对多径的自然而然的保护。图 12.6 显示了动态访问和认知无线电项目的物理层[9]中使用的典型脉冲响应。中心区域之前和之后的长斜坡提供了一些抵抗多径的稳健性。与 OFDM 相反，时间和频率偏移未对准也可以在接收器处被吸收而没有强烈降级，其中，严格的同步非常关键。K 因子越大，对多径和时间/频率未对准的保护越高（以更长的符号周期为代价）。然而，所得符号周期越长代表了其在机器型应用中的缺点，在机器型通信中需要处理短脉冲信息。

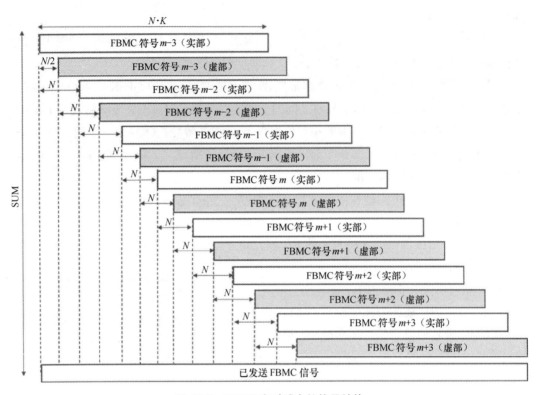

图 12.5　FBMC 在时域中的信号结构

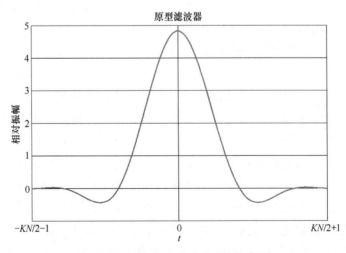

图 12.6　原型滤波器脉冲响应的原理

还有许多其他原型滤波器设计，如各向同性正交变换算法（IOTA，Isotropic Orthogonal Transform Algorithm）脉冲，它在时间和频率上呈现出良好的定位特性[11]。IOTA 脉冲形状通过分别在其他符号的时间—频率的倍数位置处进行过零来减轻 ICI 和 ISI[12]。

关于收发器的实现，实际上 FBMC 最常用的架构是多相网络 FBMC（PPN-FBMC），如图 12.7 所示。在该图中，C2R 和 R2C 分别表示复数到实数和实数到复数的运算，在每种情况下选择要映射到子载波上的复数信息的实部或虚部。多相滤波器结构在实际实现中特别有效[4, 9]。

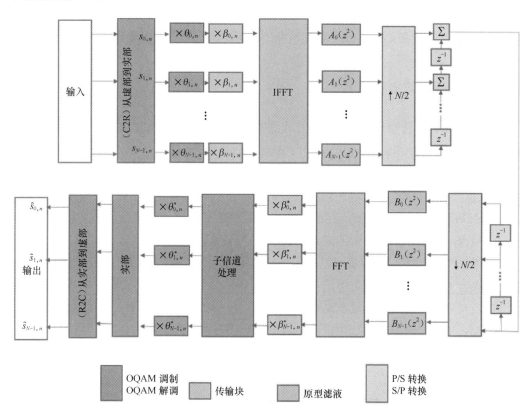

图 12.7　PPN-FBMC 的收发器结构

尽管 FBMC 具有多种优势，但已经表明，当由于均衡和 MIMO 检测的长滤波器长度而无法在子载波级别假设信道平坦时，MIMO 扩展需要过高的计算复杂度[11]。目前正在进行将 MIMO 技术集成到 FBMC 系统中的研究。

总之，FBMC 具有以下显著特点：

> 不需要 CP;

> 在使用 OQAM 时,传输带宽可以被满容量利用;

> 通过选择合适的原型滤波器,可以轻松满足严格的 OOB 要求;

> 通过在预传输带宽的两个边缘处留下单个空子载波,可以容易地实现与频域中的其他系统的共存,从而几乎完全利用了可用频谱;

> 子载波可以被分组为在基带级进行数字调制的独立块;

> 可以在涉及频谱感测技术和动态频谱分配的认知无线电中应用;

> 在时间和频率不一致的情况下不影响接收;

> 期望符号周期较长,但应用程序中的短脉冲状态必须予以考虑。

12.1.2 通用滤波多载波

虽然 FBMC 在传输长信息序列方面非常有效,但由于子载波滤波操作引起的符号扩展,它不适合短脉冲串。CP-OFDM 和 FBMC 可以被认为是两种极端情况,其中传输是带式滤波的(在前一种情况下,为了满足向相邻频带的频谱辐射限制)或者子载波方式滤波(在后一种情况下,为了满足对紧邻传输的严格辐射限制)。通用滤波多载波(UFMC,Universal Filtered Multicarrier)已被作为可变数量的子载波上的通用滤波方法,因此与 FBMC 相比,UFMC 需要更短的滤波器长度。

采用 UFMC 技术,滤波器可以应用于每个子带,其中每个子带可以包括给定数量的连续子载波(LTE 框架中的典型选择可以是资源块,相当于 12 个子载波)。这在符号长度没有较大增加的条件下,减小了 OOB 旁瓣电平,因此可以使用更短长度的滤波器。

UFMC 中特定时刻的时域生成信号包括每个子带的滤波贡献的叠加。

$$x = \sum_{i=0}^{B-1} F_i V_i s_i \tag{12.2}$$

其中,用 N 表示 FFT 长度,L 表示子带时域滤波器长度,n_i 表示子带宽度(在子载波中),我们有以下术语:

> $[x]_{(N+L-1)x1}$ 是传输矢量信号;

> B 是子带的数量(脚标为 i);

> $[F_i]_{(N+L-1)xN}$ 是 Toeplitz 矩阵,这个矩阵包含对每个子带(具有脚标 i)的滤波器脉冲响应,从而执行线性卷积;

➢ $[V_i]_{N \times n_i}$ 是矩阵，包括对应于每个子带频率位置的逆傅里叶变换矩阵的列；

➢ $[s_i]_{n_i \times 1}$ 是子带 i 中包含的复数 [正交幅度调制（QAM）] 星座符号。

式（12.2）从数学上解释了生成信号的方法。图 12.8 描绘了 UFMC 中的发射器—接收器结构的框图，其中在接收器处考虑用于频域符号处理的上采样操作（通常为 2 倍）。在实现复杂性方面，存在避免使用多个 IDFT 块的更好的替代方案，因为与具有实数加法复杂度 $O(N \log N)$ 的 CP-OFDM 相比，这里描述的"强力"方法具有复杂度 $O(N^2)$ 实数乘法（参见参考文献[13]）。

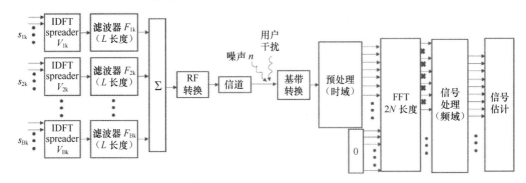

图 12.8　UFMC 收发器结构

与 FBMC 的根本区别在于，滤波应用于子带而不是子载波，这放宽了对滤波器脉冲响应长度 L 的要求。该滤波器长度通常为标准 LTE CP 长度（大约 7% 的符号长度），它不需要 CP（至少适用于适度地延迟扩展）且能对 ISI 提供"软"保护。滤波器上升和下降区域提供了与 FBMC 相同的保护，但由于滤波器长度较短，因此处于保护水平较低的状态。然而，非常大的延迟扩展值或定时偏移可能需要专门的多抽头均衡器来对抗 ISI。图 12.9 描述了给定子带的滤波器频率响应，图 12.10 显示了子带如何重叠以符合组合频率响应。注意，由于滤波器长度较短，OOB 旁瓣电平不像 FBMC 那么低，但显然它们远低于 OFDM，因此改善了与频谱相邻的现有系统的共存。

UFMC 的品质因数是时频效率 r_{TF}，定义如下[14]

$$r_{TF} = r_T \cdot r_F = \frac{L_D}{L_D + L_T} \cdot \frac{N_u}{N'} \tag{12.3}$$

其中：

r_T 和 r_F 分别是时间和频率效率；

L_D 是脉冲的有用主体的长度；

L_T 是脉冲尾部的长度，不包括有用信息；

N_u 是可用子载波的数量（不包括保护用的子载波）；

N' 是子载波的总数。

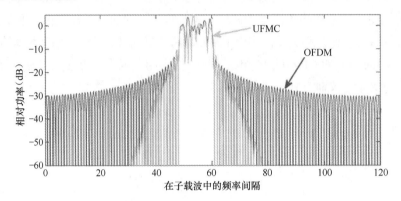

图 12.9　给定子带的 UFMC 与 OFDM 的频率响应对比

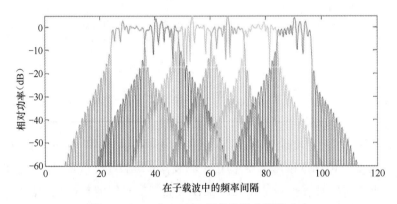

图 12.10　6 个 UFMC 子带的联合频率响应

在 CP-OFDM 中，脉冲尾部与 CP 长度相关，而在 UFMC 中，它等于滤波器长度。UFMC 中，可用子载波的数量 N_u 取决于滤波器长度和旁瓣电平 α_{SLA}，并且总是非常接近子载波的总数 N'。图 12.11 显示了以 LTE 作为参考的 UFMC 的时频效率，这里假设传输带宽为 10 MHz，子载波间隔为 15 kHz（正常 CP）。很明显，在所有情况下，UFMC 都比 CP-OFDM 的时频效率高约 10%。

在短脉冲串通信（用于极低延迟或小数据分组传输）中，UFMC 优于 FBMC 和 CP-OFDM，同时保持了比 CP-OFDM 更好的频谱特性，其中包括对载波频率偏移的稳健性[14-15]。

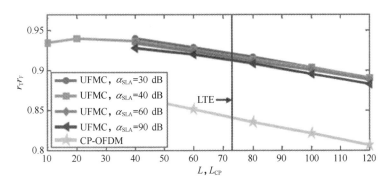

图 12.11　不同旁瓣衰减因子 α_{SLA} 情况下的 CP-OFDM 和 UFMC 的时频效率
（L 是 UMFC 中尾部脉冲的长度，L_{CP} 是 CP-OFDM 中循环前缀的长度）

12.1.3　广义频分复用

　　5G 系统中正在研究的广义频分复用（GFDM，Generalized Frequency Division Multiplex）是一种灵活的多载波调制方案[16]。GFDM 是 OFDM 的概括，其以二维时频块结构调制数据，其中每个时频块由多个子载波和子符号组成。在时域和频域中循环移动的脉冲整形滤波器被用来对子载波进行滤波，为整个块插入单个 CP，可用于提高频谱效率。

　　与 OFDM 相比，GFDM 可以减少 OOB，因为脉冲整形滤波器应用于每个子载波上。可以使用不同的滤波器脉冲响应来过滤子载波，并且该选择影响了 OOB。脉冲整形滤波器的使用消除了正交性并引入了 ICI 和 ISI。因此，需要使用诸如迭代干扰消除之类的接收技术来减轻这种干扰。然而，不完美的同步也以类似的方式影响 LTE 系统中的多个接入场景的性能。因此，通过克服这个问题，GFDM 将 LTE 中当前要求的 0.1×10^{-6} m 振荡器精度放宽至 $10 \sim 100$ 倍（$1 \sim 10 \times 10^{-6}$ m），并允许设计更简单的发射器，从而省去复杂的同步过程并减少信号开销[17]。GFDM 的循环结构允许在频域中采用迫零信道均衡技术，这种技术在 OFDM 中有效使用。

　　设 $\vec{s}$ 表示包含 $N=KM$ 个元素的符号数据块，它们被组织成 K 个子载波，每个子载波具有 M 个子符号。

$$\vec{s} = \left(s_{0,0}, s_{1,0}, \cdots, s_{K-1,0}, s_{0,1}, s_{1,1}, \cdots, s_{K-1,1}, \cdots, s_{0,M-1}, s_{1,M-1}, \cdots, s_{K-1,M-1} \right) \qquad (12.4)$$

　　其中，元素 $s_{k,m}$ 表示在第 k 个子载波中传输的符号和块的第 m 个子符号。每个符号 $s_{k,m}$ 都是用下面的滤波器进行脉冲整形。

$$g_{k,m}[n] = g\left[(n-mK)\bmod N\right] \cdot \exp\left(j2\pi\frac{k}{K}n\right) \qquad (12.5)$$

其中，n 表示采样指数。滤波器 $g_{k,m}[n]$ 表示原型滤波器 $g[n]$ 的时移，其中，模运算使时移成为循环运算。因子 $\exp\left(j2\pi\dfrac{k}{K}n\right)$ 在频域中执行滤波器移位。一个块的发送信号是所有移位脉冲响应叠加的结果，其中，移位脉冲响应是经过相应信息符号加权的。

$$x[n] = \sum_{m=0}^{M-1}\sum_{k=0}^{K-1} s_{k,m}, g_{k,m}[n] \qquad n = 0,1,\cdots,N-1 \qquad (12.6)$$

图 12.12 显示了实现公式（12.6）的 GFDM 调制器的结构。GFDM 在过滤过程中使用的循环卷积称为咬尾[18]。

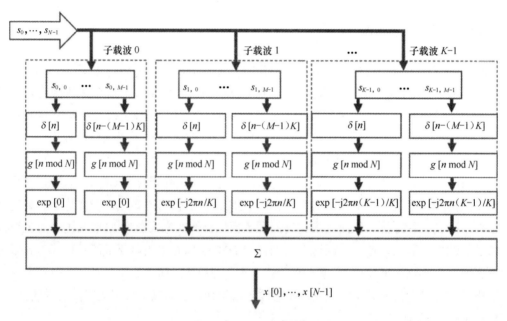

图 12.12　GFDM 调制器

我们定义 $\vec{g}_{k,m} = (g_{k,m}(n))^{\mathrm{T}}$，因此矩阵 $\boldsymbol{A}$ 为

$$\boldsymbol{A} = \begin{bmatrix} \vec{g}_{0,0} & \cdots & \vec{g}_{K-1,0} & \vec{g}_{0,1} & \cdots & \vec{g}_{K-1,M-1} \end{bmatrix} \qquad (12.7)$$

一个块的发送信号可以等效地表示为

$$\vec{x} = \boldsymbol{A} \cdot \vec{s} \qquad (12.8)$$

在发射机侧，GFDM 调制后，将 CP 加到 $x(n)$，得到 $\tilde{x}(n)$。最后，$\tilde{x}(n)$ 被发送到无线信道。为了防止后续数据块之间的干扰，CP 的周期应为 $T_{cp}=T_g+T_h$，其中，T_g 表示原型滤波器的周期，T_h 表示信道脉冲响应 $h[n]$ 的长度。请注意，T_{cp} 会同时考虑发送和接收滤波器。为了减少 CP 引入的开销，T_{cp} 应较小。另一方面，较大的 T_g 值可以改善滤波器的频率定位。然而，使用咬尾程序允许忽略 T_{cp} 中的滤波部分，这不能用线性卷积代替循环来实现。尾部咬合使得 CP 的长度与 T_g 无关，从而在不缩短脉冲整形滤波器长度的情况下减小了 CP 的长度。

接收器处的接收信号是发送信号和信道脉冲响应 $h(n)$ 加上 AWGN 噪声的卷积。

$$\tilde{y}[n] = h[n] \cdot \tilde{x}[n] + w(n) \qquad (12.9)$$

在接收器处，移除 CP，产生 $y[n]$，然后执行迫零信道均衡

$$\overline{y}[n] = \mathrm{IDFT}\left(\frac{\mathrm{DFT}(y[n])}{\mathrm{DFT}(h[n])} \right) \qquad (12.10)$$

其中，$\mathrm{DFT}(\cdot)$ 和 $\mathrm{IDFT}(\cdot)$ 分别表示离散傅里叶变换和离散傅里叶逆变换。

接下来，GFDM 解调器对每个子载波中的信号进行下变频，然后采用线性接收滤波器，如匹配滤波器、迫零或最小均方差滤波器[16]。假设使用匹配滤波器，则每个子载波的信号被处理为

$$\overline{y}_k[n] = \overline{y}[n] \cdot \exp\left(-\mathrm{j}2\pi \frac{k}{K} n \right) \otimes g(n) \qquad (12.11)$$

其中，$\otimes$ 表示循环卷积。在公式（12.11）中注意，尾部咬合也应用于接收器。通过保持第 K 个样本，选择信息符号 $\overline{s}[k,m] = \overline{y}_k[mK]$ 并将其发送到检测器。图 12.13 描述了整个 GFDM 收发器方案。此外，图 12.14 比较了多径瑞利信道中 GFDM 和 OFDM 的误码率（BER）性能[19]。

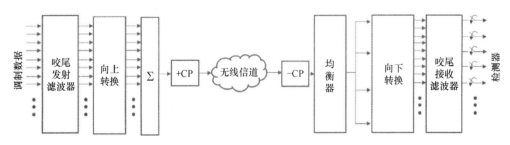

图 12.13　GFDM 收发器原理

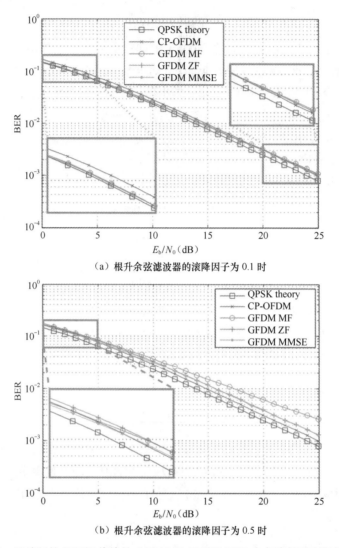

（a）根升余弦滤波器的滚降因子为 0.1 时

（b）根升余弦滤波器的滚降因子为 0.5 时

图 12.14　无编码的 QPSK 传输的 OFDM 和 GFDM BER 在多路径瑞利信道的性能

　　F-OFDM 稍微比 UFMC 更具限制性，保留了子带频谱整形作为系统的特性。因此，在这种情况下，可以在整个系统带宽上通过数字滤波器对频谱进行整形，使 OOB 泄漏辐射保持最小，同时保持 OFDM 的其余属性不变（包括 CP）[20]。

　　f-OFDM 的灵活子载波间隔如图 12.15 所示。由于子载波间隔可以取决于实际系统的带宽，从而产生灵活的时频单元格，用于差异很大的时频粒度共存。与 OFDM 相比，滤波增加了时间和频率未对准的稳健性。f-OFDM 与 OFDM 和 UFMC 的频谱特性的粗略比较如图 12.16 所示，其中，UFMC 被称为通用滤波器 OFDM（UF-OFDM）[21]。注意，在该图中，只考虑单个用户的情况下得到了 OFDMA 的频谱特性（因此导致与 OFDM 相同的频谱掩模），并且由于参考文献[21]中特定的仿真假设，频率轴是负的。

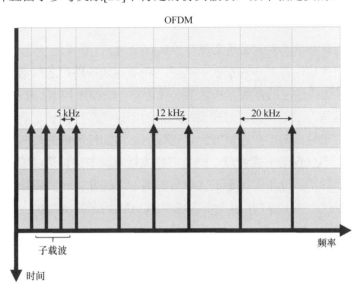

图 12.15　f-OFDM 的灵活子载波间隔

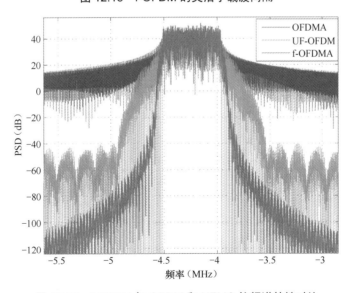

图 12.16　f-OFDM 与 OFDM 和 UFMC 的频谱特性对比

12.2 新调制

通信中相关工业和学术界人士通常设想的最有趣的 5G 要求之一是，能够在整个小区中提供一致的用户体验：即减小在小区中心用户和小区边缘用户之间始终存在的性能差距。用于改善小区边缘性能的常规方法包括干扰协调、CoMP 技术、干扰消除/抑制和干扰对齐。在所有这些方法中，通常的假设是剩余的干扰（在部分被正确消除之后）是高斯分布的。同时，已经证明，在容量方面，无线网络中加性噪声的最坏情况分布是高斯分布的[22]。因此，不仅仅是干扰管理，而是希望执行有源干扰设计以使小区内干扰非高斯化。小区内干扰的实际分布取决于干扰信号的调制，因此，研究新颖的调制方案可以非常有效地减轻干扰。图 12.17 所示为十六进制 FQAM 调制的示例。

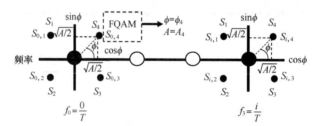

图 12.17　十六进制 FQAM 调制的示例

频率和正交幅度调制

这种调制是频移键控（FSK，Frequency Shift Keying）和 QAM[11]的组合。FQAM 在非编码系统和网格编码调制（TCM，Trellis Coded Modulation）系统中的性能已被广泛分析[23-24]。参考文献[25]中分析了使用 FQAM 的 Reed-Solomon 编码 OFDM 的性能，并且即使使用非相干检测，也优于给定比特率下的 QAM 的性能。

图 12.17 给出了十六进制 FQAM 调制的示例，其由四进制 FSK 和四进制 QAM 的组合而成。

单小区场景（因此排除小区间干扰）的研究结果表明，与 FSK 系统相比，FQAM 的带宽效率显著提高，而误差性能保持相似。此外，当与低信噪比（SNR）条件下的编码调制（CM）系统*结合时，FQAM 接近信道容量限制，可以达到 QAM 或 FSK 调制无法实现的信道容量[11]。

此外，多小区 OFDMA 网络的下行链路中的性能表明，FQAM 中的小区内干扰比高斯分布具有更重的尾部。因此，与 QAM 相比，小区边缘用户的性能得到显著提高[26]。

12.3　非正交多址

5G 中被重新审视的概念之一是，在多址方案中维持用户之间严格正交性的必要性。自 2G 以来，小区间的正交性一直是蜂窝接入的基石，即使在实践中很难实现（主要是由于小区间效应或信道损伤，如多径），传统上设计系统以便为用户在时间、频率、编码或空间域+中分配正交资源。因此，借助于专门的干扰消除技术，与理想正交性的任何偏差都要在接收器处被进一步处理。

然而，这种模式对资源分配提出了很多限制，最重要的是，在任何信息传输之前，要求所有设备都处于网络的控制之下。与这种经典方法相比，有一些研究方案提议可以设计可控程度的非正交性。这个概念实际上是一把保护伞，在这把保护伞下，多种多址技术正在被研究，所有这些技术在接入中都或多或少地有明确的非正交性假设。

在其中一种形式（由 NTT DoCoMo 大力推广）中，和一定条件下，NOMA 在功率域中叠加多个用户，并采用 SIC 接收器作为多址接入的基线接收器[27]。在联合检测来自多个用户的信号的情况下，接收器设计可以有选择性，从而避免了 SIC 操作[28]。在这两种情况下，多用户功率分配（MUPA，Multiuser Power Allocation）被作为底层资源分配机制，从而可以根据用户的路径损耗水平对用户进行分组和调度。

与 OFDMA 系统相比，基本形式的 NOMA 可以增加系统的总吞吐量，代价是增加了发射机侧（来自 MUPA）和接收机侧（来自 SIC 或多用户检测）的复杂性。还有利用非正交性假设的其他 NOMA 变体，如稀疏码多址（SCMA，Spare Code Multiple Access）†和多用户共享接入（MUSA，Multiuser Shared Access）‡，主要用来解决像大规模机器类型的

---

* CM 系统来自纠错码和信号星座的串联。CM 系统的例子有 TCM、块编码调制和 Turbo 编码调制。

+ 存在多种接入方案，如码分多址（CDMA），它只能在没有多径的情况下通过完美的功率控制来实现其正交性。因此即使在隔离的小区中，也总是存在一些小区内的干扰，但是在某些信道条件下可以渐近地接近正交性。

† 华为大力推广一种作为 5G 候选 NOMA 方案的 SCMA，它依赖于可以被接收机非线性检测到的稀疏码[30]。

‡ MUSA 被中兴通讯作为 5G 的候选 NOMA 方案大力推广，这种方案基于多载波及在接收机侧进行非线性检测和 SIC 的非正交扩展码[31]。

通信这样的特殊应用。基于功率分配的基本 NOMA 概念适用于传统的移动宽带应用，其中需要额外的容量提升来满足不断增长的流量需求。

在 12.3.1 节和 12.3.2 节中，我们简要描述了基于功率分配的基本 NOMA 模式，包括接收器侧有 SIC 操作的模式和没有 SIC 操作的模式。

12.3.1 基本 NOMA 与 SIC

12.3.1.1 单天线基站

为简单起见，让我们假设将 NOMA 中资源分配给两个用户（见图 12.18），并且 BS 不利用已有的多个发射天线。假设用户 UE_1（深色）在小区中心附近，而 UE_2（浅色）位于小区边缘。假设 BS 想要为 UE_i（$i=1,2$）发送传输功率为 P_i 的信号 s_i，则两个信号在相同的时频资源中被叠加编码，从而产生

$$x = \sqrt{P_1}s_1 + \sqrt{P_2}s_2 \qquad (12.12)$$

假设 $E[|s_i|^2]=1$ 且 $P_1+P_1 \leqslant P$（最大发送功率）。从图 12.18 中可以明显看出来，分配给小区边缘用户 UE_2（浅色）的功率强于小区中心 UE_1（深色）的用户功率，用以克服增加的路径损耗。

假设平坦的信道条件（如在子载波级别的 OFDM 中），UE_i 处的接收信号表示为

$$y_i = \hbar_i x + w_i \qquad (12.13)$$

其中：

$\hbar_i$ 是 UE_i 和 BS 之间的复数信道系数；

w_i 是一个复数噪声干扰项。

接收机处的 SIC 过程通过消除用户间干扰来从接收信号 y_i 中估计出信号 x_i。从图 12.18 可以看出，用户 UE_1（具有良好的信号与干扰加噪声比（SINR）条件）首先消除了由发送到 UE_2 的强信号引起的干扰（具有更高的发射功率，如虚线箭头所示）。SIC 接收器可以处理强干扰分量，从而能够分离用于 UE_1 和 UE_2 的信号并进一步检测它们的信号。并行地，用户 UE_2（在不良 SINR 条件下）不需要执行 SIC，因为其自身信号远高于来自用于 UE_1 残余信号的干扰。

解码的最佳顺序是按噪声和小区内干扰功率（$n_{0,i}$）归一化的信道增益（$|\hbar_i|^2$）增加的顺序，即 $|\hbar_i|^2/n_{0,i}$。假设 UE_1 处没有 x_2 错误被检测到（完美 SIC），UE_1 和 UE_2 的容量可写为

$$C_1^{\text{NOMA}} = B \log_2 \left(1 + \frac{P_1 |h_1|^2}{n_{0,1}} \right)$$

$$C_2^{\text{NOMA}} = B \log_2 \left(1 + \frac{P_2 |h_2|^2}{P_2 |h_2|^2 + n_{0,2}} \right) \qquad (12.14)$$

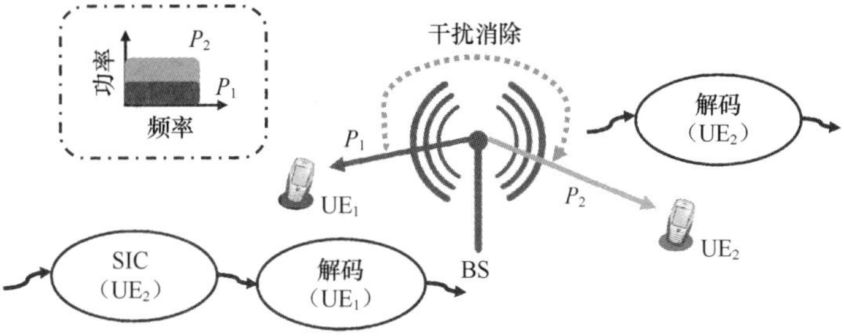

图 12.18　在下行链路中，带 SIC 的基本 NOMA 应用于 UE_1 和 UE_2 两个用户

其中，B 是信号带宽。OFDMA 的相应容量，其中信号带宽的部分 $0<\beta<1$ 被分配给 UE_1，而（$1-\beta$）分配给 UE_2。

$$C_1^{\text{NOMA}} = B\beta \log_2 \left(1 + \frac{P_1 |h_1|^2}{\beta n_{0,1}} \right)$$

$$C_2^{\text{NOMA}} = B(1-\beta) \log_2 \left(1 + \frac{P_2 |h_2|^2}{(1-\beta) n_{0,2}} \right) \qquad (12.15)$$

可以看出，NOMA 的容量受功率分配策略的影响。通过调整每个用户的功率分配，可以灵活地控制系统的吞吐量性能。在这个意义上的功率分配是至关重要的，并且在文献[32-33]中已经分析了许多技术。当 UE_1 和 UE_2 之间的信道增益差异很大时，与 OFDMA 相比，NOMA 的增益增加；与 LTE 基线相比，使用 SIC 的 NOMA 可以提升 30%～40% 的频谱效率[27]。

为了抑制用户间干扰，需要存在两种类型的 SIC 接收器：

➤ 符号级 SIC（SLIC），在不解码的情况下检测干扰调制符号；

➤ 码字级 SIC（CWIC），其在被消除之前检测和解码干扰数据。

CWIC 接收器具有比 SLIC 接收器更好的性能，但代价是更高的复杂性[34]。实际接收器设计呈现误差传播效应，由此来自小区边缘用户的不完美干扰消除影响了小区中心用户的解码（尤其是在 SLIC 接收器中）。为此，文献[35]研究了实际接收器的链路级性能。这一事实部分地推动了引入没有 SIC 的 NOMA 接收器，如 12.3.2 节中所述。

通过采用最大比率组合（MRC，Maximum Ratio Combining），所描述的过程可以扩展到在用户侧使用多个接收天线，以便增强接收的 SINR。更有趣的是，通过先进的 MIMO 技术，BS 可以利用存在的多个发射天线。

12.3.1.2　多天线基站

NOMA 可以与多天线技术共存（见图 12.19）。BS 的发射器可以在多用户 MIMO 中生成多个波束，并且通过叠加编码，在每个波束内叠加多个用户（在图 12.19 中，用于上部波束的 UE_1 及 UE_2 和用于下部波束的 UE_3 及 UE_4），每个波束由发射器处的不同预编码权重表征。

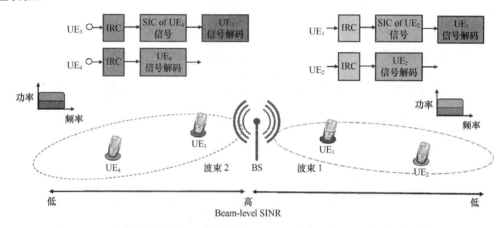

图 12.19　具有联合 IRC/SIC 操作的 NOMA/MIMO 方案应用于 4 个用户的情况

接收器侧存在两种干扰消除方案，以解决最终的用户间干扰。

用于波束间用户复用的干扰抑制组合（IRC，Interference Rejection Combining），即在发射器处，组之间的干扰抑制采用不同预编码权重。在这种情况下需要多个接收天线，但是当自身信号和干扰信号之间的空间相关性高时，接收天线性能会下降。这种空间相关性在现有设备中非常显著，尤其是在较低频率（低于 1 GHz）时。仔细的射频设计必须考虑包括接收器天线在内的整个印刷电路板的辐射特性。

用于波束间用户复用的 SIC，即组用户间的干扰消除采用相同预编码权重。在这种情况下的操作类似于单天线 BS 中的操作。

到目前为止，描述仅限于两个并发用户。因此，通过理想的叠加编码和 SIC 操作，公共资源中的最大并发用户数，通常称为过载因子，原则上可以是无限的。然而，增加用户数量并不总能提供性能增益，因为每层的发射功率将降低，并且用户间干扰量将变得更加相关[11]。寻找最佳的多路复用用户数仍然是未来的研究项目。实际上，这个数字通常少于 3。

很明显，当在现实条件下试图将 NOMA 与单天线和多天线一起应用时，会出现许多新的挑战。功率分配、自适应调制和编码、波束复用、多用户调度和实际过载因素等都是具有高度挑战性的问题，和 OFDMA 中的技术相比，这些问题需要新的解决方案。文献[36]分析了几种下行链路环境下的系统级性能。下行链路 NOMA 中的资源分配已在文献[37]中进行了研究。最后，对多址的扩展也可以用于有多个远程无线电头和公共基带处理单元的场景，如文献[38]中所述。

12.3.2　没有 SIC 的基本 NOMA

SIC 技术被认为是接收器现有技术的一部分。然而，它们的性能严重依赖于所涉及用户的功率分配比例，这在 BS 侧很难优化。半正交多址（SOMA）作为替代方案，可以在发射器侧使用联合调制方案，其中，相关用户的比特信息被联合调制在如图 12.20 所示的星座符号中[35]。

图 12.20 描述了两个 QPSK 信号，分别对应于小区边缘和小区中心用户。在该示例中，通过向每个用户分配不同的功率来形成 16QAM 星座，其决定了表征星座中复数符号之间的相对距离的参数 d_1 和 d_2 的大小。

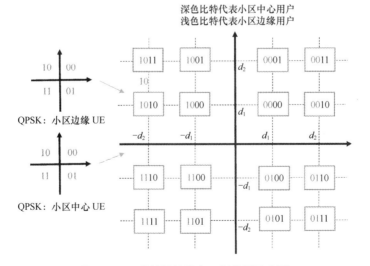

图 12.20　发射器的联合调制信号星座图

图 12.21 对有 SIC 和没有 SIC 的 NOMA 发射机结构进行了对比，在第 2 种情况下，在不同的功率分配下进行联合星座映射。在接收侧，当联合检测到两者的信号时，两者的性能差异通过传输不同编码方案（MCS）来补偿，取决于发射功率分配函数和来自用户的信道状态信息。因此，独立的信道编码在联合调制之前。

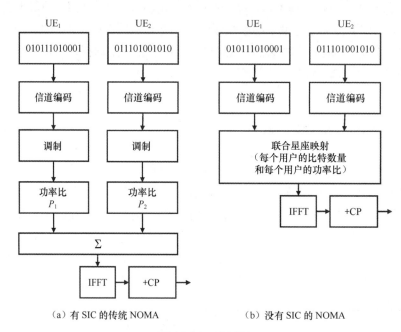

（a）有 SIC 的传统 NOMA　　　　　（b）没有 SIC 的 NOMA

图 12.21　发射器

小区中心用户和小区边缘用户的接收器必须联合解调符号，就像是一个较大的星座一样被传输。然而，只可能获得预分给每个用户的比特的软输出，而忽略其他比特（例如，对于小区边缘用户，仅图 12.20 中的第一和第二比特）。可以更进一步地对预期的信息流执行适当的信道解码，这些信息流没有由 SIC 处理所引起的错误传播效应。因此，与具有 SIC 接收器的 NOMA 相比，蜂窝中心用户的复杂性减半。然而，当使用高阶模块时，这种方法更成问题：例如，两个 16QAM 调制产生的 256QAM 星座，这对设备提出了更多挑战。

这种性能差异来自于每个符号之间的不同欧式距离，这些符号包含"0"和"1"位成分。参考图 12.20，由于其较高的发射功率，前两个比特（对应于小区边缘用户）具有比其他两个比特（对应于小区中心用户）更好的保护。

12.4　超奈奎斯特通信速度

多址方案中的非正交性假设导致了 NOMA 的概念，类似于非正交假设，人们对于放宽单个用户的无 ISI 传输的假设也越来越感兴趣。因此，人们不再设计波形以便在带限信道中遵守用于避免 ISI 的奈奎斯特准则，现在即使在理想的 AWGN 信道中也允许一定程度的 ISI，这些 ISI 来自于增加数据速率，从而使其超过奈奎斯特速率。最后必须通过在接收器处复杂的均衡器来补偿所产生的 ISI。

带宽为 W 的带限信道上的连续时间奈奎斯特速率传输可表示为

$$x(t) = \sum_{n=0}^{N-1} s_n g(t - nT) \tag{12.16}$$

其中：

N 是数据包大小；

$g(t)$ 是连续时间调制波形；

$T = 1/2W$ 是符号周期；

s_n 是时刻 $n = 0, \cdots, N-1$ 的调制符号。

这是无线通信中的通常假设，即使在实践中，无线电信道表现出显著的多径效应，从而导致 ISI。

然而，我们可以放宽这个假设，并通过非正交传输方案将速率提高到超过奈奎斯特极限。连续时间 FTN 信令传输可表示为[39]

$$x(t) = \frac{1}{\sqrt{D}} \sum_{n=0}^{ND-1} s_n g\left(t - n\frac{T}{D}\right) \tag{12.17}$$

其中，$D>1$ 是与连续数据符号之间的时间间隔相关的 FTN 因子，$\Delta t=T/D$，并且 $n=0,1,\cdots,ND-1$。D 控制 FTN 信号相对于奈奎斯特速率的增加值，这个值也可以表示为 D 的倒数 $\tau=1/D<1$。1975 年 Mazo 的开创性工作表明，对于二元信令，当因子为 0.802 时，符号分离间隔可以没有渐近性能退化的减少，称为 Mazo 极限，其他脉冲形状也是如此[40]。Mazo 表明，对于使用二元调制的未编码系统，发送 sinc 脉冲的速度提高 25%并不会增加符号之间的最小欧式距离[41]。然而，复杂性转化到接收器上了，其必须补偿在发射器故意引入的 ISI。在时间扩散信道中，接收器复杂性增加得比较突出，因为其中 FTN

信令中固有的 ISI 和与多径相关的 ISI 被组合在了一起[42]。

    FTN 信令使得处理由非正交传输引起的大量 ISI 成为可能。图 12.22 说明了在时域中使用 sinc 脉冲的 FTN 信令。通常使用升余弦脉冲代替正弦脉冲，因为后者的脉冲响应持续无限时间。图 12.23 显示了频域中的 FTN 和奈奎斯特信号，它们使用的升余弦脉冲有余量的带宽 $W = (1+\alpha/2T)$ 其中，$1/T$ 是奈奎斯特速率，α 是滚降因子。

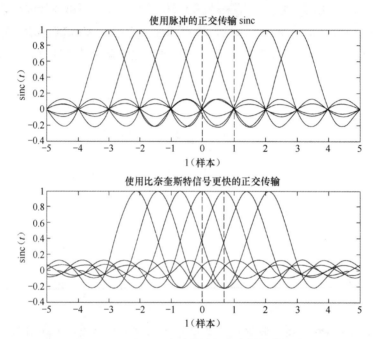

图 12.22　用 sinc 脉冲描述超奈奎斯特的概念

    很明显，奈奎斯特信号实现了众所周知的标准，即频率中的所有脉冲相加为一个恒定值，如式（12.18）所示。

$$\frac{1}{T}\sum_{k=\infty}^{\infty}X\left(f+\frac{k}{T}\right)=1 \quad \text{对所有} f \tag{12.18}$$

    其中，$X(f)$ 是发射信号 $x(t)$ 的傅里叶变换。而在 FTN 信令中，这种情况不成立，并且频域的脉冲会进一步分开。必须在接收机处采用带宽严格高于 $1/2T$ 的低通滤波器以重建信号，而在奈奎斯特滤波器中，如果使用理想的矩形滤波器，带宽为 $1/2T$ 就足以对信号进行完美重建（虽然实际实现时采用的是具有更高带宽的可实现的非矩形滤波器）。

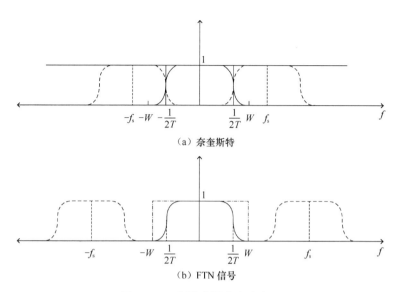

（a）奈奎斯特

（b）FTN 信号

图 12.23　频域中用升余弦表示

与奈奎斯特案例相比，FTN 信令中更高的容量来源于更大的带宽。通过式（12.19）算出容量，这个表达式对于 AWGN 中带限脉冲为 $W\,\mathrm{Hz}$[43]的高斯字母表有效。

$$C_{\mathrm{FTN}} = \int_0^W \log_2\left[1 + \frac{2P}{N_0}\big[H(f)\big]^2\right]\mathrm{d}f \tag{12.19}$$

其中：

W 是信号的单侧带宽；

P 是平均功率；

N_0 是白噪声谱密度；

$H(f)$ 是信号的频率响应。

计算奈奎斯特信令表达式也类似，见式（12.20）。

$$C_{\mathrm{Nyquist}} = \int_0^{1/2T} \log_2\left[1 + \frac{2P}{N_0}\right]\mathrm{d}f \tag{12.20}$$

很明显，由于脉冲带宽 W 过大，FTN 容量较大，脉冲带宽 W 由滚降参数 α 控制。图 12.24 显示了在不同 α 值时，奈奎斯特和 FTN 的归一化容量。对高 SNR 的情况，渐进增益等于超过的带宽。

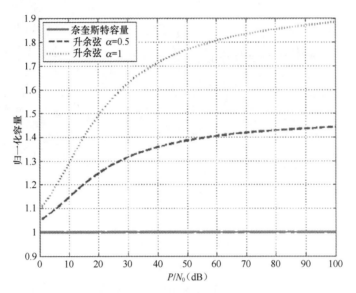

图 12.24　在不同 α 值时，奈奎斯特和 FTN 的归一化容量

图 12.25 显示了在 AWGN 条件下，采用二进制编码的 FTN 系统的 BER 性能曲线，在接收器处采用线性均衡来补偿 ISI[41]。τ=0.9 和 0.8 的 BER（分别对应于奈奎斯特速率的 1.11 和 1.25 倍的数据速率）非常接近其在奈奎斯特情形中的 BER。较高的 τ 值会导致 BER 的显著降级。

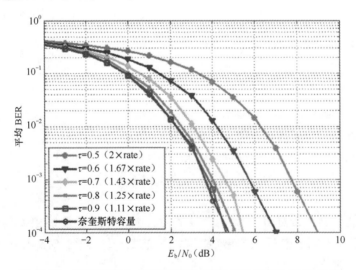

图 12.25　不同速率下，奈奎斯特和 FTN 信号的平均 BER 性能

当与 OFDM 或单载波频分复用（SC-FDM）*结合时，频域均衡（FDE）可以应对频选信道中的 ISI，但是对于严重的时间分散信道，复杂度变得异常高。此外，与奈奎斯特信令相比，有些性能出现了下降的情况，并且如在 AWGN 情况下，随着符号率的增加，性能持续下降。为了应对严重的 ISI，可以采用组合的迭代 FDE 方案和混合自动重传请求（HARQ）机制[42]。

最后，在参考文献[39]中分析了在多址信道中 FTN 的性能扩展，其中用户在同步和异步操作中竞争访问介质。在这种情况下，如果利用多用户解调和解码并以更复杂的接收器设计为代价，FTN 在不同 SNR 范围内可以拥有容量优势。

12.5　全双工无线电

在使用双工技术的无线通信中有一个众所周知的规范，陈述如下。

由于会产生干扰，无线电通常不可能在相同的频带上接收和发送。

这个规范定义了频分双工（FDD）系统、时分双工（TDD）系统，并且通常，为了使接收器不再完全受限，任何双工装置都会将发送与接收分开。最近在所谓的全双工无线电中研究了这种限制，其中通过组合的模拟和数字干扰消除方法消除了自干扰。全双工无线电理论上允许在相同频带中同时进行上行链路和下行链路操作，从而，它的频谱效率是 TDD 和 FDD 的 2 倍。

为此，必须重建所发送的信号（以及其谐波和发射器电路的其他非线性特性）并从接收信号中减去，以便达到良好的自干扰消除效果（IC）。到目前为止，该 IC 不能应用于宏基站，因为宏基站具有大的发射功率（可以超过 46 dBm），对于大约−104 dBm 的噪声基底水平（以 10 MHz 带宽为例），其 IC 要求超过了 140 dB。多级方法可以提供迄今为止最好的性能，只有 110 dB IC[45]。适应当今设备的小外形尺寸的同时，在整个频带上实现 IC 比实现 10 MHz 带宽下高的 IC 要求更具挑战性。

全双工无线电原则上可以应用于用户和 BS 之间的蜂窝通信，从而上行链路和下行链路传输可以共享相同的频率。然而，在这种情况下，用户之间会出现严重的干扰问题，

---

* SC-FDM，即离散傅里叶变换（DFT）扩展 OFDM（DFT-s-OFDM），是 OFDM 的一种变形。在 SC-FDM 中，调制到给定子载波上的信号波形为同时传输的所有数据符号的线性组合（线性关系表示为离散傅里叶变换）。与 OFDM 相比，SC-FDM 的峰均功率比（PAPR）更低，因此 SC-FDM 对电池的耗能更低，使得 SC-FDM 非常适合在上行链路上使用，如 LTE 的上行链路就是使用的 SC-FDM。

这些问题在任何自干扰消除策略下都是无法避免的，并且需要在发送和接收时刻之间进行一些协调，从而使得全双工无线电对于蜂窝使用来说是不切实际的。或者，人们越来越关注将全双工无线电应用于自回程小型小区（或中继），其中，相同的蜂窝频率用于无线回程。图 12.26 描绘了这样的场景，其中，FDD 小小区（充当转发器）通过重复使用相同频率的空中接口进行回程。从小小区到宏小区的方向上的回程链路是通过以相同频率的上行链路无线接入（黑色箭头）的发送来建立的，并且归功于自干扰消除技术，这不会损害小型小区接收机的灵敏度。以相同的方式，从宏小区到小小区的方向上的回程链路重复使用相同频率的下行链路无线接入（灰色箭头），这在自干扰消除之后不受小小区发射器的限制。TDD 中类似（且更简单）的情况将涉及在上行链路/下行链路时间间隔下的相同频率的接入和回程。

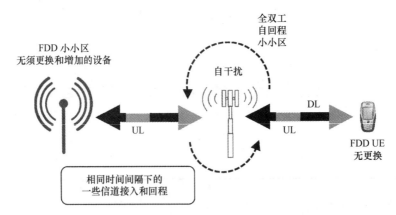

图 12.26　全双工无线技术的自回程中继

通过在单个频率上建立邻近对等体之间的双向链路，设备到设备（D2D）通信自然而然地受益于全双工无线技术。注意到在这种情况下，用户间干扰将受到通信设备的相对距离的限制，结合一些智能功率控制和资源分配策略，可以最小化对非 D2D 设备（和其他 D2D 对）的干扰。

一般而言，不同的应用场景导致了对全双工无线电中自干扰消除性能的不同要求。虽然它们非常有前景，但是需要进一步改进才能有效地应用于自回程小小区以外的情况。

第 13 章

GFDM：为 5G 物理层提供灵活性

移动网络彻底改变了社会的沟通方式，如今，蜂窝电话和智能手机已成为我们日常生活的一部分。自从 20 世纪 80 年代部署的 1G 移动网络以来，蜂窝系统一直向着更高容量的方向发展以覆盖不断增长的用户数量。随着 2G 中数字服务的引入，对更高吞吐量的需求推动了新标准的发展。因此，3G 和 4G 致力于解决更高的容量和数据速率。很明显，可预见的是，未来移动通信系统带来的新服务和应用场景产生的对性能的要求和约束不限于吞吐量和容量。理所当然，Bitpipe 通信要求的数据速率比高级长期演进（LTE-A）所能提供的数据速率高几倍。此外，在物联网场景中，大量小型且功率受限的设备连接到网络时，满足用户数的容量将是一个巨大的挑战。新型服务正在挑战移动网络的几个参数，这些参数在上一代中并未涉及。碎片化和动态频谱接入提供的数据速率及容量可以服务更多用户，但这也需要具有非常低的带外（OOB）泄漏的波形。触觉互联网必须具有非常低的延迟，以提供良好的服务品质（QoE），同时避免了诸如网络犯罪和缺乏响应性等问题[1]。5G 的当前目标是必须实现 1 ms 的端到端延迟，这至少比 LTE-A 的延迟低一个数量级[2]。现有的有线或无线技术都无法解决人口区域的覆盖问题。IEEE 802.22 旨在通过在空闲电视频道上使用认知无线电技术来解决该问题。然而，正交频分复用（OFDM）在低 OOB 和频谱灵活性方面都有很多问题。

5G 的性能要求具有挑战性，需要一个可针对不同场景进行优化的灵活的波形。广义频分复用（GFDM）[3]是基于块的多载波滤波调制方案，在本章中，我们将探讨 GFDM 如何解决未来移动网络中物理层（PHY，Physical Layer）的挑战。在这种灵活方案中，K 个子载波中的每个子载波在不同时隙中发送多达 M 个数据符号，定义为子符号。

GFDM 采用循环卷积来单独过滤子载波，这意味着整个 GFDM 帧在 $N = MK$ 样本中是自包含的，这表明 CP 可以有效地用于缓解多径信道，并且其块结构允许使用为 OFDM 重新开发的大多数技术。单个原型滤波器在时间和频率上的卷积变换以提供所有必需的脉冲响应，并且与其他滤波多载波调制不同，GFDM 可以容易地从发射分集中受益以实现移动信道上的稳健性。可以对 GFDM 的波形进行整形以解决低延迟问题，并且如果与 Walsh-Hadamard 变换相结合的话，该方案可以在单次传输的应用中提供高性能。实际上，通过回顾信号处理链，很明显 GFDM 可以与预编码相结合，以实现其他好处，如较低的峰值平均功率比（PAPR）或频率分集。WHT-GFDM 只是广泛的灵活系统的一个特例。如果采用非正交滤波器来产生 GFDM 信号，则由于码间干扰（ISI）和载波间干扰（ICI），自干扰将上升。匹配滤波器接收器可以最大化信噪比（SNR），但是连续干扰消除（SIC）是实现与 OFDM 系统等效的符号错误率（SER）性能所必需的。迫零（ZF）接收器可以消除自干扰，简化解调过程，但代价是增强了噪声。对于高 SNR，性能损失可以忽略不计，但对于低 SNR 则变得显著。最小均方误差（MMSE，Minimum Mean Square Error）接收器引起了人们的兴趣，因为在低 SNR 时，它可以最小化噪声（像 MF 一样）的影响，并且在高 SNR 时（像 ZF 一样），它可以减轻自干扰，达到以上效果的代价是对噪声统计进行估计。因此，MMSE 接收器在噪声和干扰之间实现了良好的平衡。避免自生成干扰的另一种方法是将 GFDM 与偏移正交幅度调制（OQAM，Offset Quadrature Amplitude Modulation）映射相结合。

从表面上看，实现复杂度似乎是 GFDM 调制器和解调器的问题。然而，具有稀疏频率响应的滤波器在频域中的有效实现，使其与 OFDM 相比时，复杂度有了些许提高。此外，对数据流的重新解释可以产生 GFDM 信号，这个信号是经过离散傅里叶变换（DFT）的数据符号与滤波器的脉冲响应的时域点积，其等效于频域中的循环卷积。即使对于没有稀疏频率响应的滤波器，这种方法也非常有效。GFDM 是灵活的，对其进行配置可以覆盖其他几个波形。OFDM 和单载波频域均衡（SC-FDE）可以被认为是 GFDM 的极端情况，GFDM 也可以覆盖滤波器组多载波（FBMC）的突发传输。子载波和子符号间隔的定义的轻微修改扩展了 GFDM 的灵活性，以包括超奈奎斯特（FTN）信令的特殊情况。GFDM 提供的前所未有的自由度使这种灵活的波形成为 5G PHY 的强大候选者。本章将探讨这种调制方案的基本原理，展示如何使用它并与其他技术相结合，以解决 5G 网络带来的挑战。

13.1 5G 场景和动机

从与 5G 网络相关的现有研究来看，显然必须解决的要点是灵活性[4]。几种新的应用被用来提供不同的服务，这些新应用程序被组织在各种场景中，具体如图 13.1 所示。显然，不同场景的需求不能被同时满足，理解新业务和其相关需求是设计下一代移动网络波形的基础。本节描述了这些方案及其要求。

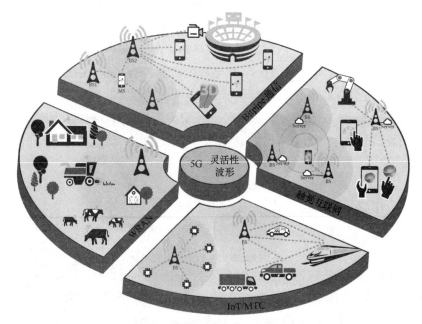

图 13.1 5G 网络的 4 个主要场景

13.1.1 Bitpipe 通信

视频点播正成为当今媒体消费的主要服务，移动设备是大多数用户的首选播放器。此外，智能手机中嵌入的高分辨率相机会生成大量图像和视频，用户希望通过社交媒体即时共享这些图像和视频。能够从任何地方上传和访问密集内容是 5G 网络的一个关键特征。估计表明，下一代移动网络标准能够处理的吞吐量比当前这一代数据速率提高 100 倍[2]。

只有当 5G PHY 的功能扩展到传统的正交方法之外时，才能解决这一需求。为了实现如此高的容量，小区的密度将不得不增加，从而导致异构网络。5G 波形必须减少 OOB 泄漏以使周围小区中的干扰最小化，并且还使协作多点（CoMP）算法[5]更有效。为了提供超过 1 Gbit/s 的数据速率，接入到大带宽的网络也是必不可少的，同时，频谱聚合和动态频谱接入发挥着重要作用。在这种情况下，波形必须具有出色的频谱定位功能，这样射频（RF）滤波就不会妨碍到接入大量非连续频谱的灵活性。频谱效率是 5G 波形的另一个关键特性，显然，必须在不导致任何性能损失的情况下，降低对抗多径信道的开销。最后，5G 波形必须与多输入多输出（MIMO）技术兼容，以便实现在移动环境中必要的稳健性和吞吐量。

13.1.2 物联网

物联网被认为是 5G 的主要技术之一。存在一种设备，这种设备测量与用户相关但并不由用户触发的不同参数，它们可用于提供各种全新的服务，这些服务从智能家居到智慧城市，再到车辆到车辆通信（V2V）等。广泛的应用也带来了广泛的要求。例如，V2V 要求基于单次发射的低延迟通信，其必须在短时间窗口中传送，例如，当相向而行的车辆彼此经过时。在智慧城市中，简单的功率受限设备用于测量不同的参数，把数据发送到信息中心进行处理。延迟和吞吐量不是关键问题，但功率效率是延长电池寿命的基础。这种有限的设备不能处理 4G 的需要严格同步的过程，因为同步所需的能量将远大于传输数据的能量。如果要使单个电池实现 10 年的使用寿命，这些设备必须保持空闲模式，唤醒以测量环境数据，并与网络大致同步（甚至不同步）地传输这些数据。然而，很明显，物联网将要求在连接到网络的用户（设备）数量方面具有更高的可扩展性。今天，预计在几年内，平均每个人会有 6.5 台设备连接到网络[6]。如何调度 PHY 资源以适应大量设备将是一个巨大的挑战，再次强调，在周围时间信道和频率信道中具有较低干扰的波形对于实现有效系统是必须的。

13.1.3 触觉互联网

触觉互联网是一个新概念[1]，其中用户和设备之间的交互能力更上一层楼。在触觉互联网应用中，用户触发的操作与系统响应之间的时间窗口必须小于 1 ms。该延迟比 LTE-A

的延迟低至少一个数量级。能够实现如此小的延迟的 5G 网络可以为运营商提供新的移动服务并为其带来新的营收。低延迟对于在线动作游戏和可穿戴设备（如智能眼镜和智能手套）尤其重要，以避免晕屏感。使用移动终端控制实际和虚拟对象也是一种必须利用低延迟提供良好的服务质量（QoS）和精度的应用。几个经济领域也将受益于触觉互联网，它可能是自短信服务（SMS，Short Message Service）以后移动通信领域的最大突破。

13.1.4　无线局域网

通信媒体可以通过下面的方式为人口稠密地区的居民提供良好的互联网接入服务：同轴电缆（数据符合电缆服务接口标准）、双绞线（数字用户线）、光纤（光纤到户）和无线（LTE-A、WiMAX 和 Wi-Fi）。另外，人口稀少地区的互联网服务很差，或根本没有服务，因为目前的技术无法提供适当的覆盖。卫星通信是一个有趣的解决方案，但目前的服务价格对大多数用户来说过高。移动网络是为遥远的农村地区提供数字服务的最有前途的解决方案，但是由于 4G 的覆盖范围不大［通常单个基站（BS）覆盖直径约为10 km］，覆盖大范围的低人口密度区域需要很多基站，成本高而收益小，这阻碍了使用4G 为人口稀少地区提供高质量互联网服务的实现。把 BS 的覆盖范围扩大到数十千米将使运营商能够部署经济上可行的无线局域网（WRAN），以便在农村地区提供网络接入。IEEE 802.22 试图通过使用 CR 技术探索空置的超高频（UHF）信道来解决这个问题。然而，如果高 OOB 泄漏的 OFDM 波形需要 RF 滤波器来满足监管机构规定的发射模板，在PHY 中使用这种 OFDM 波形将使得动态接入不同的信道非常具有挑战性。WRAN 信道还呈现长信道延迟分布，其需要更长的 CP。由于 OFDM 每个符号需要一个 CP，这可能导致过高的开销，从而大幅降低整个系统的容量。5G 网络具有低 OOB 泄漏和高效波形，可以在大区域覆盖且为农村地区带来高质量数字服务的模式下运行。该应用程序将超越现有移动网络的边界。如对牛进行监测以及农村自动化等服务可以提高大多数人的生活质量，将农业经营效率提高到一个新的水平。

13.2　GFDM 原理和性能

GFDM 成为 5G 网络最有前途的波形之一的主要特点是灵活性。本节将描述其原理，包括 GFDM 信号传输和检测，并评估它的 OOB 泄漏和 SER 的性能，还讨论了 GFDM 参数化的一个重要限制，并提出了一种利用 Zak 变换设计接收器滤波器的有效方法[7]。本节的描述将使读者明白 GFDM 的所有优点和潜力。

13.2.1 GFDM 波形

从图 13.2 和图 13.3 可以看出，GFDM[3]是一种多载波调制方案，其中，K 个子载波中的每一个在不同时隙中发送 M 个复值数据符号 $d_{k,m}$，$d_{k,m}$ 被定义为子符号。GFDM 块的总有效载荷由 $N = MK$ 复合符号组成。从这个意义上说，数据符号是按时频网格组织的，如图 13.3 所示。每个子载波由发射滤波器 $g_{k,m}[n]$进行脉冲整形，$g_{k,m}[n]$是由原型滤波器 $g[n]$在时间和频率上循环移位而产生的。

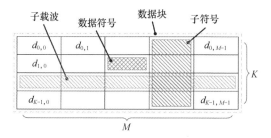

图 13.2 GFDM 的块结构和相关的术语

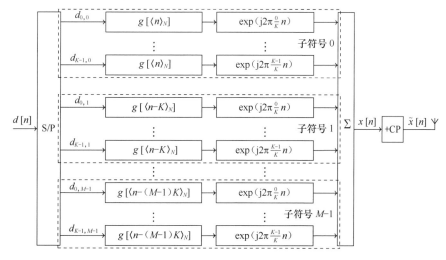

图 13.3 GFDM 调制器的块结构

$$g_{k,m}[n] = g\left[\langle n - mK \rangle_N\right]\exp\left(j2\pi\frac{k}{K}n\right) \qquad (13.1)$$

其中：

$k = 0, 1, \cdots, K-1$ 是子载波索引；

$m = 0, 1, \cdots, M-1$ 是子符号索引；

$n = 0, 1, \cdots, N-1$ 是样本索引。

循环卷积用于使用数据符号调制发送滤波器，这意味着 GFDM 块在 N 个样本中是自包含的，并且由式（13.2）给出

$$x[n] = \sum_{k=0}^{K-1}\sum_{m=0}^{M-1} d_{k,m}\delta\left[\langle n - mK \rangle_N\right]\cdot g[n]\exp\left(j2\pi\frac{k}{K}n\right) = \sum_{k=0}^{K-1}\sum_{m=0}^{M-1} d_{k,m}g_{k,m}[n] \qquad (13.2)$$

可以添加一个 CP 以保护 M 个子符号免受多径信道引入的帧间干扰（IFI）。在 OFDM 中，每个符号需要一个 CP，因此与 OFDM 相比，GFDM 的开销更低。注意，当 $M=1$ 时，GFDM 可以简化为 OFDM。令 $\tilde{x}[n]$ 为附加 CP 长度 $N_{CP}<N$ 的 GFDM 信号。假设具有长度为 L 的脉冲响应 $\hbar[n]$ 的多径时不变信道，意味着 $N_{CP}\geqslant L$。在这些情况下，在 GFDM 接收器中的信号，如图 13.4 所示，由式（13.3）给出

$$\tilde{y}[n] = \hbar[n]\odot\tilde{x}[n] + \tilde{w}[n] \qquad (13.3)$$

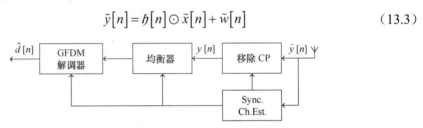

图 13.4 GFDM 接收机的块状图

其中，$\tilde{w}[n]$ 是加性高斯白噪声（AWGN）向量，长度为 $\tilde{N}=N+N_{CP}$。在移除 CP 之后，线性卷积变为循环卷积，并且没有 CP 的接收信号可写为

$$y[n] = x[n]\odot\hbar[n] + w[n] \qquad (13.4)$$

其中，$w[n]$ 是 AWGN 序列，这个序列剔除了和 CP 对应的样本。注意，在 N 个样本的周期内计算式（13.4）的循环卷积。由于循环卷积，GFDM 还可以利用频域中的简单均衡。因此，均衡化的接收信号可以写为

$$y_{eq}[n] = \mathcal{F}_N^{-1}\left(\frac{\mathcal{F}_N(y[n])}{\mathcal{F}_N(\hbar[n])}\right) \qquad (13.5)$$

其中，$\mathcal{F}_N$ 和 $\mathcal{F}_N^{-1}$ 分别代表 N 点 DFT 和离散傅里叶逆变换（IDFT）。

均衡后，可以使用一组接收滤波器恢复数据符号，其中接收滤波器的设计将在 13.2.2 节和 13.2.4 节中详述。现在，假设原型接收滤波器 $\gamma[n]$ 用于解调 $g[n]$ 发送的数据。在这种情况下，反推的数据符号由式（13.6）给出

$$\hat{d}_{k,m} = \left(\gamma'\left[\langle -n \rangle N\right] \odot y_{\text{eq}}[n] \exp\left(-\text{j}2\pi \frac{k}{K} n\right) \right)_{n=mK} \tag{13.6}$$

限幅器用于恢复数据位并将它们传送到数据池中。为了实现不同的目标，如低自干扰和良好的光谱定位等功能，可以设计不同的过滤子载波的脉冲形状。通常，$g[n]$ 导出的一系列非正交滤波器引入了 ISI 和 ICI，这意味着解调器必须设计成具有处理自生成干扰的功能。13.2.2 节介绍了 GFDM 信号的矩阵向量，可以深入了解如何设计不同的线性 GFDM 解调器。

13.2.2 GFDM 的矩阵表示法

GFDM 调制和解调过程可以通过矩阵运算来表示，这对于设计接收滤波器很有用。特别是，GFDM 块的数据符号被组织在（$K \times M$）数据矩阵中，由式（13.7）给出

$$\boldsymbol{D} = \begin{pmatrix} d_{0,0} & d_{0,1} & \cdots & d_{0,M-1} \\ d_{1,0} & d_{1,1} & \cdots & d_{1,M-1} \\ \vdots & & & \vdots \\ d_{K-1,0} & d_{K-1,1} & \cdots & d_{K-1,M-1} \end{pmatrix} = \begin{bmatrix} \boldsymbol{d}_{c,0} \boldsymbol{d}_{c,1} \cdots \boldsymbol{d}_{c,M-1} \end{bmatrix} = \begin{pmatrix} \boldsymbol{d}_{r,0} \\ \boldsymbol{d}_{r,1} \\ \vdots \\ \boldsymbol{d}_{r,K-1} \end{pmatrix} \tag{13.7}$$

矩阵 D 的列是（$K \times 1$）个矢量 $d_{c,m}$，其表示数据符号在第 m 个子符号中传输；而矩阵 D 的行是（$M \times 1$）个矢量 $d_{r,k}$，其中，数据符号在第 k 个子载波中传输。因此，矩阵 D 表示 GFDM 块的时频资源网格。

令 $\boldsymbol{g}_{k,m}$ 为具有发射滤波器脉冲响应 $g_{k,m}[n]$ 的样本的（$N \times 1$）向量。这些矢量可以被组织在调制矩阵中，由式（13.8）给出

$$\boldsymbol{A} = \begin{bmatrix} \boldsymbol{g}_{0,0} & \boldsymbol{g}_{1,1} & \cdots & \boldsymbol{g}_{K-1,0} & \boldsymbol{g}_{0,1} & \cdots & \boldsymbol{g}_{K-1,M-1} \end{bmatrix} \tag{13.8}$$

图 13.5 显示了给定原型滤波器的调制矩阵的结构。然后 GFDM 发送矢量由式（13.9）给出

$$\boldsymbol{x} = \boldsymbol{A}\boldsymbol{d} \tag{13.9}$$

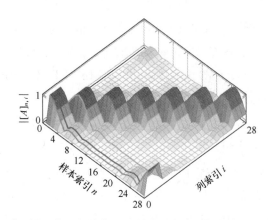

图 13.5　*M*=7、*K*=4 时调制矩阵 *A* 的结构，以及原型滤波器的滚降因子为 0.4 时的升余弦脉冲

其中，$\boldsymbol{d}$=vec(D)是通过一个接一个地堆叠矩阵 D 的列而获得的数据向量，即

$$\boldsymbol{d} = \begin{bmatrix} \boldsymbol{d}_{c,0}^{T} \boldsymbol{d}_{c,1}^{T} & \cdots & \boldsymbol{d}_{c,M-1}^{T} \end{bmatrix}^{T} \tag{13.10}$$

$(\cdot)^{T}$ 代表矩阵的转置操作。

通过将 x 的最后面的 N_{CP} 样本复制到其开头处，可以将 CP 添加到 GFDM 矢量中，从而得到发送矢量 $\tilde{x}$。

令 $\boldsymbol{h}$ 是一个（$N \times 1$）的向量，其中，前面 N_{ch} 个元素代表了信道脉冲响应，而后面的 $N - N_{ch}$ 个元素被归零。因此，移除 CP 之后的接收信号由式（13.11）给出

$$\boldsymbol{y} = \boldsymbol{H}\boldsymbol{x} + \boldsymbol{w} \tag{13.11}$$

其中，$\boldsymbol{H}$ 是基于 h 的（$N \times N$）循环矩阵，$\boldsymbol{w}$ 是由 AWGN 样本组成的（$N \times 1$）向量。可以借助于（$N \times N$）的傅里叶矩阵 $\boldsymbol{F}_N$ 获得频域中的接收信号，从而得到

$$\begin{aligned} \boldsymbol{Y} = \boldsymbol{F}_N \boldsymbol{y} &= \boldsymbol{F}_N \boldsymbol{H}\boldsymbol{x} + \boldsymbol{F}_N \boldsymbol{w} \\ &= \boldsymbol{F}_N \boldsymbol{H} \boldsymbol{F}_N^{H} \boldsymbol{F}_N \boldsymbol{x} + \boldsymbol{W} \\ &= \boldsymbol{F}_N \boldsymbol{H} \boldsymbol{F}_N^{H} \boldsymbol{X} + \boldsymbol{W} \end{aligned} \tag{13.12}$$

其中，$\boldsymbol{X}$ 和 $\boldsymbol{W}$ 分别是频域中的发射向量和 AWGN 矢量。注意，$\boldsymbol{F}_N \boldsymbol{H} \boldsymbol{F}_N^{H}$ 是一个对角矩阵，其中，主对角线上的元素为信道频率响应，其他地方为零。使用频域均衡器（FDE）可以得到

$$\boldsymbol{Y}_{eq} = \left(\boldsymbol{F}_N \boldsymbol{H} \boldsymbol{F}_N^{H}\right)^{-1} \boldsymbol{Y} = \boldsymbol{X} + \boldsymbol{F}_N \boldsymbol{H}^{-1} + \boldsymbol{F}_N^{H} \boldsymbol{W} \tag{13.13}$$

时域中的均衡接收向量由式（13.14）给出

$$\begin{aligned} \boldsymbol{y}_{eq} = \boldsymbol{F}_N^{H} \boldsymbol{Y}_{eq} &= \boldsymbol{F}_N^{H} \boldsymbol{X} + \boldsymbol{F}_N^{H} \boldsymbol{F}_N \boldsymbol{H}^{-1} \boldsymbol{F}_N^{H} \boldsymbol{W} \\ &= \boldsymbol{x} + \boldsymbol{H}^{-1} \boldsymbol{w} \end{aligned} \tag{13.14}$$

解调矩阵 B 用于从均衡的接收矢量中恢复数据符号，即

$$\hat{d} = B y_{\text{eq}} = B x + B H^{-1} w$$
$$= B A d + B H^{-1} w \tag{13.15}$$

可以使用不同的解调矩阵来恢复数据符号。式（13.15）的简单解决方案是使 $B A = I_N$，可以得到 ZF 解调矩阵

$$B_{\text{ZF}} = A^{-1} \tag{13.16}$$

ZF 解调器消除了由非正交发射滤波器引入的自干扰。这种方法的缺点是 ZF 滤波器对一个特定子载波的频率响应扩展到周围的子载波，意味着收集了其他频带的噪声，如图 13.6 所示，因此噪声增强和性能下降取决于选择的原型过滤器。

MF 解调矩阵由式（13.17）给出

$$B_{\text{MF}} = A^{\text{H}} \tag{13.17}$$

其中，$(\cdot)^{\text{H}}$ 是厄密算子，可以最大化每个检测到的符号的 SNR，但它会受到自生干扰的影响。图 13.6 显示 MF 解调器的脉冲响应被约束到所需的带宽之内，并且解调符号中没有增加噪声。然而，MF 解调器不能处理在发送侧引入的自干扰，这意味着由于解调数据的 ISI 和 ICI 而存在误码底限。图 13.7 显示了模糊矩阵 $C = B_{\text{MF}} A$ 的绝对值。主对角线上的元素为所需数据，剩余的非零值表示自干扰。

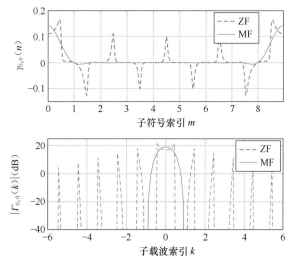

图 13.6　MF 和 ZF 原型接收滤波器的脉冲和频率响应

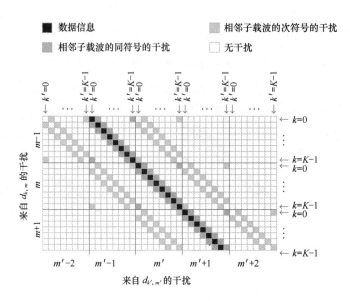

图 13.7　当 RRC 滤波器的滚降因子=0.9、*M*=7 以及 *K*=128 时，MF 调制器的模糊矩阵举例

MMSE 解调器在噪声和自干扰之间实现了良好的平衡。MMSE 考虑了噪声统计，对于低 SNR，MMSE 表现得像 MF 一样，可以减少噪声对解调数据符号的影响。另一方面，对于高 SNR，MMSE 解调器充当了 ZF 解调器，可以减少自干扰。MMSE 解调矩阵可以由式（13.18）给出

$$\boldsymbol{B}_{\mathrm{MMSE}} = (\boldsymbol{R}_{\omega} + \boldsymbol{A}^{\mathrm{H}} \boldsymbol{H}^{\mathrm{H}} \boldsymbol{H} \boldsymbol{A})^{-1} \boldsymbol{A}^{\mathrm{H}} \boldsymbol{H}^{\mathrm{H}} \tag{13.18}$$

其中，$\boldsymbol{R}_{\omega} = \sigma_{\omega}^2 \boldsymbol{I}_N$ 是噪声矢量的协方差矩阵，其中噪声矢量的方差为 σ_{ω}^2。

注意，式（13.18）已经考虑了信道矩阵，这意味着 MMSE 矩阵同时执行接收矢量的均衡和解调。因此，当采用 MMSE 解调器时，不需要进行均衡。MMSE 解调器的主要缺点是其复杂性，有两个方面的原因，一是噪声方差的估计器，二是在信道脉冲响应改变时，需要重新评估解调矩阵。

重要的是要注意，$\boldsymbol{B}$ 的第一行包含用于 MF 和 ZF 解调器的接收原型滤波器 γ，因此，可以从 $\boldsymbol{B}$ 轻松地获得在式（13.6）中使用的接收原型 $\gamma[n]$。这段结论也适用于 AWGN 信道的假设下的 MMSE 解调器。

13.2.3　连续干扰消除

MF 接收器能够最大化 SNR，但是当在发送侧使用非正交滤波器时，MF 接收器会受

到自干扰的影响。但是，如图 13.7 所示，当带宽限制滤波器［如根升余弦（RRC）MF 或升余弦（RC）］像原型滤波器一样用于给定子载波时，主要的干扰源来自周围的子载波。原型滤波器被设计为仅允许相邻子载波在频域中重叠，这意味着不存在来自不相邻子载波的干扰。

因此，当采用 MF 解调器时，SIC 算法[8]可以用迭代方法减少自干扰对 GFDM 的 SER 性能的影响。图 13.8 给出了用于 MF 解调器的 SIC 框图。接收过程的第一步包括解调和检测数据向量 $\hat{\boldsymbol{d}}$。然后，为了消除对 $\boldsymbol{d}_{r,k}^{(i)}$ 的干扰，选出来自相邻子载波的估计数据符号 $\hat{\boldsymbol{d}}_{r,k-1}$、$\hat{\boldsymbol{d}}_{r,k+1}$ 组成（$N\times1$）干扰消除矢量 $\boldsymbol{o}$，可以得出

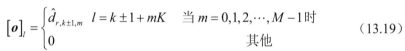

$$[\boldsymbol{o}]_l = \begin{cases} \hat{d}_{r,k\pm1,m} & l=k\pm1+mK \quad \text{当 } m=0,1,2,\cdots,M-1 \text{ 时} \\ 0 & \text{其他} \end{cases} \tag{13.19}$$

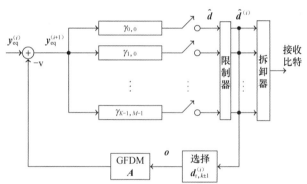

图 13.8　SIC 接收器的块结构

干扰消除矢量被应用于 GFDM 调制器以产生误差信号

$$\boldsymbol{v} = \boldsymbol{Ao} \tag{13.20}$$

从均衡的接收信号中减去该信号，以产生在第 k 个子载波上没有 ICI 的信号，由式（13.21）给出

$$\boldsymbol{y}_{\text{eq}}^{(i+1)} = \boldsymbol{y}_{\text{eq}}^{(i)} - \boldsymbol{v} \tag{13.21}$$

一旦所有子载波都没有了杂波，没有 ICI 的信号就被解调出来了。为了实现更好的 SER 性能，可以多次迭代这个过程。

以接收器侧的复杂性为代价，利用 SIC 算法可以实现与正交系统相当的 SER 性能[9]。然而，当在低 SNR 环境中使用密集星座时，误差的传播是一个问题。针对该问题的一种解决方案是，使用软判决而不是硬判决，其中，反馈到 SIC 算法的星座符号由它们通过

解码器[10]传递的特定可靠性（或对数似然比）加权。

13.2.4　用 Zak 变换设计的接收滤波器

矩阵表示法对于基于发送矩阵设计的接收滤波器是有用的。然而，当 M 和 K 很大时，矩阵表示法需要对矩阵求逆，因此获得 ZF 和 MMSE 解调器将是一个挑战。MMSE 解调器的挑战甚至更大，因为当每次对信道脉冲进行响应或噪声方差改变时，其都必须执行矩阵求逆运算。此外，当 A 是单数时，ZF 解调器不可用。因此，研究使 A 形成单数的原因对于定义适当的 GFDM 参数是必不可少的过程。此外，重要的是定义一种解决方案，该解决方案仅允许接收滤波器基于发送原型脉冲来设计，从而避免矩阵求逆计算的开销。Gabor 理论[7]是一个有趣的工具，它可以为这个问题提供有效的解决方案。

假设一组 $\mathcal{I} = TF$ 离散且有限序列 $u_{f,t}[n]$，它的 N 个样本是通过循环移位基本序列 $u[n]$ 得到的，即

$$u_{f,t}[n] = u\big[(n - t\Delta_{\mathrm{T}}) \bmod N\big] \exp\left(\mathrm{j}2\pi \frac{f\Delta_{\mathrm{F}}}{N} n \right) \tag{13.22}$$

序列的长度由 $N = T\Delta_{\mathrm{T}} = F\Delta_{\mathrm{F}}$ 定义。时间和频率偏移分别由 $\Delta_{\mathrm{T}} = N/T$ 和 $\Delta_{\mathrm{F}} = N/F$ 定义。

考虑一个长度为 N 的周期序列 $r[n]$，如式（13.23）所示，其可以从 $u_{f,t}$ 序列扩展。

$$r[n] = \sum_{f=0}^{F-1} \sum_{t=0}^{T-1} a_{f,t} u_{f,t}[n] \tag{13.23}$$

在这个意义上，$a_{f,t}$ 称为 Gabor 系数，而式（13.23）是 Gabor 的扩展。对于 $N = \Delta_{\mathrm{F}}\Delta_{\mathrm{T}}$，Gabor 帧被称为临界采样，这个假设条件贯穿以后的内容。在这种情况下，Gabor 系数可以借助于序列 $v_{f,t}[n]$ 与 $u_{f,t}[n]$ 耦合获得，这意味着

$$\langle u_{f',t'}, v_{f,t}\rangle = \sum_{n=0}^{N-1} u_{f',t'}[n] v_{f,t}^*[n] = \begin{cases} A\delta[n] & \text{当 } t' = t \text{ 且 } f' = f \text{时} \\ 0 & \text{其他} \end{cases} \tag{13.24}$$

其中：

$v_{f,t}[n]$ 是分析窗口；

$\langle \boldsymbol{a}, \boldsymbol{b} \rangle$ 是两个通用向量 $\boldsymbol{a}$ 和 $\boldsymbol{b}$ 之间的内积；

A 是一个常数值。

然后，Gabor 变换可以定义为[7]

$$a_{f,t} = \sum_{n=0}^{N-1} r[n] v_{f,t}[n] \tag{13.25}$$

当比较式（13.9）和式（13.23）时，很明显 GFDM 调制是一个临界采样的 Gabor 扩展，其中数据符号是 Gabor 系数（$a_{f,t}=d_{k,m}$），原型滤波器是 Gabor 扩展的基本序列（$u[n]=g[n]$），$\Delta_T=K$，$\Delta_F=M$，$N=KM$。比较式（13.6）和式（13.25）还得出结论 GFDM 解调是接收信号的 Gabor 变换，其中，接收滤波器是分析窗口（$v[n]=\gamma[n]$）。主要问题是如何根据 Gabor 帧的基本序列来计算分析窗口。Gabor 帧是严格采样的，Gabor 扩展是唯一的，并且对于给定的 $g[n]$ 只有一个分析窗口。因此，借助于离散 Zak 变换（DZT），可以从基本序列有效地计算分析窗口，定义为

$$\mathcal{G}[k,m] = \mathcal{Z}^{(K,M)}\{g(n)\} = \sum_{l=0}^{M-1} g[k+lK] \exp\left(-j2\pi \frac{m}{M} l\right) \tag{13.26}$$

DZT 在（$K \times M$）矩阵中重新排列输入向量的样本，其中每行包含第 lK 个元素，即

$$\boldsymbol{G}_{\text{Zak}} = \begin{bmatrix} g[0] & g[K] & \cdots & g[(M-1)K] \\ g[0] & g[K] & \cdots & g[(M-1)K+1] \\ \vdots & \vdots & & \vdots \\ g[K-1] & g[2K-1] & \cdots & g[(MK-1)] \end{bmatrix} \tag{13.27}$$

并且将 DFT 应用于结果矩阵的每一行，从而得到

$$\mathcal{G} = \boldsymbol{G}_{\text{Zak}} \boldsymbol{F}_M^{\text{T}} \tag{13.28}$$

这是式（13.26）的矩阵形式。首先将 IDFT 应用于 $\mathcal{G}$ 的每一行，然后通过堆叠列来重新排列所得到的样本来获得 DZT 的逆，即

$$\boldsymbol{g} = \frac{1}{M} \text{vec}(\mathcal{G}\boldsymbol{F}_M^*) \tag{13.29}$$

对于临界采样的时频帧，如 GFDM，分析窗口的 DZT（$\Gamma[n,k]$），可以从基本序列的 DZT（$\mathcal{G}[n,k]$）获得

$$\Gamma[k,m] = \frac{1}{K\mathcal{G}^*[k,m]} \tag{13.30}$$

在式（13.30）中应用 iDZT 可以得到期望的分析窗口 $\gamma[n]$。注意到此过程会得到 ZF 接收滤波器[7]。可以使用相同的原理来获得 AWGN 信道下的 MMSE 接收滤波器。但是，在这种情况下，必须考虑以下基本顺序。

$$g_{\mathrm{MMSE}}[n] = g[n] + \sigma_\omega^2 \gamma[n] \qquad (13.31)$$

使用 DZT 获得接收滤波器的过程提供了可用于设计 GFDM 滤波器参数的重要思路。Balian-Low 定理[7]指出在时域和频域中很好地定位的序列,如文献中常用的 RC 和 RRC 滤波器,不能产生 Gabor 帧,并且这些序列的连续时间的 Zak 变换至少有一个空值。如果在 DZT 中对该空值进行了采样,则无法计算 $\mathcal{G}$ 的逐元素逆,并且不存在分析窗口。如图 13.9 所示,当 K 和 M 为偶数时,原型滤波器的 DZT 在 $\mathcal{G}[k=K/2,\ m=M/2]$ 时是空值。在这种情况下,调制矩阵是单数的,不存在 ZF,并且当采用其他解调器时 GFDM 表现得更差。实际上,对于对称的实值基本序列,当 K 和 M 是偶数时,连续时间 Zak 变换总会采样到一些空值,这意味着在设计 GFDM 系统时必须避免这种组合。

图 13.9 所示的观察结果是当 α 和 M 增加时,$\mathcal{G}[k, m=M/2]$ 的最小值减小,(假设 M 的奇数值)。这意味着分析窗口将具有更高的峰值幅度,从而为 ZF 解调器提供更高的噪声增强。因此,对于给定数量的子载波,当采用 ZF 解调器时,使用较小的 α 和 M 通常将得到更好 SER 性能的 GFDM 方案。

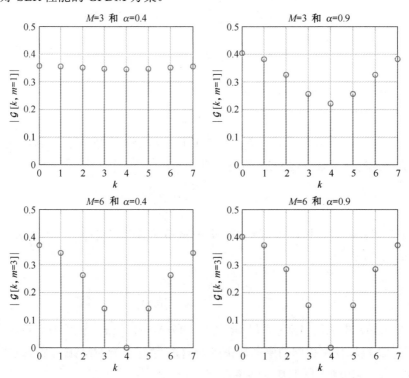

图 13.9 不同参数情况下 RC 的 DZT:K=8,$M \in \{3, 6, 15\}$,滚降因子为 $\alpha \in \{0.4, 0.9\}$

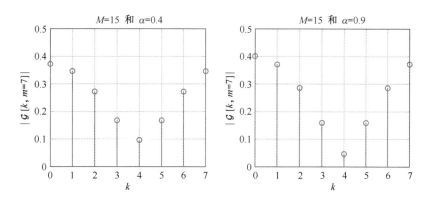

图 13.9 不同参数情况下 RC 的 DZT：K=8，$M \in \{3, 6, 15\}$，滚降因子为 $\alpha \in \{0.4, 0.9\}$（续）

13.2.5 低 OOB 排放的解决方案

与 OFDM 相比，子载波滤波可以减少 GFDM 的 OOB 泄漏，如图 13.10 所示。然而，如图 13.11 所示，GFDM 模块之间的突发转换限制了 OOB 泄漏可降低的量。通过使用保护子符号或时间窗口，可以进一步减少 OOB 泄漏。

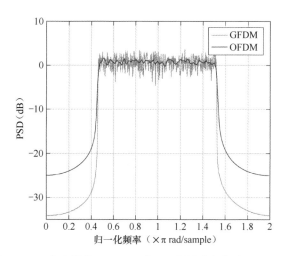

图 13.10 在参数为 K=128（有 68 个活动自载波）、M=7、
α=0.5 时的 RC、GFDM 和 OFDM 的 PSD

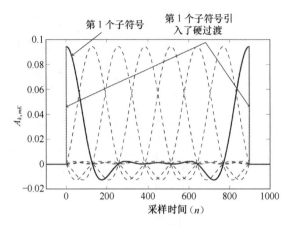

图 13.11　GFDM 块的第 1 个子符号引入了时域信号的突变，
这导致了很高的 OOB 泄漏

13.2.5.1　保护符号——广义频分复用

为了减少 OOB 发射，有必要平滑 GFDM 块之间的转换。时域中信号的循环性允许简单而优雅地减少 GFDM 块之间的突然转换。从图 13.11 中可以看出，第一个子符号包围了块的边缘，引入了突发的幅度不连续性。

如果擦除第一个子符号，则在 GFDM 块之间引入了 GS，并且信号的边缘向零渐变，使得块之间的转换平滑。这种技术称为带保护符号的 GFDM，图 13.12 显示了 GS-GFDM 信号。

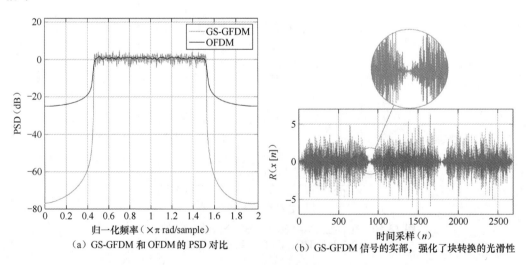

（a）GS-GFDM 和 OFDM 的 PSD 对比　　（b）GS-GFDM 信号的实部，强化了块转换的光滑性

图 13.12　GS-GFDM 信号

CP 的添加将使块之间的转换更难。避免这个问题的一个解决方案是使最后的子符号为空并使 $N_{\mathrm{CP}}=K$。这种方法的缺点是减少了吞吐量，由式（13.32）给出

$$R_{\mathrm{GS}} = \frac{M-2}{M} \times \frac{KM}{KM+K} = \frac{M-2}{M+1} \qquad (13.32)$$

13.2.5.2　加窗 GFDM

加窗 GFDM（W-GFDM）采用时间窗来平滑 GFDM 块之间的转换，如图 13.13 所示。

图 13.13　W-GFDM 时域信号，时间窗被用来使得 GFDM 之间的转换平滑

长度 $N_{\mathrm{CP}}=N_{\mathrm{CH}}+N_{\mathrm{W}}$ 的 CP 和长度 $N_{\mathrm{CS}}=N_{\mathrm{W}}$ 的循环后缀（CS）被添加到 GFDM 块上，其中，N_{CH} 是信道脉冲响应的长度，N_{W} 是时间窗口转换的长度。注意，CS 只是将 GFDM 块的第一个 N_{CS} 样本复制到其末尾。时间窗定义为

$$\omega[n] = \begin{cases} \omega_{\mathrm{rise}}[n] & 0 \leqslant N_{\mathrm{W}} \\ 1 & N_{\mathrm{W}} \leqslant n \leqslant N_{\mathrm{CP}}+N \\ \omega_{\mathrm{fall}}[n] & N_{\mathrm{CP}}+N \leqslant n \leqslant N_{\mathrm{CP}}+N+N_{\mathrm{W}} \end{cases} \qquad (13.33)$$

其中，$\omega_{\mathrm{rise}}[n]$ 和 $\omega_{\mathrm{fall}}[n]$ 分别是时间窗的上升和下降段。斜升和斜降段可呈现不同的形状。最常见的情况是线性、余弦、RC 和四阶 RC[3]。图 13.14 显示了采用 32 个样本的线性和余弦斜升和斜降时 W-GFDM 实现的 PSD。很显然，改变斜升和斜降序列会影响 OOB 泄漏。在信号边缘引入低导数拐点的序列可以提供较低的 OOB 泄漏。

即使 M 较低，W-GFDM 也可以实现低 OOB 泄漏并仍能够保持高频谱效率。由斜坡上升和斜坡下降边缘引入的速率损失通过式（13.34）给出

$$R_{\mathrm{W}} = \frac{N}{N+N_{\mathrm{CP}}+2N_{\mathrm{W}}} \qquad (13.34)$$

由于 N_{CP} 被定义为信道脉冲响应的函数，它对 GS-GFDM 和 W-GFDM 的速率损失的影响是一样的。斜坡上升和斜坡下降序列的长度远小于 GFDM 块的长度，这意味着 R_{ω} 通常高于 R_{GS}。从图 13.12 和图 13.14 可以得出结论，GS-GFDM 和 W-GFDM 的 OOB 泄

漏水平相当。因此，对于低 OOB 泄漏的高效 PHY，W-GFDM 可以被视为一种更有前景的解决方案。

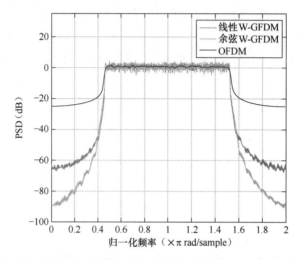

图 13.14　用线性和余弦窗口的 W-GFDM 的 PSD 与 OFDM 的对比

13.2.6　GFDM 符号差错率的性能分析

由于非正交波形受到 ICI 和 ISI 的影响，这些影响必须在接收器侧处理。在本节中，通过假设 MF、ZF 和 MMSE 解调器的信道模型不同，对 GFDM SER 的性能进行了评估。表 13.1 描述了用于模拟的参数，而表 13.2 给出了仿真的信道模型。本节将考虑 3 种信道模型：AWGN 信道；频率选择性信道（FSC），它在−10 dB～0 dB 之间有线性变化的 16 个采样点；时变信道（TVC，Time Variant Channel），由一个具有零均值和酉方差正态分布的复杂随机采样组成。

13.2.6.1　AWGN 信道下的 SER 性能

GFDM 的 SER 性能取决于用于恢复数据的解调器。假设 ZF 解调器可以容易地获得参考符号错误概率（SEP，Symbol Error Probability）等式。在这种情况下，自干扰可以从接收信号中被完全消除，但由于接收滤波器可以收集到来自其他频带的噪声，这些噪声被噪声增强因子（NEF，Noise Enhancement Factor）所增强，NEF 定义为

$$\xi = \sum_{n=0}^{N-1} \left| \gamma_{ZF}\left[n \right] \right|^2 \tag{13.35}$$

表 13.1　仿真参数

参数	GFDM	OFDM
映射	16-QAM	16-QAM
传输滤波器	RC	Rect.
Roll-off（α）	0 或 0.9	0
子载波的数量（K）	64	64
子符号的数量（M）	9	1
CP 长度（N_{CP}）	16	16
CS 长度（N_{CS}）	0	0
窗口	未使用	未使用

表 13.2　仿真的信道模型

信道模型	脉冲响应
平滑 AWGN	$\boldsymbol{h}_{flat} = 1$
FSC	$\boldsymbol{h}_{FSC} = \left(10^{\frac{-(2/3)i}{20}} \right)_{i=0,\cdots,15}^{\mathrm{T}}$
TVC	$\boldsymbol{h}_{TVC} = h, h \sim CN(0,1)$

因此，具有 ZF 解调器的 GFDM 的 SEP 由式（13.36）给出

$$p_{AWGN}(e) = 2\left(\frac{\kappa - 1}{\kappa} \right) \mathrm{erf}\left(\sqrt{\varrho} \right) - \left(\frac{k-1}{k} \right) \mathrm{erf}c^2\left(\sqrt{\varrho} \right) \tag{13.36}$$

在这里 $\kappa = \sqrt{2^\mu}$，μ 是每个数据符号的位数。

$$\varrho = \frac{3R_{\mathrm{T}}}{2(\kappa^2 - 1)} \cdot \frac{E_s}{\xi N_0} \tag{13.37}$$

其中，E_s 是每个数据符号的平均能量，N_0 是 AWGN 频谱密度。
并且

$$R_{\mathrm{T}} = \frac{KM}{KM + N_{CP} + N_{CS}} \tag{13.38}$$

考虑了由 CP 和 CS 引入的 SNR 损失。

NEF 引起的性能下降程度取决于原型发射滤波器。通常，要去除的干扰越高，NEF越强。这意味着当使用 RC 滤波器时，高滚降将导致高 NEF，而小滚降导致 NEF 可忽略不计。图 13.15 比较了由式（13.36）推导出的 3 个线性 GFDM 解调器的性能，而 OFDM的 SER 被绘制为参考。图 13.15（a）和（b）分别显示了 $\alpha=0$ 和 $\alpha=0.9$ 的结果。

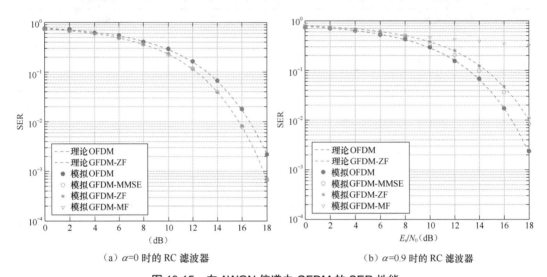

（a）$\alpha=0$ 时的 RC 滤波器　　　　　　　　（b）$\alpha=0.9$ 时的 RC 滤波器

图 13.15　在 AWGN 信道中 GFDM 的 SER 性能

从图 13.15（a）可以看出，GFDM 优于 OFDM 归功于 GFDM 能够更有效地使用 CP。此外，3 个解调器具有相同的性能，因为 $\alpha=0$ 的 RC 滤波器产生了 Dirichlet 脉冲并且使GFDM 正交。在图 13.15（b）中，当使用 MF 解调器时，自干扰导致误码率升高。NEF降低了 ZF 解调器的性能，而 MMSE 解调器实现了 ZF 和 MF 之间的折中。对于低 SNR，MMSE 解调器表现为 MF，降低了 NEF 的影响。对于高 SNR，MMSE 表现为 ZF，以 NEF为代价消除干扰。如 13.2.2 和 13.2.4 节所述，MMSE 的缺点是必须在接收器侧知道噪声的方差，并且每当 SNR 改变时都必须重新计算接收滤波器。

13.2.6.2　FSC 下的 SER 性能

在 FSC 下，NEF 的影响随接收滤波器和信道频率响应而变化，这意味着 SEP 将在子载波间变化。因此，FSC 下 GFDM 整体的 SEP 可以以其平均值来计算，近似为

$$p_{\text{FSC}}(e) = 2\left(\frac{\kappa-1}{\kappa K}\right)^2 \sum_{l=0}^{K-1} \text{erfc}\left(\sqrt{\varrho_l}\right) - \frac{1}{K}\left(\frac{\kappa-1}{\kappa}\right)^2 \sum_{l=0}^{K-1} \text{erfc}^2\left(\sqrt{\varrho_l}\right) \qquad （13.39）$$

$$Q_l = \frac{3R_T}{2(\kappa^2-1)} \cdot \frac{E_s}{\xi_l N_0} \qquad (13.40)$$

$$\xi_l^2 = \frac{1}{MK} \sum_{k=0}^{MK-1} \left| \frac{G_{R_{l,0}}[-k]}{H[k]} \right|^2 \qquad (13.41)$$

$G_{R_{l,0}}[k]$ 是第 l 个子载波和第一个子符号的滤波器频率响应，并且 ξ_l 是第 l 个子载波的对应 NEF。请注意，每个子符号的噪声增强是相同的。然而，FSC 的响应导致原型滤波器在频域中的每个位置的 NEF 的值不同。图 13.16 描述了表 13.2 中 FSC 下 GFDM 的 SER 性能。

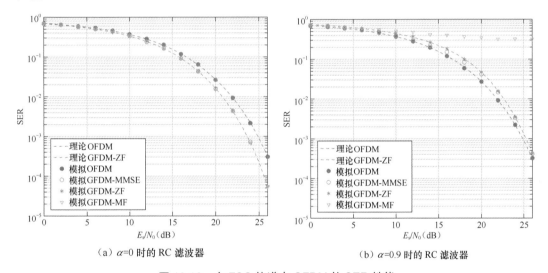

（a）$\alpha=0$ 时的 RC 滤波器　　　　　（b）$\alpha=0.9$ 时的 RC 滤波器

图 13.16　在 FSC 信道中 GFDM 的 SER 性能

从图 13.16（a）可以看出，当发射脉冲正交时，这些 GFDM 解调器的性能相同。同样，由于更好地使用了 CP，GFDM 性能优于 OFDM。图 13.16（b）显示 ISI 和 ICI 严重影响了 MF 解调器的性能，导致了误码底限高。正如预期的那样，与使用正交脉冲获得的 SER 相比，ZF 解调器的噪声增强引起了性能损失，并且在 SNR 较低时，MMSE 解调器可以最小化噪声增强的影响。一个有趣的观察结果是，在 SNR 较高时，GFDM 的 SER 曲线比 OFDM 的 SER 曲线更陡峭。这种现象可以通过以下事实来解释：GFDM 每个子载波具有 M 个样本，支持解调器探索频率分集功能。

13.2.6.3　TVC 下的 SER 性能

当假设信道相干时间大于一个 GFDM 块时，可以近似获得在 TVC 条件下，带 ZF 解

调器的 GFDM 的 SER 性能。在这种情况下，SEP 由式（13.42）给出

$$p_{\mathrm{TVC}}(e) = 2\left(\frac{\kappa-1}{\kappa}\right)\left(1-\sqrt{\frac{\varrho_r}{1+\varrho_r}}\right)$$
$$-\left(\frac{\kappa-1}{\kappa}\right)^2\left[1-\frac{4}{\pi}\sqrt{\frac{\varrho_r}{1+\varrho_r}}a\tan\left(\sqrt{\frac{\varrho_r}{1+\varrho_r}}\right)\right] \quad（13.42）$$

其中，

$$\varrho_r = \frac{3\sigma_r^2 R_{\mathrm{T}}}{\kappa^2-1}\frac{E_s}{\xi N_0} \quad（13.43）$$

假设在 MF、ZF 和 MMSE 解调器中使用了表 13.2 中描述的 TVC，图 13.17 显示了在 TVC 信道中 GFDM 的 SER 性能。同样，OFDM 的 SER 性能被作为参考。

先前讨论的信道模型下观察到的行为在这里也可以看到。如当脉冲形状正交时，GFDM 解调器呈现相同的性能，如图 13.17（a）所示。GFDM 和 OFDM 曲线之间的差距是由于前者更好地使用了 CP 等。当采用非正交脉冲时，MMSE 解调器优于具有误码底限高的 MF 解调器和易受噪声增强影响的 ZF 解调器。

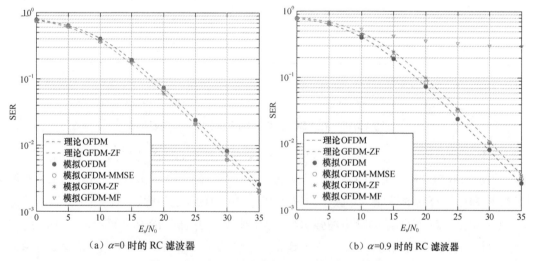

（a）$\alpha=0$ 时的 RC 滤波器　　　　　　（b）$\alpha=0.9$ 时的 RC 滤波器

图 13.17　在 TVC 信道中 GFDM 的 SER 性能

13.3　GFDM 的偏移量 QAM

在处理不同场景需求时，5G 波形具有良好的时频定位特性。然而，当以奈奎斯特速率发送信号时，时间和频率上良好定位的脉冲不能提供无干扰的通信[11]。滤波多载波调制克服了这一限制，它采用了 OQAM 映射来传输两个实值序列，可以同时实现正交性以及良好的时间和频率定位。该原理也可以应用于 GFDM，可以得到无自干扰的通信，这意味着在使用 MF 接收器时可以避免性能损失，并且 OQAM-GFDM 系统可以实现和正交系统相同的 SER 性能。时间和频率之间的二元性支持两种不同的 OQAM 与 GFDM 结合的方法。第一种是传统的时域方法，其中数据符号的实部和虚部是使用两个调制矩阵传输的，一个时间轴相对于另一个移位半个子符号。第二种方法是在频域中利用两个修改的发射矩阵来发送数据符号分量，其中子载波相对于彼此的频移为半个子载波。13.3.1 节和 13.3.2 节中介绍了这两种方法。

13.3.1　时域 OQAM-GFDM

时域 OQAM-GFDM（TD-OQAM-GFDM）[12]的基本思想是通过发送两个实数序列 $i_{k,m} = \Re(d_{r,k})$ 以及 $q_{k,m} = \Im(d_{k,m})$ 来避免自干扰，它有两个调制过程，其中第二个的脉冲形状被时移半个子符号（或 $K/2$ 个样本数）。这两组脉冲形状都来自对称的实值半奈奎斯特原型滤波器 $g[n]$。

$$g_{k,m}^{(\mathrm{R})}[n] = g\left[\left\langle n - mK \right\rangle_N\right] \exp\left(\mathrm{j}2\pi \frac{k}{K} n \right)$$

$$g_{k,m}^{(\mathrm{I})}[n] = \mathrm{j}g\left[\left\langle n - \left(m + \frac{1}{2}\right)K \right\rangle_N\right] \exp\left(\mathrm{j}2\pi \frac{k}{K} n \right) \tag{13.44}$$

目标是设计一个正交系统，这意味着 MF 接收器能够在理想的无噪声信道下完美地重建数据序列。考虑将 $g_{k_2,m_2}^{(\mathrm{R})}[n]$ 和 $g_{k_2,m_2}^{(\mathrm{I})}[n]$ 分别投影到 $g_{k_1,m_1}^{(\mathrm{R})}[n]$ 和 $g_{k_1,m_1}^{(\mathrm{I})}[n]$ 上，由式（13.45）给出

$$s_{k',m'}^{(\mathrm{RR})}[n] = g_{k_2,m_2}^{(\mathrm{R})}[n] \odot g_{k_1,m_1}^{*(\mathrm{R})}\left[\left\langle -n \right\rangle_N\right]$$

$$s_{k',m'}^{(\mathrm{IR})}[n] = g_{k_2,m_2}^{(\mathrm{I})}[n] \odot g_{k_1,m_1}^{*(\mathrm{R})}\left[\left\langle -n \right\rangle_N\right]$$

$$s_{k',m'}^{(\mathrm{RI})}[n] = g_{k_2,m_2}^{(\mathrm{R})}[n] \odot g_{k_1,m_1}^{*(\mathrm{I})}\left[\left\langle -n \right\rangle_N\right]$$

$$s_{k',m'}^{(II)}[n] = g_{k_2,m_2}^{(I)}[n] \odot g_{k_1,m_1}^{*(I)}\left[\left\langle -n \right\rangle_N\right] \qquad (13.45)$$

其中，$k' = k_2 - k_1$ 且 $m' = m_2 - m_1$。图 13.18 显示了这些对相关案例干扰的结果，假设在 RRC，$K=64$，并且 $M=9$ 的条件下。

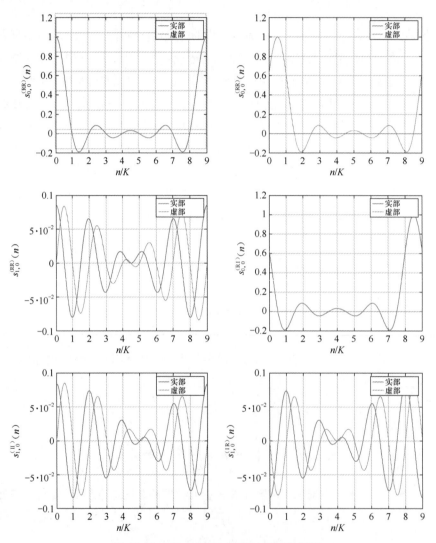

图 13.18　TD-OQAM-GFDM 的干扰规律

信号 $s_{0,0}^{(RR)}[n]$ 和 $s_{0,0}^{(II)}[n]$ 显示出在 $g_{k,m}^{(R)}[n]$ 和 $g_{k,m}^{(I)}[n]$ 上发送的信息利用半奈奎斯特脉冲形状可以从 ISI 中恢复，$s_{0,0}^{(RI)}[n]$ 项表明 $g_{k,m}^{(R)}[n]$ 不会对虚部引入干扰。$s_{1,0}^{(RR)}[n]$ 和 $s_{1,0}^{(IR)}[n]$ 表

示相邻子载波在 $n=(m+1/2)K$ 处不对子载波的实部引入干扰。而且，子载波的虚部是在 $n=mK$ 时无 ICI。最后，$s_{1,0}^{(II)}[n]$ 表示相邻子载波的虚部允许在实数分量的 $n=mK$ 处无 ICI 接收，而对于虚数分量，则在 $n=(m+1/2)K$。

因此，为了避免 ICI，相邻的子载波必须具有 $\pi/2$ 的相位旋转，这达到了交换实部和虚部的效果。用于传输实值数据的脉冲形状被重新定义为

$$g_{k,m}^{(R)}[n] = j^{\langle k\rangle_2} g\left[\langle n-mK\rangle_N\right]\exp\left(j2\pi\frac{k}{K}n\right)$$

$$g_{k,m}^{(I)}[n] = j^{\langle k\rangle_2} g\left[\left\langle n-\left(m+\frac{1}{2}\right)K\right\rangle_N\right]\exp\left(j2\pi\frac{k}{K}n\right) \tag{13.46}$$

而 TD-OQAM-GFDM 信号可以写成

$$x_{OQAM}[n] = \sum_{m=0}^{M-1}\sum_{k=0}^{K-1} i_{k,m} g_{k,m}^{(R)}[n] + j\sum_{m=0}^{M-1}\sum_{k=0}^{K-1} q_{k,m} g_{k,m}^{(I)}[n] \tag{13.47}$$

基于 $g_{k,m}^{(R)}[n]$ 和 $g_{k,m}^{(I)}[n]$ 的 MF 接收机可用于恢复发送的数据。

$$\hat{i}_{k,m} = \Re\left\{x[n]\odot g_{k,m}^{*(R)}\left[\langle -n\rangle_N\right]\right\}_{n=mK}$$

$$\hat{q}_{k,m} = \Im\left\{x[n]\odot -jg_{k,m}^{*(I)}\left[\langle -n\rangle_N\right]\right\}_{n=(m+\frac{1}{2})K} \tag{13.48}$$

注意，MF 接收器仅能够在无干扰的平坦信道情况下恢复信息。对于多径信道，均衡信号必须在 MF 接收器之前。当在 TD-OQAM-GFDM 块之间插入 CP 时，可以使用 FDE 完成均衡信号，13.2 节对此进行了详细描述。图 13.19 描述了 TD-OQAM-GFDM 收发器原理。

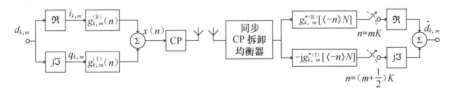

图 13.19 TD-OQAM-GFDM 收发器原理

TD-OQAM-GFDM 的矩阵表示法

矩阵表示法可使用 $\boldsymbol{g}_{k,m}^{(R)}[n]$ 和 $\boldsymbol{g}_{k,m}^{(I)}[n]$ 两个发射矩阵来描述 TD-OQAM-GFDM，这两个发射矩阵可表示为 $(N\times1)$ 向量 $\boldsymbol{g}_{k,m}^{(R)}$ 和 $\boldsymbol{g}_{k,m}^{(I)}$。TD-OQAM-GFDM 矩阵由式（13.49）给出

$$A^{(\mathrm{R})} = \left[\, \boldsymbol{g}_{0,0}^{(\mathrm{R})} \cdots \boldsymbol{g}_{K-1,0}^{(\mathrm{R})} \cdots \boldsymbol{g}_{K-1,M-1}^{(\mathrm{R})} \,\right]$$

$$A^{(\mathrm{I})} = \left[\, \boldsymbol{g}_{0,0}^{(\mathrm{I})} \cdots \boldsymbol{g}_{K-1,0}^{(\mathrm{I})} \cdots \boldsymbol{g}_{K-1,M-1}^{(\mathrm{I})} \,\right] \tag{13.49}$$

TD-OQAM-GFDM 发送向量可写为

$$\boldsymbol{x}_{\mathrm{OQAM}} = A^{(\mathrm{R})}\Re\{\boldsymbol{d}\} + \mathrm{j}A^{(\mathrm{I})}\Im\{\boldsymbol{d}\} \tag{13.50}$$

在通过多径信道传输之前，把 CP 添加到 TD-OQAM-GFDM 向量上。在进行了同步、CP 去除和均衡等步骤之后的接收信号由式（13.51）给出

$$\boldsymbol{y}_{\mathrm{OQAM}} = \boldsymbol{x}_{\mathrm{OQAM}} + \boldsymbol{H}^{-1}\boldsymbol{w} \tag{13.51}$$

使用 MF 接收器对数据符号进行恢复

$$\hat{\boldsymbol{d}} = \Re\left\{\boldsymbol{B}^{(\mathrm{R})}\boldsymbol{y}_{\mathrm{OQAM}}\right\} + \mathrm{j}\Im\left\{-\mathrm{j}\boldsymbol{B}^{(\mathrm{I})}\boldsymbol{y}_{\mathrm{OQAM}}\right\} \tag{13.52}$$

这里

$$\boldsymbol{B}^{(\cdot)} = \left(A^{(\cdot)}\right)^{\mathrm{H}} \tag{13.53}$$

$(\cdot)$ 代表 (R) 或 (I) 两个调制矩阵。图 13.20 描绘了基于矩阵模型的 TD-OQAM-GFDM 收发器的框图。

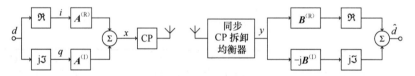

图 13.20 基于矩阵模型的 TD-OQAM-GFDM 收发器的框图

13.3.2 频域 OQAM-GFDM

假设一个应用于调制矩阵 $A^{(\cdot)}$ 的酉变换矩阵 $\boldsymbol{U}_N$。这个酉变换矩阵 $\boldsymbol{U}_N$ 也可以应用到 MF 滤波器上，可以得到

$$\left(\boldsymbol{U}_N A^{(\cdot)}\right)^{\mathrm{H}} \boldsymbol{U}_N A^{(\cdot)} = \left(A^{(\cdot)}\right)^{\mathrm{H}} \boldsymbol{U}_N^{\mathrm{H}} \boldsymbol{U}_N A^{(\cdot)} = \left(A^{(\cdot)}\right)^{\mathrm{H}} A^{(\cdot)} \tag{13.54}$$

式（13.54）表明，当调制矩阵是酉变换时，其可以保持真正的正交性。现在假设使用傅里叶矩阵 $\boldsymbol{F}_N$，得到给定的频域调制矩阵

$$\boldsymbol{\mathcal{A}}^{(\cdot)} = \boldsymbol{F}_N^{\mathrm{H}} A^{(\cdot)} \tag{13.55}$$

式（13.55）表明用 $\boldsymbol{\mathcal{A}}^{(\cdot)}$ 传输的数据在频域中定义，逆傅里叶变换可以将其变回时域信号。因此，频域 OQAM-GFDM（FD-OQAM-GFDM）可以定义为[13]

$$\boldsymbol{x}_{\text{OQAM}} = \boldsymbol{\mathcal{A}}^{(\text{R})}\Re\{\boldsymbol{d}\} + j\boldsymbol{\mathcal{A}}^{(\text{I})}\Im\{\boldsymbol{d}\} \tag{13.56}$$

在进行了同步、CP 去除和均衡等步骤之后的接收信号 $\boldsymbol{y}_{\text{OQAM}}$ 可用于恢复数据符号，如式（13.57）所示

$$\hat{\boldsymbol{d}} = \Re\left\{\boldsymbol{\mathfrak{B}}^{(\text{R})}\boldsymbol{y}_{\text{OQAM}}\right\} + j\Im\left\{-j\boldsymbol{\mathfrak{B}}^{(\text{I})}\boldsymbol{y}_{\text{OQAM}}\right\} \tag{13.57}$$

这里

$$\boldsymbol{\mathfrak{B}}^{(\cdot)} = \left(\boldsymbol{\mathcal{A}}^{(\cdot)}\right)^{\text{H}} = \left(\boldsymbol{A}^{(\cdot)}\right)^{\text{H}}\boldsymbol{F}_N \tag{13.58}$$

FD-OQAM-GFDM 与 TD-OQAM-GFDM 是相互耦合的，其交换了子载波和子符号的角色。此外，在频域中定义的 RRC 滤波器（其遍布所有子载波）可以推导出在时域中具有良好定位的脉冲，这个脉冲将仅与周围的两个子符号相互作用。因此，半奈奎斯特条件可以确保无 ICI 通信，而子载波之间的 $M/2$ 个样本（半个子载波）的移位将保证无 ISI 链路。显然，在这种情况下，子符号的数量必须是偶数。

13.4　通过预编码提高灵活性

到目前为止，GFDM 已被证明是一种灵活的调制方案，具有多种配置和多个自由度。然而，在调制过程中，可以通过数据符号的预编码来为方案提供更大灵活性[14]。为了研究这个特性，必须从不同的角度分析调制过程。

13.4.1　每个子载波的 GFDM 处理

假设

$$d_{r,k}[n] = \sum_{m=0}^{M-1} d_{k,m}\delta[n - mK] \tag{13.59}$$

这是在第 k 个子载波上发送的数据序列。重写式（13.2）以得到 $d_k[n]$ 和每个子载波的脉冲形状之间的循环卷积。

$$x[n] = \sum_{k=0}^{K-1} d_{r,k}[n] \odot g[n] \exp\left(j2\pi\frac{k}{K}n\right) \quad (13.60)$$

循环卷积在频域中的结果：

$$D_{r,k}[f] = \mathcal{F}_N\left\{d_{r,k}[n]\right\}$$

$$G_k[f] = \mathcal{F}_N\left\{g[n]\exp\left(j2\pi\frac{kM}{N}n\right)\right\} = G\left[\langle f - kM\rangle_N\right] \quad (13.61)$$

其中，$G[f] = \mathcal{F}_N\{g[n]\}$。由于 $D_{r,k}[f]$ 是由 K 对 M 个数据符号进行上采样得到的 N 个点的 DFT，因此 $D_{r,k}[f]$ 等于 $\mathcal{F}_M\{d_{r,k}[m]\}$ 的 K 倍。现在，式（13.60）被写为

$$x[n] = \mathcal{F}_N^{-1}\left\{\sum_{k=0}^{K-1} D_{r,k}[f]G_k[f]\right\} \quad (13.62)$$

再者，矩阵表示法是调制链的描述方法。第一步是向频域中的第 k 个子载波 $\boldsymbol{d}_{r,k} = [d_{k,0}d_{k,1}\cdots d_{k,M-1}]^T$ 传输数据符号

$$\boldsymbol{Y}_k^{(M)} = \boldsymbol{F}_M \boldsymbol{d}_{r,k} \quad (13.63)$$

接下来，频域中的数据重复 K 次以产生 N 点的 DFT。这可以通过定义为式（13.64）的重复矩阵来实现

$$\boldsymbol{R}^{(K,M)} = \boldsymbol{1}_{K,1} \otimes \boldsymbol{I}_M \quad (13.64)$$

其中，$\boldsymbol{1}_{i,j}$ 是 1 的（$i \times j$）矩阵，$\otimes$ 是 Kronecker 积。频域中数据符号的上采样结果是

$$\boldsymbol{Y}_k^{(N)} = \boldsymbol{R}^{(K,M)} \boldsymbol{Y}_k^{(M)} \quad (13.65)$$

然后，将频域中的上采样数据符号乘以原型滤波器的频率响应，使其移位到子载波的中心频率。让

$$\boldsymbol{G} = \text{diag}(\boldsymbol{F}_N \boldsymbol{g}) \quad (13.66)$$

其中，当 $\boldsymbol{u}$ 是列向量时，$\text{diag}(\boldsymbol{u})$ 返回以 $\boldsymbol{u}$ 为主对角线的对角矩阵，如果 $\boldsymbol{u}$ 是方阵，则返回主对角线。因此，$\boldsymbol{G}$ 是以原型滤波器频率响应作为主对角线的矩阵。为了获得第 k 个子载波的滤波器频率响应，$\boldsymbol{G}$ 的行必须适当地移位，得到

$$\boldsymbol{G}_k = \boldsymbol{\Lambda}_k \boldsymbol{G} \quad (13.67)$$

其中，$\boldsymbol{\Lambda}_k$ 是一个移位矩阵

$$\boldsymbol{\Lambda}_k = \boldsymbol{\Psi}\left(\lambda_K^{(k)}\right) \otimes \boldsymbol{I}_M \quad (13.68)$$

$\Psi(\cdot)$ 是一个函数，它基于输入的列向量来返回循环矩阵，而 $\boldsymbol{\lambda}_K^{(k)}$ 是一个（$K\times1$）向量，第 k 个位置为 1，其他位置为 0。

因此，发射矢量由式（13.69）给出

$$\boldsymbol{x} = \boldsymbol{F}_M^{\mathrm{H}} \sum_{k=0}^{K-1} \boldsymbol{G}_k \boldsymbol{Y}_k^{(N)} \tag{13.69}$$

均衡接收矢量 $\boldsymbol{y}_{\mathrm{eq}}$ 的解调过程遵循相反的步骤，得到

$$\hat{\boldsymbol{Y}}_k^{(M)} = \frac{1}{M} \left(\boldsymbol{R}^{(K,M)} \right)^{\mathrm{T}} \boldsymbol{\Gamma} \left(\boldsymbol{\Lambda}_k \right)^{\mathrm{T}} \boldsymbol{F}_N \boldsymbol{y}_{\mathrm{eq}} \tag{13.70}$$

其中

$$\boldsymbol{\Gamma} = \mathrm{diag}\left(\boldsymbol{F}_N \gamma \right)$$

γ = 接收滤波器（MF、ZF 或 MMSE 接收器）。

恢复的数据符号可以由式（13.71）得出

$$\hat{\boldsymbol{d}}_{r,k} = \boldsymbol{F}_M^{\mathrm{H}} \hat{\boldsymbol{Y}}_k^{(M)} \tag{13.71}$$

这里介绍的方法可用于具有可承受复杂度的 GFDM 收发器的实现[15,16]。

13.4.2　每个子符号的 GFDM 处理

通过单独处理子符号来代替处理子载波，从而生成相同的 GFDM 发送矢量。如本节所述，这种方法可以显著降低实现复杂性。在式（13.60）中展开写出循环卷积可以得到

$$x[n] = \sum_{m=0}^{M-1} g\left[\langle n - mK \rangle_N \right] \underbrace{\sum_{k=0}^{K-1} d_{k,m} \exp\left(\mathrm{j}2\pi \frac{k}{K} n \right)}_{\text{IDFT数据中的}M\text{个序列}} \tag{13.72}$$

式（13.72）中的第二个求和表示在第 m 个子符号中传输的数据符号共 K 个点的 IDFT，但由于 n 的范围对其重复 M 次并乘以 K。将式（13.62）与式（13.72）进行比较，可以得出前者的实现要复杂得多，因为它需要执行 K 次 M 个点的 DFT 和一个 N 点 IDFT 以在时域中生成发送的序列，而对于后者，只需要 M 个大小为 K 的 IDFT 来获得传输序列。

同样，式（13.72）也可以用矩阵表示法表示。首先，可以通过式（13.73）获得在第 m 个子符号中传输的数据符号的 K 个点的 IDFT

$$\partial_m^{(K)} = \boldsymbol{F}_K^{\mathrm{H}} \boldsymbol{d}_{c,m} \tag{13.73}$$

式（13.64）中定义的重复矩阵也可用于将数据符号的 IDFT 合并为

$$\partial_m^{(N)} = \boldsymbol{R}^{(M,K)} \partial_m^{(K)} \tag{13.74}$$

并且 GFDM 传输向量可写为

$$\boldsymbol{x} = \sum_{m=0}^{M-1} \boldsymbol{\Lambda}_K^{(m)} \mathrm{diag}(\boldsymbol{g}) \partial_m^{(N)} \tag{13.75}$$

均衡后的接收矢量可以被正确解调为

$$\hat{\partial}_m^{(K)} = \left(\boldsymbol{R}^{(M,K)}\right)^{\mathrm{T}} \mathrm{diag}(\gamma) \left(\boldsymbol{\Lambda}_K^{(m)}\right)^{\mathrm{T}} \boldsymbol{y}_{\mathrm{eq}} \tag{13.76}$$

并且接收的数据符号由式（13.77）给出

$$\hat{\boldsymbol{d}}_{c,m} = \boldsymbol{F}_K \hat{\partial}_m^{(K)} \tag{13.77}$$

处理每个子符号的 GFDM 信号大大降低了实现的复杂性，并且这是一种有趣的方法，适合于不需要信道均衡的应用。

13.4.3 GFDM 的预编码

式（13.63）和式（13.73）可被视为传输之前对数据符号的预编码操作，而式（13.71）和式（13.77）是接收器侧的对应逆操作。在所提出的情况中，傅里叶矩阵用作了预编码，但一般而言，任何酉变换都可用于实现特定目标。

为了对预编码理论概括，让我们假设进行逐个子符号的 GFDM 处理。但是，请注意，推理也可以应用于逐个子载波的 GFDM 处理。现在考虑满足以下条件的（$j \times j$）通用酉变换矩阵 Δ_j

$$\Delta_j^{\mathrm{H}} \Delta_j = \boldsymbol{I}_j \tag{13.78}$$

在这种情况下，待传输的预编码样本由式（13.79）给出

$$\partial_m^{(K)} = \Delta_K^{\mathrm{H}} \hat{\boldsymbol{d}}_{c,m} \tag{13.79}$$

同时式（13.75）可用于生成发送矢量。

在接收器侧，在使用式（13.76）恢复估计的预编码样本之后，通过获得估计的接收符号

$$\hat{\boldsymbol{d}}_{c,m} = \Delta_K \hat{\partial}_m^{(K)} \tag{13.80}$$

图 13.21 显示了使用预编码时 GFDM 通信链的框图。

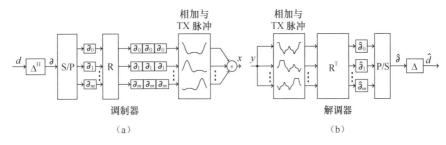

图 13.21　使用预编码时 GFDM 通信链的框图

预编码通过采用或组合不同的变换矩阵，使得增强 GFDM 的灵活性和稳健性具有可能性。接下来介绍一个简单而强大的示例，说明如何使用预编码来使 GFDM 受益。

Walsh–Hadamard 变换（WHT）–GFDM

低延迟场景的挑战是要实现通过 FSC 上的可靠的单发传输通信。在这种情况下，必须以较低的错误概率接收相对较小的包，因为低延迟要求不允许重传错过的包。使用 WHT 的预编码可以有效地增加多径信道上 GFDM 的稳健性[17]。主要思想是在所有子载波上扩展数据符号，因此即使子载波子集受到严重衰减的影响，也可以在接收器侧正确地检测数据符号。

为了实现这一目标，对于每个子符号，使用 Walsh-Hadamard 矩阵把数据符号 $d_{c,m}$ 进行线性组合。

$$\boldsymbol{\Omega}_K = \frac{1}{\sqrt{2}}\begin{bmatrix} \boldsymbol{\Omega}_{K/2} & \boldsymbol{\Omega}_{K/2} \\ \boldsymbol{\Omega}_{K/2} & -\boldsymbol{\Omega}_{K/2} \end{bmatrix} \tag{13.81}$$

其中，$\boldsymbol{\Omega}_1=1$，因此，在第 m 个子符号中传输的数据系数由式（13.82）给出

$$\boldsymbol{c}_m = \boldsymbol{\Omega}_K \boldsymbol{d}_{c,m} \tag{13.82}$$

在接收器侧，GFDM 解调之后，可以将数据符号重建为

$$\hat{\boldsymbol{d}}_{c,m} = \boldsymbol{\Omega}_K^{\mathrm{H}} \hat{\boldsymbol{c}}_c = \boldsymbol{\Omega}_K \hat{\boldsymbol{c}}_m \tag{13.83}$$

Walsh-Hadamard 矩阵可以使用式（13.73）中给出的预编码定义与传统的 GFDM 调制链组合。因此，预编码样本被定义为

$$\partial_m^{(K)} = \boldsymbol{F}_K^{\mathrm{H}} \boldsymbol{\Omega}_K \boldsymbol{d}_{c,m} \tag{13.84}$$

请注意，在这种情况下，预编码矩阵由式（13.85）给出

$$\Delta_K = \boldsymbol{\Omega}_K^{\mathrm{H}} \boldsymbol{F}_K \qquad (13.85)$$

并且式（13.75）可以用于生成发送矢量，而式（13.76）可以用于估计预编码的样本。最后，通过式（13.80）获得数据重建。使用 ZF 解调器的 WHT-GFDM 的 SER 性能可以通过式（13.39）估算，平均 SNR 修改为

$$\varrho = \frac{3R_{\mathrm{T}} \left| H_e \right|^2}{2 \left(\kappa^2 - 1 \right)} \frac{E_s}{\xi_l N_0} \qquad (13.86)$$

由 WHT 引入的调制矩阵的变化也会影响 NEF，其必须按照式（13.87）被评估

$$\xi_l = \sum_{i=0}^{N-1} \left| \left[\boldsymbol{\Psi} A^{-1} \right]_{l,i} \right|^2 \qquad (13.87)$$

其中

$$\boldsymbol{\Psi} = \boldsymbol{I}_M \otimes \boldsymbol{\Omega}_K \qquad (13.88)$$

最后，每个子载波的等效信道频率响应由式（13.89）给出

$$H_e = \left(\frac{1}{K} \sum_{k=0}^{K-1} \frac{1}{\left| H[k] \right|^2} \right)^{-1/2} \qquad (13.89)$$

图 13.22 显示了 WHT-GFDM 的 SER 性能，假设表 13.3 中给出了参数，表 13.4 中给出了信道延迟范围。该图显示 WHT 引入的增益很大程度上取决于通道延迟曲线。当信道在频率响应中呈现窄而深的陷波时，可以预期有更高的增益，而在具有温和频率响应的信道下获得的增益较小。因此，WHT-GFDM 是一种有趣的方案，用于必须结合低 OOB 泄漏和稳健性的场景。

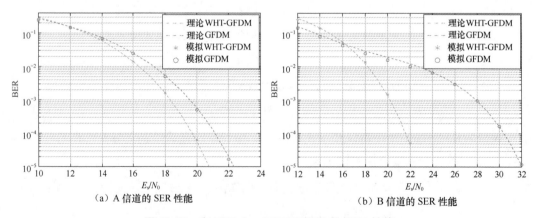

（a）A 信道的 SER 性能　　　　（b）B 信道的 SER 性能

图 13.22　在 FSC 上，WHT-GFDM 的 SER 性能

<h1 style="text-align:center">13.5　GFDM 的发射分集</h1>

针对无线信道引入的损伤的稳健性是 5G PHY 的基础，而 MIMO 在时变和频率变量信道下对 SER 性能方面的增强发挥着重要作用。可以探索 GFDM 块结构以将时间反向空时码（TR-STC）应用于发送信号的时域采样，从而导致利用传统 Alamouti 方案获得的相同发射分集增益[18]。这种方法的缺点是需要两个 GFDM 帧来对发送序列进行空时编码，从而增加接收器侧的延迟。显然，这对延迟敏感的应用程序来说不是一个有利的解决方案。该问题的解决方案在于使用一个 GFDM 帧内的两个相邻子符号对数据符号进行空时编码。然而，子载波和子符号之间固有的 ICI 和 ISI 要求在接收器侧使用广泛线性处理（WLP，Widely Linear Processing）[19]进行联合解调、组合和均衡以获得多样性。两种方法都在 13.5.1 节和 13.5.2 节中描述。

表 13.3 所示为仿真参数，表 13.4 所示为信道时延范围。

表 13.3　仿真参数

参数	值
映射	16-QAM
传输滤波器	RC
Roll-off (α)	0.25
子载波数量（K）	64
子符号数量（M）	7
GFDM 块间隔	256 μs
CP 间隔	32 μs
窗口	未使用

表 13.4　信道时延范围

信道 A	增益（dB）	0	−8	−14	—	—	—	—
	时延（μs）	0	4.57	9.14	—	—	—	—
信道 B	增益（dB）	0	−10	−12	−13	−16	−20	−22
	时延（μs）	0	2.85	4.57	6.28	9.71	15.43	20

13.5.1　时间反转 STC-GFDM

TR-STC[20]支持在 FSC 下的单载波（SC，Single Carrier）系统内使用空时码（STC）。

GFDM 块结构支持 TR-STC 直接应用于发送序列。考虑随后的两个 GFDM 帧 x_i 和 x_{i+1}，其中，GFDM 信号 $(x_i)_n=(x_i)[n]$ 在第 i 个信令窗口中发送。两个天线为两个子序列时隙发送的信号由式（13.90）给出。

其中，$X_i=F_N x_i$，并且 i 是偶数，称为时间反转时空编码

$$\left(F_N^{\mathrm{H}} X_i^* \right)_n = x_i^* \left[\langle -n \rangle_N \right] \tag{13.90}$$

在接收机侧，移除 CP 之后，频域中第 l 个接收天线处的子序列时间窗口的信号由式（13.91）给出

$$Y_{i,l} = F_N H_{1,l} F_N^{\mathrm{H}} X_i - F_N H_{2,l} F_N^{\mathrm{H}} X_{i+1}^* + W_{1,l}$$

$$Y_{i+1,l} = F_N H_{1,l} F_N^{\mathrm{H}} X_{i+1} + F_N H_{2,l} F_N^{\mathrm{H}} X_i^* + W_{2,l} \tag{13.91}$$

其中，$H_{j,l}$ 是基于 $h_{j,l}$ 的循环矩阵，信道脉冲响应介于第 j 个发射和第 l 个接收天线之间。

设 $\mathcal{H}_{j,l} = F_N H_{j,l} F_N^{\mathrm{H}}$，所以式（13.91）可以重写为

$$Y_{i,l} = \mathcal{H}_{1,l} X_i - \mathcal{H}_{2,l} X_{i+1}^* + W_{1,l}$$

$$Y_{i+1,l} = \mathcal{H}_{1,l} X_{i+1} + \mathcal{H}_{2,l} X_i^* + W_{2,l} \tag{13.92}$$

注意，$\mathcal{H}_{j,l}$ 是一个对角矩阵。

为了实现完全的分集，这些信号可以有如下组合

$$\hat{X}_i = \mathcal{H}_{\mathrm{eq}}^{-1} \sum_{l=1}^{L} \left(\mathcal{H}_{1,l}^* Y_{i,l} + \mathcal{H}_{2,l} Y_{i+1,l}^* \right)$$

$$\hat{X}_{i+1} = \mathcal{H}_{\mathrm{eq}}^{-1} \sum_{l=1}^{L} \left(\mathcal{H}_{1,i}^* Y_{i+1,l} + \mathcal{H}_{2,l} Y_{i,l}^* \right) \tag{13.93}$$

其中

$$\mathcal{H}_{\mathrm{eq}} = \sum_{l=1}^{L} \sum_{j=1}^{2} \mathcal{H}_{j,l} \odot \mathcal{H}_{j,l}^* \tag{13.94}$$

$\odot$ 是矩阵的 Hadamard 乘积（单元乘法）。

可以通过解调式（13.93）在时域中的向量来获得估计的数据符号

$$\hat{d}_i = B F_N^{\mathrm{H}} \hat{X}_i \tag{13.95}$$

13.5.1.1　多用户场景

TR-STC-GFDM 是一种优雅的解决方案，它通过探究 GFDM 模块结构来提供完整的发送和接收分集。通过与多个用户共享子载波，还可以容易地调整该方案以允许多个接入。该解决方案被称为 TR-STC 广义频分多址（TR-STC-GFDMA）。图 13.23 显示了在移动通信系统的上行链路信道条件下的通信链的框图。

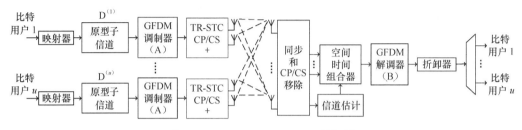

图 13.23　TR-STC-GFDMA 的框图

在这种场景下，U 个用户共享 TR-STC-GFDM 码字的 K 个可用子载波。因此，每个用户 u 使用两个时隙来发送 TR-STC-GFDM 序列，这个序列基于数据矩阵 $\boldsymbol{D}_i^{(u)}$，只有在指定给第 u 个用户的子载波具有非零符号。由于 GFDM 固有的非正交性，用户的子载波不能有重叠。这意味着必须将一个子载波用作用户之间的保护带。注意，具有一个或两个发射天线的用户可以共享相同的 TR-STC-GFDM 块。

假设每个用户对 QoS 具有相同的需求，可以使用两种方法将子载波分配给用户。在第一种方法中，信道状态信息（CSI）对发射器不可用，并且每个用户可以接收 $K_U=K/U-K_g$ 个相邻子载波，其中，K_g 是保护子载波的数量。

对于第二种方法，假设中心节点可以访问所有用户的 CSI，并且基于信道质量执行信道分配，这由式（13.96）[21]给出。

$$G_p^{(u)} = \sum_{k \in K_p} \left(\mathcal{H}_{\text{eq}}^{(u)} \right)_k \tag{13.96}$$

其中，K_p 是第 p 个可用子带的子载波样本集合，$p=1,2,\cdots,U$。用户按照优先级列表接收可用的最佳信道。可以使用几种方法来定义优先级列表。在这种情况下，将考虑两种方法：第一种是随机优先级列表，第二种是首先具有最佳信道质量的用户优先选择。随机信道分类在用户之间提供了更公平的信道资源分配，但是一旦可以将子带分配给信道质量比其他用户更低的用户，就可能会降低整体的数据速率。基于信道质量的信道分类会使信道的整体使用更好，因为子带将被最能够利用它们的用户占用。这种方法的缺点是具有单个发射天线的用户不太可能优先选择信道，导致与随机优先级列表相比这些用户的平均性能受到损失。另一方面，具有两个发射天线的用户的整体性能得到了改善。

13.5.1.2 TR–STC–GFDMA 的 SER 性能分析

TR-STC-GFDMA 可以实现与正交 STC 方案相同的分集增益，但是当采用 ZF 接收器和非正交滤波器时，噪声增强会引入损失。

通过考虑 GFDM 的 NEF，可以从用于正交方案的 SEP（见参考文献[11]中的第 13 章）导出频率选择性衰落信道下 TR-STC-GFDM SER 性能的近似值。得到的近似值由式（13.97）给出

$$p_e \approx 4\zeta \sum_{i=0}^{JL-1} \binom{JL-1+i}{i} \left(\frac{1+\eta}{2}\right)^i \tag{13.97}$$

其中，J 和 L 分别是发射天线和接收天线的数量。

$$\zeta = \left(\frac{\kappa-1}{\kappa}\right)\left(\frac{1-\eta}{2}\right)^{JL} \tag{13.98}$$

$$\eta = \sqrt{\frac{\hbar_e^2 \, Q_r}{2 + \hbar_e^2 \, Q_r}} \tag{13.99}$$

$$\hbar_e^2 = \sum_n E\left[\left|\hbar_n\right|^2\right] \tag{13.100}$$

本小节中的模拟结果基于表 13.5 中的参数。

表 13.5　仿真参数

参数	值
映射	16-QAM
传输滤波器	RC
Roll-off（α）	0.25
子载波的数量（K）	64
子符号的数量（M）	9
CP 长度（N_{CP}）	16 samples
CS 长度（N_{CS}）	0 samples
窗口	未使用
TX 天线的数量（J）	1 或 2

续表

参数	值
RX 天线的数量（L）	1
用户数（U）	8
间隔子载波的数量（K_g）	1

模拟中使用的参考信道脉冲响应在表 13.6 中给出，每个采样点都乘以了复数正态随机变量 $h_r \in \mathcal{CN}(0,1)$。

表 13.6　TR-STC-GFDMA 仿真的信道功率延迟范围

Tap (*n*th sample)	0	1	2	3	4	5	6
Tap 增益 $h(n)$ (dB)	0	−1	−2	−3	−8	−17.2	−20.8

图 13.24 显示了 8 个用户的 TR-STC-GFDMA SER 性能，其中，3 个用户有一个发射天线，5 个用户有两个发射天线[21]。CSI 在发射端不可用，因此，需采用固定的信道分配。完整的 CSI 可在接收器端使用。

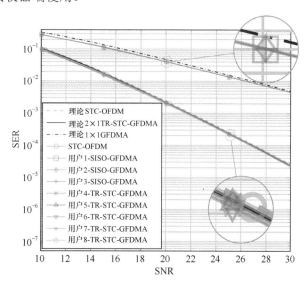

图 13.24　在发送端不使用 CSI 情况下的 TR-STC-GFDMA SER 性能，
其中采用了分配固定信道的方式

观察图 13.24，可以得出结论，式（13.97）中给出的近似可用于估计 TR-STC-GFDMA 的 SER 性能。

而且，多址方案支持具有一个或两个发射天线的用户共享 TR-STC-GFDMA 资源而不引入进一步的干扰。显然，具有一个发射天线的用户不会受益于发射分集增益。

当 CSI 在发送侧可用时，可以更有效地将子带分配给用户。图 13.25（a）显示了在使用用户间随机优先级时的 TR-STC-GFDMA SER 性能，而图 13.25（b）显示了使用基于信道质量的优先级的 SER 性能[21]。

从图 13.25（a）可以看出，CSI 的使用改善了所有用户的 SER 性能。与静态子带分配相比，具有一个发射天线的用户有 8 dB 增益，而具有两个发射天线的用户大约有 4 dB 增益。当优先级列表基于最大信道质量时，与具有一个发射天线的用户相比，子带分配更有益于具有两个发射天线的用户。图 13.25（b）显示，与静态子带分配相比，具有两个发射天线的用户有 5 dB 增益，而仅具有一个发射天线的用户获得 4 dB 增益。可以使用若干其他策略在用户之间分配子带，例如，对具有差的信道条件的用户或具有单个发射天线的用户进行优先级排序。这里给出的方法是示例，以突出当考虑用户之间的子带分布时 CSI 可用于改善系统性能的事实。

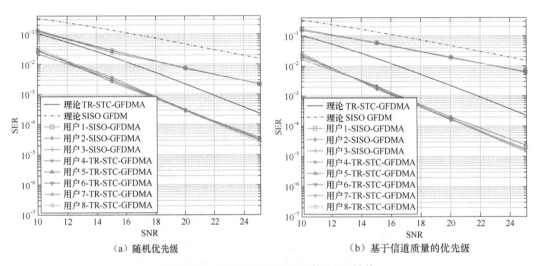

（a）随机优先级　　　　　　　　（b）基于信道质量的优先级

图 13.25　TR-STC-GFDMA 的 SER 性能

13.5.2　广泛线性均衡器（WLE）STC-GFDM

低延迟应用程序并不对使用两个 GFDM 块来构建 STC 码字感兴趣。在这种情况下，更期望使用单个 GFDM 块，其中，STC 码字由数据符号构成。但是，由于 ISI 和 ICI，在组合之前解耦子载波将导致残余 ISI，严重降低整体系统的性能[22]。这个问题的解决方案是使用 WLE [23]联合解调、组合和均衡 GFDM 块，如 13.5.2.1 节所述。

13.5.2.1　用于 GFDM 块的 STC

在一个 GFDM 块内构建 STC 码字有两种基本方法：（1）使用来自相同子载波的相邻子符号；（2）使用来自相同子符号的相邻子载波。第一种方法的优点是，每个子载波的信道频率响应可以是不同的，这适用于低延迟应用；缺点是，GFDM 需要奇数个符号来表现出良好的性能，但是空时编码需要偶数个子符号。因此，必须将一个子符号留空，从而降低吞吐量。但是，空子符号可以用作 GS，得到 GS-GFDM，或插入导频用于同步和信道估计。这里的 STC 将使用相邻子符号的方法。

$$\boldsymbol{D}_1^{(s)} = \left[\boldsymbol{d}_{c,1}\boldsymbol{d}_{c,2} \quad \cdots \quad \boldsymbol{d}_{c,M-2}\boldsymbol{d}_{c,M-1}\right] = \boldsymbol{D}^{(s)} \tag{13.101}$$

$\boldsymbol{D}_1^{(s)}$ 是由第一个天线发送的数据矩阵。注意 $\boldsymbol{D}^{(s)}$ 是通过去除 D 的第一个子符号导出的 $[K\times(M-1)]$ 矩阵。第二个天线发送的数据矩阵是

$$\boldsymbol{D}_2^{(s)} = \left[-\boldsymbol{d}_{c,2}^{*}\boldsymbol{d}_{c,1}^{*} \quad \cdots \quad -\boldsymbol{d}_{c,M-1}^{*}\boldsymbol{d}_{c,M-2}^{*}\right] = \boldsymbol{D}^{(s)*} \boldsymbol{P}^{(s)} \tag{13.102}$$

这里

$$\boldsymbol{P}^{(s)} = I_{(M-1)/2} \otimes \begin{bmatrix} 0 & 1 \\ -1 & 0 \end{bmatrix} \tag{13.103}$$

缩短版本的调制矩阵 $\boldsymbol{A}^{(s)}$ 用于调制数据向量，$\boldsymbol{A}^{(s)}$ 中去除了与第一个子符号相关的前 K 行。

$$\boldsymbol{x}_j^{(s)} = \boldsymbol{A}^{(s)}\boldsymbol{d}_j^{(s)} \tag{13.104}$$

其中，$\boldsymbol{d}_j^{(s)} = vec(\boldsymbol{D}_j^{(s)})$。

去除 CP 后，第 l 个接收天线处的信号由式（13.105）给出

$$y_l = \left[\hat{\boldsymbol{H}}_{1,l} \quad \hat{\boldsymbol{H}}_{2,l}\boldsymbol{P}\right]\begin{bmatrix} \boldsymbol{d}^{(s)} \\ \boldsymbol{d}^{(s)*} \end{bmatrix} + \boldsymbol{w}_l \tag{13.105}$$

其中

$$\hat{\boldsymbol{H}}_{j,l} = \boldsymbol{H}_{j,l}\boldsymbol{A}_s$$

$\boldsymbol{H}_{j,l}$ 表示从第 j 个发送到第 l 个接收天线的循环信道矩阵。

$$\boldsymbol{P} = \boldsymbol{P}^{(s)\mathrm{T}} \otimes \boldsymbol{I}_K$$

$\boldsymbol{w}_l$ 是第 l 个接收天线的 AWGN。

当这些信号是错误的时，WLP 可用于联合组合、解调和均衡接收的信号。图 13.26 显示了 WLE-STC-GFDM 通信链的框图。假设独立且相同分布的数据符号来自具有单一符号能量的旋转不变星座，则

$$E[\boldsymbol{d}^{(s)}\boldsymbol{d}^{(s)H}] = I_{K(M-1)} \quad E[\boldsymbol{d}^{(s)}\boldsymbol{d}^{(s)T}] = \boldsymbol{0}_{K(M-1)} \tag{13.106}$$

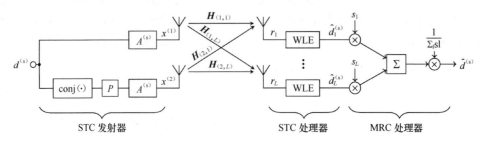

图 13.26　WLE-STC-GFDM 收发器的框图

其中，$\boldsymbol{0}_n$ 是 $n \times n$ 空矩阵，接收信号的自相关为

$$\boldsymbol{\Gamma}_l = E[\boldsymbol{y}_l\boldsymbol{y}_l^H] = [\hat{\boldsymbol{H}}_{1,l} \quad \hat{\boldsymbol{H}}_{2,l}\boldsymbol{P}]\begin{bmatrix} \hat{\boldsymbol{H}}_{1,l}^H \\ \boldsymbol{P}^H\hat{\boldsymbol{H}}_{2,l}^H \end{bmatrix} + \sigma_\omega^2 I_{MK} \tag{13.107}$$

而它的伪自相关由式（13.108）给出

$$\boldsymbol{C}_l = E[\boldsymbol{y}_l\boldsymbol{y}_l^T] = [\hat{\boldsymbol{H}}_{1,l} \quad \hat{\boldsymbol{H}}_{2,l}\boldsymbol{P}]\begin{bmatrix} \boldsymbol{P}^T\hat{\boldsymbol{H}}_{2,l}^T \\ \hat{\boldsymbol{H}}_{1,l}^T \end{bmatrix} \tag{13.108}$$

由于接收信号的伪自相关不为空，信号不合适，WLP 可用于改善接收器性能[22]。与传统的线性处理不同，WLE 采用接收信号及其共轭来估计发送的数据符号。两个滤波器用于组合、解调和均衡在第 l 个天线处接收的信号。

$$\hat{\boldsymbol{d}}_j^{(s)} = \begin{bmatrix} \boldsymbol{U}_l \\ \boldsymbol{V}_l \end{bmatrix}^H \begin{bmatrix} \boldsymbol{y}_l \\ \boldsymbol{y}_l^* \end{bmatrix} \tag{13.109}$$

为了最小化 $\hat{\boldsymbol{d}}_j^{(s)}$ 和 $\boldsymbol{d}^{(s)}$ 之间的均方误差（MSE），设计了滤波器 $\boldsymbol{U}_l$ 和 $\boldsymbol{V}_l$。它们是通过求解以下线性系统得到的

$$\begin{bmatrix} \boldsymbol{\Gamma}_l & \boldsymbol{C}_l \\ \boldsymbol{C}_l^* & \boldsymbol{\Gamma}_l^* \end{bmatrix}\begin{bmatrix} \boldsymbol{U}_l \\ \boldsymbol{V}_l \end{bmatrix} = \begin{bmatrix} \boldsymbol{\Phi}_l \\ \boldsymbol{\Theta}_l^* \end{bmatrix} \tag{13.110}$$

其中

$$\boldsymbol{\Phi}_l = \mathrm{E}[\boldsymbol{y}_l \boldsymbol{d}^{(\mathrm{s})^{\mathrm{H}}}] = \hat{\boldsymbol{H}}_{1,l} \tag{13.111}$$

且

$$\boldsymbol{\Theta}_l = \mathrm{E}[\boldsymbol{y}_l \boldsymbol{d}^{(\mathrm{s})^{\mathrm{T}}}] = \hat{\boldsymbol{H}}_{2,l} \boldsymbol{P} \tag{13.112}$$

式（13.110）的解由式（13.113）给出

$$\boldsymbol{U}_l = \boldsymbol{S}_l^{-1}(\boldsymbol{\Phi}_l - \boldsymbol{C}_l (\boldsymbol{\Gamma}_l^{-1})^* \boldsymbol{\Theta}_l^*)$$

$$\boldsymbol{V}_l = (\boldsymbol{S}_l^{-1})^*(\boldsymbol{\Theta}_l^* - \boldsymbol{C}_l^* \boldsymbol{\Gamma}_l^{-1} \boldsymbol{\Phi}_l) \tag{13.113}$$

其中，$\boldsymbol{S}_l = \boldsymbol{\Gamma}_l - \boldsymbol{C}_l (\boldsymbol{\Gamma}_l^{-1})^* \boldsymbol{C}_l^*$。

注意，因为 $\hat{\boldsymbol{H}}_{i,j}$ 是高矩阵，当噪声方差为零时，$\boldsymbol{\Gamma}_l$ 是奇异的。因此，ZF 的估计值不能直接从式（13.113）导出。但是，为了将 WLP 视为双尺寸线性系统，可以重写式（13.105）中的系统模型。

$$\underbrace{\begin{bmatrix} \boldsymbol{y}_l \\ \boldsymbol{y}_l^* \end{bmatrix}}_{y_l^{(a)}} = \hat{\boldsymbol{H}}_l^{(\mathrm{eq})} \underbrace{\begin{bmatrix} \boldsymbol{d}^{(\mathrm{s})} \\ \boldsymbol{d}^{(\mathrm{s})*} \end{bmatrix}}_{d^{(a)}} + \underbrace{\begin{bmatrix} \boldsymbol{w}_l \\ \boldsymbol{w}_l^* \end{bmatrix}}_{w_l^{(a)}} \tag{13.114}$$

其中

$$\hat{\boldsymbol{H}}_l^{(\mathrm{eq})} = \begin{bmatrix} \hat{\boldsymbol{H}}_{1,l} & \hat{\boldsymbol{H}}_{2,l} \boldsymbol{P} \\ \hat{\boldsymbol{H}}_{2,j}^* \boldsymbol{P} & \hat{\boldsymbol{H}}_{1,l}^* \end{bmatrix} \tag{13.115}$$

式（13.114）中 $\boldsymbol{d}^{(\alpha)}$ 的线性最小均方误差（LMMSE）估计量由式（13.116）给出

$$\hat{\boldsymbol{d}}_l^{(a,\mathrm{MMSE})} = \underbrace{\hat{\boldsymbol{H}}_l^{(\mathrm{eq})\mathrm{H}} (\hat{\boldsymbol{H}}_l^{(\mathrm{eq})} \hat{\boldsymbol{H}}_l^{(\mathrm{eq})\mathrm{H}} + \sigma_w^2 I)^{-1}}_{\mathrm{B}_l^{(\mathrm{MMSE})}} \boldsymbol{y}_l^{(a)} \tag{13.116}$$

直接计算表明

$$\hat{\boldsymbol{H}}_l^{(\mathrm{eq})} \hat{\boldsymbol{H}}_l^{(\mathrm{eq})\mathrm{H}} + \sigma_\omega^2 I = \begin{bmatrix} \boldsymbol{\Gamma}_l & \boldsymbol{C}_l \\ \boldsymbol{C}_l^* & \boldsymbol{\Gamma}_l^* \end{bmatrix} \tag{13.117}$$

因此，式（13.116）等效于式（13.109）和式（13.110）。将式（13.116）重写为其替代形式[24]可得

$$\hat{d}_l^{(\alpha,\text{MMSE})} = (\hat{H}_l^{(\text{eq})\text{H}} \hat{H}_l^{(\text{eq})} + \sigma_\omega^2 I)^{-1} \hat{H}_l^{(\text{eq})\text{H}} y_l^{(\alpha)} \tag{13.118}$$

这种重构允许我们通过假设 $\sigma_\omega = 0$ 来得出 ZF 估计器。

$$\hat{d}_l^{(\alpha,\text{ZF})} = (\hat{H}_l^{(\text{eq})\text{H}} \hat{H}_{l\omega}^{(\text{eq})})^{-1} \hat{H}_l^{(\text{eq})\text{H}} y_l^{(\alpha)} = B_l^{(\text{ZF})} y_l^{(\alpha)} \tag{13.119}$$

其中，$B_l^{(\text{ZF})} = \hat{H}_l^{(\text{eq})+}$ 是 $\hat{H}_l^{(\text{eq})}$ 的 Moore-Penrose 伪逆矩阵。

类似地，当 L 个接收天线联合组合时，可以导出广泛线性的 MMSE 和 ZF 估计器。

$$\underbrace{\begin{bmatrix} y_1^{(\alpha)} \\ y_2^{(\alpha)} \\ \vdots \\ y_L^{(\alpha)} \end{bmatrix}}_{y^{(\alpha)}} = \underbrace{\begin{bmatrix} \hat{H}_1^{(\text{eq})} \\ \hat{H}_2^{(\text{eq})} \\ \vdots \\ \hat{H}_L^{(\text{eq})} \end{bmatrix}}_{\hat{H}^{(\text{eq})}} d^{(\alpha)} + \underbrace{\begin{bmatrix} w_1^{(\alpha)} \\ w_2^{(\alpha)} \\ \vdots \\ w_L^{(\alpha)} \end{bmatrix}}_{w^{(\alpha)}} \tag{13.120}$$

广泛线性 MMSE 和 ZF 估计器由式（13.121）给出

$$\hat{d}_l^{(\alpha,\text{MMSE})} = \tilde{H}_l^{(\text{eq})\text{H}} (\hat{H}_l^{(\text{eq})} \hat{H}_l^{(\text{eq})\text{H}} + \sigma_\omega^2 I)^{-1} y^{(\alpha)}$$

$$\hat{d}^{(\alpha,\text{ZF})} = \hat{H}^{(\text{eq})+} y^{(\alpha)} \tag{13.121}$$

这种方法需要对大小为 $2LMK \times 2LMK$ 的矩阵求反，随着 L 的增加，计算成本变得昂贵。另一种方法是在每个接收天线处分别估计 $\hat{d}_l^{(s)}$，然后按信道质量加权后组合 $\hat{d}_l^{(s)}$。

因此，ZF 最大比率组合（MRC）接收器可以容易地导出。假设 ZF 接收器，对于每个接收天线我们有

$$\hat{d}_l^{(s,\text{ZF})} = d^{(s)} B_l^{(s,\text{ZF})} w_j^{(\alpha)} \tag{13.122}$$

因此估计数据的 MSE 等于

$$e_l = \text{diag}(\text{E}[(d_l^{(s,\text{ZF})} - d^{(s)})(d_l^{(s,\text{ZF})} - d^{(s)})^\text{H}]) \tag{13.123}$$

$$= \sigma_\omega^2 \text{diag}(B_l^{(s,\text{ZF})} - B^{(s,\text{ZF})\text{H}}) \tag{13.124}$$

运算符 diag（·）表示返回矩阵参数的对角线和矢量参数的对角矩阵。线性组合来自 J 个接收天线的估计数据符号，用它们的 MSE 逆进行加权。

$$s_l = [\text{diag}(\mathbf{e}_l)]^{-1} \qquad (13.125)$$

根据

$$\hat{\boldsymbol{d}}_l^{(s)} = \left[\sum_{l=1}^{L} \boldsymbol{s}_l\right]^{-1} \left(\sum_{l=1}^{L} \boldsymbol{s}_l \hat{\boldsymbol{d}}_l^{(s)}\right) \qquad (13.126)$$

注意，$L=1$ 时 $\boldsymbol{d}^{(s)} = \hat{\boldsymbol{d}}_1^{(s)}$。

13.5.2.2 WLE-STC-GFDM 的性能分析

WLE-STC-GFDM 的 SER 性能也可以通过式（13.97）估算。但是，由于只有 $M-1$ 个子符号有效，因此将吞吐量减少因子调整为

$$R_{\text{T}} = \frac{K}{K + N_{\text{CP}} + N_{\text{CS}}} \times \frac{M-1}{M} \qquad (13.127)$$

图 13.27 描述了 WLE-STC-GFDM 的 SER 性能，假设信道如表 13.6 所示，仿真参数如表 13.7 所示。

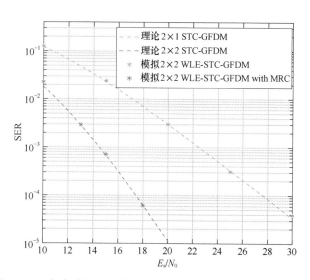

图 13.27 频率选择时变信道中 WLE-STC-GFDM 的 SER 性能

图 13.27 显示了 WLP 从检测到的符号中完全去除了 ISI，并且 WLE-STC-GFDM 可以在频率选择性 TVC 下实现与 TR-STC-GFDM 相同的分集增益。对于严重的信道延迟分布，WLE-STC-GFDM 所呈现的每个子载波的 MSE 可能不均匀，并且可能导致高 SNR 时的性

能损失[22]。图 13.27 还显示了 WLE-STC-GFDM 与具有两个接收天线的 MRC 相结合时的性能。显然,式(13.126)中提出的建议实现了完全分集增益,仿真结果遵循式(13.97)中给出的理论近似值。因此,当采用多个接收天线时,所提出的结构不仅可以降低复杂度,还会降低系统的整体 SER 性能。

表 13.7　仿真参数

参数	值
映射	16-QAM
传输滤波器	RC
Roll-off(α)	0.25
子载波的数量(K)	64
子符号的数量(M)	9
活跃子符号的数量	8
CP 长度(N_{CP})	16 samples
CS 长度(N_{CS})	0 samples
窗口	未使用
#TX 天线(J)	2
#RX 天线(L)	1 或 2

13.6　LTE 资源网格的 GFDM 参数化

新标准的制定通常会引入颠覆性和创新性的技术,并提供新的服务。但是,提供与先前标准的一定程度的兼容性,从而支持后续代之间的软转换也是非常重要的。在移动通信中,可以重用主参考时钟非常重要,因为它简化了多标准移动单元的设计。例如,LTE 主时钟频率是 3G 网络中使用的时钟频率的 8 倍。如果 5G 的 PHY 能够重用 LTE 主时钟,那么这对于制造商和运营商而言将是有利的。接下来的小节显示,当使用 30.72 MHz 主时钟时,可以对 GFDM 进行参数化以适应 LTE 的时频网格。在这里,需要考虑两种情况。第一种情况,基于 LTE 时钟的时频资源网格仅由 GFDM 信号使用;第二种情况,OFDM 和 GFDM 信号将在同一时频资源网格中共存[25]。FDD 模式下 LTE 参数见表 13.8。

表 13.8　FDD 模式下 LTE 参数

参数	正常模式	扩展模式
帧周期	10 ms 或 307.200 samples	
子帧周期	1 ms 或 30.720 samples	
时隙周期	0.5 ms 或 15.360 samples	
子载波	15 kHz	
子载波带宽	15 kHz	
采样频率（Clock）	30.72 MHz	
子载波的数量	2048	
活跃子载波的数量	1200	
资源块	一个时隙的子载波为 12	
每个时隙 OFDM 的数量	7	6
CP 长度（Samples）	第 1 个符号：160 其他符号：144	512

13.6.1　LTE 时频资源网格

这里，可以参考 20 MHz 频分双工（FDD）LTE 系统，其主要参数如表 13.8 所示。LTE 时频网格是具有 12 个子载波的资源块（RB），其总带宽为 180 kHz。RB 的持续时间为 0.5 ms，其分别由正常模式和扩展模式的 7 个和 6 个 OFDM 符号组成。分配给定用户的最小资源是由两个 RB 组成的子帧。图 13.28 描绘了 LTE RB 在正常操作模式下的结构。

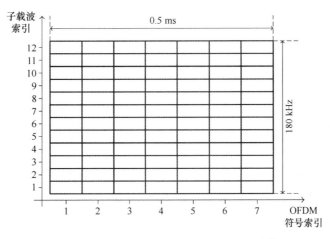

图 13.28　LTE RB 在正常操作模式下的结构

13.6.2　LTE 时频网格的 GFDM 参数化

这里的主要目标是配置 GFDM，使其能够使用 LTE 的时频网格。这意味着 GFDM 的块时间必须为 1 ms，并且一组 GFDM 子载波带宽必须是 180 kHz 的整数倍。表 13.9 给出了该场景的一组可能的 GFDM 参数。

表 13.9　和 LTE 网格结合的 GFDM 配置

参数	正常模式
子帧周期	1 ms 或 30.720 samples
符号周期	66.67 μs 或 2 048 samples
子符号周期	4.17 μs 或 128 samples
子载波间隔	240 kHz
子载波带宽	240 kHz
采样频率（Clock）	30.72 MHz
子载波间隔因子（N）	128
子载波间隔（K）	128
活跃子载波的数量（N_{on}）	75
每个 GFDM 子符号的数量（M）	15
每个子帧符号的 GFDM 的数量	15
长度	4.17 μs 或 128 samples
原型滤波器	狄利克雷分布（Dirichlet）

从表 13.8 和表 13.9 可以看出，这种 GFDM 方法具有与 LTE 网格相同的子帧周期。注意，3 个 GFDM 子载波占用 4 个 LTE RB 的带宽。这意味着每个 GFDM 子载波带宽是 LTE 子载波带宽的 16 倍。因为每个 GFDM 子载波比 LTE 子载波多 M=15 倍的样本，所以两个系统的频谱分辨率大致相同。GFDM 采用略小于 LTE 的 CP 长度，并且第一个 GFDM 符号也不需要更大的 CP。Dirichlet 脉冲使系统正交，并且因为频域中的滚降因子为零，所以 GFDM 的子载波不与所使用的 RB 之外的周围子载波重叠。因此，LTE 时频网格可用于容纳来自多个同步用户的 GFDM 信令，如图 13.29 所示。

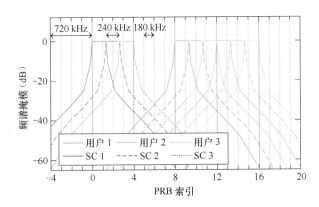

图 13.29　与 LTE 帧结构匹配的 GFDM 频率网格

13.6.3　GFDM 和 LTE 信号的共存

GFDM 还可以配置为使用两个空 RB，留下保护带以避免周围 RB 的干扰，这些周围 RB 用于传输传统的 LTE 信号。在这种情况下，GFDM 信号可以被视为次级信号，为低延迟应用搜索空闲的 RB。表 13.10 显示了这时的 GFDM 参数。

表 13.10　异步 GFDM 信令的参数

参数	正常模式
子帧周期	1 ms 或 30.720 samples
符号周期	50 μs 或 1 536 samples
子符号周期	3.125 μs 或 96 samples
子载波间隔	360 kHz
子载波带宽	320 kHz
采样频率（Clock）	30.72 MHz
子载波间隔因子	256/3
子符号间隔	96 samples
活跃子载波数量（K_{on}）	活跃 RBs 的 $\frac{1}{2}$
每个 GFDM 符号的子符号数（M）	15
每个子帧的 GFDM 符号数	20
CP 长度	3.125 μs 或 96 samples
原型滤波器	狄利克雷分布

这里必须引入一种生成 GFDM 信号的新方法，以保持子载波间隔与 LTE 时频网格的兼容。子载波带宽是 320 kHz，而子载波间隔必须是 180 kHz 的倍数（一个 RB 的带宽）。

为了实现该频率间隔，*N* 必须采用与子符号间隔 *K* 不同的值。然而，必须仔细选择 *N* 以保证在一个 GFDM 帧的周期内存在整数个子载波周期，否则，CP 和 GFDM 信号之间会出现相位跳变，从而导致很大的 OOB 泄漏。表 13.10 中的参数化实现了这一目标。

从表 13.8 和表 13.10 可以看出，GFDM 子载波在带宽方面是 LTE 子载波的 21.33 倍，而 GFDM 符号周期是 LTE 系统相应时隙周期的十分之一。此外，频域中的 GFDM 子载波分辨率是 LTE 子载波分辨率的 15 倍。CP 长度已缩短至 LTE CP 长度的三分之二，这意味着此方法适用于小小区（通常直径小于 4 km）。

LTE 设备定期发送系统信息，即使在空 RB 上也是如此。因此，难以采用表 13.10 中提出的配置。一种解决方案是考虑在大于系统带宽的频谱空洞中操作的 LTE 系统：例如，在 10 MHz 频带的中心发送 5 MHz 信号。由于 LTE 网格对于任何带宽配置是相同的，唯一的区别是活动子载波的数量，所以表 13.10 中的 GFDM 信号可以附加在 LTE 信号的边缘上，如图 13.30 所示。

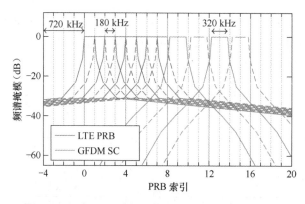

图 13.30　在 LTE 时频网格中 GFDM 作为辅助信号

注意，GFDM 的低 OOB 泄漏对 LTE 信号造成很小的干扰。然而，LTE OFDM 信号的高 OOB 泄漏可能会损害 GFDM 信号[26]。必须考虑 LTE 发射与 GFDM 信号的相互作用，从而及时采用 GFDM PHY 层的前向差错控制码以及其他保护措施。

13.7　GFDM 作为各种波形的框架

特定 PHY 无法解决每个 5G 场景的要求。实际上，可以用几种波形来解决一种特定的情况，但是这样做并不利于其他应用。例如，鉴于其低 OOB 泄漏，FBMC[27]正被重新发现并应用于 CR 和动态频谱分配。另一方面，滤波器的长脉冲响应效应（通常会导致至少 4 个数据符号的重叠）禁止将其用于偶发业务或需要严格约束延迟的应用。FTN 信令[27]是另一个例子。利用 Mazo 限制，FTN 是高数据速率场景解决方案中最有用的，但是接收器的复杂性使其不适合物联网。此外，在 5G 网络中，OFDM 和 SC-FDE 仍在研究中，从而使 5G 系统保持与传统技术的兼容性。

然而，更好的方法是使用单个 PHY 来覆盖针对 5G 的极端情况提出的所有主要波形，而不是多种场景特定的 PHY。如果 GFDM 的子符号与子载波间隔和子载波与子符号的数量不同，则 GFDM 可以实现该目标。可以将式（13.2）定义的 GFDM 发送序列重写为

$$x[n] = \sum_{k=0}^{K-1} \sum_{m=0}^{M-1} d_{k,m} g\left[\langle n-mK \rangle_{\mathcal{N}} \right] \exp\left[j2\pi \frac{kM}{\mathcal{N}} n \right], \ n=0,1,\cdots,\mathcal{N}-1 \qquad (13.128)$$

现在考虑原型滤波器具有 $\mathcal{N}$ 个样本，其划分为 $\mathcal{P}$ 段，每个段具有 $\mathcal{S}$ 个样本，可得 $\mathcal{N}=\mathcal{PS}$。子符号是 $\mathcal{K}$ 个样本，子载波之间的空间是 $\mathcal{M}$ 个样本。在这种情况下，公式（13.128）可以扩展到

$$x[n] = \sum_{k=0}^{K-1} \sum_{m=0}^{M-1} d_{k,m} g\left[\langle n-mK \rangle_{\mathcal{N}} \right] \exp\left[j2\pi \frac{kM}{\mathcal{N}} n \right], \ n=0,1,\cdots,\mathcal{N}-1 \qquad (13.129)$$

此时，如下分别定义子符号和子载波距离因子是有用的

$$\mathcal{V}_{\mathrm{t}} = \frac{\mathcal{K}}{\mathcal{S}}$$

$$\mathcal{V}_{\mathrm{f}} = \frac{\mathcal{M}}{\mathcal{P}} \qquad (13.130)$$

在式（13.129）中代入式（13.130）会得到

$$x[n] = \sum_{k=0}^{K-1} \sum_{m=0}^{M-1} d_{k,m} g\left[\langle n-m\mathcal{V}_{\mathrm{t}}\mathcal{S} \rangle_{\mathcal{N}} \right] \exp\left[j2\pi \frac{k\mathcal{V}_{\mathrm{f}}}{\mathcal{S}} n \right], \ n=0,1,\cdots,\mathcal{N}-1 \qquad (13.131)$$

表 13.11 总结了 GFDM 参数之间的关系。

表 13.11　GFDM 参数间的关系

可变因子	意义
$\mathcal{S}$	周期内滤波器采样点数
$\mathcal{P}$	滤波器周期数
$\mathcal{N} = \mathcal{PS}$	信号中采样点总数

续表

可变因子	意义
$\mathcal{K}$	时域的子符号间隔
$\mathcal{M}$	频域的子载波间隔
$\mathcal{V}_t = \mathcal{K}/\mathcal{S}$	子符号距离因子
$\mathcal{V}_f = \mathcal{M}/\mathcal{P}$	子载波距离因子
$K = \mathcal{PS}/\mathcal{M} = \mathcal{S}/\mathcal{V}_f = \lfloor \mathcal{N}/\mathcal{M} \rfloor$	每块的子载波数
$M = \mathcal{PS}/\mathcal{K} = \mathcal{P}/\mathcal{V}_t = \lfloor \mathcal{N}/\mathcal{K} \rfloor$	每块的子符号数
$N=KM$	每块的数据符号数

当 $\mathcal{V}_t >1$ 或 $\mathcal{V}_f >1$ 时，每个 GFDM 块样本的数据符号密度，即 $N/\mathcal{N}$，变得大于 1，这意味着 GFDM 现在可以覆盖 FTN 波形。表 13.12 显示了如何对 GFDM 进行参数化以实现主要的 5G 波形。

表 13.12　5G 候选波形的虚拟化 GFDM 参数

设计间隔	GFDM	OFDM	Block OFDM	SC-FDE	SC-FDMA	FBMC OQAM	FBMC FMT	FBMC COQAM	CB-FMT	FTN	SEFDM
子载波数	K	K	K	1	K	K	K	K	K	K	K
子符号数	M	1	M	M	M	M	M	M	M	M	1
扩展频率	v_f	1	1	1	1	1	>1	1	>1	1	<1
扩展时间	v_t	1	1	1	1	1	1	1	1	<1	1
子符号静默期	M_t	—	—	—	—	M_p	M_p	—	—	M_p	—
滤波器输入响应	循环	矩形	矩形	Dirichlet	Dirichlet	$\sqrt{\text{Nyquist}}$	$\sqrt{\text{Nyquist}}$	循环	循环	IOTA	矩形
偏移设置	是	是	否	否	否	是	否	是	否	是	否
循环前缀	是	是	是	是	是	否	否	是	是	否	否
正交性	是	是	是	是	是	是	否	否	否	否	否
应用场景	全部	传统系统	数据管道	IoT/MTC	IoT/MTC	WRAN，数据管道	WRAN	触觉互联网	触觉互联网	数据管道	数据管道
优势	灵活	正交	CP 开销小	PAPR 低	PAPR 低	OOB 低	OOB 低	无尾滤波	无尾滤波	频谱效率高	频谱效率高

第一个方面，搜索与底层资源网格的维度相关的参数。这些参数包括系统中子载波 K 和子符号 M 的数量。时间 $\mathcal{V}_t$ 和频率 $\mathcal{V}_f$ 中的缩小因子理论上可以取任何大于 0 的有理数的值，而接近 1 的数字是有意义的，因为它们与临界采样的 Gabor 帧有关。另外，使块中的特定数据符号携带值为 0，即所谓的保护子符号[3]，其中，M_s 是 0～M–2

之间的数字，这种设置和某些候选参数是相关的。第二个方面，与信号的属性有关。这里，脉冲整形滤波器的种类选择是重要的属性，是否存在循环性也是重要的特征。此外，某些波形需要使用 OQAM，旨在实现更高的灵活性。另外，一些波形依赖于 CP 以允许在时间发散信道中传输基于块的帧结构，而其他波形不需要使用 CP 来实现更高的频谱效率。

　　经典波形族包括 OFDM、块 OFDM、SC-FDE 和单载波频域多址（SC-FDMA）。特别地，OFDM 和 SC-FDMA 与 4G 蜂窝标准 LTE 的开发相关。经典波形族中的 4 个波形的共同点是 $\mathcal{V}_f > 1$ 且 $\mathcal{V}_t > 1$，从而能够满足奈奎斯特准则。在默认配置中没有使用静默子符号，但使用了 CP 和常规 QAM。OFDM 和块 OFDM 是 GFDM 的极端情况，均使用了矩形脉冲。另外，OFDM 被限制为一个子符号，而多个 OFDM 符号在时间上的级联用来创建具有单个公共 CP 的块 OFDM。类似地，SC-FDE 和 SC-FDMA 也可以被认为是 GFDM 的极端情况。然而，这里使用了 Dirichlet 脉冲，并且类似地，SC-FDE 中的子载波的数量是 $K=1$，而 SC-FDMA 是多个 SC-FDE 信号的频率的级联。经典波形族中的所有波形都具有正交性。

　　滤波器组波形族对系统中的子载波进行滤波并仍然保持正交性。顾名思义，FBMC-OQAM [27]及其循环扩展 FBMC-COQAM [12]依赖于偏移调制，而在 FBMC 滤波多音调制（FMT）和循环块 FMT（CB-FMT）[28]中，增加了子载波之间的间隔，使得它们不重叠，即 $\mathcal{V}_f > 1$。此外，可以对循环和非循环原型滤波器进行区分。这时，静默子符号变得相关。$M_s = 0$ 时可以实现最佳频谱效率，而 $M_s > 0$ 有助于改善信号的频谱特性。通过在块的开始和结束处使用足够大量的静默子符号，循环原型滤波器响应可以用来模拟非循环滤波器，从而生成 FBMC-OQAM 和 FBMC-FMT 突发。更准确地说，M_p 是原型滤波器的长度，并且 $M_s = M_p$。最后，CP 仅与循环过滤器兼容。

　　通常，在使用特定滤波器以及给定的 $\mathcal{V}_f$ 和 $\mathcal{V}_t$ 的值时，波形可以变为非正交。这在最终类别中得到解决，该类别包括非正交多载波技术 FTN[27]和频谱有效频分复用（SEFDM，Spectrally Efficient Frequency Division Multiplexing）[29]。FTN 的关键特性是 $\mathcal{V}_t < 1$，这意味着该波形实现了更高的频谱效率。提出了与 OQAM 组合的各向同性正交变换算法（IOTA，Isotropic Orthogonal Transform Algorithm）脉冲以避免对 CP 的需要。由于滤波器的脉冲响应不是循环的，因此 M_p 子符号是静默的。类似地，想用 SEFDM 的原因是增加可用带宽中子载波的密度，即 $\mathcal{V}_f < 1$。这里，$M=1$，因为每个块由一个用矩形脉冲滤波的单个子符号和一个预先对抗多径传播的 CP 组成。在这种情况下，采用了常规 QAM。在不严重影响差错率性能的情况下，可以使用的压缩量是有限的。Mazo 限制表

明这两个方案的阈值约为 25%。

13.8 小　结

5G 网络必须涵盖的各种场景和应用将要求 PHY 层具有前所未有的灵活性。尽管使用特定波形来满足每个场景的要求是一种选择，但是人们更期望采用单一波形，通过整形来满足不同的应用。事实证明，GFDM 是一种灵活的多载波调制，可以对其调整以覆盖主要的 4G 和 5G 波形。它还可以重用 LTE 的时频网格和主时钟，这意味着可以无缝地实现与前几代的兼容性。发射分集可以增强 GFDM 的整体性能，可以同时在时域和频域中应用 OQAM 以获得正交系统。预编码可用于进一步扩展灵活性，例如，预编码矩阵可用于实现比 FSC 更高的性能或用来减少 OOB 泄漏。粗略同步设备可以通过使用单个子载波作为保护频带来共享时频网格，同时 CP 的有效使用可以处理用户之间的长信道延迟和时间错位。以上所有特性使 GFDM 成为 5G 网络 PHY 层最有前景的候选波形。

第 14 章

5G 微蜂窝系统的新型厘米波概念

第五代移动通信技术（5G）将在毫米波段和厘米波段（30 GHz 以下）实现。为了满足 5G 无线接入技术在连接性、时延、数据速率和能量效率方面的要求，许多具有挑战性的设计要求必须解决。本章主要从物理层和无线资源管理层方面对 5G 厘米波段的微蜂窝概念进行介绍，主要探讨了一些基本的技术概念，如帧结构的优化、上/下行链路资源的动态调度、干扰抑制接收机和秩自适应，以及新型节能推动器的设计。

14.1 引　言

人们对移动互联网的业务需求的增长速度惊人，预计在未来 10 年内业务量将增长 1 000 倍。现有无线通信技术（如 LTE-A 和 Wi-Fi）在标准制定时有一定的局限性，导致它们的发展潜力无法应对如此巨大的流量需求。这就需要开发一种全新的 5G 无线接入技术（RAT），目标峰值数据速率大约为 10 Gbit/s，用户体验速率为 100 Mbit/s，以及亚毫秒级的空口时延。

5G 系统的主要驱动力是持续的流量增长和网络的异构性，以及用户对快捷服务的更高期望。在 5G 时代提出了进一步的指标要求，如提高单位面积的频谱效率、保证小区边缘速率的稳健性、更高的峰值数据速率、更低的时延、更快的连接建立时间、更低的能耗以及更低的设备和服务成本。其他的关键指标要求包括减少业务时延以保证关键应用的可靠性、改善终端能耗和提高电池寿命等。正是为了满足这些多样化的需求，并解决潜在冲突的问题，未来 5G 系统可能采用多层架构，包括处理不同用例的辅助接入技术。

为了满足 5G 网络未来承载的巨量业务需求，所采用的策略包括：使用更宽的频带、提升频谱效率、增加单位面积内小区的数量。

在这些策略中，增加单位面积内小区的数量（当前密度的 50～1 000 倍）被认为是最有前景的容量扩展方法，所以在高流量需求的热点区域大规模部署微蜂窝就是常规的方法。频谱是一种稀缺资源，小区的覆盖越小，频谱的重复利用次数就越多，同时每个基站所需要服务的终端数量就越少。此外，在文献[7]中的研究表明，大部分的业务流量都是在室内产生的，这样就使得室分小区更加普及。

数量众多的微蜂窝带来了大量必须解决的问题。设备和业务需求的多样性，意味着我们需要一个不断增长的异构网络。同时，RAT 的组合和移动性，也将是微蜂窝环境下必须解决的富有挑战性的任务[4]。设备成本也是需要关注的问题。此外，大规模随机部署微蜂窝必然产生邻区间的干扰问题，需采用半分布或全分布式的组网形式来解决。另外，5G 网络为了降低业务时延并快速响应业务的变化，需要灵活调度上/下行链路间的时隙。

在即将到来的 5G 系统中，多发射接收天线、动态 UL/DL 传输和全双工通信等关键技术在提高频谱效率方面起到重要作用。例如，通过干扰感知传输技术[8]和高级干扰抑制接收机[9]的联合作用，多天线可以增加系统吞吐量。

作为一种颠覆性技术，5G 将运行在不同于现有 RAT 的频段上。蜂窝网络为了保证电磁传播和网络覆盖，通常运行在较低频率上，尤其是 3 GHz 以下的频段。然而，该频段下频谱的可用性严重不足，导致人们对不同的频段进行探索。特别是在 20～90 GHz 区域（包括 E 频段）的毫米波（mmWave）频段，由于可以获得大量组合频谱（大约 10 GHz），引起了人们极大的关注[10]。在 6 GHz 以下的区域，即厘米波（cmWave）区域，也有许多频段可以使用。已经确定的是，3.4～4.9 GHz 带宽可用于 5G 微蜂窝组网。这段频率内可用频谱的总量约为 1 GHz，每个运营商的建议频段为 200～400 MHz。

从频谱可用性的角度来看，由于传播特性以及可用频段的不同，5G 毫米波（mmWave）概念的设计带来了与 5G 厘米波（cmWave）概念不同的挑战。本章将重点介绍 5G 的厘米波（cmWave）概念，特别是与 5G 毫米波（mmWave）设计的本质差异，并描述了我们对关键技术的愿景——高能效、低时延 Gbit/s 的无线传输。

14.2 节回顾了厘米波（cmWave）和毫米波（mmWave）概念的基本挑战；14.3 节详细地描述了我们对 5G 厘米波（cmWave）系统概念的愿景；14.4 节对新型灵活时分双工（TDD）的概念进行了深入讨论；14.5 节讨论了吞吐量增强、干扰感知、秩适应算法的设计；最后是 14.6 节中的能量消耗问题以及 14.7 节的小结。

14.2 毫米波和厘米波的特点

无论是厘米波（cmWave）还是毫米波（mmWave），其目标都是实现 Gbit/s 的数据速率和减少业务的空口时延。很多工作者还在进行电磁波传播测试工作，以确定毫米波（mmWave）的无线传播特性（见文献[11]）。为了抵消严重的传播损耗和潜在的阴影衰落导致的链路损耗大的问题，视距（LOS，Line of Sight）成分的稳健性是非常有必要的，LOS 的稳健性也是建立通信链路的基础。在通信链路两端使用高定向波束的大型天线阵列，可以显著改善链路损耗。这样的话，在较小的区域内使用高频率组网的大型阵列天线比较有利。考虑到在毫米波（mmWave）频率下，模数（ADC）和数模（DAC）转换器的成本比较高，可能会在模拟域中实现波束赋形的功能[12]。利用高频带实现高数据流传输，可以降低对空间复用的实现高数据流传输的依赖，同时还能显著降低基带处理的计算复杂性。此外，在毫米波（mmWave）中，使用高定向的波束赋形技术使得小区间干扰限制也会减小。然而，厘米波（cmWave）概念将应用于传播特性与已知频带非常相似的频带上。在厘米波（cmWave）频带上建立通信链路不需要考虑视距（LOS）因素。鉴于厘米波（cmWave）频带下的可用频段比较少，使用多输入多输出（MIMO）空间复用技术实现目标数据速率就极为重要了。考虑到在 6 GHz 以下的某些设备中（如手持终端）布放多天线端口实际上是比较困难的，所以在厘米波（cmWave）概念中空间数据流数也是有上限的。微蜂窝接入点也有类似的限制。因此，我们认为 2020 年的现实目标是 4×4 多输入多输出（MIMO）[1]。此外，除了视距（LOS）成分之外，还存在大量重要的分散因素使得小区间干扰成为厘米波（cmWave）概念应用的限制。显然，厘米波（cmWave）概念不能满足机器类通信（MTC）的所有要求，如低功耗和高成本效率。

因此，我们需要针对厘米波（cmWave）和毫米波（mmWave）概念进行精心设计，目标是采用经济、灵活、高效的方式解决它们各自存在的问题。此外，还需要投入大量精力进行研究工作，从数字命名的角度协调统一两种概念。这使得一些基带因素可用于两种技术，而不用考虑具体是哪种射频前端。本章的其余部分将重点介绍构造的厘米波（cmWave）概念。

14.3　5G 厘米波蜂窝系统概述

本节将详细介绍构造的 5G 厘米波（cmWave）系统，参考文献[2]重点介绍相关的概念。简单介绍一下 5G 概念中的一些主要特征，然后对帧结构、多输入多输出（MIMO）系统、高级接收机性能以及 TDD 架构进行详细描述。

14.3.1　主要特征

构造的 5G 厘米波（cmWave）概念引入了几个关键技术，以提供更高的峰值吞吐量、更低的时延和在邻区间干扰下保持稳健性。经过重新设计的帧结构，时延降到 0.25 ms，同时也缩短了往返时间（RTT）。它还包括通过使用特殊的解调用参考信号（DMRS，Demodulation Reference Symbol）来支持高级接收机。在每帧上使用完全动态的 TDD，使得时频资源可以灵活分配，这样每帧就可以被独立地分配到 UL 或 DL 方向上。这种特征在微蜂窝中尤其有用，其活跃用户数通常比宏蜂窝要少得多，并且突发流量可以显著地改变上/下行链路（UL/DL）的资源平衡状态。

MIMO 系统与使用动态秩适应的高级干扰抑制合并（IRC，Interference Rejection Combining）接收机相结合，实现小区的更高的峰值吞吐速率和抗邻区干扰的稳健性能。在低干扰情况下，通过增加空间流的传输数量，获得更高的峰值吞吐速率。相反，当干扰电平比较大时，系统通过使用其空间自由度（通过降低传输等级来实现）来抑制这种干扰，从而保证最小吞吐量目标。

表 14.1 中将需求及其实现的关键技术做了一个总结。

表 14.1　5G 需求与关键技术

需求	关键技术
高峰值吞吐速率	MIMO、高带宽、动态 TDD
最小保证速率	通过适当的帧结构、空间分集和 IRC 实现小区间干扰的稳健性
低休眠态	较短的帧结构
快速建立连接	帧结构变短和适当的修改
灵活性	每帧内全 TDD 灵活方式

14.3.2　理想的 5G 帧结构

帧结构是新型无线接收技术（RAT）设计中的关键因子，因为它会严重影响时延和基带探测数据的处理能力。5G 毫秒级的时延目标是由构造的应用程序如触觉互联网[13] 所确认的，这些应用程序都需要极短的往返时延（RTT）。此外，低时延降低了存储大数据分组的必要性，例如，用于应答的数据传输。这将大大减少基带芯片中最昂贵的硬件——缓冲器的数量。在本节中，我们提出了一种帧结构，它包含位于开头的控制部分和从数据部分分离出来[14]的时间段，如图 14.1 所示。控制部分的特点在于以 TDD 方式进行 DL/UL 控制，而数据部分每帧仅分配给一个传输方向（DL 或 UL）。在传输数据变换方向处插入一个短保护时段（GP）以控制空口电路开关。多个接入点（AP）或用户设备（UE）可以使用正交频块在控制部分同时发送它们的控制信息。注意，数据部分中的第一个时间符号专用于解调用参考信号（DMRS）的传输，以保证接收机的相干检测的信道估算。

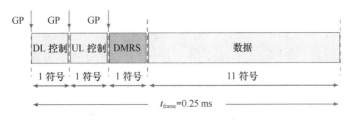

图 14.1　由控制、DMRS 和数据部分组成的 5G 帧结构

　　每帧传输方向的唯一性有助于帧内干扰模式的稳健性。利于使用抗干扰抑制合并（IRC）接收机，这一点将在 14.3.3 节中进一步阐述。控制和数据部分之间的保护间隔允许它们在各自的控制平面直接分离。这使得接收机能够进行高性价比的流水线式处理，因为用户端（UE）在发送/接收数据部分信息的同时可以处理其专用控制信息，从而减少等待时间。需要注意的是，这点与 LTE 不同，LTE 中物理上行控制信道（PUCCH）和物理下行控制信道（PDCCH）是在相同的时间符号中进行复用，而映射到不同的频率资源上。用户端（UE）和基站提取所需信息就需要同时检测数据信息和控制信息[15]。

　　UE 发起的数据传输需要 3 个 TDD 周期（UL 中的调度请求，DL 中的调度许可以及 UL 中的数据传输），总共 0.75 ms。混合自动重传请求（HARQ）的往返时间（RTT）包括处理时间 ［AP 许可、AP 传输和 UE 确认/否定确认（ACK/NACK）传输］ 也需要 0.75 ms。与 TD-LTE 不同，HARQ RTT 在这种帧结构中是固定的，并且独立于 UL/DL 时隙比率。无线帧中的控制部分在每个方向上至少提供一个时间符号，用于传输确认。HARQ 的并行进程数量是 4 个，而在 TD-LTE 中并行的进程多达 15 个。这样就可以大大减少存储器电路（缓冲器）的数量，降低基带芯片的成本。我们构造的帧结构在能耗方面的优点将在 14.6 节中进一步讨论。

选择 TDD 而不是频分双工（FDD），是因为 TDD 双工方式的一些重要优点。首先，不需要像 FDD 那样配对频谱。它还可以通过 TD-LTE[16]中的简单重新配置适应流量不平衡的场景，在我们构造的 5G 概念中的每个时隙完全灵活，也能很好地适应流量不平衡的场景。这对于微蜂窝场景非常有用，因为它的活跃用户的数量远低于宏蜂窝。在 UL 和 DL 之间，元件成本较低，上下行信道的互易性也是 TDD 具有吸引力的特性[17-18]。

与 TD-LTE 的差异

从数据和结构的角度来看，预想的 5G 帧结构和 TD-LTE 帧结构之间还是存在一些明显的差异。在 TD-LTE 系统中，正交频分多址（OFDMA）用于 DL，单载波频域多址（SC-FDMA）用于 UL，而构造的 5G 中正交频分复用（OFDM）同时用于 UL 和 DL。虽然 5G 波形还有几个可用的潜在备选方案，但在与新兴技术［如滤波器组多载波（FBMC）］竞争时，选择 OFDM 的原因在于其本身的低复杂度。此外，OFDM 很容易与 MIMO 扩展相结合。MIMO 技术也是我们 5G 系统概念中的一个关键因素，它对于硬件设备尤其是低端设备的损耗有很好的稳健性[19-20]。

与 LTE 的 1 ms 的帧长相比，5G 系统的帧长缩短到 0.25 ms。因此从时延和 RTT 最小化的角度来看，它更具吸引力。通过将系统的子载波间隔从 15 kHz 增加到 60 kHz，从而获得更短的符号时间。但是缩短符号时间会增加循环前缀的相对开销，由于此帧结构是针对微蜂窝系统设计的，预计小区内将会有较低的时延扩展，因此，与 LTE 相比，循环前缀可以显著缩短而不必担心符号间的干扰。在帧结构内部的 UL/DL 切换点，通常需要保护间隔（GP）以避免发射机和接收机之间的功率泄漏引起的干扰。随着技术的发展，微蜂窝系统的发射功率会更低，上下行时间会更短，由此我们可以肯定，与 LTE 相比 GP 持续时间也会显著缩小。

表 14.2 对预想的 5G 帧结构和 TD-LTE 帧结构之间的主要差异进行了对比。

表 14.2　5G 帧结构与 TD-LTE 帧结构之间的主要差异

	TD-LTE	5G
每帧内符号数	14	14
子载波带宽	15	60
符号时间（μs）	66.67	16.67
帧长（ms）	1	0.25
每 PRB 内载波数	12	165
PRB 分配的带宽（BW）	180 kHz	10 MHz
系统带宽（MHz）	1.4~20	100 或 200
TDD 的时隙配比	TDD 需要配置（DL∶UL，2∶3～9∶1）	全灵活配置

14.3.3 MIMO 和支持的高级接收机

使用多天线和 MIMO 系统可以在有利条件下增加小区的峰值吞吐速率。而且，在干扰比较严重的环境中，借助 IRC 接收机，多天线可用于抑制接收端带来的部分干扰。因此，天线数量的增多能够配置适应特定条件的系统。这样我们就可以两者兼得，既可以保证最低吞吐速率还可以满足峰值吞吐速率的要求[2,21]。

合理设计帧结构的一个关键点就是，必须使用带有干扰抑制技术的先进接收机，两者是密不可分的。LTE 没有设计此类功能的基础，4.3.2 节中所描述的 5G 帧结构试图克服此限制。由于使用完全动态 TDD 帧结构，因此增加了系统的交叉干扰，使帧结构的设计要求更高，同时需要支持诸如 IRC 高级接收机技术也变得更加重要。在此情景下，信道的干扰因素在两帧之间非常容易改变。在 5G 概念的架构中，IRC 接收机将会在接入点（AP）以及用户端（UE）同时使用。

为了利用 IRC 的优点，需要接收机能够重新估算干扰协方差矩阵（ICM, Interference Covariance Matrix），调整其权重以抑制干扰[9]。5G 帧结构的设计考虑到了这一点，允许接收机获取干扰协方差矩阵（ICM）的信息，这是在 DMRS 符号中完成的。因为数据部分中所有调度节点都是在 DMRS 中同时传送的，这就使得支持 IRC 的接收机能够区分和识别需要的信道并准确地估计 ICM，从而调整权重抑制干扰。ICM 估计独立于小区链路方向。但是在 TD-LTE 中进行类似的操作却比较困难，尤其是对于交叉链路干扰（AP-AP 或 UE-UE 干扰），因为 DL 和 UL 传输使用不同的多址技术（分别为 OFDMA 和 SC-FDMA）。

14.3.4 动态 TDD 的支持

动态 TDD 帧结构不是一个新概念，在其他系统中已经部分支持该功能了，如 TD-LTE 和 WiMAX[22]。当考虑在微蜂窝系统中应用时，其重要性就显而易见了，因为在新建的通信系统中用户数量通常较少，而且 UL 和 DL 之间的流量需求可能随着时间推移也会变化。

TD-LTE 在分配子帧资源时的选项是有限的，定义了 7 个不同 DL/UL 不对称配比集合，这些配比如表 14.3 所示。这种配比每过 x ms 更新一次，而在参考文献[23]中的研究表明，降低这个时间会有意外收益。可用帧的配比允许 DL 到 UL 的不对称性在 40%～90% 之间变化。表 14.3 中的子帧一部分是对齐的，由于 LTE 的 UL 和 DL 中的无线接入差异，引入了上下行传输的不确定性，也就避免了交叉干扰问题。

表 14.3　TD-LTE 分配子帧集合

配比号	子帧号										DL-UL 不对称
	0	1	2	3	4	5	6	7	8	9	
0	D	S	U	U	U	D	S	U	U	U	25%～40%
1	D	S	U	U	D	D	S	U	U	D	50%～60%
2	D	S	U	D	D	D	S	U	D	D	75%～80%
3	D	S	U	U	U	D	D	D	D	D	67%～70%
4	D	S	U	U	D	D	D	D	D	D	78%～80%
5	D	S	U	D	D	D	D	D	D	D	89%～90%
6	D	S	U	U	U	D	S	U	U	D	38%～50%

注：D=下行子帧，U=上行子帧，S=特殊子帧。

14.3.2 节介绍的帧结构中，我们可以灵活地将每个子帧分配为 UL 或 DL。这种灵活的配置在适应流量方面提供了优点，但也会产生额外的小区间干扰的变化，因为邻小区在需要时将其分配从 UL 变换为 DL，以处理其自身流量的不平衡情况。此种情景对资源分配算法提出了挑战，该算法依赖于信道环境的短期稳定性，如秩/链路自适应。正如 14.4 节所讲，此算法的缺点可以通过使用 IRC 接收机来处理，我们设计的帧结构为 IRC 提供了足够好的支持条件，以便于操作。

14.4　动态 TDD

动态 TDD 能够使系统对瞬时流量的变化做出反应。这种动态的系统避免了手动配置 TDD 子帧——系统中需要有大量的、长期的 DL 和 UL 流量统计分析信息。动态 TDD 的优点已经在现有的通信系统诸如 LTE 中得到认可，它能够提供多方面、多角度的灵活性调度。在本节中，我们将对 5G 概念中所构造的完全动态的 TDD 进行进一步的研究。我们将从流量角度进行阐述，对可预估的 UL 和 DL 长期平均流量份额与固定静态 TDD 系统进行对比，评估它带来的预期收益。

虽然动态 TDD 方式看起来很有吸引力，但它也有一些挑战需要克服。特别是动态 TDD 带来了交叉链路（AP-AP 和 UE-UE）干扰和附加的小区间干扰变化，这使得动态 TDD 不能发挥其全部潜力。通过使用诸如 IRC 高级接收机可部分减少邻区干扰变化的影响，在某些合适的帧结构中，IRC 还能够抑制干扰源外的干扰。进一步，我们结合 14.3.3

节中提到的问题，评估这些接收机的适用性和影响。在真实的多小区系统环境中，研究动态 TDD 提供的优点是否超过它带来的缺点。

14.4.1 动态 TDD 的预期收益

在本节中，我们将介绍一种分析方法，对完全动态 TDD 带来的收益最大化。构造单小区情景，仅由一个 AP 和一个 UE 组成，它们各自有独立的业务传输链路。假设两个链路方向的流量遵循突发业务模型，就像 3GPP 所规定的 FTP 业务模型一样，以 kbit 大小的有效载荷为分包周期（t_{off}）。该操作如图 14.2 所示。

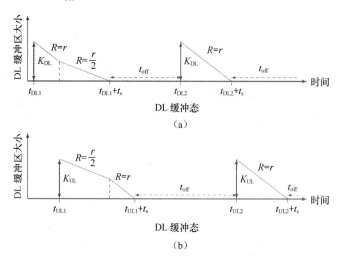

图 14.2　上下行业务到达时缓存器的状态

系统的 TTI 内速率为 r，服务分组的时间为 t_s，可以表示为 $t_s = K/R$，其中，R 取决于当前 DL 和 UL 各自缓冲器中 K_{DL} 和 K_{UL} 的大小。速率 R 会随着 DL/UL 方向是否有数据要发送而实时变化。调度器在 UL 和 DL 之间平均分配资源，在多个时隙中调配数据分组的大小，如当 $t_s > t_{\text{TTI}}$ 时，每个链路的速率 R 为

$$R = \begin{cases} 0 & \text{若} K_{\text{DL}} = 0 \text{且} K_{\text{UL}} = 0 \\ \dfrac{r}{2} & \text{若} K_{\text{DL}} > 0 \text{且} K_{\text{UL}} > 0 \\ r & \text{若} K_{\text{DL}} > 0 \text{且} K_{\text{UL}} = 0 \\ r & \text{若} K_{\text{DL}} = 0 \text{且} K_{\text{UL}} > 0 \end{cases} \tag{14.1}$$

我们假设固定时隙配比为 $1:1$，TDD 系统作为参考系统，同时 UL 和 DL 的流量相同。为了评估动态 TDD 的增益，我们认为在不同的 t_{off} 周期，两个链路都是活跃的。虽然 UL 和 DL 中的业务是独立到达的，但 DL 和 UL 信道占用时间和上下行链路是否激活的概率，取决于反向链路是否有信道占用，这对有效的数据业务有极大的影响，获取同样的数据分组需要两倍的时间。

我们假设 t_{off} 是负指数分布，$P(T=t_{off})=\lambda e^{-\lambda t}$，其中，$\lambda$ 表示到达率，$1/\lambda$ 表示平均关闭时间。DL 突发到达概率可以简单地表示为 $\int_0^\infty \lambda_{DL} e^{-\lambda_{DL} t_{DL}}$，由 $P_{UL \to DL}$ 表示的前一个 DL 突发到达结束之前后一个 UL 突发到达的概率由式（14.2）给出

$$P_{UL \to DL} = \int_0^\infty \int_{t_{DL}}^{t_{DL}+(K/R)} \lambda_{DL} \lambda_{UL} e^{-\lambda_{DL} t_{DL}} e^{-\lambda_{UL} t_{UL}} dt_{UL} dt_{DL}$$
$$= \frac{\lambda_{DL}}{\lambda_{DL}+\lambda_{UL}}(1-e^{(-\lambda_{DL}K/r)}) \tag{14.2}$$

类似地，对于 UL 突发终止之前，DL 突发到达的概率由式（14.3）给出

$$P_{DL \to UL} = \frac{\lambda_{UL}}{\lambda_{DL}+\lambda_{UL}}(1-e^{(-\lambda_{DL}K/r)}) \tag{14.3}$$

DL 和 UL 同时激活的概率由式（14.4）给出

$$P_{DL\&UL} = \frac{\lambda_{DL}}{\lambda_{DL}+\lambda_{UL}}(1-e^{(-\lambda_{UL}K/r)}) + \frac{\lambda_{UL}}{\lambda_{DL}+\lambda_{UL}}(1-e^{(-\lambda_{DL}K/r)}) \tag{14.4}$$

假设 UL 和 DL 具有相同的流量分布、相同的有效载荷大小 K 和相同的 t_{off} 分布，那么 $P_{DL\&UL}$ 变为

$$P_{DL\&UL} = 1 - e^{\left(-\frac{\lambda K}{r}\right)} \tag{14.5}$$

对于固定分组大小 K 和每个 TTI 的一组速率，$P_{UL \to DL}$ 的概率是随着 t_{off} 和速率 r_{TTI} 的平均值变化而变化的。t_{off} 越低，网络负载越高；而当服务时间 t_s 固定时，UL 和 DL 同时激活的概率越高。相反，当 t_{off} 增加时，UL 和 DL 同时激活的概率降低。r_{TTI} 规定服务时间 t_s，因此若想得到高业务速率，那么服务时间就要降低，还要降低 UL 和 DL 同时传输的概率。图 14.3 把平均关闭时间和速率的概率以函数方式表示出来了。

工作在动态 TDD 模式下单小区系统，预期会话的吞吐量可以写为全速率乘以 UL 和 DL 分时的激活概率和半速率乘以 UL 和 DL 同时激活的概率之和，也就是说，动态 TDD

吞吐量 $= r(1 - P_{\text{DL\&UL}}) + (r/2)P_{\text{DL\&UL}}$。

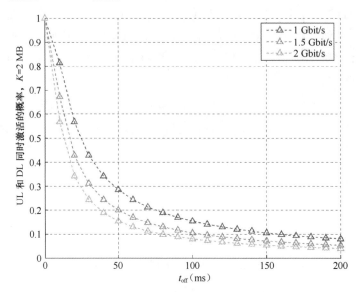

图 14.3　UL 和 DL 同时激活的概率，K=2 MB

因此，给定 $P_{\text{DL\&UL}}$，就可以算出动态 TDD 相对于静态 TDD 方案的增益。让我们用 ρ_{DL} 和 ρ_{UL} 分别表示 DL 和 UL 的动态 TDD 增益。作为一种通用解决方案，对于由 s 个时隙组成的 TDD 模式，其中，s_{UL} 是 UL 时隙，s_{DL} 是 DL 时隙，增益ρ可以给出为

$$\rho_{\text{DL}} = \left(\frac{r}{r\left(\dfrac{s_{\text{DL}}}{s_{\text{DL}} + s_{\text{UL}}} \right)} \right)(1 - P_{\text{DL\&UL}}), \rho_{\text{DL}} = \left(\frac{r}{r\left(\dfrac{s_{\text{UL}}}{s_{\text{DL}} + s_{\text{UL}}} \right)} \right)(1 - P_{\text{DL\&UL}}) \qquad (14.6)$$

出于验证的目的，将式（14.4）中的结果与仅含单小区 TDD 系统的系统级仿真器中的评估结果进行比较，该系统具有等量的 UL 和 DL 业务，以及只包含一个 UL 和一个 DL 的 1∶1 的静态 TDD 时隙配置，如图 14.4 所示。针对两种方案比较各自有效载荷的会话吞吐量，即每个有效载荷所传输的吞吐量，并且将灵活方案相对于固定方案的增益与式（14.4）的预期增益进行比较。

我们可以将分析扩展到多种 UL/DL 不对称业务情景中，或者其他固定 DL/UL 配置上。通过变换适当参数值，可以相应地从式（14.3）和式（14.4）导出概率。例如，在低负载和高流量不对称的情况下，灵活方案对高负荷业务链路方向上的性能提升很小，而对轻负载链路方向上的性能有很大的提高。

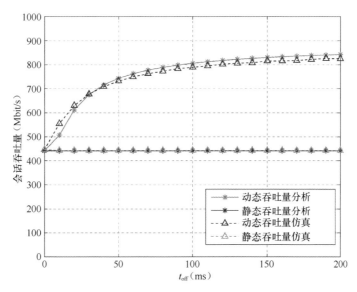

图 14.4　静态和动态 TDD 吞吐量分析 vs 仿真（r=880 Mbit/s、K=2 MB 以及 t_{off} = 0～200 ms）

14.4.2　动态 TDD 的缺点

无论从无线角度还是实际的多小区组网来说，邻区间干扰都有着重要的影响，使用动态 TDD 时，需要考虑这些问题。在本小节中，我们将介绍其中的一些问题并估计其影响，然后研究解决这些问题的方法。在完全同步的非动态 TDD 系统中，AP 传输通常干扰 UE 的接收，反之亦然。而动态 TDD 改变了这种情况，因为它引入了交叉干扰，这会使受到影响的接收节点还会受到额外的干扰。

为了更好地理解静态 TDD 和动态 TDD 系统之间的性能差异，我们设计一个小区场景，包括以 10×2 网格方式排列的 20 个小区，使用一种固定的 TDD 1∶1 方案，两种不同的动态 TDD 方案和一种随机选择链路方向的 TDD 方案。一种动态 TDD 方案采用基于时延公平（DF，Delay Fairness）算法，即时隙资源分配给有数据的方向。如果 UL 和 DL 缓冲器都存在数据中，系统会将这些数据存储在一起，然后轮流将时隙资源分配给 UL 和 DL。另一种动态 TDD 方案采用基于负载公平（LF，Load Fairness）的算法，它是动态 TDD 业务分配算法的一种，其主要考虑 DL 和 UL 之间的瞬时业务不对称性以及前一时隙的分配。

我们为每个节点提供 150 Mbit/s 的纯负载，约占资源使用的 60%，这样就会对邻区干扰产生额外影响。在该研究中，假设所有节点都配备有 4×4 MIMO 收发器并且使用传统的最大比率组合（MRC，Maximal Ratio Combining）方法。图 14.5 显示了对特定节点的信号与干扰加噪声比（SINR）进行跟踪，随时获得动态 TDD 方案带来的 SINR 的变化。

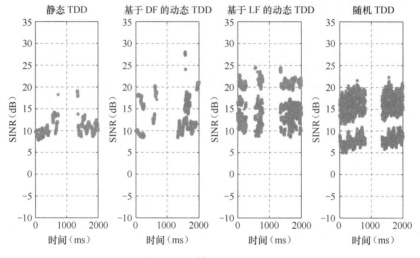

图 14.5　时间跟踪的 SINR

这种增加的 SINR 变化效应导致链路自适应的信道估计误差，从而增加了 HARQ 重传。仿真结果表明，在静态 TDD 的条件下，5%的数据分组需要至少重传一次，而在动态 TDD 下数据分组重传的比例达到 14%～30%。

这些重传确实会影响终端用户的会话吞吐量。14.3 节中所讨论的设计中的 5G 概念认为 MIMO 和 IRC 接收机同时使用，可以有效地降低文献[9]中邻区干扰变化的影响。通过使用合适的帧结构设计，如 14.3.2 节中描述的帧结构，IRC 可以抑制非干扰源的干扰，降低邻区干扰变化的影响。

为了进一步证明这一结论，我们通过配置 IRC 接收机重新验证性能指标。IRC 接收机的平均 SINR 变化幅度明显降低，表现为 HARQ 重传次数降低，如表 14.4 所示，动态 TDD 方案的重传次数从 14%～30%降低到 0.8%～2%。同时我们还可以直接感受到会话吞吐速率的改善，如图 14.6 所示，不会受到由其本身带来的邻区干扰变化引起的过度重传，就能够充分发挥动态 TDD 的优势。

表 14.4　HARQ 重传的数量

接收类型	MRC	IRC
静态 TDD 方案	5%	0.5%
基于 DF 的动态 TDD 方案	14%	0.8%

续表

接收类型	MRC	IRC
基于 LF 的动态 TDD 方案	30%	2%
随机 TDD 方案	36%	3%

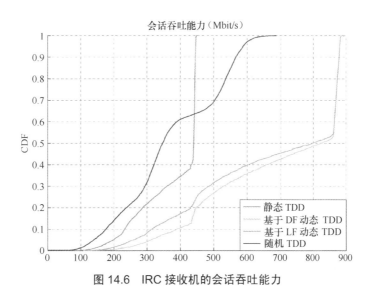

图 14.6　IRC 接收机的会话吞吐能力

14.5　5G 厘米波蜂窝系统中的秩自适应

这里提出的 5G 概念假定配置了 MIMO 系统。由于有多个天线可用，系统可以设置为发送单个数据流，或者最多等同于天线数量的数据流。前者能在干扰严重且邻区干扰变化大的情况下保持稳健性[24]，而后者能在信道环境较好的情况下实现更高的峰值吞吐速率。

因此，在提高峰值吞吐速率和改进干扰弹性之间存在一个理想的折中。即在强干扰的环境中，空间数据流的流数少（下面称为传输等级）。相反，在信道环境比较好的情况下采用高传输等级。随干扰条件变化进行动态调整传输等级的行为称之为秩自适应，这是本节的重点，而且会提出并评估一种基于 Taxation 的秩自适应算法。

14.5.1　基于 Taxation 的秩自适应方案

基于干扰感知 Taxation 的秩自适应方案（TB-RA）旨在选择一个让效用函数Π_k最大化的秩 k^*，即 $k^* = \arg\max_k \Pi_k$。当选择秩为 k 时，这种算法需要考虑可实现的速率和相应的 Taxation 项，其中的 Taxation 项受到秩 k、依赖单调加权向量 W_k 的秩、受干扰条件影响的速率，和 $C(I/N)$ 的影响。

在接收信号时，期望的信道矩阵 H_D 和干扰协方差矩阵 H_I 被分离出来。一方面，由于小区场景是我们设定的，因此我们可以随时获取 H_D 并逐渐地改变它。另一方面，由于使用动态 TDD，每帧上的 H_I 值可能会不一样。不过，由于在帧结构中使用了 DMRS 符号，我们可以获得最新的干扰协方差矩阵 H_I 的值。

一旦检索到 DMRS，立即计算每个等级中有效的 SINR。这将为每个可能的传输等级提供有效的 SINR 值。然后将这个值反馈到包含 Q 个样本的滑动窗口滤波器中，再计算每个等级的 SINR 对数平均值，得到每个等级的可实现速率的估值。当获得每个等级传输可达到的速率，再考虑基于秩的 Taxation 因子和输入干扰条件。选择使效用函数Π_k最大化的秩 k。这个函数如式（14.7）所示。

$$\Pi_k = \underbrace{kC\left(\overline{\mathrm{SINR}_{\mathrm{effective}_k}}\right)}_{\text{秩}k\text{的估计容量}} - \underbrace{kW_kC\left(\frac{I}{N}\right)}_{\text{秩}k\text{的Taxation}} \tag{14.7}$$

其中，$\overline{C(\mathrm{SINR}_{\mathrm{effective}_k})}$ 表示为 $\overline{C(\mathrm{SINR}_{\mathrm{effective}_k})} = \log_2(1 + \overline{\mathrm{SINR}_{\mathrm{effective}_k}})$。

式（14.5）中的 Taxation 项 $C(I/N)$ 由 $C(I/H) = \log_2(1 + (\mathrm{tr}(H_I H_I^{\mathrm{H}})\sigma_n^2))$ 给出，表示由输入干扰噪声比引起的吞吐量损失。在考虑 Taxation 因子时，特别是有干扰项时，理想情况下只应考虑输出干扰而不是输入干扰，因为这代表了对其他节点产生的实际恶化。然而，考虑到帧结构的可用性，在全分布的情景中这样做是有困难的，因此，为了简化计算，我们假设输入干扰等于输出干扰。此外，我们可以通过信道的输入干扰电平测量出当前的干扰电平大小。

需要特别注意的是，传输等级决策计算是在 AP 和 UE 处同时进行的。UE 只需要考虑本地干扰条件，通过应用函数的计算简单地确定 DL 传输等级。然后把计算结果通过 UL 控制信道中的调度请求（SR）消息反馈给 AP，AP 作为最终决策者利用该信息给 UE 指示在 DL 中使用的是哪个传输等级。

14.5.2　绩效评估

在本节中，我们通过评估 TB-RA 算法的性能，得出秩自适应算法是如何适应不同干扰条件的。通过改变业务负载控制干扰条件，显示 TB-RA 算法是否能够及时适应不同的干扰条件。在这样做时，我们将假设一个动态 TDD 时隙分配——采用基于 DF 的动态 TDD方案，其 UL 和 DL 业务负载基本相同。我们还将针对没有应用 Taxation 的自适应方案（下面称为 SRA）以及固定等级 1 和等级 2 的传输方案进行算法标准化测试。TB-RA 算法还将配置有两个不同的 W_K 向量参数，分别表示保守的和开放的秩传输选择方案。其数值分别为，$W_1=[0, 0.5, 0.66, 0.75]$，$W_2=[0, 0.25, 0.66, 0.75]$。在显示结果时，这些不同的配置将显示为保守 TB-RA 和开放 TB-RA。

用于评估各个方案性能的关键性能指标（KPI）的度量是应用层节点的平均会话吞吐量。这表示模拟过程中在特定节点上进行多会话时通过的平均会话吞吐量。

流量负载

为了评估秩自适应算法在不同干扰条件下的适应能力，我们将系统资源负载率设定为 25% 和 75%，分别对应于 100 Mbit/(s·N) 和 250 Mbit/(s·N) 的负载。

图 14.7 为在资源负载率约为 25% 的条件下，平均节点会话吞吐量和各方案传输等级的累积分布函数（CDF）。在这种情景下，干扰较少，固定等级 1 方案的吞吐量曲线比较陡峭。在低负载条件下，固定等级 2 方案在 CDF 曲线的下端的性能表现较好。图 14.7 所示的结果强调了在不同业务负载条件下对测试方案不同性能进行测试的重要性，同时也证明秩自适应方案需要适应不同的干扰和业务场景。

从图 14.7 中看出，当信道环境突然变好时，所有的秩自适应方案都会使用更高的传输等级，从而提高一些节点的平均会话吞吐速率。图 14.7 还显示，几乎在所有的 CDF 曲线的尾部，秩自适应方案达到的性能都与固定秩 2 的性能类似。从图 14.7 我们也可以看出，保守 TB-RA 方法倾向于保守地选择传输秩；开放的 TB-RA 方案的整体性能表现最佳，自私方案在该方案中的性能表现比较令人满意，但由于其选择传输级别有点高，导致在 CDF 曲线低端的性能稍差。

图 14.8 显示了约 75% 系统负载下各种秩自适应方案的性能。虽然固定等级 1 方案提供了最佳中断指标，但却限制了可实现的最大吞吐量。固定等级 2 方案的中断指标虽然稍差些，但却可以达到更高的吞吐量。

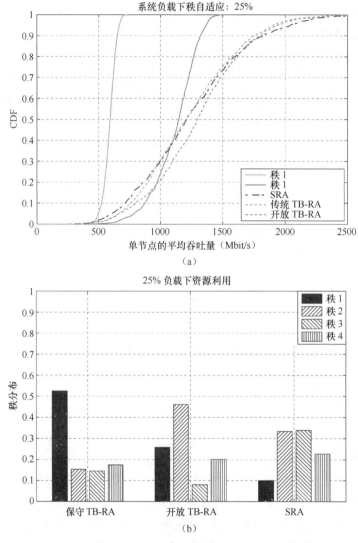

图 14.7　平均会话吞吐量和 TB-RA 的 25%负载下秩分布

在仿真中，不同秩自适应方案的性能差异十分明显。我们再次将平均节点会话吞吐量 CDF 和不同方案下秩传输分布放在一起分析，如图 14.8 所示。我们注意到随着干扰条件的增加，所有秩自适应方案都降低了所选择的传输等级。唯有 SRA 算法的等级选择依然激进，只是效果不太好。之所以发生这种情景，是因为 SRA 算法设计的本身就是要在 IRC 接收机无法有效抑制干扰时，以一种自适应方式实现自身容量的最大化，但是中断次数的指标却不太好，而对于保守 TB-RA 方案是先设法达到固定秩 1 的中断次数指标，然后在可能的情况下利用更高的传输等级提高吞吐速率。而开放 TB-RA 算法倾向于选择比保守算法稍高的传输等级，它是牺牲了中断次数的指标实现吞吐量的提升。

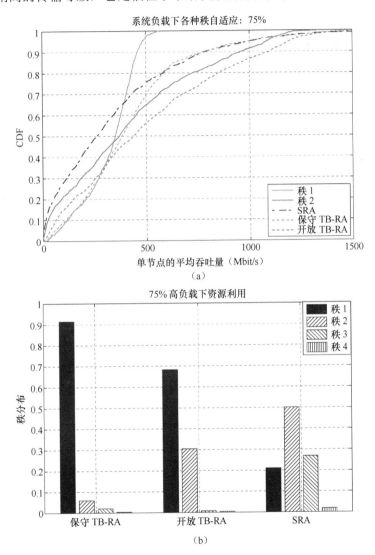

图 14.8　平均会话吞吐量和 TB-RA 的 75% 负载下秩分布

所有的测试结果表明，TB-RA 算法在低负载和高负载下都优于 SRA 方案，并且随时可能利用更高的传输等级提高吞吐速率。在 TB-RA 方法中应用的 Taxation 因子不仅限制了在高干扰条件下的传输等级，而且当增益不够时，还会放弃已经选择的高传输等级。TB-RA 算法也表现出可以将其参数在保守和积极之间进行调整，以达到更高的峰值吞吐量。在未来的网络中应用算法时，参数调整可能会实现全自动化。

14.5.3　秩自适应和动态 TDD

本节将讨论动态 TDD 和静态 TDD 在 TB-RA 方案上的性能表现。14.4 节简述了动态 TDD 因增加的邻区干扰变化而性能恶化的缺点。但是利用 IRC 接收机的选择自由度抑制部分干扰，这个性能恶化缺点就可以忽略不计了。秩自适应算法还允许在可能的情况下使用更高的传输秩，虽然这样会对独立干扰的干扰抑制性能有影响。此外，由于自适应秩算法和动态的选择传输秩，增加了邻区干扰的变化程度。

本节的目的是验证动态 TDD 算法在邻区干扰恶化的情况下是否仍能提供显著的增益。为了验证此性能，我们在高负载情况下使用 TB-RA 算法进行系统级仿真运算，配置静态 TDD 和动态 TDD，如图 14.9 所示。

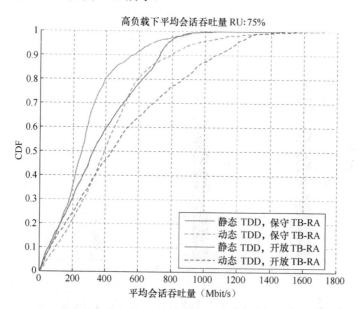

图 14.9　高负载下基于 TB-RA 算法的静态 TDD vs 动态 TDD 性能

保守算法和开放算法之间的表现存在差异。对于动态 TDD 情况，选择 W_K 时使用保守算法有明显的好处，特别是在需要改善中断次数指标的情况下。而同样的参数在开放的 TB-RA 算法中，静态 TDD 和动态 TDD 方案的表现一样。通过这种参数化对比，获得更高的传输等级的算法更受欢迎，因为其可以使系统达到更高的峰值吞吐量。这里要注意的一点是，当外界干扰变得严重时，TB-RA 方案倾向于对静态和动态 TDD 方案都使用较低的传输等级，这样就重新获得抑制独立干扰的好处，所以动态 TDD 方案仍要保留。对于动态 TDD 在预期有限收益的情况下，75%的负载率，获得的增益仍然超过静态 TDD。

14.6　能量效率机制

能量效率是 5G 技术的一项 KPI，无论是智能手机还是 MTC 设备。后者甚至有望实现电池续航 10 年的能力。在本章的最后一节中，我们将对 5G 能量效率机制进行探讨，深入了解 5G RAT 设计是如何节能的[25]。

5G 概念的网络旨在实现比现有蜂窝技术（如 LTE 和 3G）更长的电池寿命。与 LTE 一样，5G 的新空口在 DL 中使用了 OFDM，不同的是，5G 在 UL 中也用到 OFDM，而 LTE 没有单纯地使用 OFDM。这是因为 LTE 峰值平均功率比（PAPR，Peak to Average Power Ratio）的问题，为了避免信号失真，它会降低大功率功放的发射电平。然而，随着诸如包络跟踪（ET，Envelope Tracking）等新功能电源技术的引入，可以根据当前发射功率需求调整功放的电源电压，PAPR 不再是问题。图 14.10 显示了 6 个 LTE 智能手机的功耗测量值与发射功率的关系。移动终端 UE4 和 UE5 由于使用 ET，因而在峰值发射功率下有更好的能效。由于 ET 等供电技术日趋成熟，如果 5G 网络在 UL 中应用 OFDM 也会达到很高的能效，关键是这些供电技术要支撑 5G 网络使用的高频率和高带宽。

除了提高发射能量效率之外，使用超密集小区组网也会降低路径损耗，这样 UE 就可以用较低的发射功率实现相同的信噪比，从而节省发射功率。另外，双工器通常被放在射频前端提高接收器对信号的敏感度，TDD 模式下终端没用双工器，从而减少了对发射和接收信号的衰减。由于双工器在 TDD 模式下不起作用，因此就不需要双工器了。TDD 的另一个节能优势是，在某些信道环境中，如果接收端有足够的校准性能，则可认为上下行的信道是互易的。信道的互易性可以减少信道反馈的需求，从而减少传输能耗。

提高能量效率的另一个关键方法是，在 14.3.2 节中介绍的优化变短的帧结构。新型的帧结构让移动终端在帧 1 中收到 UL 或 DL 的调度指示，数据在下一帧中优先发送。DL 的过程如图 14.11 所示，其中在帧 2 中接收到指示，在帧 3 中接收数据。这样，移动终端就知道是否可以在每帧的数据部分应用低功率微扰技术[26]。这在 LTE 系统中是不可能实现的，因为 LTE 的物理下行共享信道（PDSCH）中的数据是紧跟在 PDCCH[27]调度信息之后的。因此，在 LTE 系统中，接收机和缓冲器中的数据不是直接面向移动终端的，因此浪费了能量。除了在数据部分使用低功率微扰模式之外，控制信道还可以使用流水线方式解码，因为在下一帧才需要知道数据结果。

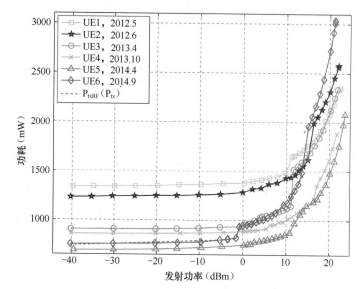

图 14.10　QPSK 调制下的发射功率和功耗的关系

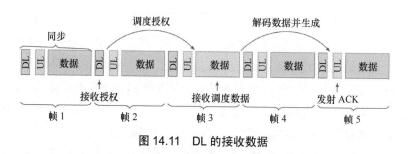

图 14.11　DL 的接收数据

这种帧结构除了节能外，缩短发射信号的持续时间对移动终端的电池寿命也有好处。如图 14.11 所示，因为 DL 控制信道包含所需信号并可以进行数据传输，移动终端在退出低功率微扰模式后快速与信道同步，然后移动终端可以再次返回低功率微扰模式。相比 LTE，这种模式是一种改进。LTE 中的 PSS 和 SSS 信号每 5 ms 才会发生一次，这样延长了总的接通时间并增加了设备的能耗。此外，和 LTE 帧结构相比，短帧结构的数据传输完成的速度更快，这就减少了总接通时间。DL 接收端的 t_{rx5G} 计算公式为

$$t_{rx5G} = t_{sync5G} + 3 \times t_{frame5G} + 2 \times t_{symb5G} = 0.25\ \text{ms} + 3 \times 0.25\ \text{ms} + 2 \times 17.67\ \mu\text{s}$$
$$= 1.035\ 34\ \text{ms} \tag{14.8}$$

其中：

t_{sync5G} 是同步所需的时间；

$t_{frame5G}$ 是 5G 帧的持续时间；

t_{symb5G} 是 5G 符号的持续时间。

类似地，UL 的 t_{rx5G} 为

$$t_{rx5G} = t_{sync5G} + 4 \times t_{trame5G} + t_{symb} = 0.25\ \text{ms} + 4 \times 0.25\ \text{ms} + 17.67\ \mu\text{s}$$
$$= 1.267\ 67\ \text{ms} \tag{14.9}$$

与 TD-LTE 相比，这是一项重大改进，根据文献[27]中的 7 种不同的帧配置，如文献 [25]中所计算的那样，完成传输需要 13～19 个完整子帧，包括 5 ms 的同步时间，这样总接通时间就是 1～24 ms。图 14.12 给出了一个例子，其中，UE 和 eNodeB 的最小处理时间都设置为 3 ms。注意，特殊子帧包含 UL 和 DL 控制信道，但仅包含 DL 数据信道。同样的算法得出 DL 的传输时间为 10～19 ms。

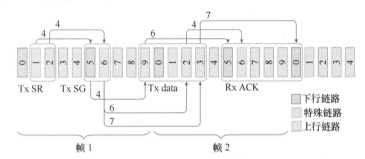

图 14.12　TD-LTE 使用帧配置 0 进行 UL 传输，SR 和 SG 分别表示调度请求和授权

使用参考文献[28]中提出的 2020 年的 LTE 和 5G 技术下的 MTC 设备功率模型，其电池型号为 3 Ah/3 V 来分别计算电池使用时间。需要注意的是根据参考文献[29]，我们将电池的前 24 小时自放电率设置为 5%，月自放电率设为 2%。每秒接收和传输的数据量不同，如图 14.13 所示。对于超低活跃状态，电池使用时间由设备的休眠模式功耗决定，在 5G 概念中优化并缩短了帧结构，通过使用非连续接收（DRX，Discontinuous Reception）和非连续发射（DTX，Discontinuous Transmission），电池寿命延长了 5～15 倍。此外，5G 帧结构比较短，可以运行在低功耗睡眠模式，而 LTE 收发器必须始终保持在高功耗的开启状态，如图 14.13 右下部分所示。

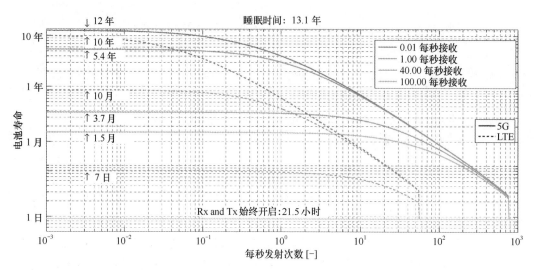

图 14.13　LTE 和 5G 都应用 DRX 与 DTX 模式，电池寿命是每秒接收发射次数的函数

以上内容简要回顾了 5G 的节能特性，和 LTE 相比，5G 的电池寿命更长，支持移动宽带更宽并支持 MTC。新型功率放大器技术与 OFDM 结合使用，降低了 TDD 的前端 RF 衰减，同时减少了信道反馈。最后经过优化的短帧结构不仅有利于使用 DRX、DTX 和微扰模式，同时提高了数据同步和数据速率，从而减少了接通时的能耗。

14.7　小　　结

在本章中，我们讲述了针对 5G 进行超密集小区部署的厘米波概念。介绍了在强干扰限制情况下实现吉比特每秒数据速率和超低时延的关键技术。同时介绍了 5G 优化的新帧结构、动态 TDD 信道接入模式、干扰感知秩自适应算法以及新概念节能的优势。

这还只是 5G 网络开始使用厘米波的想法，未来会有大量的问题需要我们解决。对动态 TDD 领域，我们可能需要评估其在单小区多用户环境中的性能。多用户会带来某些有意义的调度问题，尤其是动态 TDD 和不同设备需求的交互存在。另一种研究方向可能是动态 TDD 和全双工通信的比较[30]。尽管动态 TDD 的优势可以在 UL 或 DL 一方有数据发送的时候显现出来，但只有在 UL 和 DL 都有数据时才能发挥全双工的优势。全双工的增益在低负载时非常有限，而在高负载时，确极有可能获得动态 TDD 无法获得的性能优势。需要注意的是，在高负载下使用全双工将引起更严重的干扰，这是全双工另一方面的挑战。

5G 未来的能耗挑战包括支持非周期性、低时延的 DL 流量以及高带宽和高数据速率。非周期、低时延业务会在特定的 MTC 场景中发生，即设备的测量响应是通过 AP 进行的。这种业务很难适应 DRX，因为我们需要在时延和功耗之间进行折中选择。第二个挑战是在支持高带宽和高数据速率的情况下不会有明显的功耗损失。从硬件角度来看，RF 前端和转换器能够以合理的功耗满足业务需求的增加量，但是估计在 2020 年 Turbo 解码和带宽相关任务（如快速傅里叶变换、信道计算与均衡）将会使终端总功耗超过 3 W[31]。然而，即便如此，5G 接收机到 2027 年的能耗才与 2014 年的 LTE 接收机能耗相当。但是如果我们可以提高前向纠错编码的效率并且通过降低进程复杂度来支持高带宽，这种情况就可以得到极大的改善。

第四部分

5G 的厘米波和毫米波波形

第 15 章

应用于 5G 无线网络的
毫米波通信技术

15.1 引　言

第四代移动通信技术（4G）的数据使用量比前几代技术明显要多。不仅仅是智能手机，也包括基于移动连接的平板电脑和笔记本电脑在内的智能设备，所产生的流量远远超过基本的移动电话。所有这些关于移动宽带订阅的需求使得 4G 连接和智能设备的数量正在增加，因此后 4G（B4G）系统对网络容量增加的预期变得更加明确。

吞吐量的发展与容量同等重要。被 ITU 无线电通信部门（ITU-R）[4]称为国际移动通信（IMT）-2000 的第三代移动通信系统的无线电接口要求于 1997 年确定，并将 20 Mbit/s 作为非常高水平的数据服务信息类型[5]的最高预期数据速率。此外，2008 年将下一代 IMT-Advanced 的最小下行链路（DL）峰值频谱效率设为 15 bit/（s·Hz），随着 100 MHz 带宽的推进，可供移动网络运营商使用的最大数据速率达到 1 500 Mbit/s [6]。然而，DL 频谱效率是在假设 4×4 多输入多输出（MIMO）天线配置的情况下定义的，即使在 2015 年，该技术产业发展也落后于其他技术。因此，仅依靠频谱效率技术的发展来实现新一代移动通信所预期的数据速率飞跃提升似乎是不可能的（参考文献[6]中，在 2×4 天线配置假设下，上行链路峰值频谱效率被规定为 6.75 bit/（s·Hz））。

综合所有这些，实现第五代移动通信技术（5G）预期的最高数据速率和总网络容量最现实的方法是增加网络带宽。因此，对波长在 1～10 mm 之间、频率范围在 30～300 GHz 的毫米波（mmWave）的研究工作不断推进。60 GHz 工业、科学和医疗（ISM，Industrial

Scientific and Medical）频段已被选为初始目标。自 2008 年 12 月起，ECMA-387[7]、IEEE 802.15.3c[8]和 IEEE 802.11ad[9]标准已获批准。

由于在频带中不存在廉价辐射信号源，以及借助于电子和光学技术在相邻频段的广泛利用，覆盖 0.3～10 THz 频率之间的 THz 频段被标记为太赫兹间隙。然而，随着之后出现的硅（Si）互补金属氧化物半导体（CMOS，Complementary Metal Oxide Semiconductor）信号源和前端电路能够以足够的功率在 THz 频带的低频段辐射，业界对太赫兹频段通信的研究兴趣正逐渐增强。随着 IEEE 802.15 无线个域网（WPAN）太赫兹兴趣组（IG THz）的启动，THz 频段的标准化活动也于 2008 年开始。

根据所述观点，本章从 5G 网络实施的角度阐述毫米波。首先，介绍毫米波技术的标准化工作；然后，讨论毫米波电磁传播特性以及信道特征；接下来，介绍设备技术、应用于毫米波通信系统的特定电路以及室内接入网络架构的概念，并给出结论；最后，对毫米波技术领域的开放性问题和未来研究方向进行了探讨。

15.2　毫米波技术的标准化工作

虽然关于 60 GHz ISM 频段设计的所有标准的全面解释在参考文献[10]中可得到，但对长达 10 年的行业主导过程可以进行以下总结。由于视频是移动数据流量和应用的最大来源，具有最高的增长率预期[11]，随着广受欢迎的无线通信用例逐步取代数据电缆，2006 年第一个针对 60 GHz 频段 WirelessHD 的特殊兴趣组并无意外地将其规范重点放在视频业务上[12]。第二个类似组织，无线吉比特联盟成立于 2009 年，与 WirelessHD 不同，随着时间的推移，吉比特联盟的支持者数量在增长，该联盟通过将其规范贡献给 IEEE 802.11ad 来实现更多的产业协作。

第一个标志性的 60 GHz 标准由 Ecma 国际（Ecma International）在 2008 年发布，当前标准由该机构在两年之后发布[7]。最高数据速率 ECMA-387 支持单个信道上的 WPAN，2.1 GHz 带宽下为 6.35 Gbit/s，它采用 16 进制正交幅度调制（16-QAM）和卷积码率为 1 的 Reed-Solomon 编码的调制编码方案（MCS）。另外一个 60 GHz WPAN 标准是 IEEE 802.15.3c [8]，其规定了 3 种不同的物理层（PHY）模式，即单载波（SC）、高速接口和音频/视频，可被识别以用于各种需要，并且通过 64-QAM 正交频分调制（OFDM）MCS 或者低密度奇偶校验（LDPC）（672，504）来达到 5.775 Gbit/s。除了控制调制之外，IEEE 802.11ad 的

PHY 模式包括 SC 和 OFDM，这在 2012 年被认可，比 IEEE 802.15.3c 晚了 3 年。其使用具有 64-QAM 和 LDPC（672，546）的 OFDM MCS 带来 6 756.75 Mbit/s [9]的最大数据速率。

虽然初步标准已经确定，但 60 GHz 的标准化工作还远未定型。分配给 ISM 应用的 60 GHz 附近频谱在欧洲[13]为 57～66 GHz，在美国为 57～64 GHz[14]。然而，中国仅分配了 59～64 GHz 之间的 5 GHz，这允许仅在 IEEE 802.11ad 定义的 2.16 GHz 带宽的两个信道中进行通信。

由于所列标准化工作的努力，60 GHz ISM 频段被视为 5G 所采用的确定毫米波频率。不管怎样，毫米波标准化工作研究的总体方向可概述如下。

➢ 60 GHz ISM 频段的初始 WPAN 和 WLAN 标准化工作于 2012 年成功完成。

➢ 对高达 73 GHz 频段的城市传播能力测量工作[16]已在进行中。

➢ 利用 60 GHz 的主要动机是巨大且连续的可得带宽，这在 275 GHz 以上未分配的频谱中更为丰富[17]。

➢ 60 GHz 频段的传输特性与 6 GHz 以下频段明显不同，而与低 THz 频段非常相似[18]。

➢ 针对 275 GHz 以上频段的 WPAN 标准化活动于 2008 年开始。

综合所有这些工作，低 THz 频段成为 5G 系统的另一个候选者。ITU 已将高达 275 GHz 的频率分配给众多业务[19]。然而，除了一些被动应用之外，其余的频谱是未分配的。根据 60 GHz 频谱使用的情况推断出，低 THz 频段可作为所需吞吐量和网络容量提高的另一种解决方案。因此，2014 年，无线交换点对点应用的标准化在 IEEE 802.15 TG3d 下扩展，IG THz 也在积极进行太赫兹波段的研究。

15.3 毫米波信道特性

毫米波是一种带宽跨度很广的频谱，远大于成功提供电子技术的当前频段。可以预见的是，毫米波的电磁波传播特性不同于 6 GHz 以下频段，并且在其内部也会存在差异。第一个不同点是大气气体的衰减增加，在传统频带中基本上不存在气体衰减，然而，它会随着频率而上升。参考文献[18]中详细研究了在高达 1 THz 处由大气气体造成的特定衰减，图 15.1 也给出了 30 GHz 与太赫兹波段第一个局部最大值 325.178 GHz 之间频率的衰减（ITU-R P.676-9 建议书[20]与标准地面大气条件[21]一起使用）。

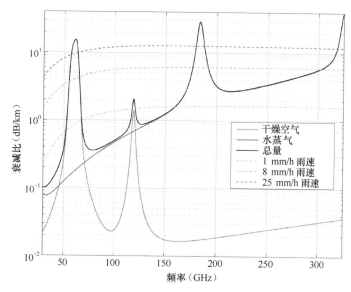

图 15.1　在降雨率为 1、8 和 25 mm/h 时，标准地面大气条件下以 1 MHz 为间隔计算
在 30～325.178 GHz 之间由大气气体和雨水引起的特定衰减

图 15.1 中大气衰减曲线的局部最大值是由氧气或水蒸气分子的共振线引起的。从干燥空气和水蒸气线也可以看出，在 60.83 GHz 和 118.77 GHz 处的前两个衰减峰值是由氧气引起的，而在 183.37 GHz 和 325.18 GHz 处的那些衰减峰值来自水蒸气。图中还包括 3 种不同降雨率导致的降雨衰减。垂直极化是根据 ITU-R P.838-3 建议书[22]来计算的。雨衰也会随着降雨率而上升。当降雨率为所列出的 1 mm/h、8 mm/h 和 25 mm/h 时，曲线分别在 224.85 GHz、186.32 GHz 和 161.85 GHz 处达到峰值，对应的衰减值为 1.648 dB/km、6.154 dB/km 和 12.75 dB/km。

为了研究极化对雨衰的影响，图 15.2 关注了水平、圆形和垂直电磁波极化时 25 mm/h 降雨率衰减的变化。由于这 3 个图都非常接近，因此衰减轴的范围限制在 11～12.85 dB/km 之间。如图 15.2 所示，水平极化波的雨衰最大，其次是圆形和垂直极化。此外，这一事实对于其他降雨率几乎也是如此，并且超出毫米波范围直到 1 THz，这是监督建议[22]中设定的计算边界，随着频率的增加，线也越来越近。

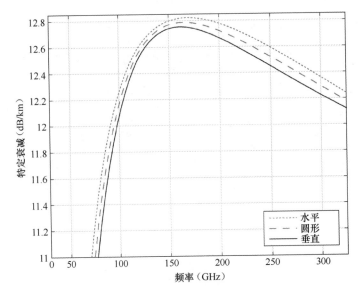

图 15.2　根据水平、圆形和垂直极化计算的 25 mm/h 速率的
降雨引起的特定衰减

　　与传统频带相比,毫米波的大气衰减要高得多。然而,在大多数微蜂窝通信的情况下,它对实际传输链路的影响是微不足道的。图 15.3 显示了发射机(TX)和接收机(RX)间隔为 1 m、10 m 和 100 m 时造成的视距(LOS)路径损耗。自由空间路径损耗(FSPL)[23]和气体衰减是独立计算的,并在图中合在一起。曲线中可见的突出抛物线形状归因于 FSPL,并且在图中可见仅在 100 m 情况下出现由大气衰减引起的明显不规则性。在毫米波范围内,气体衰减从不超过 30 dB/km,这比大多数波段要低得多。因此,与固有存在的 FSPL 相比,可以得出结论,大气衰减不会对接入网络中的毫米波利用造成额外的影响。

　　非视距(NLOS)传输由 3 种基本传播机制控制,即反射、衍射和散射。由于各自的理论在文献中被广泛涵盖,因此下面仅讨论它们对毫米波通信的影响。参考文献[24]描述了从 100 GHz～1 THz 的许多材料的吸收系数和折射率的变化。概括起来,折射率保持基本恒定,而吸收系数随频率以不同的速率增加。后者导致毫米波系统的材料吸收更高、传输功率更低,这会减弱超出它们所在房间的接入点(AP)的覆盖。此外,由于波长在 1～10 mm 之间,表面不能再假设是平滑的,反射系数应该乘以瑞利粗糙度因子以得到正确的值[25]。因为对于毫米波频率,该因子小于 1,所以在毫米波中反射波功率密度被进一步减弱,散射情况下也是如此[26]。然而,除了非常特殊的情况,衍射在 60 GHz 和 300 GHz 中是不存在的[27]。因此,所有 NLOS 传播机制在毫米波波段中都会下降,这一结果必须通过物理层技术来处理,相关的覆盖特性研究可在参考文献[28]中找到。

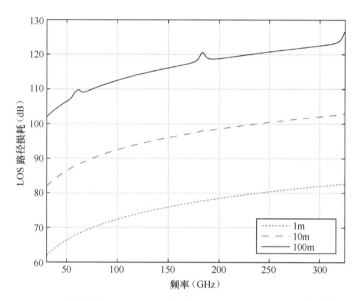

图 15.3　LOS 路径损耗,由 FSPL 和在 30～325.178 GHz 之间传输距离为
1 m、10 m 和 100 m 时的气体衰减组成

15.4　毫米波物理层技术

毫米波波段提供的带宽可以支持非常高的数据速率,这提高了源编码和压缩技术的重要性,特别是对于需要高数据量的应用。为传统频段开发的许多压缩算法也适用于毫米波信道,以实现高频谱效率[29]。此外,毫米波波段受到较高传播损耗的影响,并且非常容易受到通信信道的影响。根据这些,合适的毫米波源编码应该能够有效地适应数据速率的变化,基于 LDPC 的自适应编码被证明是有效的[30],它使压缩性能接近于 Slepian-Wolf 界限[31]。此外,将卷积码与 LDPC 在 60 GHz 进行比较后发现 LDPC 提供了比使用卷积码更好的帧差错率[32]。总之,适用于毫米波通信系统的源编码的研究仍然在进行中,

它可以支持高数据速率和流量，并且除了低操作复杂性之外还具有高纠错能力。

调制是另一个重要的物理层技术问题。虽然对于 60 GHz 标准化高达 64-QAM，但在针对上段毫米波频谱进行的有限数量的研究中，无论是模拟[33]，还是低效率数字调制方法，如幅移键控或 16-QAM 都是最常用的[34-36]。毫米波波段传输速度要快得多。然而，由于更高的损耗，误码率对于成功接收变得更加重要。因此，低光谱数字调制技术中，低频谱效率的影响也可以使用更大的带宽来抵消，它更适合于初始的低 THz 频带应用，如参考文献[37]所述。

毫米波信道可以非常快速地变化。与 6 GHz 以下频段相比，通信链路更多地依赖于 LOS，因此诸如人类移动或门打开等行为形成的瞬时障碍物也会导致传输到完全阻塞的程度。因此，使用自适应 MCS 进行稳定连接非常重要。已有一些文献对其进行了研究。但是，MCS 在毫米波波段应与波束成形和调节一起考虑，这是一个尚未深入研究的区域。在参考文献[38]中分析了波束成形和自适应调制系统的信道预测效果。参考文献[39]提出了一种利用波束成形实现自适应调制的方法。然而，在 RX 处做出诸如单天线和完美信道状态信息的假设，这对于毫米波系统是不现实的。

15.5　毫米波通信设备

毫米波通信系统最重要的需求是信号源，Si CMOS 电路由于其较低的成本成为最适合广泛应用的类型，能够具有高输出功率和频率调谐。最先进的压控振荡器（VCO，Voltage Controlled Oscillator）在低于 100 GHz 以下均能保持很高的性能水平，因此将频率倍增器添加到 VCO 模块是一种可能的设备解决方案，然而，结果并不理想，因为它们加剧了相位噪声。因此，毫米波波段内的两个主要研究频谱，即 60 GHz ISM 和低 THz 频段，面临设备和技术的不同可用性。在 60 GHz 频段运行的硬件于 2006 年向公众发售，因此，集成的 Si 收发器（TRX）芯片组，如来自 Hittite Microwave[40-41]的芯片组已经上市相当长的时间。

据报道，Si CMOS 源实现在 288 GHz 时产生−1.5 dBm 的峰值输出功率[46]。更令人印象深刻的是，当光源在 FR-4 板上封装有 Si 透镜时，辐射功率仍然保持在−4.1 dBm。该电路采用 65 nm CMOS 工艺设计，具有两个 3 推 NFET 振荡器，这些振荡器基本上被锁定，因此在公共输出端组合了 3 次谐波信号。对于振荡器和封装整体而言，直流（DC）功耗为 275 mW，直流到射频转换效率分别为 0.26% 和 0.14%，总裸片面积为 $120\times150\ \mu m^2$ 和

$500 \times 570 \ \mu m^2$。

一个用于低 THz 频段的完整 Si 前端的示例可在 $276 \sim 285$ GHz 之间调谐[47]。所有信号生成、倍频、滤波和辐射均由分布式有源辐射器（DAR，Distributed Active Radiator）执行，这些辐射器是研究中独有的，并通过逆设计方法设计，其中有源和无源元件是在金属表面电流配制后设计的。DAR 结合在 4×4 的辐射阵列中，并在绝缘体工艺上以 45 nm CMOS Si 实现。该装置可以在方位角和仰角上将光束控制到略小于 $\pi/2$ 弧度，并通过使用 16 dBi 方向性输出 9.4 dBm 的最大有效全向辐射功率（EIRP，Effective Isotropic Radiated Power），芯片面积为 $2.7 \times 2.7 \ mm^2$。没有方向性的总耗散功率为 190 μW，DC 功耗为 820 mW，因此 TX 的直流到射频转换效率，在排除和包括方向性时分别为 0.023% 和 1.06%。

毫米波天线系统的两个主要要求是波束成形能力和高辐射效率，这使得有可能使用微带天线或矩形波导。虽然两者都具有较低的损耗，但它们昂贵且难以制造并且占据较大的模具面积。一种流行的替代结构是衬底集成波导（SIW，Substrate Integrated Waveguide）。SIW 是一种传输线技术[48]，主要受益于低泄漏损耗和低成本，以及与平面电路的兼容性[49]。总而言之，与其他电路元件一样，毫米波天线也是一个不断发展的研究领域，可以通过多种选择来实现[50-53]。

15.6　毫米波室内接入网络架构

利用毫米波波段进行 5G 通信将需要新的接入网络概念以及开创性的架构设计，以克服内在的额外损耗，并满足新一代移动通信系统预期的所有技术、用户和容量要求。

例如，作者实验室的尺寸为 11.65 m×12.12 m×3.26 m，有 20 名研究人员。虽然通常最大允许基站 EIRP 超过每载波 60 dBm，但由于为每个房间设想了一个 AP，我们的室内接入网络提议更类似于 WLAN 而不是蜂窝网络，因此考虑了 WLAN 的指令。事实上，欧洲电信标准协会规定将 2.4 GHz ISM 频段的最大输出功率限制在 20 dBm，并回顾低 THz 频段信号源峰值输出功率为 –1.5 dBm，未来毫米波频段通信系统的天线将需要提供大约 20 dBi 的增益。

虽然在必要的频率范围内设计具有这种增益的天线本身就是一个问题，更不用说像波束转向这种附加的特性，高增益天线本身也会具有非常窄的波束宽度。增加天线的增益和方向性需要将能量聚焦到更小的角度，从而导致更小的半功率波束宽度（HPBW）。通过在 $275 \sim 325$ GHz 之间系统地对被认为适用于太赫兹通信并可供购买的标准增益喇叭天线进行测量后发现可得到的最大增益结果为 18.6 dBi，HPBW 在方位角和仰角平面上分别为 16.5° 和 17.1°[54]。如果这个天线安装在作者实验室天花板中心的 TX，并且假设两个平面的 HPBW 均为 16.8°，则垂直位于天线下方并于地板上方 74 cm 处的桌面上的覆盖区域与实际情况相同，面积为 0.44 m²，半径为 37.4 cm。一个这样的天线的最大覆盖区域也将出现在房间角落的地板上，其面积为 6.48 m²，并且在其共用的短轴上连接成两个半椭圆形状。

因此，具有足够增益的单个天线的覆盖范围能够服务仅一个用户的个人区域。为每个房间的每个居住者安装一个天线是不合理的。然而，如果天线数目被最佳地确定，因为平均用户数和毫米波接入的一小部分与通过蜂窝控制的短程通信系统形成的设备到设备（D2D）链路互补，所有用户设备的连接需求都可被满足。此外，如果将这些 D2D 链路设置在为 4G 电信系统分配的频带中，则可以通过设置这些临时链路来策略性地利用已经建立的 4G 移动通信网的许多优点，如减少切换的数量。图 15.4 中提供了基于本节中描述的概念开发的示例性室内接入网络架构。

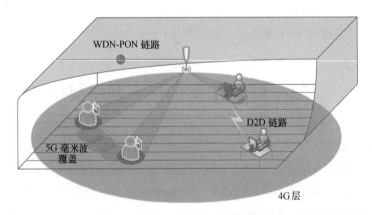

图 15.4　一种适用于毫米波段的 5G 无线通信系统的示例性室内接入网络架构

15.7　小　　结

本章从 5G 使用角度对毫米波通信进行概述。传统频段不足以支持 B4G 系统的预期数据流量和速率。认识到这一点，初始 WPAN 和 WLAN 标准被授权用于 60 GHz ISM 频段，并且低 THz 频段的工作仍在继续。频率增加主要在 FSPL 中影响毫米波链路，然而，

NLOS 传播机制的减少效应也表明多径传播的衰减。对毫米波信道的 PHY 技术的研究还有待加强。总而言之，毫米波是无线通信的下一个研究前沿，而从 5G 开始，开放式问题将以惊人的速度得到解决。

15.8　未来的研究方向

虽然可以通过 THz 频段提供的丰富频谱来平衡指数级增长的数据流量，但由于文献中没有全面的低 THz 频段室内信道模型，针对各种类型站点的信道测量活动和整体建模工作是需要的。由于几乎所有类型的路径损耗均随频率增加，THz 频段通信链路对 LOS 路径的变化高度敏感。室内环境中这种变化的主要来源之一是人类活动，因此也需要 THz 波段的人体阻塞模型。考虑到传播建模尚未完成，物理、数据链路和网络层中的 THz 频段通信技术都可以进行研究。由微蜂窝网络所造成的大量 TRX，需要自组织网络和分布式回程链路。较短的波长使得天线尺寸和间距更小，因此 MIMO 和波束成形方法可被有效利用。位置紧密的 TRX 还支持网络控制的流量卸载。所有类型的结构都需要新颖的家庭基站用于建筑物接入和异构回程网络架构。此外，还需要廉价的设备以保障大规模网络部署的可实现性。因此，低 THz 波段是一个快速发展和前景广阔的领域，包含了诸多具有很强影响力研究成果的开放性问题。

第 16 章

基于毫米波技术的通信网络架构、模型和性能

16.1 引　言

第五代移动通信技术（5G）扩展到毫米波（mmWave）波段，受到了工业界和学术界的广泛关注[1-4]。与国际移动电话（IMT）系统的 6 GHz 以下频段相比，mmWave 频段被广泛接受的范围是 6～100 GHz，6～30 GHz 的波长在厘米范围内。mmWave 频段具有超宽传输频带的优点。一项调查[4]表明，在 6～100 GHz 之间可提供 45 GHz 的总频谱，这是 6 GHz 以下可用频段的数十倍。这样一个巨大的频段使得传输的数据速率很容易达到数十吉比特/秒，比长期演进（LTE）系统的吞吐量提高了 1 000 倍[5-6]。

但是，mmWave 相对低频段的传播衰落更大，特别是在非视距（NLOS）和移动场景中。另一个挑战是，由于功率放大器等前端组件的限制，发射功率将随着载波频率的增加而降低[2]。幸运的是，一些开放性课题的研究表明，有些关键技术可以使 mmWave 通信在某些场景下可行[2-3,5]，表现为基于天线阵列的波束成形和跟踪可以部分地补偿路径损耗。信道测量表明 6～100 GHz 可以覆盖一系列微小区[2,7-8]，超密集网络以及自回程可以在保持成本合理的同时提高网络容量[4-6]。有数据显示，三星在 28 GHz 频率下实现了 7.5 Gbit/s 的峰值数据速率[9]；DoCoMo 在 11 GHz 频率下实现了 10 Gbit/s 的峰值数据速率[10]；华为和诺基亚分别在 72 GHz 频段上展示了 11.5 Gbit/s [11]和 10 Gbit/s [12]的峰值数据速率。这项研究进一步引起了对 5G mmWave 通信的广泛关注。

与此同时，工业标准正在被广泛讨论，以便为 mmWave 通信铺平道路。2015 年世界无线电通信大会（WRC-15）已经确定了 6 GHz 以下 5G 的频谱，并且普遍认为 WRC-19 将为 5G 确定 6 GHz 以上的频谱。国际电信联盟无线电通信部门（ITU-R）5D 工作组（WP5D）于 2012 年启动，旨在使将于 2020 年商业化的 IMT 系统（5G）标准化。一个被广泛接受的观点是，3GPP R14、R15 和 R16 将是标准化 5G 系统的时期。关于 mmWave 通信的区域性讨论包括中国的 IMT2020，其中，华为主持了 mmWave 通信主题；欧洲项目，如 2020 信息社会移动和无线通信推动者（METIS）和 5G 基础设施公私合作伙伴关系（5G PPP）等。预计其中大部分研究成果会输出到 3GPP 和 ITU。

本章概述了 5G mmWave 通信的研究，包括信道建模、波束跟踪和网络架构，并研究当前阶段的关键技术解决方案。16.2 节讨论了 5G 候选频段；16.3 节指出了在 mmWave 中使用波束成形的必要性，并提供了一些波束跟踪技术；16.4 节提出了一种新的波束跟踪信道模型；16.5 节详细阐述了一种新的网络结构；16.6 节说明了 72 GHz mmWave 蜂窝网络的系统级性能。

16.2　频　　谱

在 WRC-12 中，研究 IMT 系统的额外频谱要求和潜在候选频段的一项决议通过[16]。根据该决议，WRC-15 中的一个议程项目将主要考虑对移动业务的额外频谱划分以及未来 IMT 或所谓的 5G[17]的额外频段的识别。根据联合任务组（JTG）4-5-6-7 的工作，WRC-15 将主要关注 6 GHz 以下的频段。以下频率范围已表明适合于未来可能的 IMT 部署：410～430 MHz、470～790 MHz、1 000～1 700 MHz、2 025～2 110 MHz、2 200～2 290 MHz、2 700～5 000 MHz、5 350～5 470 MHz 和 5 850～6 425 MHz[18]，如图 16.1 所示。这些频率范围的策略和用途可能不同。例如，470～790 MHz 由于其良好的传播特性而适合于在室内和室外提供覆盖。L 波段的一部分，具体参考 1 427～1 525 MHz 和 1 525～1 660 MHz 范围，可提供良好的覆盖范围，并作为 1 GHz 以下的补充，以提供容量。在 C 波段，3 400～3 800 MHz 可能适合于提供容量，来满足不断增长的流量需求，尤其对于具有更密集网络部署的小区域覆盖。

更高频段（6 GHz 以上）已被认为是 5G 的良好候选频谱，它的主要特征是有丰富的频谱可用于支持超高数据速率传输。这个频段的范围是 30～300 GHz，通常称为 mmWave 频段。但是，并非所有 mmWave 频段都可以考虑用于移动通信。影响频谱选择的因素有 3 个。首先，候选频谱选择的关键取决于频谱管理和监管机构的分配，以及分配的主要/辅助服务。以 28 GHz 频段为例，具体参考 24.25～29.5 GHz，它是一个除了 24.25～25.25 GHz 外的全球性移动业务划分，并仅在 Region 3 中进行分配[16]。E 波段：71～76 GHz 和 81～86 GHz 的情况类似，很有可能为这些频段建立全球统一的频谱分配。其次，优选具有几百兆赫兹，甚至高达几千兆赫兹的连续频谱。这种连续频谱可以为管理和监管机构提供更强的灵活性。此外，它可以为移动网络运营商（MNO，Mobile Network Operator）提供更强的灵活性。最后，候选频谱的传播特性应该对承载移动通信业务是友好的。由于 mmWave 波段的传播特性与 6 GHz 以下的频段相比具有很大的不同，因此候选频谱选择应考虑多信道传播问题，如严重的路径损耗、天气情况和大气的影响、由于高载波频率导致的缓慢移动的多普勒频移、NLOS 信道。初步研究表明，mmWave 波段可能为蜂窝通信提供 NLOS 覆盖[2]。尽管取得了显著进展，但对 5G 移动宽带的 mmWave 链路的完整描述仍然难以完全确定。

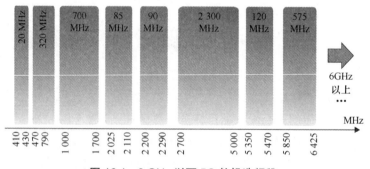

图 16.1 6 GHz 以下 5G 的候选频段

除可授权频谱外，未授权频谱是一种为 5G 提供丰富频谱的补充方式。ITU-R 已经确定了一个大约 1 GHz（在 100 GHz 频率以下）的未授权频段，其可用于短距离无线通信。典型频段包括 2.4～2.5 GHz、5.725～5.875 GHz、61～61.5 GHz 等。之前 3GPP 也讨论了以许可辅助方式在未授权频谱中启用 LTE 的可行性[2,19]。在补充和次要业务网络上使用未授权频谱是 5G 的一种可能前进方向。

为促进我国采用 60 GHz 频段未授权短程通信技术，我国正在考虑为未授权移动业务分配 40～50 GHz 频谱，具体参考范围为 42.3～47.0 GHz 和 47.2～48.4 GHz。所有这些未授权的频段都可能是缓解 5G 频谱短缺的潜在补充。用于 5G 研究的 6 GHz 以上的候选频段见图 16.2。

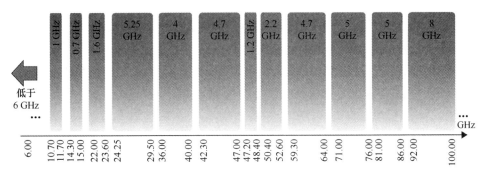

图 16.2　用于 5G 研究的 6 GHz 以上的候选频段

WRC-15 已考虑将 6 GHz 以上频段用于 IMT-2020 系统[20]。以下波段主要分配给移动业务：24.25～27.5 GHz、37～40.5 GHz、42.5～43.5 GHz、45.5～47 GHz、47.2～50.2 GHz、50.4～52.6 GHz、66～76 GHz 和 81～86 GHz。以下频段可能需要在主要基础上对移动业务进行额外划分：31.8～33.4 GHz、40.5～42.5 GHz 和 47～47.2 GHz。

16.3　波束跟踪

mmWave 通信的空中接口的特征是基于天线阵列的波束成形和跟踪。mmWave 基站（mBS）和用户设备（UE）都使用天线阵列来补偿 mmWave 传播的大路径损耗。这种具有高增益窄波束的方案给 mBS 与多个 UE 之间的窄波束对齐算法的设计带来了挑战。成本开销、复杂性和跟踪能力是评估性能的关键标准。一个被广泛接受的波束对齐解决方案包括两个波束阶段：波束训练和波束跟踪。波束训练执行粗略的波束对齐，从而使全向波束和宽波束都可以用于训练。由于穷举波束搜索可能涉及设计导频的高成本，因此存在潜在的方法以降低波束训练周期和开销。分层波束训练方法[21]是一种有效的方法，它首先使用扇区级波束进行训练，然后使用宽波束进行搜索。

波束跟踪在不进行波束训练的时间内执行信道信息更新。通常，更新的信道信息包括到达方位角（AoA）、离开方位角（AoD）、到达顶角（ZoA）和离开顶角（ZoD），以便发射机和接收机执行波束成形。有两种方法可以获得更新的信道信息。一种是使用参考信号和旧信道信息来预测下一次数据传输的角度[7]；另一种是基于参考信号估计 AoA/ AoD/ZoA/ZoD。挑战在于参考信号成本随着 BS 和 UE 中的天线元件尺寸而增加。克服该问题的一个有效方法是使用压缩感知（CS，Compression Sensing）技术，其很好地利用了 mmWave 信道的稀疏特性，可以显著降低开销[8]。结果表明，与诸如最小二乘法等传统的非 CS 估计方法相比，在实际情况下，节省的开销高达 75%。此外，与具有完美信道信息的方法相比，参考文献[8]中提出的方法仅具有 2～3 dB 的损失。

波束训练在以下情况下执行：UE 没有先前的波束对齐信息而开始接入 mmWave 链路，或者信道角度跳转到另一个方向时，这可能导致数据传输失败，如从 LOS 到 NLOS。这种情况可以通过使用 3GPP 空间信道模型（SCM，Spatial Channel Model）中的不同下降来建模，这种方式不在本章的讨论范围之内。本章研究了 UE 在短距离内移动的信道的情况，BS 和 UE 可以维持较低阶调制的数据通信，波束跟踪可用于校正 BS 和 UE 处的波束。因此，为了研究和评估波束跟踪技术，对新信道模型的要求包括变量 AoA/AoD/ZoA/ZoD 和一致的空间信道。需要空间一致性来保持大规模衰落不变，以便我们可以专注于小规模衰落来评估波束跟踪。

16.4 具有变化角度的信道模型

在本节中，我们扩展了 3GPP 3-D 信道模型，以满足 mmWave 频段中的波束跟踪需求。3GPP 3-D 信道模型是 SCM 从 2 维到 3 维的扩展。SCM 是一种基于几何的随机模型，但未明确指定散射的位置。基于从信道测量中提取的统计分布，随机地确定各个快照的信道参数。信道实现是通过应用由特定小尺度参数，如时延、功率和角度的射线贡献总结的几何原理来生成的。叠加导致天线单元和具有几何相关的多普勒频谱的时间衰落之间的相关性。

SCM 的一个重要概念是"下降"。下降定义为在一定的短时间内运行的一次模拟，其中，除了由改变光线相位引起的快衰落之外，信道的随机属性保持不变。单次下降期间的恒定属性包括功率、时延和射线方向。因此，大规模传播（例如，路径损耗）是恒定的，其在一次下降中保持了空间一致性。可以模拟多次下降以平均给定区域中的大规模属性。但连续下降是独立的，也就是说，在每个下降持续时间内独立地生成大规模和小规模参数。

有两种方法可以扩展 SCM 模型以引入变化角度（AoA/AoD/ZoA/ZoD）。第一种方法是通过连续下降获得变化角度。目的是研究保持下降空间一致性的方法，其中大尺度衰落和角度在空间中连续变化。一种有效的解决方案是估计散射的位置，并基于固定的散射重建信道脉冲响应[22]。然而，这种方法可能会将 SCM 框架从基于随机的改变为基于分散的模型，这对于 3GPP 标准是不可接受的。第二种方法是在一个下降中引入变化角度，其中空间一致性得到很好的保持。一个约束是下降持续时间很短，通常在 LTE 模拟中约为 1000 个传输时间间隔（TTI），其等于 1 s。在如此短的时间内，LTE 的信道变化可以忽略不计，尤其是当使用少量天线时。然而，当在 mmWave 通信中使用大规模天线阵列时，情况大不相同。首先，大规模天线阵列可能形成具有非常窄的波束。例如，尺寸为 10 cm×10 cm 的板可以在 E 波段容纳 1024 个天线元件，这可以形成窄至 3° 的 3 dB 波束宽度。UE 在短距离上移动可能会导致波束对产生较大偏差。其次，mmWave 信道由于其小得多的波长而具有大的信道方差，与较低频段（例如，LTE 中的 2 GHz）相比，诸如 UE 周围的移动车辆、树木和散射等移动环境可能导致更大的信道变化。

我们假设 UE 在方向 (θ_v, ϕ_v) 上以速度 v 移动，其中，θ_v 和 ϕ_v 分别是全局协调系统（GCS，Global Coordination System）中的垂直和水平方向，并且 BS 位于中心。3GPP SCM 模型由具有不同时延的多个集群描述。许多射线构成一个集群，其中所有射线都在空间的延迟或角度域或两者中散布。考虑从发射机处的天线单元 u 到接收机处的天线单元 s 的第 n 个集群。SCM 中相应的信道脉冲响应被扩展为

$$H_{u,s,n}(t) = \sqrt{P_n \Big/ M} \sum_{m=1}^{M} \boldsymbol{F}_{\mathrm{r}}^{\mathrm{T}} \boldsymbol{E} \boldsymbol{F}_{\mathrm{t}} \cdot \exp(\mathrm{j} 2\pi \lambda_0^{-1} (\hat{r}_{\mathrm{rx},n,m}^{\mathrm{T}}(t) \overline{\boldsymbol{d}}_{\mathrm{rx},u})) \cdot$$

$$\exp(\mathrm{j} 2\pi \lambda_0^{-1} (\hat{r}_{\mathrm{tx},n,m}^{\mathrm{T}}(t) \overline{\boldsymbol{d}}_{\mathrm{tx},s})) \cdot \exp(\mathrm{j} 2\pi v_{n,m}(t) t)$$

$$\boldsymbol{F}_{\mathrm{r}} = \begin{bmatrix} F_{\mathrm{rx},u,\theta}(\theta_{n,m,\mathrm{ZoA}}(t), \phi_{n,m,\mathrm{AoA}}(t)) \\ F_{\mathrm{rx},u,\phi}(\theta_{n,m,\mathrm{ZoA}}(t), \phi_{n,m,\mathrm{AoA}}(t)) \end{bmatrix}$$

$$\boldsymbol{E} = \begin{bmatrix} \exp(\mathrm{j} \Phi_{n,m}^{\theta\theta}) & \sqrt{\kappa_{n,m}^{-1}} \exp(\mathrm{j} \Phi_{n,m}^{\theta\phi}) \\ \sqrt{\kappa_{n,m}^{-1}} \exp(\mathrm{j} \Phi_{n,m}^{\phi\theta}) & \exp(\mathrm{j} \Phi_{n,m}^{\phi\phi}) \end{bmatrix} \tag{16.1}$$

$$\boldsymbol{F}_{\mathrm{t}} = \begin{bmatrix} F_{\mathrm{tx},s,\theta}(\theta_{n,m,\mathrm{ZoD}}(t), \phi_{n,m,\mathrm{AoD}}(t)) \\ F_{\mathrm{tx},s,\phi}(\theta_{n,m,\mathrm{ZoD}}(t), \phi_{n,m,\mathrm{AoD}}(t)) \end{bmatrix}$$

其中：

$F_{\mathrm{rx},u,\theta}(t)$ 和 $F_{\mathrm{rx},u,\phi}(t)$ 分别是球面基矢量方向上的接收天线单元 u 的场结构；

$F_{\mathrm{tx},u,\theta}(t)$ 和 $F_{\mathrm{tx},u,\phi}(t)$ 分别是球面基矢量方向上的发射天线单元 s 的场结构；

n 为一个集群；

m 为集群 n 中的一个射线；

$d_{\mathrm{rx},u}$ 为第 u 个接收天线单元的位置矢量；

$d_{\mathrm{tx},s}$ 为第 s 个发射天线单元的位置矢量；

$\kappa_{n,m}$ 为线性标度中的交叉极化功率比；

λ_0 为载频波长。

$r_{\mathrm{rx},n,m}(t)$ 为球面单位矢量，方位到达角 $\phi_{n,m,\mathrm{AoA}}(t)$ 和高度到达角 $\theta_{n,m,\mathrm{ZoA}}(t)$ 由式（16.2）给出

$$\hat{r}_{\mathrm{rx},n,m}(t)=\begin{bmatrix}\sin\theta_{n,m,\mathrm{ZoA}}(t)\cos\phi_{n,m,\mathrm{AoA}}(t)\\\sin\theta_{n,m,\mathrm{ZoA}}(t)\sin\phi_{n,m,\mathrm{AoA}}(t)\\\cos\theta_{n,m,\mathrm{ZoA}}(t)\end{bmatrix} \tag{16.2}$$

$r_{\mathrm{tx},n,m}(t)$ 为球面单位矢量，方位偏离角 $\phi_{n,m,\mathrm{AoD}}(t)$ 和高度偏离角 $\theta_{n,m,\mathrm{ZoD}}(t)$ 由式（16.3）给出

$$\hat{r}_{\mathrm{tx},n,m}(t)=\begin{bmatrix}\sin\theta_{n,m,\mathrm{ZoD}}(t)\cos\phi_{n,m,\mathrm{AoD}}(t)\\\sin\theta_{n,m,\mathrm{ZoD}}(t)\sin\phi_{n,m,\mathrm{AoD}}(t)\\\cos\theta_{n,m,\mathrm{ZoD}}(t)\end{bmatrix} \tag{16.3}$$

$\bar{d}_{\mathrm{rx},u}$ 为接收天线单元的位置矢量；

$\bar{d}_{\mathrm{tx},s}$ 为发射天线单元的位置矢量。

如果不考虑极化，则可以用标量 $\exp(\mathrm{j}\Phi_{n,m})$ 代替 2×2 极化矩阵，并且只应用垂直极化场模式。根据到达角（AoA，ZoA）、速度为 v 的 UE 速度矢量 $\bar{v}$、漫游方位角 ϕ_v 和仰角 θ_v 计算多普勒频率分量 $v_{n,m}$，并由式（16.4）给出

$$v_{n,m}=\frac{r_{\mathrm{rx},n,m}^{\mathrm{T}}\cdot\bar{v}}{\lambda_0} \tag{16.4}$$

其中，$\bar{v}=\begin{bmatrix}v\sin\theta_v\cos\phi_v & v\sin\theta_v\sin\phi_v & v\cos\theta_v\cos\phi_v\end{bmatrix}^{\mathrm{T}}$。

与 SCM 模型的不同之处在于式（16.1）中的角度 $\theta_{n,m,\text{ZoA}}(t)$、$\theta_{n,m,\text{ZoD}}(t)$、$\phi_{n,m,\text{AoA}}(t)$ 和 $\phi_{n,m,\text{AoD}}(t)$ 随着时间变化，而 SCM 保持固定的角度。

在下面介绍中，为简单起见，省略了集群和射线索引（n，m）。图 16.3 显示了 GCS 中的 AoA/AoD/ZoA/ZoD，其中 BS 位于中心；h_{BS} 和 h_{UE} 分别是 BS 和 UE 的高度；d' 表示 BS 和 UE 之间的距离在 x，y 场上的投影，假设 UE 仅在小范围内进行水平方向（ϕ_v）移动。在 LOS 的情况下，AoD 和 ZoD 在时间 t 通过求导可表示为

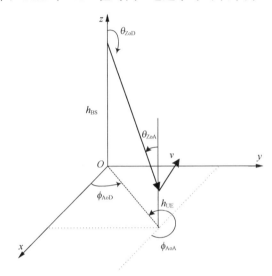

图 16.3 直角坐标系中表示的 GCS 中的角度

$$\theta_{\text{ZoD}}(t) = \pi + \arctan\left(\tan(\theta_{\text{ZoD}}(t_0)) - \frac{vt\cos(\phi_v - \phi_{\text{AoD}}(t_0))}{h_{\text{BS}} - h_{\text{UE}}} \right)$$

$$\phi_{\text{AoD}}(t) = \arctan\left(\frac{d'\sin(\phi_{\text{AoD}}(t_0)) + vt\sin(\phi_v)}{d'\cos(\phi_{\text{AoD}}(t_0)) + vt\cos(\phi_v)} \right) \tag{16.5}$$

从图 16.3 所示的关系来看，AoA/AoD 和 ZoD/ZoA 通过式（16.6）相关联

$$\theta_{\text{ZoA}}(t) = \pi - \theta_{\text{ZoD}}(t) \quad \text{和} \quad \phi_{\text{AoA}}(t) = \pi + \phi_{\text{AoD}}(t) \tag{16.6}$$

对变化角度建模的一个精确方法是使用 BS 和 UE 的几何信息来计算每个位置处的角度。代价是计算复杂度高，这对于快速模拟来说是不可接受的。一种简单的方法是假设角度随时间线性变化。由于移动范围远小于 BS 与 UE 之间的距离，预计角度变化很小，

因此线性近似是一种有效的方法。假设变化角度的线性模型由式（16.7）给出

$$\theta_{ZoA}(t) = \theta_{ZoA}(t_0) + S_{ZoA} \cdot (t - t_0), \quad t \in [t_0, t_0 + T_m]$$

$$\theta_{ZoD}(t) = \theta_{ZoD}(t_0) + S_{ZoD} \cdot (t - t_0), \quad t \in [t_0, t_0 + T_m]$$

$$\phi_{AoA}(t) = \phi_{AoA}(t_0) + S_{AoA} \cdot (t - t_0), \quad t \in [t_0, t_0 + T_m]$$

$$\phi_{AoD}(t) = \phi_{AoD}(t_0) + S_{AoD} \cdot (t - t_0), \quad t \in [t_0, t_0 + T_m] \tag{16.7}$$

其中，S_{ZoA} 和 S_{ZoD} 是垂直方向上变化角度的斜率，S_{AoA} 和 S_{AoD} 是水平方向上变化角度的斜率。

利用线性近似，式（16.5）可被简化为

$$S_{ZoD} = -S_{ZoA} = \frac{v \cos(\phi_v - \phi_{AoD}(t_0))}{(h_{BS} - h_{UE})/\cos(\theta_{ZoD}(t_0))}$$

$$S_{AoD} = S_{AoA} = -\frac{v \sin(\phi_v - \phi_{AoD}(t_0))}{(h_{BS} - h_{UE})\tan(\theta_{ZoD}(t_0))} \tag{16.8}$$

注意，4 个斜率在下降周期 T_m 中是固定的，尽管它们可被扩展到时变版本，但会以更高的计算复杂度为代价。

考虑到有一条反射射线的 NLOS 情况。给定反射面的角度 ϕ_{RS}，并引入一个虚拟 UE，是 UE 到反射面的映像。虚拟 UE 正朝着角度为 $\phi_{v'}$ 的方向移动。虚拟 UE 移动角度 $\phi_{v'}$ 与原 UE 移动角度 ϕ_v 之间的关系是

$$\phi_{v'} = \frac{\pi}{2} + \phi_{RS} - \phi_v \tag{16.9}$$

可将虚拟 UE 视为对 BS 的 LOS。因此，通过将式（16.9）代入式（16.5），AoD 和 ZoD 的函数为

$$\theta_{ZoD}(t) = \pi + \arctan\left(\tan(\theta_{ZoD}(t_0)) + \frac{vt\sin(\phi_v + \phi_{AoD}(t_0)) - \phi_{RS}}{h_{BS} - h_{UE}}\right)$$

$$\phi_{AoD}(t) = \arctan\left(\frac{d'\sin(\phi_{AoD}(t_0)) + vt\cos(\phi_v - \phi_{RS})}{d'\cos(\phi_{AoD}(t_0)) + vt\sin(\phi_v - \phi_{RS})}\right) \tag{16.10}$$

且

$$\theta_{\mathrm{ZoA}}(t) = \pi - \theta_{\mathrm{ZoD}}(t), \phi_{\mathrm{AoA}}(t) = 2\phi_{\mathrm{RS}} + \pi - \phi_{\mathrm{AoD}}(t) \qquad （16.11）$$

同样，NLOS 情况下的简化版是

$$S_{\mathrm{ZoD}} = -S_{\mathrm{ZoA}} = \frac{v\sin(\phi_v + \phi_{\mathrm{AoD}}(t_0) - \phi_{\mathrm{RS}})}{(h_{\mathrm{BS}} - h_{\mathrm{UE}})/\cos(\theta_{\mathrm{ZoD}}(t_0))}$$

$$S_{\mathrm{AoD}} = -S_{\mathrm{AoA}} = -\frac{v\cos(\phi_v + \phi_{\mathrm{AoD}}(t_0) - \phi_{\mathrm{RS}})}{(h_{\mathrm{BS}} - h_{\mathrm{UE}})\tan(\theta_{\mathrm{ZoD}}(t_0))} \qquad （16.12）$$

因此，可以通过式（16.1）至式（16.12）获得每个聚类的信道脉冲响应。按照参考文献[23]中的 SCM 程序，可以获得完整的多输入多输出（MIMO）信道脉冲响应。

16.5　UAB 网络架构

本节提出了一个具有宏基站（MBS）和 mmWave mBS 的统一接入和回程（UAB，Unified Access Backhaul）网络，其中，MBS 和 mBS 通过回程相互连接，如图 16.4 所示。

第一层由 MBS 组成，它们在 6 GHz 以下频率载波和更高频率（高于 6 GHz）载波中工作。MBS 可以通过较低频率与覆盖区域中的所有 mBS 通信。由于 6 GHz 以下频带宽度相对较窄且传播损耗较低，因此 MBS 中的 mmWave 用于向 UE 传送用户平面数据以及向相邻 mBS 提供回程数据。尽管较低频率和 mmWave 频率在 MBS 中共享相同的位置，但它们的天线和远程射频（RF）单元是完全分离的，并且可以根据覆盖要求安装在不同的高度。

第二层由 mBS 组成，其比 MBS 和当前的 LTE 微蜂窝网络密集得多。考虑到高传播损耗，mBS 的密度可以在每平方千米 6～500 个 mBS 范围内，这对应于 25～200 m 的小区半径。部分 mBS 可以通过类似于 MBS 的方式用作稳固演进型 Node B（eNodeB）。通过稳固 eNodeB（AB）将来自或到达核心网的数据传送到 mBS 和 UE。每个 mBS 都配置 mmWave 频率，用于回程和无线接入。在 UAB 架构中，无线接入和回程共享相同的平台，包括天线阵列、中频和射频（IRF）以及基带单元。UAB 的优点是可以联合管理回程和无线接入以调度无线电资源和天线资源，因此能以更高效的方式使用资源。例如，当回程具有比无线接入更大的负载时，可以将更多的频带或天线波束分配给回程而不是无线接入，反之亦然。

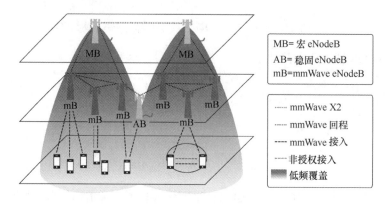

图 16.4　混合网络架构

第三层是无线接入，由此 UE 可以通过低频和 mmWave 接入 mBS，或者通过 mmWave 访问 mBS。在网络架构中，非授权频谱只用于无线接入以传送不太重要的信息，因为未授权频谱上的链路可能会受到意外干扰。mmWave 也适用于设备到设备（D2D）的通信，具有 D2D 连接的多个 UE 可以执行联合发送和接收以改善传输效果。

16.5.1　以负载为中心的回程

UAB 网络支持自适应回程，可以自适应地生成波束以调整回程。当业务负载在不同区域变化时，自适应回程尤为重要。由于业务负载的地理分布可能是不均匀的[24]，因此预计可以自适应地调整回程网络以跟踪网络中的业务负载变化，即所谓的以负载为中心的回程技术。

因此，我们建议使用分层无线资源管理（RRM，Radio Resource Management）架构来实现以负载为中心的网络。用于回程的 RRM（BH-RRM）执行中心为节点之间的所有回程分配无线资源的功能。该功能位于 MBS 中，它可以通过 6 GHz 以下的频率与其覆盖的所有 mBS 进行通信。每个 mBS 执行无线接入的 RRM（RA-RRM）以及在 BH-RRM 给出的资源和配置上执行回程的功能。注意，RA-RRM 功能与 LTE eNodeB 中的 RRM 的功能相同，是将无线资源分配给本地用户。

BH-RRM 和 RA-RRM 之间的功能分离关键取决于系统架构。如果 MBS 和 mBS 之间有足够的带宽，则 RA-RRM 实际上可以移动到 MBS，并且 MBS 中强大的 RRM 可以执行回程和无线接入调度。这种集式式结构也适用于协作通信，如协作多点（CoMP）技术，多个分布式 mBS 之间的联合发送和联合接收可以在集中单元中成功实现。另一个极端情况是在每个 mBS 中进行 BH-RRM 与 RA-RRM 结合，网络变得类似于网状网络，并且每个节点以分布式方式执行调度。分布式架构的优点是不需要集中式节点，这简化了网络部署。然而，这种方法的代价是难以执行自适应回程和协作通信。

最后，让我们举例说明 LCB 的性能。考虑一个具有 3 个小小区集群的网络，每个集群在中心有一个固定 mBS（AB），每个 AB 周围有两层小小区，如图 16.5 所示。首先考虑固定回程的情况，假设每个小小区的流量负载为 1，那么集群中的总流量负载为 18。AB 覆盖的中心小区仅用于回程聚合，并且没有自己的流量。进一步假设每个回程的流量能力是 3，这是 AB 与其相邻 mBS 之间传递的负荷。图 16.5 说明了最佳路由，在所有 3 个 AB 都可以提供 54 的总流量负载，这是所有小小区的总负荷。

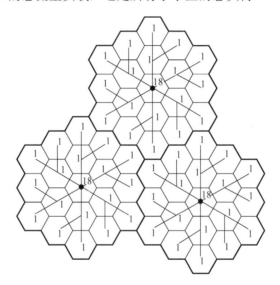

图 16.5　仿真中考虑的网络拓扑

但是，流量负荷总是以非常不均匀的几何形状分布。大多数流量可能集中在少数基站上。例如，如果一个集群将 80% 的流量集中在 20% 的节点中，则具有固定路由的网络只能提供 24 的总流量负荷。对于 LCB，每个 mBS 可以选择任何相邻的 mBS 用于回程。这里，每个节点选择具有最大保留能力的回程。如果存在具有相同保留能力的回程，则它选择最靠近 AB 的回程。图 16.6 显示了使用 LCB 技术的网络容量增益。网络容量是通过 3 个 AB 传送的流量负荷的总和。

假设 60%～90% 的流量集中在 10% 的 mBS 中。我们可以看到，在 60%、70%、80% 和 90% 的流量负荷情况下，使用 LCB 的网络容量增长分别为 9.60%、21.50%、56.00% 和

159.70%。集中在 10%的节点情况下形成的趋势是，由于流量负荷具有不太均匀的几何分布，自适应回程可能实现比固定回程更大的容量增益。

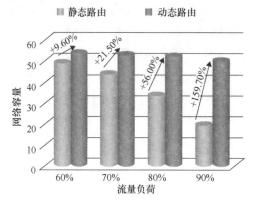

图 16.6　网络容量

16.5.2　多频传输架构

UAB 网络支持多频载波，以提供超高数据速率（数十吉比特每秒）。这类似于 3GPP LTE 中讨论的载波聚合（CA，Carrier Aggregation）技术。与 LTE 的主要差异在于它可以覆盖更大间隔的频带，如 E 频带、Ka 频带和 V 频带载波，不同频率的载波具有完全不同的传播特性。

16.5.2.1　C/U 分离技术

控制和用户平面对数据传输有不同的要求。来自移动性管理实体（MME，Mobile Management Entity）的控制平面数据始终是重要信息，它需要具有比来自用户平面的数据更低的错误率，而用户平面具有比控制平面更高的数据传输速率。这激发了 C/U 分离技术[25]。

图 16.7 展示了 C/U 分离方案。Option 1 中阐明了控制和用户平面将相同链路路由到 UE 的当前解决方案，而在 Option 2 和 Option 3 中，控制平面数据由 MBS 通过低于 6 GHz 的频率传送，用户平面数据从 mBS 通过 mmWave 传送。当 MBS 在低于 6 GHz 频率下具有有限的资源来发送控制平面数据时，它可以通过 mmWave 将控制平面数据传送到预期的或相邻的 mBS，如 Option 4 所示。

16.5.2.2　未授权频谱接入

未授权频谱接入是对授权频谱上移动接入的补充[26]，它可能位于所有类型的 eNodeB 上，并为 mmWave 或 6 GHz 以下载波提供额外的 CA。

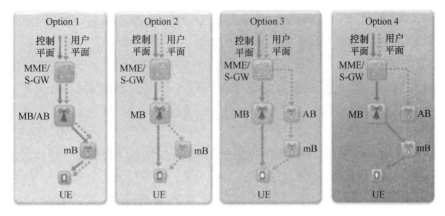

图 16.7　C/U 分离方案

在混合网络中，未授权频谱用于无线接入以在 eNodeB 和 UE 之间传递信息。由于未授权频谱可能受到意外干扰，因此适合承载用户平面数据而不是控制平面数据。基于对共存和辐射安全的监管要求，未授权频谱的发射功率是有限的，并且其覆盖范围较 mBS 小。

16.6　系统级容量

本节将评估 72 GHz 和 28 GHz 系统的系统性能。72 GHz 和 28 GHz 的带宽分别为 2.5 GHz 和 500 MHz。这是因为 72 GHz 和 28 GHz 的总可用带宽分别为 10 GHz 和 2 GHz。考虑 3GPP 异构网络（HetNet）拓扑，其具有一个半径为 500 m 的 MBS 和 3 个分布在宏小区中的 mBS，其中每个 mBS 具有 6 个半径为 50 m 的小区。在 mBS 的每个小区处的天线孔径为 66 mm×66 mm，在 UE 处则为 16 mm×16 mm。所有天线单元都具有半波长分离。应用穷举波束训练来对准 mBS 和 UE 处的波束。采用维纳模型的相位噪声和误差矢量幅值（EVM）包含在基于正交频分复用（OFDM）的网络系统中。

16.6.1　MIMO 预编码

除了前端使用的天线阵列之外，在基带中使用数字控制的 MIMO 是一种提高吞吐量或性能的有效方法。然而，存在两个限制 MIMO 实现的因素。一是用于 mmWave 的高速模数转换器（ADC）和数模转换器（DAC）价格昂贵且功耗高。二是每个数字链需要一组 ADC 和 DAC，因此链的数量最好不超过 4，基带中的计算复杂性也会阻止高阶 MIMO 预编码和检测，尤其是对于高达千兆赫兹的带宽。

在多用户通信中，一种有效的解决方案是通过波束和多用户 MIMO 将空间用户分开以提高传输性能。每个用户根据信道状态可以有一个或多个数据流。在分析了多用户 MIMO 加上波束成形的性能后，一个有趣的结果是 mBS 和 UE 中具有相同天线孔径时，较高的频率可以减少来自相邻波束、小区和站点的干扰。在部署一个半径为 50～150 m 的微小区的 3GPP 异构网络拓扑下，对 72 GHz 和 28 GHz 的系统级性能进行比较。72 GHz 系统在 mBS 和 UE 处使用半功率波束宽度（HPBW）为 4 和 13 的波束，而 28 GHz 系统则分别使用 10 和 21。假设每个小区都支持 4 个波束同时传输，在图 16.8 中可以发现，28 GHz 系统中的干扰可能会使平均信噪比（SNR）降低 30 dB，而 72 GHz 系统中降低 5 dB。一个重要原因是 HPBW 越宽，它可能产生的干扰就越大。宽旁瓣在造成干扰方面也起着重要作用。因此，我们得出结论，如果波束足够窄可以避免干扰，则 MIMO 预编码和复杂 MIMO 检测不是必要的。对于 72 GHz，可能不需要诸如 MIMO 预编码等干扰减轻技术，但是对于 28 GHz 是必需的。

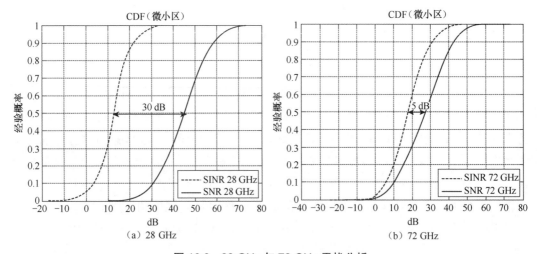

图 16.8　28 GHz 与 72 GHz 干扰分析

16.6.2　性能评估

在本节中，我们仅考虑下行链路，假设了完美信道估计和信道质量指示（CQI）反馈。

多个用户的无线资源在空间和时间维度进行调度。频域中没有进一步划分，因为更小的粒度［如 LTE 系统中的物理资源块（PRB）］仅带来 6.8% 的性能增益[5]，这与支持分频的前端成本相比很小。因此，每个用户将占用具有整个频带的时隙，这很适用于毫米波通信，因为模拟天线可以在应用所有频带的时间内形成波束模式。参考文献[27]中研究了不同的调度算法以减少干扰，并提出基于信号-泄漏加噪声比（SLNR）和基于信号-干扰加噪声比（SINR）的比例公平（PF）算法。其思想是在保证公平性的同时，选择较小的彼此干扰的波束。在本章中，我们为简单起见使用 PF，与基于 SINR 的算法相比，它将导致 20%～30% 的吞吐量下降[27]。

下行链路的系统吞吐量性能如图 16.9 所示。路径损耗是基于参考文献[5]中给出的室外的初步测量。3GPP 城市微（UMi）模型适用于小尺度衰落。基线是配置有 20 MHz 带宽、站点间距离（ISD）= 500 m 和 4×2 MIMO 下行链路的 LTE 系统。LTE 基线的吞吐量为 0.69 Gbit/(s・km^2)。我们分别研究了每个宏小区有 1 个、2 个和 3 个 mBS，每个 mBS 小区有 1 个、2 个和 4 个信道的情况。为了公平起见，72 GHz 系统的带宽为 2.5 GHz、28 GHz 系统的带宽为 500 MHz。结果显示为了使吞吐量比 LTE 增加 1 000 倍，72 GHz 系统需要每个 mBS 小区 1 个信道，每个宏小区 2 个 mBS，或者每个 mBS 小区 2 个信道，每个宏小区 1 个 mBS。而 28 GHz 则需要每个 mBS 小区 4 个信道，每个宏小区 3 个 mBS。与 72 GHz 相比，28 GHz 系统需要将节点密度和信道增加 6 倍。因此，我们可以得出结论，72 GHz 能以更少的信道数和更稀疏的节点密度实现 1 000 倍的吞吐量增强，因此降低了网络中的资本支出和运营支出（CAPEX 和 OPEX）。

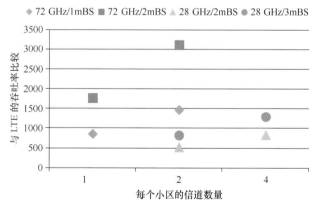

图 16.9 下行链路的系统吞吐量性能

第 17 章

毫米波无线电传播特性

17.1 引　言

当前，毫米波无线通信技术已被认为是 5G 无线蜂窝网络演进的一个重要部分。这是因为毫米波系统可以提供极宽的信道带宽，因此，也可以实现数据速率的线性增长。

即使毫米波 5G 无线网络由于超宽的带宽具有很多优势，但其无线链路的传播具有很强的方向性，并且由于其高载波频率（30～300 GHz）造成传播模型的高衰减。为了量化方向性和衰减因素，本章概述了国际电信联盟（ITU）开展毫米波无线电传播特性研究的标准文件，总结了 ITU 标准化的天线辐射模式、路径损耗模型、毫米波无线系统中毫米波特定的衰减因子等。基于给定的模型和参数，通过计算链路预算以确定在给定毫米波无线传播链路的阈值数据速率下可达到的距离大小。本章主要关注 28 GHz、38 GHz 和 60 GHz 的毫米波无线信道，这是 5G 蜂窝网络和点对点无线接入网络中研究最多的频段。

17.2 节给出了毫米波特性的概述，包括高方向性和背景噪声计算；17.3 节介绍了传播模型和参数，包括路径损耗模型和毫米波特定衰减因子；17.4 节使用 IEEE 802.11ad 标准分别从理论和实际展示了链路预算的计算结果；17.5 节为小结。

17.2　传播特性

尽管由于较大的带宽可用性，毫米波无线电技术的运用很有吸引力，但由于它们具有很高的方向性，对于毫米波网络设备的致密化是有积极影响的（由于空间重用），所以波束跟踪开销（在移动性支持方面不利[1]）较大。因此，有必要量化定向波束的宽度，17.2.1 节中，毫米波波束的方向性由 ITU 的建议确定。此外，毫米波系统的噪声是有限的，而传统的蜂窝系统干扰有限，因此，28 GHz、38 GHz 和 60 GHz 的毫米波系统中的背景噪声在 17.2.2 节中进行确定。

17.2.1　高方向性

无线电传播的方向性取决于天线类型和相应参数。不失一般性，本章考虑了 ITU 标准中的天线辐射模式。ITU 建议的用于 400 MHz～70 GHz 共用研究的参考天线辐射模型如式（17.1）[2]

$$G(\varphi,\theta)=\begin{cases} G_{\max}-12\,|\,x\,|^{2} & 0\leqslant x<1 \\ G_{\max}-12-15\ln|\,x\,| & 1\leqslant x \end{cases} \tag{17.1}$$

其中：

$G(\varphi,\theta)$ 是天线增益；

φ 和 θ 分别是方位角和仰角，$-180°\leqslant\varphi\leqslant180°$，$-90°\leqslant\theta\leqslant90°$。

x 定义为

$$x=\frac{\aleph}{\aleph_{\alpha}}$$

其中，$\aleph$ 和 $\aleph_{\alpha}$ 可以表示如下

$$\aleph=\arccos(\cos\varphi\cdot\sin\theta) \tag{17.2}$$

$$
\aleph_\alpha = \begin{cases} \dfrac{1}{\sqrt{\left(\dfrac{\cos\alpha}{\varphi_{bw}}\right)^2 + \left(\dfrac{\sin\alpha}{\theta_{bw}}\right)^2}} & 0° \leqslant \aleph \leqslant 90° \\[1em] \dfrac{1}{\sqrt{\left(\dfrac{\cos\theta}{\varphi_{3m}}\right)^2 + \left(\dfrac{\sin\theta}{\theta_{bw}}\right)^2}} & 90° \leqslant \aleph \leqslant 180° \end{cases} \tag{17.3}
$$

其中，φ_{bw} 和 θ_{bw} 是方位角和仰角平面中的半功率波束宽度（HPBW），$\alpha = \arctan(\tan\theta / \sin\varphi)$，$\varphi_{3m}$ 是用于调整水平增益（度）的方位角平面中的等效 HPBW。

因此，可以通过式（17.4）计算

$$
\varphi_{3m} = \begin{cases} \varphi_{bw} & 0° \leqslant |\varphi| \leqslant \varphi_{th} \\[1em] \dfrac{1}{\sqrt{\left\{\dfrac{\cos\left(\dfrac{|\varphi|-\varphi_{th}}{180°-\varphi_{th}}\cdot 90°\right)}{\varphi_{bw}}\right\}^2 + \left\{\dfrac{\sin\left(\dfrac{|\varphi|-\varphi_{th}}{180°-\varphi_{th}}\cdot 90°\right)}{\theta_{bw}}\right\}^2}} & \varphi_{th} \leqslant |\varphi| \leqslant 180° \end{cases} \tag{17.4}
$$

其中，φ_{th} 定义为边界方位角（度），即 $\varphi_{th} = \varphi_{bw}$；$\varphi_{bw}$ 和 θ_{bw} 可以通过式（17.5）计算[2]

$$
\theta_{bw} = \frac{31\,000 \cdot 10^{-G_{max}/10}}{\varphi_{bw}} \tag{17.5}
$$

我们可以假定 $\varphi_{bw} \approx \theta_{bw}$，即

$$
\varphi_{bw} \approx \theta_{bw} = \sqrt{31\,000 \cdot 10^{-G_{max}/10}} \tag{17.6}
$$

基于这些给定的模型，不同的 G_{max} 值对应的 HPBW 值总结在表 17.1 中。

表 17.1　波束方向性

G_{max}(dBi)	HPBW
10	55.677 643 63°
15	31.309 839 9°
20	17.606 816 86°
25	9.901 040 726°
30	5.567 764 363°
35	3.130 983 99°
40	1.760 681 686°
45	0.990 104 073°
50	0.556 776 436°

基于本节给出的模型，可以绘制 ITU 标准的天线辐射图。图 17.1 和图 17.2 分别给出了水平方向波束平面图和垂直方向平面图。

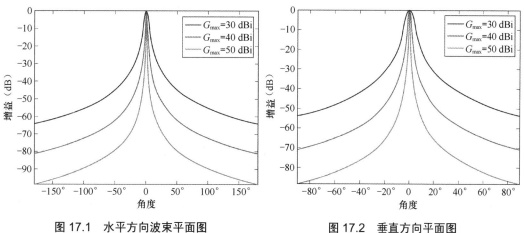

图 17.1 水平方向波束平面图　　　图 17.2 垂直方向平面图

17.2.2 有限噪声无线系统

宽带无线系统的性能将受到系统中背景噪声水平的影响，在 60 GHz 无线标准中（如 IEEE 802.11ad 和 IEEE 802.15.3c），信道带宽定义为 2.16 GHz。在 2.16 GHz 的信道带宽下，背景噪声可以按式（17.7）计算[3]

$$n_{dBm} = k_B T_e + 10 \lg BW + L_{implementation} + n_F \qquad (17.7)$$

其中：

n_{dBm} 是用分贝表示的背景噪声；

$k_B T_e$ 是噪声功率谱密度，值为 –174 dBm/Hz；

BW 是信道带宽（2.16 GHz）；

$L_{implementation}$ 是 IEEE 802.11ad 标准中的 implementation 损耗，值为 10 dB；

n_F 是噪声图样，IEEE 802.11ad 标准中规定为 5 dB。

那么，$n_{dBm} = -65.655\,5$ dBm 且

$$n_{mwatt} = 10^{n_{dBm}/10} \qquad (17.8)$$

其中，$n_{m\text{watt}}$ 是用 mW 表示的背景噪声，因此背景噪声是 2.72×10^{-10} W。在 28 GHz 和 38 GHz 毫米波无线系统中，假设 28 GHz 和 38 GHz 的信道带宽分别为 200 MHz 和 500 MHz，背景噪声值可以以同样的方式计算。最后，28 GHz 情况下背景噪声值为 $-75.989\ 7$ dBm（等于 2.52×10^{-11} W），在 38 GHz 情况下背景噪声值为 -72.0103 dBm（等于 6.29×10^{-11} W）。

如计算所示，在 60 GHz 频段的噪声比 28 GHz 和 38 GHz 频段的噪声分别高近 10 倍和 4 倍。

17.3　传播模型和参数

本节介绍毫米波无线信道中的两个主要衰减因子，其取决于发射机和接收机之间的距离：路径损耗模型和附属辅助衰减（如氧气吸收衰减和雨衰）。

17.3.1　路径损耗模型

自由空间基本传输（视距）损耗由发射机和接收机间距离的函数决定[4]。

$$PL(d_{\text{km}}) = 92.44 + 20\lg f + n \cdot 10\lg d_{\text{km}} \qquad (17.9)$$

其中：

d_{km} 是发射机和接收机之间的距离（km）；

f 表示载波频率（GHz）；

n 是路径损耗系数，当 $f \geqslant 10$ 时，$n=2.2$ [5]。

基于测量的 28 GHz 和 38 GHz 路径损耗模型由参考文献[6]得到。基本等式为

$$PL(d) = 20\lg\left(\frac{4\pi d_0}{\lambda}\right) + n \cdot 10\lg\left(\frac{d}{d_0}\right) + X_\sigma \qquad (17.10)$$

其中：

d 是发射机和接收机之间的距离（m）；

d_0 是近似自由空间的参考距离（设置 $d_0 = 5$ m）；

λ 是波长（28 GHz 是 10.71 mm，38 GHz 是 7.78 mm）；

n 是距离和所有指向角的平均路径损耗系数；

X_σ 是阴影随机变量，表示成均值为 0、方差为 σ 的高斯随机变量。

n 和 σ 总结见表 17.2[7-8]。

基于测量的 60 GHz 路径损耗模型在 IEEE 802.11ad 标准文献中呈现。如参考文献[9] 中定义的，60 GHz 毫米波 IEEE 802.11ad 视距路径损耗模型为（dB）

$$PL(d) = A + 20\lg f + n \cdot 10\lg d \qquad (17.11)$$

其中，A=32.5 dB。这个取值对于选定类型的天线和波束成形算法是特定的，取决于 天线波束宽度。

表 17.2　路径损耗系数（n）和阴影随机变量（σ）的标准差

参数		n	σ
25 dBi 天线在 38 GHz	LOS	2.20	10.3
	NLOS	3.88	14.6
13.3 dBi 天线在 38 GHz	LOS	2.21	9.40
	NLOS	3.18	11.0
24.5 dBi 天线在 28 GHz	LOS	2.55	8.66
	NLOS	5.76	9.02

但是对于所考虑的 60°～10° 的波束，方差非常小，小于 0.1 dB。在式（17.11）中，n 为路径损耗系数，其设置为 n=2，f 代表吉赫兹的载波频率，设定值为=60。参考文献[9] 中提出的视距路径损耗模型中没有阴影效应。60 GHz 毫米波 IEEE 802.11ad 标准的非视 距（NLOS）模型定义为[9]（dB）

$$PL(d) = A + 20\lg f + n \cdot 10\lg d + X_\sigma \qquad (17.12)$$

其中，A = 51.5 dB 是对应所选天线类型和波束成形方案的取值。该值取决于天线波 束宽度，其方差非常小，在 80°～10° 的所考虑波束范围内小于 0.1 dB。在该模型中，如 前所述，n = 0.6 且 f = 60。最后，X_σ 表示由于非视距引起的阴影效应，可以通过具有零 均值和标准偏差 σ 的高斯分布来计算，其中，σ = 3.3 dB。60 GHz 毫米波 IEEE 802.11ad 的非视距路径损耗模型具有 X_σ 的随机性。

60 GHz 毫米波 IEEE 802.11ad 无线系统中的视距和非视距路径损耗如图 17.3 所示。

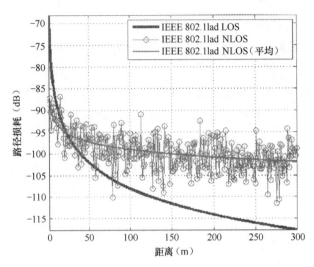

图 17.3　60 GHz 毫米波 IEEE 802.11ad 标准中的路径损耗对比

17.3.2　毫米波特定衰减因子

参考文献[5]中所述，有两种毫米波特定的附属衰减因子：氧气衰减和雨衰（如图 17.4 所示）。

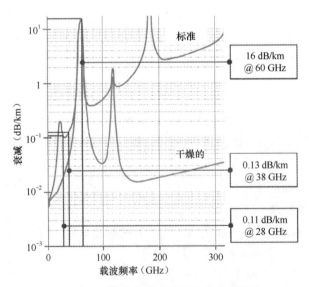

图 17.4　在毫米波信道中的氧气衰减因子

17.3.2.1　氧气衰减

由于氧气吸收，无线系统毫米波无线电传播中的信号衰减很明显，不容忽视。图 17.4 显示了毫米波信道中的无线电波传播衰减的实验结果。28 GHz、38 GHz 和 60 GHz 的氧气衰减分别为 0.11 dB/km、0.13 dB/km 和 16 dB/km。如图 17.4 所示，在 60 GHz 频段下氧气衰减方面的性能是极其差的，这是 60 GHz 毫米波未经许可的主要原因[10]。

17.3.2.2　雨衰

由于降雨，无线系统毫米波无线电传播中的信号衰减也很明显，不容忽视。从参考文献[11]中的"降雨气候带"表中，可以获得每个分段区域的以 mm/h 为单位的降雨率信息。例如，美国的北加利福尼亚州、俄勒冈州和华盛顿州属于国际电联 D 区。此外，降雨最多的区域是国际电联 Q 区（包括非洲中部），具体如表 17.3 所示。其显示国际电联 D 区的降雨率在中断概率为 1%（99%可用性）和 0.1%（99.9%可用性）情况下分别为 2.1 mm/h 和 8 mm/h，国际电联 Q 区的降雨率在 1%和 0.1%的中断概率情况下分别为 24 mm/h 和 72 mm/h。降雨衰减因子如表 17.4 所示。

表 17.3　由降雨气候带决定的降雨率（mm/h）

时间占比	A	B	C	D	E	F	G	H	I	K	L	M	N	P	Q
1.0	<0.1	0.5	0.7	2.1	0.6	1.7	3	2	8	1.5	2	4	5	12	24
0.3	0.8	2	2.8	4.5	2.4	4.5	7	4	13	42	7	11	15	34	49
0.1	2	3	5	8	6	8	12	10	20	12	15	22	35	65	72
0.03	5	6	9	13	12	15	20	18	28	23	33	40	65	105	96
0.01	8	12	15	19	22	28	30	32	35	42	60	63	95	145	115
0.003	14	21	26	29	41	54	46	55	45	70	105	95	140	200	142
0.001	22	32	42	42	70	78	65	83	55	100	150	120	180	250	170

表 17.4　28 GHz、38 GHz 和 60 GHz 毫米波频段下降雨气候区
（国际电联 D 区和 Q 区）的降雨衰减因子

载波频率（GHz）	ITU 区域部分	99%可用性（dB/km）	99.9%可用性（dB/km）
28	D	0.25	1.4
	Q	4	12
38	D	0.6	2.0
	Q	6	17
60	D	1.2	3.5
	Q	9	25

　　由降雨率信息获得取决于降雨率的每个频率对应的基于测量的特定衰减曲线，如图 17.5 所示[12]。

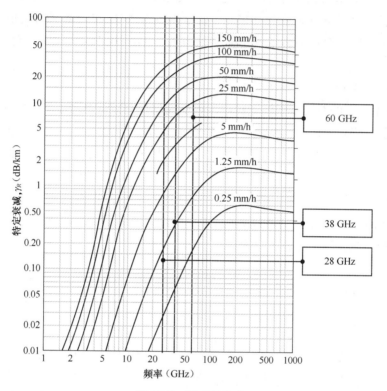

图 17.5　降雨率衰减

17.4　链路预算分析

　　基于传播特性、路径损耗模型和毫米波特定的在氧气吸收和降雨率方面的附属衰减因子，无线系统设计师应该能够定义可实现的性能。这就是链路预算的计算在毫米波系统工程中至关重要的原因。在本节中，提出了两种不同类型的链路预算估算程序。17.4.1 节中，香农容量方程用于通过计算信噪比（SNR）估算可实现的数据速率。但是，香农容量只在最佳的调制和编码方案情况下才可以达到。因此 17.4.2 节提出了现有标准下的一个更实用的方法。在 28 GHz 和 38 GHz 毫米波频段，由于没有标准，缺乏标准的调制和编码方案（MCS）定义，无法进行实际分析。在 60 GHz 毫米波信道中，IEEE 802.11ad 是一个代表性的标准。因此，根据 60 GHz 毫米波 IEEE 802.11ad MCS 定义可以实现实际的链路预算。

17.4.1 通过信噪比计算得到的香农信道容量

基于著名的香农容量公式，发射机和接收机之间的可实现的数据速率可以按式（17.13）计算

$$C(d) = BW \cdot \log_2 \left(\frac{p_{m\text{watt}}^{\text{RX}}(d)}{n_{m\text{watt}}} + 1 \right) \quad (17.13)$$

其中：

$C(d)$ 是可实现的数据速率，d 是发射机和接收机之间的距离；

BW 是信道带宽（28 GHz 下是 200 MHz，38 GHz 下是 500 MHz，60 GHz 下是 2.16 GHz）；

$n_{m\text{watt}}$ 是背景噪声，在 17.2.2 节中有计算；

$P_{m\text{watt}}^{\text{RX}}(d)$ 是在接收机端接收信号的强度，d 是发射机和接收机之间的距离。

$P_{m\text{watt}}^{\text{RX}}(d)$ 可以按式（17.14）计算

$$p_{m\text{watt}}^{\text{RX}}(d) = 10^{\left(p_{m\text{watt}}^{\text{RX}}(d)/10 \right)} \quad (17.14)$$

$P_{\text{dBm}}^{\text{RX}}(d)$ 是以 dB 为单位的接收机端接收信号强度（d 是发射机和接收机之间的距离），可以按式（17.15）计算

$$p_{\text{dBm}}^{\text{RX}}(d) = \text{EIRP} - PL(d) - O(d) - R(d) \quad (17.15)$$

其中，$PL(d)$、$O(d)$ 和 $R(d)$ 分别表示路径损耗、氧气衰减、雨衰，并取决于距离 d。另外，等效全向辐射功率（EIRP）可以按式（17.16）计算

$$\text{EIRP} = p_{\text{dBm}}^{\text{TX}} + G_{\text{dBi}}^{\text{TX}} \quad (17.16)$$

其中，$P_{\text{dBm}}^{\text{TX}}$ 和 $G_{\text{dBi}}^{\text{TX}}$ 分别是发射功率和发射天线增益。在本研究中，观察基本的上限，即考虑 EIRP 的限值。在室外点对点连接中，EIRP 限值在 60 GHz 毫米波频段下定义为

82 dBm，而在 60 GHz 毫米波频段其他应用中的 EIRP 限值为 43 dBm[13-14]。

可实现的速率计算结果如图 17.6 和图 17.7 所示，绘制在 60 GHz 毫米波频段，分别为 0～1 500 m 和 0～200 m。尽管本节仅提供 60 GHz 频段的可实现速率，但可以以相同的方式对 28 GHz 和 38 GHz 毫米波频段根据香农容量方程进行链路预算计算。

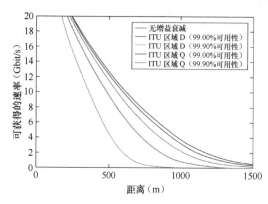
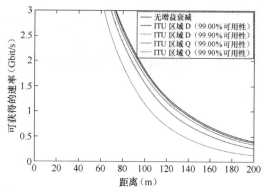

图 17.6　视距室外点到点 60 GHz 链路可实现速率　　　图 17.7　视距通用 60 GHz 链路可实现速率

17.4.2　60 GHz 毫米波信道的 IEEE 802.11ad 基带计算

可实现速率即通过基于香农容量公式的链路预算计算，仅当最佳的调制方式和编码方案可用的情况下可以得到。因此，基于香农容量的方法是一种理论的上界。在本节中，基于 60 GHz 毫米波 IEEE 802.11ad 基带参数（MCS 设置）计算实际的可实现速率。对于基于 IEEE 802.11ad MCS 的链路预算计算，需要通过以下 3 个步骤。

步骤 1：计算接收信号强度。

步骤 2：通过比较 IEEE 802.11ad 规范中接收机灵敏度值和步骤 1 中计算的接收信号强度来寻找可支持的 MCS 级别。

步骤 3：基于可支持的 MCS 级别检索可实现速率。

对于步骤 1，由发射机和接收机间距离决定的接收信号强度可以通过和 17.4.1 节中相同的计算程序得到。

$$p_{dBm}^{RX}(d) = EIRP - PL(d) - O(d) - R(d) \tag{17.17}$$

其中：

EIRP 为等效的各向同性辐射功率；

$PL(d)$ 为距离 d 的路径损耗；

$O(d)$ 为距离 d 的氧气衰减；

$R(d)$ 为距离 d 的雨衰。

对于步骤 2，步骤 1 中计算的接收信号强度值应该和 IEEE 802.11ad 规范中的接收机敏感度值对比。表 17.5 展示了这种匹配对应。

表 17.5　接收机灵敏度取值与对应的 MCS

接收灵敏度（dBm）	MCS 索引（Mbit/s）	可支持的 MCS
−78	MCS0(27.5)	MCS0
−68	MCS1(385)	MCS1
−66	MCS2(770)	MCS2
−65	MCS3(962.5)	MCS3
−64	MCS4(1 155)	MCS4
−63	MCS6(1 540)	MCS6
−62	MCS5(1 251.25), MCS7(1 925)	MCS7
−61	MCS8(2 310)	MCS8
−59	MCS9(2 502.5)	MCS9
−55	MCS10(3 080)	MCS10
−54	MCS11(3 850)	MCS11
−53	MCS12(4 620)	MCS12

如表 17.5 所示，如果接收的信号强度大约是−70 dBm，将不支持 MCS1，因为其值小于 MCS1 中接收机敏感度值（如−70 dBm<−68 dBm），因此只有 MCS0 可支持。当接收信号强度为−61.5 dBm 时，有两种选择：MCS5 和 MCS7。在这种情况下，将选择可以支持更高数据速率的 MCS 即 MCS7。注意，表 17.5 由单载波 MCS 值组成，这是 IEEE 802.11ad 中的强制性特征。这个标准也定义了基于正交频率多路复用（OFDM）的 MCS 和低功耗 MCS（MCS13～MCS24）；然而，这些是可选特性，不包含在表 17.5 中。然后，最终的链路预算计算结果如图 17.8 和图 17.9 所示。和 17.4.1 节中的图类似，基于 MCS 的链路预算计算仅在 60 GHz 频段进行，因为目前在 28 GHz 和 38 GHz 毫米波频段没有标准。

对于步骤 3，基于选择 MCS 值可支持的数据速率可以直接由表 17.5 得到。

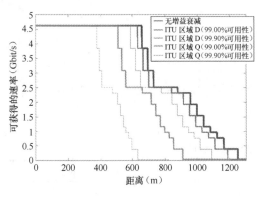

图 17.8　视距下室外点到点 60 GHz
　　　　链路基于 MCS 的速率

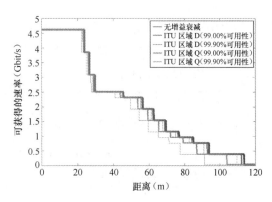

图 17.9　视距下通用 60 GHz 链路
　　　　基于 MCS 的速率

　　除了强制性单载波 MCS 值（MCS0～MCS12）之外，在额外考虑可选的基于 OFDM 的 MCS 和低功率 MCS 特性的情况下，如表 17.6 所示，采用步骤 2 中类似的方法，对应的数据速率可以由步骤 3 得到，如图 17.10 和图 17.11 所示。

表 17.6　接收机灵敏度值和对应的 MCS（包含可选的基于 OFDM 的 MCS）

接收灵敏度（dBm）	MCS 索引（Mbit/s）	可支持的 MCS
−78	MCS0(27.5)	MCS0
−68	MCS1(385)	MCS1
−66	MCS2(770)，MCS13(693)	MCS2
−65	MCS3(962.5)	MCS3
−64	MCS4(1 155)，MCS14(866.25)，MCS25(626)，	MCS4
−63	MCS6(1 540)，MCS15(1 386)	MCS6
−62	MCS5(1 251.25)，MCS7(1 925)，MCS16(1 732.5)	MCS7
−61	MCS8(2 310)	MCS8
−60	MCS17(2 079)，MCS26(834)	—
−59	MCS9(2 502.5)	MCS9
−58	MCS18(2 772)	MCS18
−57	MCS27(1 112)，MCS28(1 251)，MCS29(1 668)，MCS30(2 224)，MCS31(2 503)	—
−56	MCS19(3 465)	MCS19
−55	MCS10(3 080)	—
−54	MCS11(3 850)，MCS20(4 158)	MCS20
−53	MCS12(4 620)，MCS21(4 504.5)	MCS12
−51	MCS22(5 197.5)	MCS22
−49	MCS23(6 237)	MCS23
−47	MCS24(6 756.75)	MCS24

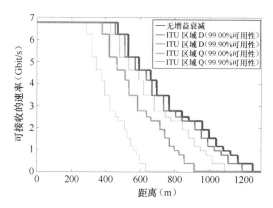

图 17.10　视距下室外点到点 60 GHz 链路基于 MCS（单载波和 OFDM MCS）的速率

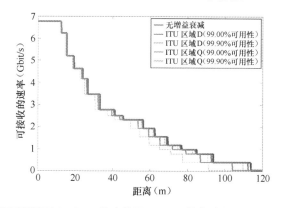

图 17.11　视距下通用 60 GHz 链路基于 MCS（单载波和 OFDM MCS）的速率

17.5　小　　结

　　本章总结了 28 GHz、38 GHz 和 60 GHz 毫米波无线电传播的主要特性。传播的方向性是基于标准的 ITU 模型在数值上制定和模拟的。另外，路径损耗模型主要是针对视距，并在毫米波信道中提供非视距的情况。和路径损耗一样，毫米波无线信道也包含额外的毫米波特定的氧气和雨水衰减。基于提供的毫米波传播模型和参数，根据毫米波无线传播链路中发射机和接收机间的距离，进行链路预算计算以确定可得到的数据速率。链路预算计算以两种方式进行：香农容量公式和 IEEE 802.11ad 基于 MCS 的实际数据速率估算。

第 18 章

室外环境中毫米波的通信特性

18.1 引　言

近年来，由于新技术的发展，移动网络中的数据通信量呈指数增长。然而，这种演变却近一步显示出移动运营商的全球带宽短缺问题。通过提高性能、频谱可用性和小区的大规模致密化[1-3]，可以满足 2030 年预计的 5 000 倍的移动数据业务增长。然而，空中接口设计的最新研究工作已提供了非常接近香农容量限制[2-3]的频谱效率性能，为了克服这一挑战，无线服务提供商将需要使用更高频率的毫米波，并在第五代移动通信技术（5G）中应用高度定向的波束赋形或波束控制天线。由于可用频谱是一个有限的资源，很显然在未来必须使用越来越高的频率。正如 Rangan 等和其他研究者所表述的，如果未来几年移动数据需求快速增长的趋势持续下去，那么在城市地区未来的移动网络（如 5G 移动网络）除了在当前使用的频率下来构建宏蜂窝覆盖之外，将不得不使用非常小的小区和更高的频率。

无线电传播将毫米波频率可用带宽增加了几个数量级[4-8]。例如，与目前可用于工业、科学、医学频段[9]的可用频谱范围相比，60 GHz 的未许可频谱提供了 10～100 倍的可用频谱带宽。此外，300 MHz～10 GHz 的整个频段已覆盖了所有的蜂窝系统，其带宽为 30～10 GHz 的 1/7。如参考文献[10]中所描述的，5G 的目标是构建 6 GHz 以上的网络，并且该领域的研究涵盖电磁场方面、链路预算、传播问题和信道模型描述。

图 18.1 描述了在 20～50 GHz 范围内的令人感兴趣的毫米频段以及其当前的分配使用情况，可以看到在这个频率范围内可以找到若干个超过 4～5 GHz 的连续频带[10]。

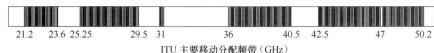

ITU 主要移动分配频带（GHz）

图 18.1　20～50 GHz 毫米波频谱的现有分配，ITU 共用的移动频带为黑色

此外，较低的频率目前被诸多应用共享。国际电信联盟（ITU）将在 20～50 GHz 范围内的移动频段视为共同频段，可以被其他服务共享，例如，固定卫星服务和导航，而这些大块的毫米波频谱也可以被分配给蜂窝使用。因此，毫米波通信与其他现有系统的共存问题需要仔细考虑[10]。

使用如此多的连续频谱块，可能会权衡带宽的频谱效率。因此，应用毫米波频谱的 5G 网络为使用 1 GHz 或更高的信道带宽提供了新的机会。28 GHz、38 GHz 和 70～80 GHz 的频谱由于传播特性[9]看起来特别有希望应用于下一代蜂窝系统，这将在 18.2 节中讨论。

由于上述原因，5G 标准的毫米波频率范围已经开始引起无线产业界的关注[11-13]，同时也在欧盟 IMT 2020 5G 合作伙伴关系（5G PPP）倡议的研究议程上[14]。

了解无线信道和找到准确的信道模型是开发未来毫米波接入系统以及回程技术的基础。然而，截止到本书写作时，室外、室外—室内和车辆毫米波信道模型都局限于毫米波频谱的上端和下端[15]的测试验证。与路径损耗系数、路径损耗指数（PLE，Path Loss Exponent）、均方根（RMS，Root Mean Square）延迟扩展和角扩展有关的信道参数需要基于新的信道模型来定义。

这些模型对于研发和测试所需的物理层和更高层解决方案是非常重要的。此外，为了进行链路和系统级的可行性研究和调查监管问题（如干扰风险和共存，以及共同开发毫米波频谱）研究，新开发的毫米波信道模型也是至关重要的[1]。随着对毫米波信道技术的理解，研究人员可以探索新的空中接口、多址接入和架构方法，包括协作和干扰缓解与其他信号增强技术[9]。

18.2　毫米波信道特性

毫米波的波长范围为 1～10 mm。因此，电磁波频谱的毫米波区域对应于 30～300 GHz 的射频范围，也称为超高频（EHF，Extremely High Frequency）范围[16]。

在较低频率下，无线电波可以在物体周围弯曲，并且不需要视线传播条件。相反，毫米波波长，衍射的影响相对较小。因此，如果移动设备在障碍物后面，即使移动设备离基站很近，也可能无法建立连接，因此，毫米波通信没有明显的直接覆盖区域。毫米波通信链路与目前市面上可用的低频接入链路相比，还有其他不利的性能，如较大的自由空间路径损耗、大气损耗的引入、通过障碍物时的信号穿透、较大的表面散射和由于降水引起的衰减。随着频率的增加，波长变短，反射表面显得越粗糙，将导致更多的漫反射，而不是镜面反射，如参考文献[16]中所描述的。Rapport 等和其他研究人员在工作中发现城市环境提供了丰富的多径，特别在 28 GHz 以上的反射或散射能量[9-11, 15]。在室外 5G 接入和骨干链路上使用毫米波频段时，降水量大会导致网络服务的部分中断，这在网络规划期间不得不纳入考虑之中[17]。

总之，影响毫米波传播的主要因素有以下几种。

（1）大气气体衰减

① 水蒸气吸收；

② 氧气吸收。

（2）降水衰减

雨、雨夹雪、雾。

（3）穿透损耗

（4）植被障碍

（5）散射效应

① 漫反射；

② 镜面反射。

（6）衍射（弯曲）

由这些效应引起的大尺度和小尺度衰落的特性需要通过适当的信道模型来描述。Rappaport 等[9,15]的研究表明，毫米波传播的一个基本关注点是室外环境中 NLOS 链路或 LOS 链路在超过 100～200 m 覆盖范围时的可服务性。正如 18.3 节中所述，可以利用丰富的多径环境来增强 NLOS 传播条件下的接收信号功率[15]。

基于对毫米波应用领域所进行的研究，可以预见，毫米波在未来几年将应用在 5G 车载领域中。因此，毫米波无线电模型传播特性对车辆间的通信也非常重要，毫米波在车辆环境中的特性和测量结果将在 18.2.4 节中介绍。

如 18.3 节中所述，尽管面临挑战，毫米波的传播特性使其可以应用于包括海量数据传输的各种领域。

18.2.1　自由空间传播

处于链路路径两端的天线将各自的电磁波发射给对方，与所有传播的电磁波一样，对于自由空间中的毫米波，功率衰减特性表现为覆盖范围的平方。这种效应是由无线电波球面传播[16]特点来决定的。因此，在波长约为 5 mm 的情况下，60 GHz 的自由空间传播损耗比 2.4 GHz[18]高 28 dB。两个各向同性天线之间的路径损耗（PL）关于频率和距离的变化可用式（18.1）表示。

$$PL_{\text{freespace}}^{\text{dB}} = 20 \cdot \lg\left(4\pi \frac{d}{\lambda}\right) \tag{18.1}$$

其中：

$PL_{\text{freespace}}$ 是以 dB 为单位的自由空间路径损耗；

d 是发射天线和接收天线之间的距离；

λ 是工作波长[19]。

式（18.1）描述了自由空间中的 LOS 波传播，表明自由空间的损耗随频率的增加而增加[19]。因此，毫米波频谱更适用于短距离通信链路。

对于定向天线，考虑到系统损耗，路径损耗可用 Friis 传输公式[20]表示。这更充分地解释了影响接收功率 P_{RX}[16]的所有因素，如式（18.2）[21]所示。

$$P_{\text{RX}} = P_{\text{TX}} \cdot G_{\text{RX}} \cdot G_{\text{TX}} \frac{\lambda^2}{(4 \cdot \pi \cdot d)^2 \cdot L} \tag{18.2}$$

其中：

G_{TX} 是发射天线增益；

G_{RX} 是接收天线增益；

L 是系统损耗因子（$\geqslant 1$）。

传输损耗公式通常按 dB[19]表示，因此存在式（18.3）

$$PL^{\text{dB}} = 20 \cdot \lg(d \cdot f) + 92.45 - G_{\text{TX}}^{\text{dB}} - G_{\text{RX}}^{\text{dB}} + L^{\text{dB}} \tag{18.3}$$

其中：

PL 是路径传输损耗；

G 是相对于各向同性天线（dBi）的增益，单位为 dB；

d 是距离，单位为 km；

f 是频率，单位为 GHz；

L 是系统损耗，单位为 dB。

18.2.2 大尺度衰减

对于毫米波无线信道的特性，需要了解传播介质和引起平均接收信号电平衰落的因素。为了描述这种行为，需要考虑发射器和接收器之间的路径是随时间、空间和频率而变化的。信道的变化可分为大尺度衰减和小尺度衰减，这取决于接收功率变化的速率[19, 21]。

小尺度衰减是接收信号电平的快速波动，它以两种不同的形式出现：由于多径传播引起的信号的时间扩展和由多普勒效应引起的信道时变行为。在长时间或更长的距离（按照波长的顺序）中接收到的信号中出现大尺度衰减[21]。

由 Misra[21] 提出的大尺度衰减影响通常用一种遵循某幂律的路径损耗模型来描述。

大尺度衰减通常以路径损耗 $PL（d）$ 来表示，它被定义为接收信号功率的局部平均值，作为收发器（TX-RX）距离 d[22] 的函数。此外，平均接收功率的变化称为阴影衰减，它通常建模为具有标准偏差 σ 的零均值高斯随机变量 X_σ。模型 $PL（d）$ 通常以 dB 为单位，见式（18.4）

$$PL(d) = PD(d_0) + 10 \cdot n \cdot \lg\left(\frac{d}{d_0}\right) + X_\sigma \qquad (18.4)$$

其中：

n 表示 PLE；

$PL(d_0)$ 是在参考距离 d_0 处[16] 的初始路径损耗（路径损耗截距）。

18.2.2.1 大气气体衰减

如 18.2 节所介绍的，Crane[19] 提出较低大气中的氧气和水蒸气将影响工作在高频率上的无线传播链路的路径衰减。图 18.2 描绘了在温度为 20°C 和相对湿度为 100% 的情况下，地球表面位置的衰减步长。氧气在相对湿度为 0% 的情况下造成了特定的衰减步长。

对 5G 应用的影响

如 Crane 所述[19]，由于具有相对较低的衰减步长，在大约 22 GHz、60 GHz、118 GHz 和 183 GHz 这些峰值衰减频谱之间的频段称为大气窗口。在低于 22.3 GHz 的水蒸气吸收线的频率窗口中，衰减步长随频率增加，并且在 15 GHz 比 2 GHz 时高出 10 倍以上。因此，长距离的地面微波链路在该窗口中的较低频率下工作是可行的[19]。另外，在 60 GHz 时达到 20 dB/km 的氧气衰减消失在了一些其他毫米波频段，如 28 GHz、38 GHz 或 72 GHz，使它们几乎像今天的蜂窝频带一样可以提供更广覆盖范围的室外移动通信服务。然而，可以注意到，对于在 100 m 范围内运行的网络，如短距离网状网络、军事应用、车对车通信[9]等，在 60 GHz 时达到 20 dB/km 的氧气衰减几乎可以忽略不计。

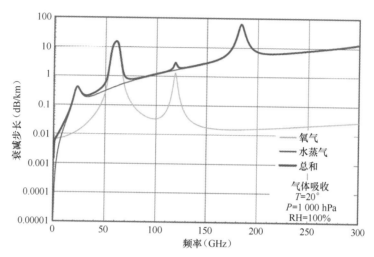

图 18.2　在 UHF、超高频（SHF）和甚高频（EHF）频段中纯净空气衰减
与工作频率的变化对 5G 应用的影响

18.2.2.2　降雨衰减

对于工作在毫米波波长的通信链路，高降水甚至会导致相当大面积的网络中断[17, 19]。降雨衰减预测模型是指基于降雨量计算衰减的公式［式（18.5）］[23]。

$$A^{\mathrm{dB}} = \int_0^d k \cdot R^\alpha (l) dl \tag{18.5}$$

其中：

k 和 α 是频率和偏振相关的经验系数；

$R(l)$ 是在距离为 l 的路径上以 mm/h 为单位的雨量强度值；

d 是路径长度。

降雨事件在时间和空间上具有很强的不均匀性，因此，降雨率和衰减可能随着路径距离的增加而显著变化，并且对于实际使用而言，可以考虑路径平均值。因此，模拟降雨衰减的最重要目标是统计地描述降雨速率在空间和时间上的分布。

最常用的降雨衰减预报模型是 ITU-R P.530-16[23]，它不使用满降雨率分布，而是只使用一个参数 $R_{0.01}$ 来代表降雨率超过 0.01% 的平均年（积分时间为 1 min）。

该模型假定具有指数空间降雨分布的等效降雨区（EXCEL 模型），它可以代表非均匀降雨率沿传播路径的影响。ITU 给出了 $A_{0.01}$（dB）雨衰水平的经验式（18.6），其概率超过 p=0.01%，其中，d（单位为 km）是路径长度，r 是距离因子[23]。

$$A_{0.01}^{\mathrm{dB}} = k \cdot R_{0.01}^{\alpha} \cdot d_{\mathrm{eff}} = k \cdot R_{0.01}^{\alpha} \cdot d \cdot r \tag{18.6}$$

假定 EXCEL 等效降雨区可以以相等的概率截取任何位置的链路，则通过距离因子 r [见式（18.7）] 来考虑降雨强度沿链路路径的变化，其中，f（单位为 GHz）是频率。ITU 还指出，R 的最大值应该为 2.5[23]。

$$r = \frac{1}{0.477 d^{0.633} \cdot R_{0.01}^{0.073\alpha} \cdot f^{0.123} - 10.579(1 - \mathrm{e}^{-0.024d})} \tag{18.7}$$

为了计算超出在 p=1% 和 0.001% 之间的其他百分比时间的衰减 A_P，可采用以下扩展公式（C_1、C_2 和 C_3 的参数在参考文献[23]中给出）

$$A_P = C_1 \cdot p^{-(c_2 + c_3 \lg p)} A_{0.01} \tag{18.8}$$

图 18.3 展示了基于 ITU-R P.530-16 模型对不同链路长度的降雨衰减理论互补累积分布函数（CCDF），图中曲线的计算参数如下：f=38 GHz，$R_{0.01}$=42 mm/h。在假设水平极化的情况下，可以观察到，即使在相对短的链路长度下，降雨也可以产生相当大的附加衰减。

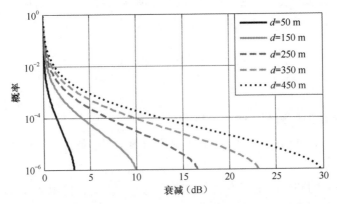

图 18.3　基于 ITU-R P.530-16 模型的不同链路长度的降雨衰减 CCDF

对 5G 应用的影响

5G 网络中的最大可容忍路径损耗可以使用式（18.9）[24]获得：

$$PL_{\max} = PL(d_{\max}) = PL(d_0) + 10 \cdot n \cdot \lg\left(\frac{d_{\max}}{d_0}\right) \tag{18.9}$$

其中，$d_{\max}$ 是 TX-RX 最大可用的传输距离。

根据式（18.10）[17]，可计算出一个长度为 $d \leqslant d_{\max}$ 的链路由于降雨所引起的最大可容忍附加衰减：

$$A_{\mathrm{rain}}(d) \leqslant PL_{\max} - PL(d) = 10 \cdot n \cdot \lg\left(\frac{d_{\max}}{d_0}\right) \tag{18.10}$$

图 18.4 中描述了 n=2.30、$d_{\max}$ = 200 m 和 d_0=5 m（此时 f=38 GHz 时，最大可容忍降雨衰减与链路长度之间的函数关系，该结果基于 Rappaport 等人所测量的参数[15]。18.3 节中将详细讨论相应的信道模型。

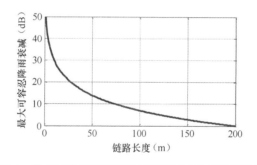

图 18.4　最大可容忍降雨衰减与链路长度之间的函数关系

参考文献[17]中，Kantor 等人通过仿真的方式研究了高降水是否会造成相当大部分毫米波网状网的中断。图 18.5 描述了一个随机毫米波网状网络，其中在仿真区域内随机部署一定数量的节点。在随机部署之后，研究了网络的连通性[17]，两个节点被认为能够建立一个 LOS 链路，如果它们相互的距离在 200 m 之内。在使用 n=2.3 的 38 GHz LOS PLE 因子生成一个部署节点的场景之后，对于网格节点之间的每个毫米波链路，可根据式（18.7）来计算引起链路中断的最小降雨衰减（单位为 dB/km）。当由于降雨引起的毫米波链路中断时，接入节点被认为是与网络断开的，因此在给定节点和汇聚节点之间不再有可用路由。

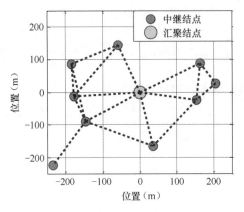

图 18.5　一个包含 10 个随机部署的节点和一个网络图的例子

　　假设路由重定向是提高网络弹性的唯一技术[17]，图 18.6 描述了降雨强度超验概率（标记为时间比）与断开节点的平均比率的函数关系。可以看出，在随机节点部署下，不能到达汇聚节点的节点平均比率大于 10%，概率为 6.48×10^{-4}。这意味着平均在一年内，至少 10% 的节点有 5.5 h 的累积时间与网络是断开的。

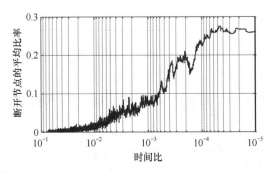

图 18.6　在随机部署的毫米波网状网络上，断开节点的平均比率与时间比的函数关系

　　从图 18.7 中可以看到，不能通过任何其他节点到达汇聚节点的节点平均比率大于 20% 的概率为 1.5×10^{-3}。这种概率比假设随机节点部署情况下的概率高出 10 倍以上。这意味着平均一年内，至少有 20% 的节点被断开 13 h。此外，平均一年内，至少有 50% 的节点被断开的时间为 2.5 h。显然，不佳的网络部署可能会进一步影响毫米波网状网的网络性能[17]。

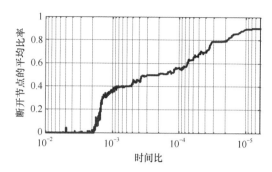

图 18.7　在不佳的网络部署情况下，断开节点的平均比率与时间比的函数关系

18.2.2.3　穿透损耗

如 Rappaport 等所描述的[9]，毫米波传播的另一个重要方面是由于波长较短情况下所形成的较大量粗糙表面散射，特别是对于由粗糙混凝土、砖块和其他建筑材料制成的墙。除了粗糙表面散射之外，还必须考虑由于建筑材料造成的穿透损耗，因为毫米波仅具有绕过尺寸明显大于其波长障碍物的微弱能力[25]。

如 Niu 等人所述[25]，ITU-R 1233-8 和其他研究[26-27]中给出了不同建筑材料的典型相对电容率和传导率，而 Cuinas 等人在参考文献[28]中给出了 5.8～62.4 GHz 之间的比较研究。ITU-R 建议中给出了建筑材料传导率的表达式，与在 60 GHz 时的 0.908 相比，在 1 GHz 时的值为 0.032 6，这将会形成更高的穿透损耗。

对 5G 应用的影响

Cuinas 等人[28]指出当发射天线和接收天线都垂直时，在 60 GHz 时建筑物的穿透损耗按照顺序为：0.8 cm 厚的塑料隔板损耗为 3.44 dB；0.8 cm 的胶合板为 6.09 dB；1.8 cm 木板为 9.24 dB；0.7 cm 的钢化玻璃为 4 dB。Zhao 等[29]在纽约城市环境的 28 GHz 穿透和反射情况进行了测量，发现着色玻璃和砖柱具有高穿透损耗，分别为 40.1 dB 和 28.3 dB。穿透损耗与频率的关系也表明在发射天线与接收天线之间存在 3 堵墙的情况下，可以从 900 MHz 时的 18.9 dB 变化到 11.4 GHz 的 26 dB 以及 28.8 GHz 下的 36.2 dB。在较高频率下的这些附加损耗将需要通过更高的有效辐射功率来补偿。如 Niu[25]所述，对于反射测量，室外材料具有较高的反射系数，室内材料具有较低的反射系数。

18.2.3 小尺度衰减

小尺度衰减描述了信号幅度和相位在短时间内或短距离接收信号时（以波长为顺序）出现的快速波动[21]。这种波动包括两种不同的形式：由于多径传播引起的信号的时间扩展和由多普勒效应引起的信道的时变行为。

18.2.3.1 多径传播

如 Misra[21]所描述的，多径传播引起的衰减是由于障碍物反射而在接收器处形成了多个发射信号的复制，这种现象的发生是因为当它们到达天线时，沿不同路径行进的波可能相位完全不对称[19]。因此，根据每个路径波的相位[21]，发送信号的多个副本以建设性或破坏性的方式叠加。这些附加可能在接收信号功率中产生衰落陷波，并且使发送信号的频率响应特性变差。然而，这些失真是线性的，需要通过应用均衡和分集[21]在接收端进行组合。

Xu 等[30]展示了测量信道时间色散的方法，表明信道测深仪的带宽必须超过信道相干带宽，这确保了所有重要的多径分量可以在功率时延分布（PDP，Power Delay Profile）中解决和记录，通过从 PDP 中提取重要且普遍已知的参数来评估毫米波信道的延迟色散[22]。

Huang 等[16]描述了对于窄波束宽度的天线，在信道测量的频率响应中会出现陷波。而对于宽波束宽度的天线，频率响应中的陷波变得更严重。陷波步长受延迟时间的影响，而陷波深度受路径增益（或损耗）的差异影响。此外，缺口位置受传播路径长度的差异影响[16]。

最大过量延迟 τ_{max} 是所有多径分量的功率电平都低于某个阈值情况下的最大延迟值[22]。

PDP 第二中心矩的平方根称为 RMS 延迟扩展 τ_{RMS}，根据式（18.11）有

$$\tau_{RMS} = \sqrt{\dfrac{\sum\limits_{i=1}^{N}(\tau_i - \overline{\tau})^2 \cdot P_i}{\sum\limits_{i=1}^{N} P_i}} \qquad (18.11)$$

其中，如 Kyro[22]所述，τ_i 和 P_i 分别是 PDP 的第 i 个多径分量的过量延迟和功率电平。

18.2.3.2 传播信道的角分布

角度扩展定义为波束方向的标准偏差[31]，如参考文献[22，32-37]中所述，传播信道的角分布特性可以通过旋转定向天线来测量，然而，有研究表明，旋转 TX 和 RX 天线显著增加了测量时间，并且需将信道测量限制到静态信道。

另一种估计到达角（AoA）和离开角（AoD）参数的方法是使用多输入多输出（MIMO）测量和波束成形或其他估计方法[22]。Ranvier 等人[24, 38]指出在毫米波工作频率上，MIMO 的测量通常用虚拟天线阵列来实现。

18.2.3.3　天气对多径效应的影响

宽带测量结果表明在某些天气事件中多径特性将发生显著变化。Xu 等在参考文献[30]中给出的测量结果表明在晴朗条件下没有检测到多径分量，但在一次雹暴之前，轻度降雨过程中，在直射路径上可以检测到约 16 dB 的多径分量，而在中雨过程中可以检测到约 12 dB 的多径分量。两个假设可以解释这些多径分量的存在，第一种假设为在雹暴之前和之后发生的多径分量可能是由冰雹的锋利边缘引起的[30]。这个假设在参考文献[39]所给出的测量结果中得到了支持，在该结果中显示多径分量可以发生在非常强和紧凑的雨滴的边缘，因为压力、温度和降雨可以改变大气的折射率，从而产生不同的传播路径和传播延迟。第二种假设是基于折射、反射表面的电磁性质变化或在降雨过程中形成的积水表面。因此，如果表面在下雨期间变成湿的或有积水，镜面方向上的反射功率将增加。在参考文献[30]给出的测量结果中，雨后多径分量仍然存在，这似乎支持了第二种假设。

对 5G 应用的影响

由于毫米波的小尺度衰落特点，最根本的考虑是室外应用中的 NLOS 链路或 LOS 链路在 100～200 m 通信范围情况下的服务可行性[9, 15]。然而，正如将在 18.3.2 节中所解释的那样，在 NLOS 传播条件下，可以利用丰富的多径环境来增加接收信号功率[15]。

18.2.4　车辆环境中的毫米波特性

参考文献[40]中指出，由于刹车、拐弯和在变化车道行驶造成的路径损耗突然大幅度增加，这一直是车辆间通信的主要关注点。虽然车辆在地面上快速移动，但通信车辆之间的相对速度很低。因此，这样的移动站之间的直接通信类似于低频范围内传统固定站的直接通信。相反，基于 Kato 等人提出的理论，在短波长的车辆之间的相对运动可能会严重影响毫米波通信[41]。此外，道路附近周围的地貌特征对多径效应的影响可能相对较小，因为天线将具有相对窄的波束宽度。然而，来自路面的信号反射是不可忽略的，并且由于直射波和来自路面的反射波之间的干扰可能会导致非常强的信号衰减[41]。这样，在毫米波车内通信中观测到的无线电波传播现象将与传统的移动通信显著不同。因此，阐明这种传播机制并建立一个传播模型对于 5G 系统的实际应用是很重要的[40-43]。

几种现实的无线传播模型已经被提出，文献[40]推导了路径损耗变化的特征。通过式（18.12）来获得接收功率 P_{RX}：

$$P_{RX} = \frac{P_{TX} \cdot G_{RX} \cdot G_{TX}}{L(d)} \cdot \left(\frac{\lambda}{2 \cdot \pi \cdot d}\right)^2 \sin^2\left(\frac{2 \cdot \pi \cdot b_{RX} \cdot b_{TX}}{\lambda \cdot d}\right) \qquad (18.12)$$

当发射机被保持在高度 b_{TX}，并且接收机的高度为 b_{RX} 时，只考虑直射波和反射波。

直射波和从路面反射波的路径长度 d 被认为是相同的；$L(d)$ 为吸收因子[44]；λ 是载波的波长；G_{TX} 和 G_{RX} 分别是发射机和接收机的正交增益。

对 5G 应用的影响

在车辆环境中无线电传播的测量很重要，因为车辆间通信中的路径损耗可能是与站点相关的[44]。Takahashi 等人[40]给出了图形来论证接收功率的短期中值与车辆间距离的关系，在中心频率 59.1 GHz 的情况下通过式（18.12）对不同天线高度的接收功率值进行计算。图 18.8 给出了采用文献[41]中的方法进行建模之后的结果，图中的曲线表示由模型预测的接收功率，模型使用式（18.12）来计算各个车辆间的距离。可以看出，接收功率值由于直射波和反射波之间存在干扰而随着车辆之间的距离变化。

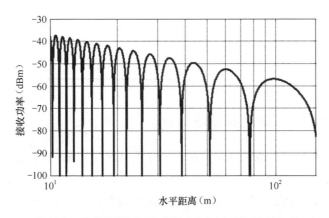

图 18.8　接收功率短时均值随车辆间水平距离的变化

Kato 等[41]通过测量表明，即使车辆之间的距离保持不变时，接收功率也可能会出现显著波动，这可能是因为车辆的实际高度随着行驶的道路而变化。因而造成在给定的条件下，即使车辆之间的距离保持不变，所接收的功率也会出现波动。

此外，Takahashi 等观察到当车辆间距约大于 30 m 时，高速公路环境的附加损耗为 15 dB，而常规道路环境的附加损耗为 5 dB。高速公路环境下的损耗结果表明，在准静态环境中的路径损耗可以由两个主要的无线电波之间的干扰来解释，结果还表明，瑞利振幅分布信道下的路径损耗是由汽车的垂直位置变化引起的。

尽管如此，由于刹车、拐弯和在变化车道行驶造成的路径损耗及大幅度增加才是车辆间通信的主要关注点。

18.3　毫米波传播模型

如 18.2 节所述，由于在之前的章节中解释了高传播损耗和在毫米波波段的低功率预算，NLOS 链路或 LOS 链路在 100～200 m 范围的服务可行性是该领域的一个根本问题[9]。因此，为了能实现采用先进的大规模 MIMO 和波束成形技术的毫米波吉比特无线系统的应用，毫米波的传播模型尤其重要[1,15]。

目前，对 5G 毫米波传播信道的建模有不同的方法。一种方法是，基于几何的随机信道模型（GSCM，Geometry-based Stochastic Channel Model），其通过拟合最小二乘线性回归方法、最佳线段来拟合路径损耗测量，从而提供路径损耗模型[45]。另一种方法是，所谓的近距离自由空间参考路径损耗模型[9]，这种模型应用一个所谓的参考距离，定义见式（18.4），在该公式中假设了自由空间的传播条件。与随机方法相矛盾的射线追踪方法也被普遍应用，也有利用这些方法的组合来形成路径损耗和阴影模型的研究。

如 Rappaport 等所述[9]。窄天线波束宽度的路径损耗和阴影模型对毫米波无线电链路的设计具有重要意义。此外，传播模型需要考虑在 18.2.3 节中所述的时间和信号的角度色散。

18.3.1　基于几何的随机信道模型

WINNER II/ITU IMT-Advanced/3GPP 3-D 传播模型通过拟合最小二乘线性回归与测量数据之间的最小标准偏差来提供全向路径损耗模型[46]，这也称为浮动截距模型。

这些路径损耗模型通常以式（18.13）的形式描述：

$$PL = A \cdot \lg(d^{m}) + B + C\lg\left(\frac{f^{GHz}}{5}\right) + X \qquad (18.13)$$

其中：

d：发射端和接收端之间的距离，单位为 m；

f：系统频率，单位为 GHz；

A：拟合参数，包括 PLE；

B：截距；

C：一个与路径损耗频率相关的参数；

X：一个可选的，环境特定的术语（例如，墙壁衰减）[45, 47]。

该模型的频率取值范围为 2～6 GHz，且支持不同的天线高度[45]。然而，原则上，类似的浮动截距模型也可以应用于更高的频率（如 28 GHz 和 73 GHz）。

18.3.2 近距离自由空间参考路径损耗模型

在近距离自由空间参考模型中使用的参数与自由空间传播相比，提供了对信道传播的物理洞察力，如 MacCartney 等人所述[46]，不同于应用 GSCM 方法的模型，这种方法提供了对所收集的路径损耗的最佳、最小误差拟合。

Rappaport 等在 28 GHz 和 73 GHz 的测量中得出了如下结论：毫米波信道在 TX 和 RX 都比常规的微波［超高频（UHF）］信道更具方向性[15]。此外，参考文献[47]中讨论了与普遍应用的全向路径损耗模型（GSCM）相比，波束成形和波束合成技术需要毫米波定向路径损耗模型，保证能够估计窄波束天线在给定方向上所能接收的功率水平。

因此，Rappaport 等进行了 28 GHz 的城市环境传播测试，应用了可控定向天线，发射端与接收端之间的距离为 75～125 m。通过采用高度定向可控喇叭天线来模拟天线阵列，它们能够获得 AoA 和 AoD 数据，这是确定多径角扩展所必需的。Samimi 等还对纽约市的室外城市环境进行了 AoA 和 AoD 测量。他们发现，当使用高度定向可控喇叭天线和在任何接收器位置时，纽约环境具有丰富的多径效应[49]。由于强反射的室外环境，对于 LOS 和 NLOS 环境，PDP 证明存在大量超长延迟的多径信号。在 LOS 环境中，对于间隔小于 200 m 的 TX-RX 信道，可分辨的多径分量平均数为 7.2，标准差为 2.2[15]。结果表明，在纽约市中获得的所有测量结果中的 LOS PLE 均为 2.55。

对于间隔小于 200 m 的 TX-RX NLOS 信道的测量结果表明，平均接收多径分量的数目是 6.8，标准差与 LOS 情况的标准差相同。然而，NLOS 情况下的平均 PLE 增加到 5.76[15]。

Azar 等给出了纽约曼哈顿区的信号中断概率的研究成果。他们发现，所有案例中 RX 所采集的信号都在 200 m 以内，但是，超过 200 m 的信号，57%的位置由于障碍物的存在而发生了服务中断。随着天线增益的增加和 PLE 的减小，最大覆盖距离相应增加。

Akdeniz 等人报道了类似的结果，该数据来源于在纽约市的 28 GHz 和 73 GHz 的信道测量结果。经过他们测量获得的可应用的信道模型参数包括 PLE、空间簇的数量、角色散和中断概率。发现即使在强 NLOS 环境中，也可以从潜在的小区站点检测到 100～200 m 的强信号，并且在许多位置可以支持空间复用和分集，接收到多个路径簇。

Rappaport 等在德克萨斯大学主校区德克萨斯奥斯汀进行了 38 GHz 的蜂窝传播测量。测量 LOS PLE 为 2.30，NLOS PLE 为 3.86。关于中断的研究发现较低高度的基站具有更好的近距离覆盖效果，并且大部分中断发生在距离基站超过 200 m 的位置。

从 Rappaport 和他的团队报告的多个现场测试的结果来看，在高度受阻的室外环境中，毫米波所达到的最大覆盖距离为 200 m。此外，中断概率很大程度上受发射功率、天线增益以及传播环境的影响[15]。

除了 PLE 之外，PDPS 和 RMS 延迟扩展特性对于精确描述毫米波信道也很重要[54]。Rappaport 在参考文献[15]中表述，大多数 LOS 测量具有最小的 RMS 延迟扩展，在 1.1 ns 的量级。NLOS 测量显示出更高和更多变的延迟扩展，平均约为 14 ns。NLOS 链路中 80% 以上的 RMS 延迟扩展在 20 ns 以内。

因此可以得出这样一个结论：尽管 NLOS 路径损耗存在差异，但每个天线的延迟扩展在分布上几乎是相同的。

此外，定向波束控制天线，如天线阵列，也可用于减少 RMS 延迟扩展。Murdock 等人的研究表明 RMS 延迟扩展随组合角度增加，因为陡峭的角度与从发射端到接收端的信号返回的数量相关。小角度时，两个天线在延迟扩展中表现出低方差。RMS 延迟扩展与发射机之间的距离成反比，并与组合离轴角成正比。结果还表明，角度扩展（AoA）大多发生在 RX 方位角在 TX 方位角的视距–20°～+20°之间。

Ben-Dor 等人在蜂窝式点对点室外环境和车载场景中进行了宽带传播测量。对频率为 60 GHz、自由空间参考距离 $d_0=3$ m 时的 10 个庭院位置的路径损耗数据进行计算，并且得出了一个最小均方误差（MMSE）、最佳拟合 LOS 路径损耗模型，具有 $n = 2.23$（$\sigma=1.87$ dB）的多径数量均值和 2.66（$\sigma=5.4$ dB）的 PLE 数值，具体结果如图 18.9 所示。在发射机和接收机天线各自指向反射对象的 NLOS 指向条件下，庭院和车辆环境的多径表现分别为 $n=4.19$（$\sigma=9.98$ dB）和 7.17（$\sigma=23.8$ dB）。

图 18.9 所示在大的 TX-RX 间距下（>50 m），高延迟扩展的可能性较小，这可由 60 GHz 的高能量吸收来解释，因此最终减少了当使用定向天线时可观察到的多径分量数量[35]。

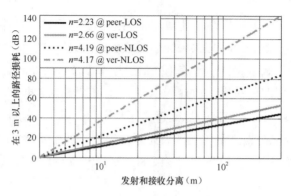

图 18.9　点对点和车辆环境下的路径损耗

18.3.3　射线跟踪模拟

获得信道特性的另一种替代方法是射线跟踪模拟，其与来自各种论文的实际测量结果[31]显示出良好的一致性。射线跟踪模型是毫米波传播确定性信道建模的合适选择。通过射线跟踪模拟方法，可以得出路径损耗模型[55-56]，或多维信道表征可以直接进行——通常与测量结合[57-58]。通过射线跟踪模拟，可以得到大尺度和小尺度的信道统计信息，如时延扩展和角度扩展[31]等。

在确定性建模中，了解不同建筑材料的参数是很重要的。参考文献[59-60]中给出了不同材料在 60 GHz 频率范围内的反射系数。

Nguyen 等[61]在纽约大学校区使用旋转定向天线在 73 GHz 处进行了一项宽带传播测量活动，基于测量结果，他们提出了一个有参考价值的射线跟踪模型来预测 73 GHz E 波段的传播特性。

Hur 等在参考文献[31]中提出了一种基于几何光学和均匀衍射理论的全三维射线跟踪模拟方法。在每个接收点，以降序收集多个射线，然后计算了包括方位角和仰角的信号功率、相位、传播时间、AoD 和 AoA 的信道脉冲响应。他们通过射线跟踪模拟来比较不同的路径损耗模型，尽管发射天线的高度在模型中引入了不同的斜率和截距并在密集城市场景中，也证明了相应的结果。

18.3.4　组合方法

METIS 信道建模方法包括基于地图的模型和一些随机模型的替代方案。METIS 的目标是准备一个频率相关的路径损耗模型，适用于一个巨大的频率范围，即 0.45～86 GHz[62]。

METIS 信道建模方法如图 18.10[47]所示。METIS 路径损耗模型还在起步阶段，这是因为测量数据有限，很难达到最终目标，METIS 信道模型的相关研究技术还包括实现基于射线跟踪模拟的方法。

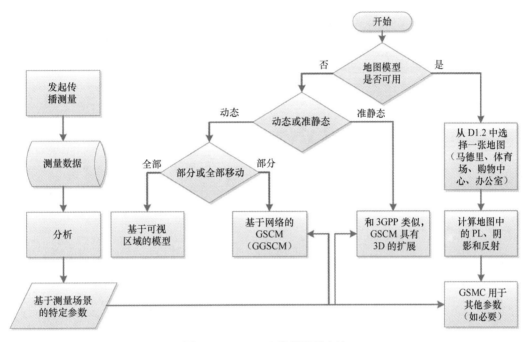

图 18.10　METIS 信道建模方法

18.4　小　　结

由于具有更大的潜在容量（可获取当前通信系统容量的数量级提升），毫米波通信已经成为 5G 移动网络的候选技术。这是由未分配频谱的可用性和在毫米波频带中开发认知频谱管理的可能性所支持的，这些功能保证了提供潜在高数据率的机会，以实现目前无法通过蜂窝无线网络获得的沉浸式业务用户体验。

由于阴影效应和高移动性环境中的自适应波束成形的需要，毫米波频率应用对蜂窝系统提出了新的挑战。并且，路径损耗和阴影效应将影响数据速率，需要广泛的测量以获得完整的无线电传播特性。此外，在室外环境中，还必须考虑降水等的影响。

毫米波信道模型仍在不断涌现，适用于 5G 网络规划的信道模型参数应以大的测量数据为基础。此外，在短距离 5G 链路上的毫米波传播的其他方面，如植被障碍和雨雪引起的衰减需要进一步研究。

然而，经研究表明，即使在高度 NLOS 环境中，也可以从潜在的小区站点检测到 100～200 m 的强信号，并且可以接收到多个路径簇，从而在许多位置支持空间复用和大规模 MIMO。

第 19 章

关于毫米波媒体访问控制的研究

由 于毫米波（mmWave）无线电波传播具有较强的定向性，因此 mmWave 无线系统需要新的媒体访问控制（MAC，Medium Access Control）机制来实现定向波束管理。本章总结了 mmWave 系统中学术文献和行业标准中的波束管理方案，讨论了 mmWave 特定的调度和中继功能。此外，本章还介绍了视频流和与蜂窝网络相关的 MAC 功能。

19.1 引　言

　　媒体访问控制在无线和计算机网络中的基本作用之一是"冲突和干扰管理"。无线网络中最著名和最成功的随机接入技术方案之一是载波侦听多路访问和冲突避免（CSMA/CA，Carrier Sensing Multiple Access with Collision Avoidance），也可以称为协调无线媒体访问与冲突避免。

　　然而，由于 mmWave 无线波束/链路的高方向性，冲突和干扰管理不再是毫米波无线网络中的关键角色[1]。如果假设方位角和仰角波束宽度分别为 φ 和 θ，则理论上干扰存在的概率为 $\left(\dfrac{\theta}{2\pi}\right)\left(\dfrac{\varphi}{2\pi}\right)$[2]。因此，当方位角和仰角波束宽度为 $10°$ 时，干扰存在的概率约为 $7.7 \times 10^{-2}\%$。也就是说，干扰管理不再是 mmWave 无线网络中的关键因素[1]。

　　另一方面，"定向波束管理"已成为高定向 mmWave 无线网络中的关键研究课题之一，如"波束训练和跟踪"。基于此研究方向，IEEE 802.11ad 标准是最著名的 60 GHz mmWave 无线标准之一，包含"波束成形和训练"的详细描述。如果蜂窝基站（BS）希望将 mmWave 技术用于 5G 中，BS 中的定向 mmWave 天线应该能够快速跟踪移动蜂窝用户。否则，无法再进行移动支持。因此，快速波束训练和跟踪对于在移动蜂窝系统中使用 mmWave 技术至关重要。

19.2 节概述了 IEEE 标准和学术文献中关于 mmWave 波束管理的方案；19.3 节概述了 mmWave 无线系统的调度和中继选择方法；19.4 节介绍了 mmWave 无线系统的视频应用和相应的 MAC 功能；19.5 节介绍了下一代 5G mmWave 无线蜂窝网络的 MAC 设计考虑的因素；19.6 节为小结。

19.2　mmWave MAC 设计中的定向波束管理

如 19.1 节所述，定向波束管理方案在 mmWave 无线系统中非常重要。因此，本节介绍了 IEEE 标准和学术文献中的各种波束训练方案。

19.2.1　彻底/暴力算法搜索

如参考文献[3]中所述，使用发射波束成形（TXBF，Transmit Beam Forming）的一般波束成形和训练过程如图 19.1 所示。在图 19.1 中，每个波束训练发起者（BI，Beamtraining Initiator）和波束训练响应者（BR，Beamtraining Responder）具有 N 个波束方向。

首先，具有发射波束成形的暴力搜索工作如下：为了启动波束训练过程，BI 扫描所有波束方向，在每个方向上发送一个训练分组。在此期间，BR 接收具有全向天线方向图的分组。该过程结束时，BR 可以确定 BI 的哪个波束方向导致 BR 的信噪比（SNR）最高。随后，BI 和 BR 交换它们的角色并重复该过程，允许 BI 确定导致最高 SNR 的 BR 的方向。交换反馈包的最后一步允许双方学习它们自己的最佳方向。

这种方法的一种变体是使用接收波束成形（RXBF，Receive Beam Forming）而不是 TXBF，如图 19.1（a）所示。每个节点 BI 和 BR 具有 N 个波束方向。BI 以全向模式发送分组，而 BR 扫描所有方向；然后 BI 和 BR 交换角色，在两个节点知道它们的最佳波束方向后，无须进一步交换反馈分组。此外，具有接收波束成形的暴力搜索不受等效全向辐射功率（EIRP，Equivalent Isotropically Radiated Power）的约束，而仅受传输绝对功率的影响。

根据参考文献[4-5]所述，已商用 mmWave 高增益喇叭和卡塞格林天线的波束宽度接近

1°，使用实际尺寸的自适应天线可以实现类似的值。因此，在最坏的情况下，对于二维波束几何结构，N 应为 $360°/1°=360$，对于三维波束几何结构，N 应为 $360°/1° \times 1\,800°/1° \approx 6.5 \times 10^5$。因此，波束训练过程可能需要很大的开销。

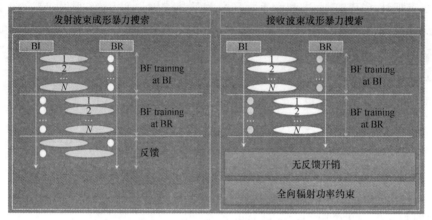

（a）使用发射波束成形　　　　　　　（b）使用接收波束成形

图 19.1　暴风波束训练

19.2.2　IEEE 标准中的两级光束训练

本节概述了当前存在的标准化 mmWave 光束训练方案。在 IEEE 中，有两种标准用于 60 GHz mmWave 无线网络，IEEE 802.15.3c WPAN 和 IEEE 802.11ad WLAN[4-5]。

在 IEEE 802.11ad WLAN 和 IEEE 802.15.3c WPAN 波束成形和训练中，标准使用两个阶段波束成形和训练操作：粗粒度波束训练［在 IEEE 802.11ad 中称为扇区扫描和在 IEEE802.15.3c 中称为低分辨率（L-Re）波束训练］和细粒度波束训练［IEEE 802.11ad 中的波束细化和 IEEE802.15.3c[6-8]中的高分辨率（H-Re）波束训练］。

如果考虑标准 TXBF，则 BF 和 BI 根据 19.2.1 节中描述的穷举搜索协议确定最佳粗粒度波束。在下一阶段，细粒度波束训练中，执行相同类型的操作以识别每个粗粒度波束中的最佳波束。考虑 RXBF 时，类似的原则成立，该过程如图 19.2 所示。

即使两种标准都有自己特定的波束成形和训练协议，但都基于两级波束训练，虽然这可以加速波束成形，但它仍然很慢，如参考文献[5]中的模拟结果所示。

此外，粗粒度和细粒度波束训练搜索空间的数量也对波束训练速度的性能有影响。参考文献[9]中提出的算法找到了粗粒度和细粒度波束训练搜索空间的数量，这些搜索空间最小化了控制信号传输的总数。这减少了波束训练时间以及传输的控制信号数量，对于快速链路配置是有效的，并且在能量感知方面也具有额外的好处。

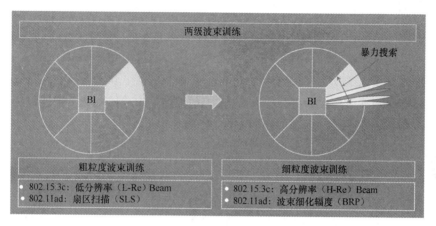

图 19.2　IEEE 标准中的两级波束训练

19.2.3　交互式波束训练

暴力算法搜索效率低下的根本原因是，即使 BI 或 BR 找到相当好的波束方向，它也无法在暴力搜索操作中停止，因为它必须搜索所有可能的光束方向，这种全面搜索可找到最佳方向。然而，通常只要找到能够保持 mmWave 无线通信"足够好"的方向即可。因此，当 BI 和 BR 都找到可接受的波束方向时，通过让波束搜索停止，可以减少波束训练开销。这是交互式波束训练的主要设计理念，详细内容可见参考文献[4-5]。

如图 19.3 所示，BI 和 BR 在每次训练分组传输之后改变它们在发射机（TX）和接收机（RX）之间的通信模式。因此，在全向 TX（Omni-TX）中发送训练分组之后，BI 或 BR 设备将其通信模式更新为波束成形的 RX（BF-RX），通过 RX-BF 的相反方向接收训练分组。在识别出具有"足够质量"（足够 SNR 保证）的波束方向之前，RX 将继续搜索，直到可以确定已经找到局部最优，"足够好"的方向意味着直到确定该方向两侧的 SNR 更差。这样做是为了增加所接收方案的稳健性，并且找到局部最优值不会显著增加训练开销。这种终止条件的概念如图 19.3 所示。

如果 BI 或 BR 在 BF-RX 模式中找到可接受的波束方向，则它可以在下一个训练分组上携带该信息。当 BI 和 BR 都找到了可接受的波束方向时，这种波束训练过程立即停止。

图 19.4 显示了交互式光束训练的性能得到了很好的研究[5]。从图中可以看到，如果

链路配置时间小于 IP 话音（VoIP）和视频服务的会话重新启动阈值，则链路可以重新连接并且在没有任何断开的情况下服务于相应的 VoIP 或视频服务。使用图 19.4 所示的 RXBF 进行穷举搜索（使用 RXBF 进行暴力搜索），即使波束宽度接近 10°，也无法为 VoIP 和视频服务提供服务。在平均性能的情况下，如果波束宽度大于 5.3°，则即使服务用户正在移动，也可以提供 VoIP 服务（可以在会话阈值到期之前重新连接 VoIP 服务会话）。类似的，如果波束宽度大于 9°，则即使服务用户正在移动，也可以提供视频流服务（在会话阈值到期之前重新连接视频服务会话）。在性能最差的情况下，如果波束宽度大于 7.5°，则即使服务用户正在移动，也可以提供 VoIP 服务。

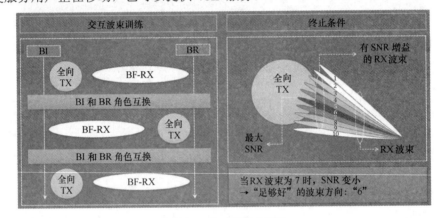

图 19.3　交互式波束训练

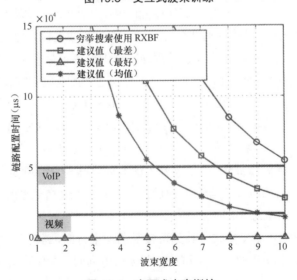

图 19.4　交互式光束训练

19.2.4　优先扇区搜索排序

为了加速平均搜索速度，可以优先考虑要搜索的 RX 波束方向的顺序，为达到该目的，可采用优先化扇区搜索排序（PSSO，Prioritized Sector Search Ordering）在网络关联请求/响应（NAR，Network Association Request/Response）统计方面对分段空间进行排序。注意，术语分段空间等同于 IEEE 802.11ad 中的"扇区"和 IEEE 802.15.3c 中的"低分辨率（L-Re）波束"。

PSSO 在 mmWave 无线系统中非常有用，因为物理障碍物可以构成非常强的信号衰减，极大地限制了在给定房间内有用信号可以达到的角度范围（对于可以很容易被微波穿透的墙壁，会对 mmWave 波束形成反射，并且也有可能不是非几何规则的有效反射器造成的）。因此，具有最高数量的 NAR 统计数据的区域可以构成物理上可以发生辐射的角度区域，或者说它们是用户优选的区域，该实现过程如图 19.5 所示。

在图 19.5 中，系统有 8 个扇区，每个扇区都有自己不同的 NAR 值。扇区 8 的 NAR 是最高值，这意味着该扇区拥有最佳状态。因此，系统从扇区 8 开始波束搜索，若扇区 8 不能满足条件，之后系统继续按照 NAR 统计的排序搜索给定扇区。

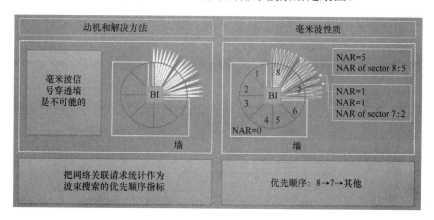

图 19.5　优先行业搜索排序

19.3　mmWave 系统的调度和中继选择

在传统的无线网络系统中，设计调度算法是无线 MAC 研究中的关键问题之一。由于

mmWave 无线通信的高方向性，通过空间重用可实现网络设备的致密化。然而，包括 mmWave 高定向无线通信标准在内的各种文献关于调度方案的讨论较少。此外，在 60 GHz mmWave IEEE 802.11ad 标准中提出并引入了几种中继方案，以抵抗由于空间高衰减引起的短距离数据传输的限制。

19.3.1 调度

在各种当前存在的信道访问机制之上考虑基本方向性的研究中，参考文献[10]提出的方案考虑了 CSMA/CA 随机接入中的方向性，类似的，由于 mmWave 波束的高方向性，参考文献[11]中提出了考虑空间重用的时分多址（TDMA）算法。

此外，参考文献[12]中已明确定向 CSMA/CA 可能导致的耳聋问题，该问题通过高定向无线网状网络中的多跳 RTS/CTS 机制得到了解决。

最后，由于 mmWave 无线电波传播中的高衰减特性，在参考文献[1,13]中也设计了阻塞感知的稳健调度算法。

19.3.2 IEEE 802.11ad 中的中继选择

基于 IEEE 802.11ad 的有限覆盖范围，802.11ad 标准草案定义了两种中继方法：链路交换（LS，Link Switching）和链路协作（LC，Link Cooperating）[14]。

在 LS 中，如果源—目的地的直接物理 mmWave 无线传播链路中断，则源节点通过中继来进行重定向，实现到目的地的 mmWave 无线帧传输。源节点和目标节点之间的直接链接可以在该链路断开恢复后再进行恢复。

在 LC 中，即使在同时使用源—目的地直接链路时，中继也重复从源到目的地的帧传输，这可以通过协作分集来显著提高目的地接收的信号质量，从而提高网络容量[15]。对于 LC，具有放大转发和解码转发的协作通信技术都是可行的，由于它提供了比 LS 更好的性能，后面只考虑了 LC 方法。此外，还需要考虑源和目的地彼此通信而不是中继非协作通信的可能性。

有趣的是，室内和室外应用都需要构建中继网络，但根本原因是不同的。在室内应用中，需要中继部署来对抗非视距（NLOS）情况，而在室外应用中，需要中继部署来扩展无线通信覆盖。

19.4 视频流

19.4.1 室内无压缩视频流

自 2000 年以来，由于 mmWave 系统可用于未压缩的高清（HD）无线视频传输而引起了很多关注，Wireless HD 联盟的成立就是为了定义 60 GHz mmWave 无线技术来传输点对点固定视频流。此外，60 GHz IEEE 802.11ad 的主要用例场景就包括基于 mmWave 无线信道的室内视频流业务。

Wireless HD 和 IEEE 802.11ad 标准中还定义了 CSMA/CA，但是考虑了无线高清视频流的预留/预定时间分配（使用 TDMA）。

在 1 080p 高清视频流中，一帧由 1 080 像素×1 920 像素组成，每个像素由 3×8=24 位表示。在标准模式下每秒传输 30 帧图像数据。因此，传输未压缩的1080p 高清视频所需的数据速率约为 1.5 Gbit/s（1 080×1 920×24×30）。在增强模式中，每秒帧数加倍，因此需要 3 Gbit/s 的数据速率。对于 YCbCr 4∶2∶0（而不是 RGB）的格式，帧中的比特数是 RGB 帧的一半。也就是说，标准和增强模式下的未压缩 1 080p 高清视频流分别需要 0.75 Gbit/s 和 1.5 Gbit/s。

IEEE 802.11ad 标准的 60 GHz mmWave 无线技术包括 4 个子信道，每个子信道带宽为 2.16 GHz，因此，在理想的信道条件下可以实现未压缩的 1 080p 高清视频无线传输。

19.4.2 室外实时视频流

与室内应用相比，大多室外视频流应适用于长距离场景。如参考文献[16-17]中所计算的，即使使用高价卡塞格伦和喇叭天线，当目标阈值设置为 1 Gbit/s 时，可实现的距离也仅为 200～300 m。这意味着 mmWave 无线链路不适合远距离户外视频传输。为了克服这个缺点，有必要构建中继网络。参考文献[16-17]中给出了一个经过充分研究的例子，作者构建了两跳中继网络，然后设计了一种联合中继选择和视频流分配算法。

如图 19.6 所示，每个记录视频信号的无线摄像机作为信号源位于目标网络的顶部，这些视频信号被传送到中继并最终到达目的地 D（广播中心），在这个架构中，作者[16-17]设计了一个用于联合源编码和视频流分发的优化框架。

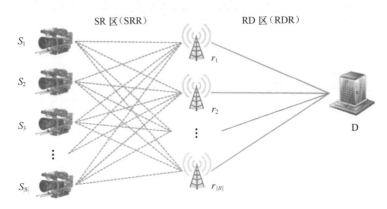

图 19.6　两跳室外 mmWave 流媒体网络

如图 19.7 所示，高清摄像机使用嵌入式摄像机记录场景。然后，记录的信号传送到可伸缩视频编码（SVC，Scalable Video Coding）的编码器，并且比特流被重新组织为分层信息（用于视频质量增强的一个基底层和多个增强层）。如果 mmWave 信道条件不好，则源节点需要压缩更多（选择较少数量的增强层）以实时传输视频信号。相反，如果信道条件非常好，则源节点可以发送更多的增强层以获得更好的视频质量。

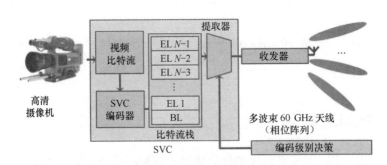

图 19.7　户外 mmWave 流媒体平台的源设备

如图 19.8 所示，每个中继从其连接的源接收流。然后，每个中继聚合数据流并将它们发送到最终目的地（广播中心）。

如图 19.9 所示，广播中心与所有部署的中继无线连接。然后，广播中心聚合来自终端跳端无线高清摄像机的所有信号，它产生多媒体内容并将内容转发给客户。

图 19.8　室外 mmWave 流媒体平台的中继设备

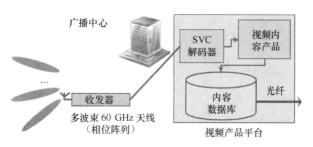

图 19.9　室外 mmWave 流媒体平台的广播中心

19.5　下一代无线蜂窝网络 MAC

如图 19.10 和图 19.11 所示，mmWave 蜂窝网络考虑了两种类型的蜂窝网络架构。

图 19.10　mmWave 蜂窝网络

在图 19.10 中，5G BS 通过 mmWave 完成移动用户的无线接入。为此，需要快速波束训练和跟踪算法来支持移动业务。

但是，由于成本原因，网络无法在整个区域部署 mmWave BS。由于 mmWave 波束是定向的，因此 mmWave BS 应该密集部署，但会造成较高的部署成本。因此，在成本有效的设计方面，可以考虑在所需区域中部署 mmWave（AP）。图 19.11 说明了 mmWave 小型蜂窝的部署，服务提供商只在所需的热点区域部署 mmWave 小型单元。此外，AP

和 BS 之间的回程链路可以设计采用 mmWave 信道以实现高容量。

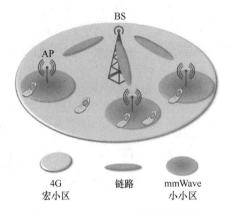

图 19.11　mmWave 小型蜂窝网络

　　最后，可以使用 mmWave 无线技术实现两个移动用户之间的直接通信（所谓的设备到设备通信），因为大多数设备到设备的应用程序用于基于社交网络的视频传送，也就是说，更高的数据速率需要更大的带宽。参考文献[18]中提出了一种考虑视频质量最大化的设备到设备路由算法。

　　对于这 3 种主要的 mmWave 蜂窝接入技术（宽带 mmWave 蜂窝接入、小型小区 mmWave 蜂窝接入和设备到设备蜂窝接入），蜂窝 MAC 协议设计需要考虑以下因素。

　　对于宽带和小型蜂窝 mmWave 接入技术（如图 19.10 和图 19.11 所示），移动业务需要支持快速波束训练和跟踪算法。此外，还需要可靠的技术来支持遇到阻塞和 NLOS 情况的移动用户。

　　对于设备到设备的蜂窝接入技术，应该另外设计完全分布式 MAC，因为没有可以做出适当调度决策的集中式网络组件。用于蜂窝网络的完全分布式 MAC 机制的一个很好的例子是，由高通公司设计的 FlashLinQ，由于 FlashLinQ 的关键组件是基于信号干扰比（SIR，Signal to Interference Ratio）的调度，因此 mmWave 无线信道的 FlashLinQ 实现将更加简单，这是因为 mmWave 无线系统中的干扰很小[19]。

19.6　小　　结

　　本章讨论了 mmWave 无线系统中的 MAC 问题。由于 mmWave 无线电波传播是高度定向的,因此干扰不再是 MAC 中的主要考虑因素。相反,管理高定向波束已成为 mmWave MAC 设计中的主要考虑因素。因此,mmWave 研究中讨论了快速波束训练和跟踪算法。本章总结了学术文献和 IEEE 标准(包括 IEEE 802.11ad 和 IEEE 802.15.3c)中的波束训练和跟踪算法。然后,介绍了 mmWave 基本调度和中继技术。此外,还讨论了 mmWave 无线系统中室内和室外场景中的视频流业务的传输方法。最后,介绍了各种 mmWave 蜂窝架构(宽带、小型蜂窝和设备网络),并解决了相应的设计问题。

第 20 章

毫米波的 MAC 层设计

20.1 引　言

近年来，通信网络服务对无线频谱的需求正在迅速增长，人们对提高频谱效率和频谱重用进行了广泛的研究，以适应使用无线应用数量的增长。然而，尽管进行了优化，但不断增长的需求将很快超过通常用于无线通信频段中可用的带宽，也就是说，低于几吉赫兹的频率。

毫米波（mmWave）频带是解决带宽稀缺问题的有希望的方案。毫米波通信系统使用 30～300 GHz 范围的电磁频谱，其对应于 1～10 mm 之间的波长。因此，mmWave 通信提供了大量的额外带宽。然而，与较低频段相比，它也具有独特的挑战和相当大的差异[1]。因此，迫切需要在各个通信协议层中开发新的解决方案。

本章将讨论媒体访问控制（MAC）协议的问题及其在 mmWave 通信中的发展情况。我们主要关注 3 个问题。首先，本章讨论了 MAC 层中提供高信道吞吐量和分组传输的设计挑战。然后，本章介绍了在 MAC 层开发算法的设计指南和 MAC 协议的布局分类及其性能分析。最后，本章回顾了 mmWave 通信的标准化情况，以及每个部分所涉及的特定设计目标。

mmWave 通信中的主要挑战可以分为阻塞、耳聋、并发传输和同步。为了应对这些挑战，增强的 MAC 层协议和算法被提出。首先，我们简要介绍一下这些挑战。阻塞指的是传播路径上的障碍。在 mmWave 通信中，路径损耗高于传统无线信道。因此，通常使用定向天线，在这种低波束宽带传输中，阻塞可能会成为通信中的主要问题[2]。定向天线的另一个问题是所谓的耳聋问题，当所形成的波束没有到达预期的接收机时会发生这种情况[3]。mmWave 中的 MAC 层解决方案应该解决这个问题[2,4]。我们将详细讨论有关 MAC 协议的有限文献中关于耳聋问题的解决方法。同时这也是 mmWave 通信中的主要问题，是指由于高度定向传输以及阻塞、耳聋等导致的时间链路故障而产生未校正的时钟漂移问题[3-4]。

标准化组织已经为 mmWave 通信启动了标准化活动。对于个人和局域网，MAC 正在进行标准化工作。在本章中，我们列出了 mmWave MAC 层的标准化活动的当前状况。对于无线个域网（WPAN），目前已提出了 3 种不同的标准：IEEE 802.15.3c [6]、Wireless HD [7]以及 ECMA-387[8]。20.6 节描述了每种标准的无线通信 MAC 层设计，介绍这些标准所使用的不同网络技术，也详细说明了不同网络技术之间的差异性。IEEE 802.11ad [9]和 Wireless Gigabit Alliance (WiGig) [10]是无线局域网方面的两种不同标准。IEEE 802.11ad 和 WiGig 分别增加了对 IEEE 802.11 和 IEEE 802.11ad 的修改。此外，针对蜂窝网络中的 mmWave 技术已经开始了预标准化活动。

此外，MAC 设计指南侧重于解释 MAC 协议以及协议分类的算法。这些协议集中于众所周知的邻居发现、阻塞和耳聋问题以及时延特性，以及如何在 MAC 中应用定向天线以有效地提供可靠的分组传输吞吐量[4,12]。本章深入介绍了 mmWave 通信对 MAC 层所形成的主要挑战，对 mmWave 通信的现有标准进行了分类，并给出了 MAC 协议和算法以及与当前项目相关的详细概述。最后我们总结了现在未解决的问题以及未来的研究方向。

20.2　MAC 层设计的主要挑战和方向

随着对大数据量业务需求的不断增加，mmWave 通信面临着许多问题，如耳聋、阻塞和高衰减等，因此在实现 MAC 层解决方案以提高网络吞吐量方面仍存在若干挑战。但是，由于需要利用 mmWave 通信的特性来获得更高的性能，其中一些想法已经在各种项目中实施。在本节中，我们从 MAC 层设计的角度出发，确定 mmWave 通信中存在的一些关键问题，确定 MAC 层设计指南，并总结了 MAC 层设计面临的机会以及 mmWave 通信中存在的挑战。

20.2.1 方向性

高效的 MAC 协议应提供高链路质量并最大限度地减少冲突。对 MAC 层使用定向传输是文献中提到的最合适的解决方案。为了解释 MAC 层定向传输的重要性，我们考虑在参考文献[2,13]中给出的例子，参考文献[13]解释了 60 GHz 信号的传播损耗比自由空间中 2.4 GHz 信号的传播损耗高 22 dB。定向天线波束在特定方向上实现高增益并且在其他方向上具有低增益。因此，定向或波束成形天线可实现比全向天线更高的增益，又由于定向天线在某些方向上具有低功率，因此减少了对其他节点的干扰。

20.2.2 阻塞

阻塞是 mmWave 通信最关键的挑战之一。它指的是由于障碍物的存在导致的高衰减。波长在 60 GHz 时为 5 mm [14]。高度定向波束成形可能导致网络对阻塞的敏感性。无论是人还是物体，信道可以被障碍物阻挡，如图 20.1 所示。人体可以将 mmWave 信号衰减 35 dB [15]，砖等材料可以将信号衰减 80 dB [16-19]。因此，人类的运动在房间里可能会导致 mmWave 网络的严重阻塞效应。与 WLAN 和 WPAN 系统不同，蜂窝网络允许非视距（NLOS）光通信[6, 9]。在 mmWave 蜂窝网络中，网络实用性将通过克服阻塞得到优化。

图 20.1 人物所带来的阻塞

20.2.3 MAC 层中的 CSMA 问题

MAC 协议通常是根据系统要求而设计的，例如，分组传输和延迟是至关重要的。因此，具有冲突避免的载波监听多路访问（CSMA/CA）算法成为 MAC 设计的基础。但是，基于 CSMA/CA 的无线网络受到隐藏终端问题和暴露终端问题的严重困扰。

20.2.3.1　耳聋

耳聋是 mmWave 通信中的一个主要问题。由于发射机和接收机的波束不相互指向，因此不能建立通信。由于第三个设备的信号强度非常低，需要新的 MAC 协议在网络中提供有效的支撑。参考文献[20]提出通过使用微微网结构可以很容易地解决耳聋问题。如果发射机和接收机的波束仅相互面对，则系统将抵抗来自外部的干扰。因此，这种情况减少了干扰[21]。

20.2.3.2　隐藏/暴露终端问题

MAC 协议旨在提供 mmWave 网络中的高速传输。由于暴露终端问题限制了传输能力，因此应重新设计解决此问题的算法以实现空间复用。由于无线网络中相邻发射机的存在，这种设备在向其他设备发送分组时会受到阻碍。这就是暴露终端问题。

在无线网络中，基站的传输范围通常很窄。因此，并非位于网络中的所有终端都可以相互听到。数据传输只能提供终端传输范围内发射机或接收机的位置。在大规模无线网络中，数据传输涉及多跳。这将导致网络中的隐藏终端问题。

20.3　空间复用

高度定向传输是减少干扰最重要的方式之一。发送机和接收机能够同时发送数据，这称为空间复用。如果可能，新的 MAC 协议应该支持并发传输。干扰是 mmWave 通信中并发传输的主要问题之一，为了解决干扰问题，定向传输方式被提出。另一种可能的解决方案是使用协调器，该协调器已由 IEEE 802.15.3c 提供。参考文献[19]中提出了一种无干扰方案，与单传输相比[17]，该方案具有较高的网络吞吐量。但是，它会增加网络的复杂性。因此，应该在优化干扰问题方面研究新的 MAC 协议。

20.4　毫米波通信中的 MAC 协议比较

20.2 节提到了 MAC 层的设计挑战。提出了几种 MAC 协议来克服这些挑战：定向

MAC 协议、波束成形协议以及资源分配在 mmWave 通信中起着最重要的作用。

20.4.1　资源分配

mmWave 通信标准包括 IEEE 802.11ad 和 IEEE 802.15.3c，在高吞吐量传输和时延约束中起着非常重要的作用。这些标准在 MAC 层为多个用户分配资源。mmWave 通信是一种很有前途的 5G 网络技术，为了提供高数据速率，参考文献[22]提出了使用 IEEE 802.11ad 或 IEEE 802.15.3c 进行资源分配的优化技术。这些优化技术 [局部下行离散缩放（LDDS，Local Descending Discrete Scaling）算法[23]、速率分配游戏、纳什议价解决方案和粒子群优化（PSO，Particle Swarm Optimization）] 具有凸函数性质。除此之外，作者还使用信道时间分配 PSO（CTAPSO）来解决资源分配问题，由于阻塞问题的存在，必须研究出替代的资源分配优化技术。

另一种 MAC 协议提出了在智能家庭网络中使用 mmWave 的资源分配算法[24]。作者研究了资源分配问题，并提出了一种基于 IEEE 802.15.3c 的新型多信道 MAC 协议，该协议遵循 mmWave 信道化，为了提供高吞吐量、聚合网络实用性，首选多个 CTA。此外，作者还提出了电池受限情况下的多媒体设备实用功能。在智能家居网络中，仿真结果证明所提出的 MAC 协议具有比现有 IEEE 802.15.3c 协议更好的聚合网络效果。

在 IEEE 802.15.3c MAC 中并未指定资源分配方案。文献[25]提出了依赖于资源分配方案的增强型 MAC（EMAC）协议，EMAC 协议的仿真结果表明采用该协议使吞吐量和延迟特性得到了改善。

20.4.2　传输调度

目前，已经有文献提出了用于无线网络的几种协议和用于传输调度的几种算法。

这几种协议[26-28]均基于时分多址（TDMA）方式。为了阐明专属区域（ER），参考文献[26]授权同时传输以考察无线网络的空间复用增益，其结果为调度方案提供了重要指导。参考文献[27]提出了一种多跳并发传输方案（MHCT, Multihop Concurrent Transmission Scheme），为了改善时隙使用率，MHCT 专注于利用空间容量和时分复用（TDM）。参考文献[28]表明虚拟时隙分配（VTSA，Virtual Time Slot Allocation）方案在 mmWave 环境中实现了多 Gbit/s TDMA，以提高吞吐量，该文献中提出的虚拟时隙分配方案使系统吞吐量得到改善。

干扰管理和耳聋已成为 mmWave 网络中 MAC 层设计的关键方面。因此，参考文献[29]中提出了旨在寻找网络发现和耳聋解决方案的记忆引导定向 MAC 协议（MDMAC），这种基于帧的协议旨在实现无须资源分配的近似 TDM 调度。

为了减少阻塞，高增益定向天线已成为热门话题。文献[30]提出了一种阻塞稳健且有效的定向 MAC 协议（BRDMAC），它通过中继来应对阻塞问题。BRDMAC 专注于中继选择和传输调度算法。与现有标准相比，BRDMAC 在延迟和吞吐量方面的表现更好。

20.4.3　并发传输

并发传输在 MAC 层设计中具有非常重要的作用。因此，已经有文献提出了几种并发传输算法[31]，但这些算法没有考虑高传播损耗和定向天线的使用。

资源利用效率对高数据速率 mmWave 网络有着显著影响。为了确保这一点，参考文献[32]提出了一种并发传输调度算法，其考虑流量吞吐量、路径损耗和定向天线的网络性能。借助这种启发式算法，mmWave 网络可以支持更多的用户。

20.4.4　阻塞和方向性

人体阻塞一直是 mmWave 通信研究的重要领域。文献[27,33]已经提出了各种用于阻塞的协议和算法。文献[13,31,34-35]均是关于对付阻塞效应的方法的，提出这些方法是为了减少人体阻塞的影响并使用最小数量的跳数进行数据传输。

方向性是 MAC 设计的另一个重要挑战。定向天线使用更高的增益并减少干扰。包括参考文献[36-37]在内的几种 MAC 协议使用定向天线改善了 MAC 层的性能。因此天线的选择和定向是 MAC 层设计的重要因素，为了解决通过定向传输发生的问题，必须开发协调机制。

20.4.5　波束成形协议

波束成形协议旨在通过多个天线最大化传输速率。波束成形确认了朝某个方向的波束,实现了最大化传输速率。发射机和接收机的天线增益在传输数据速率中起着重要作用。因此,应该组织波束成形协议,遵循度量[38-39]的选择,以获得最佳传输性能。

MAC 层有多种波束成形协议[40-42]。此外,参考文献[43-46]也提出了一些令人感兴趣的想法来克服 mmWave 网络中的方向性问题。

为了减少总建立时间和波束成形的复杂性,参考文献[46]提出了一种并发波束成形协议。该协议为了实现高系统吞吐量和高能效,专注于波束成形问题。

20.5 MAC 设计指南

MAC 设计指南侧重于算法和协议。这些协议集中于众所周知的邻居发现、阻塞和耳聋问题及时延特性,以及如何在 MAC 中应用定向天线以有效地提供可靠的分组传输吞吐量[4,12]。本节深入介绍了 MAC 协议和算法以及相关的项目。

MAC 设计的主要功能之一是,为 MAC 层吞吐量提供资源分配。Slotted ALOHA 协议确定时隙,并且可以在时隙的开头发送数据分组。因此,它可以减少碰撞持续时间。Slotted ALOHA 和 TDMA 是资源分配使用最广泛的多址方案。目前,mmWave MAC 层设计方法并未侧重于冲突概率和吞吐量方面的资源分配方法。

由于高度定向传输,同步设计在 mmWave 网络中起着重要作用。定向传输不仅负责数据传输,同步也是定向传输的关键方面。因此要建立 mmWave 通信,应在 MAC 层设计中考虑同步。

干扰问题被视为降低网络性能的最重要因素之一,应通过干扰管理来解决[21],也可以通过传输协调和功率控制实现干扰管理。

天线的选择是 MAC 层设计的重要因素之一。为了解决由于定向传输而发生的耳聋问题,必须开发协调机制。因此,空间重用成为 MAC 设计的关键,以确保高的网络容量[21]。一种解决方案是将网络划分为微微网,每个微微网具有一个微微网控制器,该方法应用在 IEEE 802.15.3c 标准当中。

20.6　毫米波通信标准

一些国际组织已制定了一些毫米波标准。具体来讲，目前有 5 种 mmWave WLAN 和 WPAN 应用的国际标准，包括 IEEE 802.15.3c[6]、IEEE 802.11ad[9]标准化任务组、ECMA-387[8]、WiGig[10]和无线吉比特联盟[7]。我们在本节中总结了这些标准。

20.6.1　局域网

20.6.1.1　IEEE 802.11ad

IEEE 为 WLAN 开发了 IEEE 802.11ad 标准。为了确保 mmWave 通信，IEEE 增加了对 IEEE 802.11 MAC 层的一些修改。IEEE 802.11ad 提供了专用于 mmWave 通信中的 MAC 层[9]方法，支持无线应用，包括无线同步、互联网接入和高清（HD）多媒体传输等。

IEEE 802.11ad 涵盖了 MAC 层的几个显著特征：中继、链路自适应、安全性、波束成形和多吉比特接入。除了资源分配周期之外，IEEE 802.11ad 以与 IEEE 802.15.3c 具有类似的方式操作。

基本服务集（BSS，Basic Service Set）是由个人 BSS（PCP）和非端口控制协议设备（DEV）组成的一组站。PCP 提供 BSS 的基本定时，并根据来自 DEV 的传输请求管理介质访问。PCP 还在信标间隔（BI，Beacon Interval）期间调度信道接入。在 IEEE 802.11ad 中，信道访问时间被划分为 BI，每个 BI 被细分为 4 个部分：信标传输间隔（BTI，Beacon Transmission Interval）、关联波束成形训练（A-BFT，Association Beam Forming Training）、通告传输间隔（ATI，Announcement Transmission Interval）和数据传输间隔（DTI，Data Transfer Interval），这部分内容在本节中进行了回顾，如图 20.2 所示。

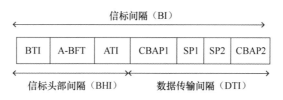

图 20.2　IEEE 802.11ad 帧结构

> BTI: 将信标发送到其他扇区的接入点。

> BFT: 在 PCP 和 DEV 之间保留波束成形训练周期；在 BTI 期间，发送信标帧。

> ATI: 在 ATI 期间，PCP 分配服务时段（SP）和基于竞争的访问时段（CBAP）。

> DTI: 在 A-BFT 中进行初始波束成形训练之后，DEV 之间的对等通信发生在 DTI 中。

20.6.1.2 无线吉比特联盟

开发 WiGig 是为了推广多吉比特无线通信技术。WiGig 联盟支持 IEEE 802.11ad [9]，于 2010 年宣布。设备通过 WiGig 以吉比特速率进行无线通信。WiGig 有许多应用 [10]：从数码相机到 HDTV、投影仪或监视器的音频数据和未压缩视频的无线传输。

20.6.2 个域网络

20.6.2.1 IEEE 802.15.3c

本节提供 IEEE 802.15 MAC 的简要概述。有关该标准的更全面和详细的信息也可在参考文献[6]中找到。

mmWave WPAN 的建立基于 IEEE 802.15.3c，即微微网。IEEE 802.15.3c 支持多种应用，包括高速互联网接入、视频点播和高清。微微网是 IEEE 802.15.3c WPAN 的基本拓扑。微微网由微微网协调器（PNC）和若干 DEV 组成，包括发射机和接收机。其中，一个能够提供微微网同步和管理的 DEV 被选择为 PNC，如图 20.3 所示。PNC 具有多种功能，例如为 DEV 分配信道资源，以及管理安全性和认证过程。超帧的作用是控制微微网中 DEV 之间的信道时间。超帧由 3 个主要部分组成：信标、争用接入时段（CAP）和信道时间分配周期（CTAP），如图 20.4 所示。各部分的主要职责如下。

> Beacon: PNC 提供定时微微网和带有广播信标的微微网管理信息。

> CAP: CAP 用于微微网中 DEV 之间的异步数据传输。当 DEV 与微微网相关联时，它们使用 CAP。CSMA/CA 是 CAP 中的媒体访问方法。

> CTAP: CTAP 由一个或多个信道时间分配块（CTA）和管理 CTA（MCTA）组成。CTA 由 PNC 分配，TDMA 和分段 ALOHA 协议分别是 CTA 和 MCTA 中的媒体访问方法。

20.6.2.2 ECMA-387

ECMA-387 MAC 帧格式包含许多无线标准的特征，包括帧聚合和块认证 [8]。ECMA-387 MAC 服务提供基于预留的信道接入机制、安全通信、电源管理和帧传输调度等功能。

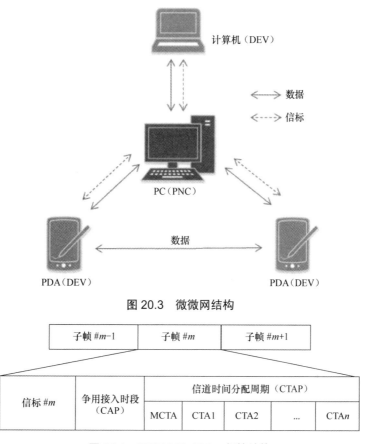

图 20.3　微微网结构

图 20.4　IEEE 802.15.3c 超帧结构

20.6.2.3　无线 HD

无线 HD[7]规定了无线视频区域网络（WVAN，Wireless Video Area Network），以提供 CE、PC 和便携式设备之间的连接。除此之外，无线 HD 规范还可在最远 10 m 的房间内提供高质量的服务（QoS）。

20.7　未来的研究方向

在 mmWave 通信领域正在进行一些关于信道建模、信道特性和物理层的研究。mmWave 通信的 MAC 层还有许多挑战需要新的协议和算法来克服，因此需要解决一些未来的研究方向，如方向性、波束成形协议、资源分配和天线设计，以支持 mmWave 通信的 MAC 层设计开发。

20.8 小　结

　　mmWave 频段的特性为 MAC 协议设计带来了许多挑战和机遇。在本章中，MAC 设计指南主要关注 MAC 算法和协议：解释了 MAC 协议的分类，并且强调了可能的解决方案。这些协议集中于众所周知的邻居发现、阻塞和耳聋问题、时延特性，以及如何在 MAC 中应用定向天线来有效地提供可靠的分组传输吞吐量。本章还描述了用于每个标准的无线通信 MAC 层设计，这些标准彼此不同，而这些差异被突出地进行了介绍。本章深入描述了 mmWave 通信对 MAC 层的主要挑战，对 mmWave 通信的现有标准进行了分类，提供了 MAC 协议和算法以及有关当前项目的深入概述，并以对公开问题和未来研究方向的探讨结束。

参考文献

第1章

[1] S. Lasek, D. Tomeczko, and J. T. J. Penttinen. GSM refarming analysis based on orthogonal sub channel and interference optimization, 8th IEEE IET International Symposium of Communication System, Networks and Digital Signal Processing, IEEE, Poznań, Poland, 2012.

[2] Nokia Siemens Networks 2011, 2020: Beyond 4G radio evolution for the gigabit experience, White Paper, February 2011.

[3] B. S. Rawat, A. Bhat, and J. Pistora. THz B and nano antennas for future mobile communication. In Signal Processing and Communication (ICSC), 2013 International Conference on, pp. 48-52, December 12-14, 2013.

[4] J. G. Andrews, S. Buzzi, W. Choi, S. V. Hanly, A. Lozano, A. C. K. Soong, and J. C. Zhang. What will 5G be. IEEE J Sel Areas Comm 32: 1065-1082, 2014.

[5] P. Pirinen. A brief overview of 5G research activities, In Proceedings of the 1st International Conference on 5G for Ubiquitous Connectivity (5GU), IEEE, Akaslompolo, pp. 17-22, 2014.

[6] P. Popovski, V. Braun, H.-P. Mayer, P. Fertl, Z. Ren, D. GozalvesSerrano, E. Strom, et al. ICT-317669-METIS/D 1.1 V I scenarios, requirements and KPls for 5G mobile and wireless system, Technical Report, May 2013.

[7] J. Govil and J. Govil. 5G: Functionalities development and an analysis of mobile wireless grid, First International Conference on Emerging Trends in Engineering and Technology, IEEE, Nagpur, pp. 270-275, 2008.

[8] 5G mobile technology abstract.

[9] M. Hata. Fourth generation mobile communication systems beyond IMT-2000 communications, Proceedings of 5th Asia Pacific Conference on Communication and 4th Optoelectronics Communications Conference, Vol. 1, IEEE, Beijing, pp. 765-767, 1999.

[10] A. Gohil, H. Modi, and S. K. Patel. 5G technology of mobile communication: A survey, International Conference on Intelligent Systems and Signal Processing (ISSP), IEEE, Gujarat, pp. 289-290, 2013.

[11] F. Boccardi, R. W. Heath Jr, A. Lozano, T. L. Marzetta, and P. Popovski. Five disruptive technology directions for 5G, IEEE Comm Mag 52(2): 76, 2014.

[12] J. Andrews. The seven ways HetNets are a paradigm shift, IEEE Comm Mag 51(3): 136-144, 2013.

[13] Y. Kishiyama, A. Benjebbour, T. Nakamura, and H. Ishii. Future steps of LTE-A: Evolution towards integration of local area and wide area systems, IEEE Wireless Comm 20(1): 12-18, 2013.

[14] C-RAN: The road towards green RAN. China Mobile Research Institute, Beijing, White Paper, Vol. 2.5, 2011.

[15] A. Afuah. Innovation Management: Strategies, Implementation and Profits. London: Oxford University Press, 2003.

[16] T. S. Rappaport, J. N. Murdock, and F. Gutierrez. State of the art in 60 GHz integrated circuits & systems for wireless communications, Proc IEEE 99(8): 1390-1436, 2011.

[17] Z. Pi, and F. Khan. An introduction to millimeter-wave mobile broadband systems, IEEE Comm Mag 49(6): 101-107, 2011.

[18] T. S. Rappaport, S. Sun, R. Mayzus, Z. Hang, Y. Azar, K. Wang, G. N. Wong, J. K. Schulz, M. Samimi, and F. Gutierrez. Millimeter wave mobile communications for 5G cellular: It will work! IEEE Access 1: 335-349, 2013.

[19] T. L. Marzetta. Noncooperative cellular wireless with unlimited numbers of base station antennas, IEEE Trans Wireless Comm 9(11): 3590-3600, 2010.

[20] 3GPP TR 23.703 v.0.3.0. Study on architecture enhancements to support proximity

services (ProSe), 2013.

[21] N. Golrezaei, A. F. Molisch, A. G. Dimakis, and G. Caire. Femtocaching and deviceto-device collaboration: A new architecture for wireless video distribution, IEEE Comm Mag 51(1): 142-149, 2013.

[22] M. Weiser. The Computer for the 21st Century. New York: Scientific American, 1991.

第 2 章

[1] Cisco, Visual Networking Index, 2014, White Paper. Available from www.cisco.com.

[2] M. S. Corson, R. Laroia, L. Junyi, V. Park, T. Richardson, and G. Tsirtsis. Towards proximity-aware internetworking, IEEE Wireless Comm Mag 17(6): 26-33, 2010.

[3] A. Maeder, P. Rost, and D. Staehle. The challenge of M2M communications for the cellular radio access network. In Proceedings of Würzburg Workshop IP, Joint ITG Euro-NF Workshop "Visual Future Generation Networks" EuroView, Würzburg, Germany, pp. 1-2, 2011.

[4] Analysis Mason Inc. (Forecast Report), Machine-to-machine device connections: Worldwide forecast 2010-2020, 2010.

[5] FP7 European Project 317669 METIS (Mobile and Wireless Communications Enablers for the Twenty-Twenty Information Society), 2012.

[6] FP7 European Project 318555 5G NOW (5th Generation Non-Orthogonal Waveforms for Asynchronous Signalling), 2012.

[7] Interview with Ericsson CTO: There will be no 5G: We have reached the channel limits, DNA India. May 23, 2011.

[8] H.-L. Fu, P. Lin, H. Yue, G.-M. Huang, and C. P. Lee. Group mobility management for large-scale machine-to-machine mobile networking, IEEE Trans Veh Tech 63(3), 1296-1305, 2014.

[9] G. Asvin, H. Modi, and S. K. Patel. 5G technology of mobile communication: A survey, International Conference on Intelligent Systems and Signal Processing (ISSP), IEEE, Gujarat, pp. 288-292, 2013.

第 3 章

[1]   S. Hussain. An innovative RAN architecture for emerging heterogamous networks:The road to the 5G era, Dissertation and Thesis, 2014.

[2]   FP7 METIS project. Mobile and wireless communications enablers for the 2020information society. 2013.

[3]   H. Benn. Vision and key features for 5th generation (5G) cellular: Samsung, Technical Report, 2014.

[4]   Cisco. Cisco visual networking index: Global mobile data traffic forecast update: 2013-2018, Cisco, 2014.

[5]   D. Calin, H. Claussen, and H. Uzunalioglu. On femto deployment architectures andmacrocell offloading benefits in joint macro-femto deployments, IEEE Comm Mag48: 26-32, 2010.

[6]   Qualcomm. A comparison of LTE advanced HetNets and Wi-Fi, White Paper (Online)2013.

[7]   3GPP TS 23.401. General Packet Radio Service (GPRS) enhancements for Evolved Universal Terrestrial Radio Access Network (E-UTRAN) access, Rel-12 Ver. 12.4.0, 2014.

[8]   Telesystem Innovations Inc., LTE in nutshell: The physical layer, White Paper(Online) 2010.

[9]   Anritsu Corporation, LTE resource guide, 2009.

[10] J. Zyren. Overview of the 3GPP long term evolution physical layer, Freescale Semiconductor, White Paper (Online) 2007.

[11] Juniper. Wi-Fi and femtocell integration strategies 2011-2015, White Paper (Online) 2011.

[12] S. Gundavelli, K. Leung, V. Devarapalli, K. Chowdhury, and B. Patil, Proxy MobileIPv6, IETF RFC 5213, 2008.

[13] J. Laganier, T. Higuchi, and K. Nishida. Mobility management for all-IP network,NTT DOCOMO Tech J 11(3): 34-39, 2009.

[14] Y-S. Chen, T-Y. Juang, and Y-T. Lin. A secure relay-assisted handover protocol for Proxy Mobile IPv6 in 3GPP LTE systems, Wireless Pers Comm 61(4): 629-656, 2011.

[15] A. R. Prasad, J. Laganier, A. Zugenmaier, M. S. Bargh, B. Hulsebosch, H. Eertink,G. Heijenk, and J. Idserda. Mobility and key management in SAE/LTE, CNIT Thyrrenian Symposium on Signals and Communication Technology, Springer, New York,pp. 165-178, 2007.

[16] S. Abeta, T. Abe, and T. Nakamura. Overview and standardization trends of LTE advanced, NTT Tech Rev 10(1): 1-5, 2012.

[17] UMTS. Mobile traffic forecasts 2010-2020 report, UMTS Forum, 2011.

[18] DMC R&D Center. Samsung electronics "5G Vision", White Paper (Online) 2015.

第4章

[1] J. G. Andrews, S. Buzzi, W. Choi, S. V. Hanly, A. Lozano, A. C. K. Soong, and J. C.Zhang. What will 5G be? IEEE J Sel Area Comm 32(6): 1065-1082, 2014.

[2] A. Damnjanovic, J. Montojo, Y. Wei, T. Ji, T. Luo, M. Vajapeyam, T. Yoo, O. Song,and D. Malladi. A survey on 3GPP heterogeneous networks, IEEE Wireless Comm18(3): 10-21, 2011.

[3] V. Jungnickel, K. Habel, M. Parker, S. Walker, C. Bock, J. Ferrer Riera, V. Marques,and D. Levi. Software-defined open architecture for front- and backhaul in 5G mobile networks, in 2014 16th International Conference on Transparent Optical Networks(ICTON), Graz, IEEE, pp. 1-4, 2014.

[4] V. Chandrasekhar, J. Andrews, and A. Gatherer. Femtocell networks: A survey, IEEE Comm Mag 46(9): 59-67, 2008.

[5] M. Paolini. Fronthaul or backhaul for micro cells? A TCO comparison between two approaches to managing traffic from macro and micro cells in Het Nets, Technical Report of Senza Filli Consulting, 2014.

[6] China Mobile Research Institute. C-RAN: The road towards green RAN, Technical Report, 2011.

[7] K. M. S. Huq, S. Mumtaz, F. B. Saghezchi, J. Rodriguez, and R. L. Aguiar. Energy efficiency of downlink packet scheduling in CoMP, Trans Emerging Tel Tech 26(2):131-146, 2015.

[8] A. Checko, H. L. Christiansen, Y. Yan, L. Scolari, G. Kardaras, M. S. Berger, and L.

Dittmann. Cloud RAN for mobile networks: A technology overview, IEEE CommSurv Tutor 17(1): 1, 2014.

[9] Y. Beyene, R. Jantti, and K. Ruttik. Cloud-RAN architecture for indoor DAS, IEEE Access 2: 1205-1212, 2014.

[10] R. Wang, H. Hu, and X. Yang. Potentials and challenges of C-RAN supporting multi-RATs towards 5G mobile networks, IEEE Access 2: 1187-1195, 2014.

[11] X. Ge, H. Cheng, M. Guizani, and T. Han. 5G wireless backhaul networks:Challenges and research advances, IEEE Network 28(6): 6-11, 2014.

[12] R. J. Weiler, M. Peter, W. Keusgen, E. Calvanese-Strinati, A. De Domenico,I. Filippini, A. Capone, et al., Enabling 5G backhaul and access with millimeterwaves,in 2014 European Conference on Networks and Communications (EuCNC),Bologna, IEEE, pp. 1-5, 2014.

第 5 章

[1] W. C. Jakes. Microwave Mobile Communications. New York: IEEE Press, 1972.

[2] W. R. Young. Advanced mobile telephone service: Introduction, background and objectives, The Bell System Technical Journal 58: 1-14, 1979.

[3] H. J. Schulter and W. A. Cornell. Multi-area mobile telephone service, IRE Transactions on Communications Systems 9: 49, 1960.

[4] K. Araki. Advanced mobile telephone service: Introduction, background and objectives, Review of the Electrical Communication Laboratory 16: 357-373, 1968.

[5] R. Frenkiel. A high capacity mobile radiotelephone system model using a coordinated small zone approach, IEEE Transactions on Vehicular Technology 19(2): 173-177, 1970.

[6] P. T. Porter. Supervision and control features of a small zone radiotelephone systems, IEEE Transactions on Vehicular Technology 20(3): 75-79, 1971.

[7] N. Yoshikawa and T. Nomura. On the design of a small zone land mobile radio system in UHF band, IEEE Transactions on Vehicular Technology 25(3): 57-67, 1976.

[8] E. Amos. Mobile communication system, U.S. Patent 3,663,762 (Online) 1972. Available from.

[9] V. Donald. Advanced mobile phone service: The cellular concept, The Bell System Technical Journal 58(1): 15-41, 1979.

[10] V. Palestini. Evaluation of overall outage probability in cellular systems, in Proceedings of the IEEE 39th Vehicular Technology Conference (VTC), Italy, IEEE, pp. 625-630, 1989.

[11] R. Steele. Towards a high-capacity digital cellular mobile radio system, IEEE Communications, Radar and Signal Processing 132(5): 405-415, 1985.

[12] R. Steele and V. Prabhu. High-user-density digital cellular mobile radio systems, IEEE Communications, Radar and Signal Processing 132(5): 396-404, 1985.

[13] K. Wong and R. Steele. Transmission of digital speech in highway microcells, Journal of the Institution of Electronic and Radio Engineers 57(6): 246-254, 1987.

[14] S. El-Dolil, W.-C. Wong, and R. Steele. Teletraffic performance of highway microcells with overlay macrocell, IEEE Journal on Selected Areas in Communications 7(1): 71-78, 1989.

[15] T.-S. Chu and M. Gans. Fiber optic microcellular radio, IEEE Transactions on Vehicular Technology 40(3): 599-606, 1991.

[16] W. C. Y. Lee. Efficiency of a new microcell system, in Proceedings of the IEEE 42nd Vehicular Technology Conference (VTC), Denver, CO, IEEE, pp. 37-42, 1992.

[17] L. Greenstein, N. Amitay, T.-S. Chu, L. Cimini, G. Foschini, M. Gans, I. Chih-Lin, A. Rustako, R. Valenzuela, and G. Vannucci. Microcells in personal communications systems, IEEE Communications Magazine 30(12): 76-88, 1992.

[18] X. Lagrange. Multitier cell design, IEEE Communications Magazine 35(8): 60-64, 1997.

[19] J. Sarnecki, C. Vinodrai, A. Javed, P. O'Kelly, and K. Dick, Microcell design principles, IEEE Communications Magazine 31(4): 76-82, 1993.

[20] I. Chih-Lin, L. Greenstein, and R. Gitlin. A microcell/macrocell cellular architecture for low- and high-mobility wireless users, IEEE Journal on Selected Areas in Communications 11(6): 885-891, 1993.

[21] M. Murata and E. Nakano. Enhancing the performance of mobile communications systems, in Proceedings of the IEEE 2nd International Conference on Universal Personal Communications: Gateway to the 21st Century, vol. 2, Ottawa, ON, IEEE, pp. 732-736, 1993.

[22] A. Yamaguchi, H. Kobayashi, and T. Mizuno. Integration of micro and macro cellular networks for future land mobile communications, in Proceedings of the IEEE 2nd

International Conference on Universal Personal Communications: Gateway to the 21st Century, vol. 2, Ottawa, ON, IEEE, pp. 737-742, 1993.

[23] J. Shapira. Microcell engineering in CDMA cellular networks, IEEE Transactions on Vehicular Technology 43(4): 817-825, 1994.

[24] D. M. Grieco. The capacity achievable with a broadband CDMA microcell underlay to an existing cellular macrosystem, IEEE Journal on Selected Areas in Communications 12(4): 744-750, 1994.

[25] S. A. Ahson and M. Ilyas. Fixed Mobile Convergence Handbook. Boca Raton, FL: CRC Press, 2010.

[26] Small Cell Forum (Online: accessed 5 May 2015).

[27] Small Cell Forum. Enterprise femtocell deployment guidelines, Technical Report, SCF032.05.01, 2014.

[28] Small Cell Forum. Deployment issues for urban small cells, Technical Report, SCF096.05.02, 2014.

[29] Small Cell Forum. Deployment issues for rural and remote small cells, Technical Report, SCF156.05.01, 2014.

[30] GSA. Global mobile broadband market update, 2014.

[31] Signals Research Group. The real-world user experience in a commercial hspa+ network, 2009.

[32] UMTS Forum & IDATE. Mobile traffic forecasts 2010-2020 report, 2011.

[33] Qualcomm. The 1000x mobile data challenge, White Paper, 2013.

[34] Nokia Networks. Enhance mobile networks to deliver 1000 times more capacity by 2020, White Paper, 2014.

[35] Review Ericsson. 5G radio access: research and vision, White Paper, 2013.

[36] N. Bhushan, J. Li, D. Malladi, R. Gilmore, D. Brenner, A. Damnjanovic, R. Sukhavasi, C. Patel, and S. Geirhofer. Network densification: The dominant theme for wireless evolution into 5G, IEEE Communications Magazine 52(2): 82-89, 2014.

[37] B. Bangerter, S. Talwar, R. Arefi, and K. Stewart. Networks and devices for the 5G era, IEEE Communications Magazine 52(2): 90-96, 2014.

[38] Analysys Mason. Global mobile network traffic: A summary of recent trends, Report, 2011.

[39] M. U. Sheikh and J. Lempiäinen. A flower tessellation for simulation purpose of cellular network with 12-sector sites, Wireless Communications Letters, IEEE 2(3): 279-282, 2013.

[40] M. U. Sheikh, J. Lempiäinen, and H. Ahnlund. Advanced antenna techniques and high order sectorization with novel network tessellation for enhancing macro cell capacity in DC-HSDPA network, International Journal of Wireless & Mobile Networks 5(5): 65-84, 2013.

[41] O. Yilmaz, S. Hamalainen, and J. Hamalainen. System level analysis of vertical sectorization for 3GPP LTE, in Wireless Communication Systems, 2009. ISWCS 2009.

[42] F. Youqi, W. Jian, Z. Zhuyan, D. Liyun, and Y. Hongwen. Analysis of vertical sectorization for HSPA on a system level: Capacity and coverage, in Vehicular Technology Conference (VTC Fall), 2012 IEEE, Quebec City, IEEE, pp. 1-5, 2012.

[43] Y. Fengyi, Z. Jianmin, X. Weiliang, and Z. Xuetian. Field trial results for vertical sectorization in LTE network using active antenna system, in Communications (ICC), 2014 IEEE International Conference on, Sydney, NSW, IEEE, pp. 2508-2512, 2014.

[44] S. F. Yunas, T. Isotalo, J. Niemelä, and M. Valkama. Impact of macrocellular network densification on the capacity, energy and cost efficiency in dense urban environment, International Journal of Wireless and Mobile Networks (IJWMN) 5(5): 99-118, 2013.

[45] S. F. Yunas, T. Isotalo, and J. Niemelä. Impact of network densification, site placement and antenna downtilt on the capacity performance in microcellular networks, in Proceedings of the 6th Joint IFIP/IEEE Wireless and Mobile Networking Conference (WMNC), Dubai, IEEE, pp. 1-7, 2013.

[46] Qualcomm. Neighborhood Small Cells for Hyper Dense Deployments: Taking HetNets to the Next Level, White Paper, 2013.

[47] A. Asp, Y. Sydorov, M. Valkama, and J. Niemelä. Radio signal propagation and attenuation measurements for modern residential buildings, in Proceedings of the IEEE Globecom Workshops (GC Wkshps), Anaheim, CA, IEEE, pp. 580-584, 2012.

[48] A. Asp, Y. Sydorov, M. Keskikastari, M. Valkama, and J. Niemelä. Impact of modern construction materials on radio signal propagation: Practical measurements and network planning aspects, in Proceedings of the IEEE 79th Vehicular Technology Conference (VTC), Seoul, IEEE, pp. 1-7, 2014.

[49] I. Rodriguez, H. Nguyen, N. Jorgensen, T. Sorensen, and P. E. Mogensen. Radio propagation into modern buildings: Attenuation measurements in the range from 800 MHz to 18 GHz, in Proceedings of the IEEE 80th Vehicular Technology Conference (VTC), Vancouver, BC, IEEE, pp. 1-5, 2014.

[50] S. F. Yunas, A. Asp, J. Niemelä, and M. Valkama. Deployment strategies and performance analysis of macrocell and femtocell networks in suburban environment with modern buildings, in Proceedings of the IEEE 39th Conference on Local Computer Networks (LCN'14), Edmonton, AB, IEEE, pp. 643-651, 2014.

[51] K. Varia. iPass Wi-Fi Growth Map Shows 1 Public Hotspot for Every 20 People on Earth by 2018.

[52] S. F. Yunas, M. Valkama, and J. Niemelä. Spectral efficiency of dynamic DAS with extreme downtilt antenna configuration, in Proceedings of the IEEE 25th International Symposium on Personal, Indoor and Mobile Radio Communications (PIMRC'14), Washington, DC, IEEE, pp. 1-6, 2014.

[53] S. F. Yunas, M. Valkama, and J. Niemelä. Spectral and energy efficiency of ultra-dense networks under different deployment strategies, IEEE Communications Magazine 53(1): 90-100, 2015.

[54] I. Hwang, B. Song, and S. Soliman. A holistic view on hyper-dense heterogeneous and small cell networks, Communications Magazine, IEEE 51(6): 20-27, 2013.

[55] X. Gao, O. Edfors, F. Rusek, and F. Tufvesson. Massive MIMO in real propagation environments, CoRR, vol. abs/1403.3376 (Online) 2014.

[56] G. Xiang, F. Tufvesson, O. Edfors, and F. Rusek. Measured propagation characteristics for very-large MIMO at 2.6 GHz, in Signals, Systems and Computers (ASILOMAR), 2012 Conference Record of the Forty Sixth Asilomar Conference on, Pacific Grove, CA, IEEE, pp. 295-299, 2012.

[57] F. Rusek, D. Persson, B. K. Lau, E. G. Larsson, T. L. Marzetta, O. Edfors, and F. Tufvesson. Scaling up MIMO: Opportunities and challenges with very large arrays, CoRR, vol. abs/1201.3210 (Online) 2012.

[58] S. Rangan, T. Rappaport, and E. Erkip. Millimeter-wave cellular wireless networks: Potentials and challenges, Proceedings of the IEEE 102(3): 366-385, 2014.

[59] W. Roh, J.-Y. Seol, J. Park, B. Lee, J. Lee, Y. Kim, J. Cho, K. Cheun, and F. Aryanfar.

Millimeter-wave beamforming as an enabling technology for 5G cellular communications: Theoretical feasibility and prototype results, Communications Magazine, IEEE 52(2): 106-113, 2014.

[60] T. Rappaport, S. Sun, R. Mayzus, H. Zhao, Y. Azar, K. Wang, G. Wong, J. Schulz, M. Samimi, and F. Gutierrez. Millimeter wave mobile communications for 5G cellular: It will work! Access, IEEE 1: 335-349, 2013.

[61] M. U. Sheikh, J. Sae, and J. Lempianen. In preparation for 5G networks: The impact of macro site densification and sector densification on system capacity, Springer Journal of Telecommunication Systems (submitted and under review).

[62] M. U. Sheikh and J. Lempianen. Will new antenna materials enable single path multiple access (SPMA)? Wireless Personal Communications 78(2): 979-994, 2014 (Online).

[63] M. U. Sheikh, J. Säe, and J. Lempianen. Evaluation of SPMA and higher order sectorization for homogeneous SIR through macro sites, Wireless Networks 1-13, 2015 (Online).

[64] J. M. Jornet and I. F. Akyildiz. Graphene-based nano-antennas for electromagnetic nanocommunications in the terahertz band, in Antennas and Propagation (EuCAP), 2010 Proceedings of the Fourth European Conference on, Barcelona, pp. 1-5, 2010.

[65] M. U. Sheikh, J. Sae, and J. Lempiäinen. Arguments of innovative antenna design and centralized macro sites for 5G, International Journal of Electronics and Communications (submitted and under review).

第6章

[1] V. O. Tikhvinskiy, S. V. Terentiev, and V. P. Visochin. LTE/LTE Advanced Mobile Communication Networks: 4G Technologies, Applications and Architecture, Moscow: Media, 2014.

[2] Network Access & Identity. Trusted Computing Group.

[3] Trusted Network. Kaspersky Internet Security, 2005.

[4] ICT-317669-METIS/D6.6. Final report on the METIS 5G system concept and tech-nology roadmap, Project METIS Deliverable D6.6, 2015.

[5] V. O. Tikhvinskiy and G. Bochechka. Perspectives and quality of service require-ments in

5G networks, Journal of Telecommunications and Information Technology 1: 23-26, 2015.

[6] W. Yin. No-Edge LTE, Now and the Future 5G World Summit, 2014.

[7] P. Yongwan. 5G Vision and Requirements of 5G Forum, Korea, 2014.

[8] V. O. Tikhvinskiy, G. S. Bochechka, and A. V. Minov. LTE network monetization based on M2M services, Electrosvyaz 6: 12-17, 2014.

[9] B. Sam. Delivering New Revenue Opportunities with Smart Media Network. 5G World Summit 2014, Amsterdam, 2014.

[10] Series H. Audiovisual and Multimedia Systems. Infrastructure of audiovisual services—Coding of moving video. High efficiency video coding. Recommendation ITU-T H.265, October 2014.

[11] P. Elena. HDTV and beyond. ITU Regional Seminar Transition to digital terrestrial television broadcasting and digital dividend, Budapest, 2012.

[12] Machina Research. The Global M2M Market in 2013, London, 2013.

[13] ICT-317669-METIS/D1.1. Scenarios, requirements and KPIs for 5G mobile and wireless system, Project METIS Deliverable D1.1, 2013.

[14] Adrian Scrase. 5G ETSI Telecoms Standards Workshop. The future of telecoms stan dards, London, 2015.

[15] Project METIS Deliverable D2.1 Requirements and general design principles for new air interface. Project METIS Deliverable D2.1, 2013.

[16] ETSI Technical Specification. Digital Video Broadcasting (DVB). Transport of MPEG-2 TS Based DVB Services over IP Based Networks. ETSI TS 102 034 V1.4.1, 2009.

[17] V. O. Tikhvinskiy and G. Bochechka. Spectrum occupation and perspectives millimeter band utilization for 5G networks, Proceedings of ITU-T Conference Kaleydoscope-2014, St Petersburg, 69-72, 2014.

[18] ICT-317669-METIS/D5.4. Future spectrum system concept, Project METIS Deliverable D5.4, 2015.

第 7 章

[1] L. You, X. Gao, X. Xia, N. Ma, and Y. Peng. Pilot reuse for massive MIMO transmission

over spatially correlated Rayleigh fading channels, Wireless Communications, IEEE Transactions on 14(6): 3352-3366, 2015.

[2] C. Xiao, Y. R. Zheng, and N. C. Beaulieu. Novel sum-of-sinusoids simulation models for Rayleigh and Rician fading channels, Wireless Communications, IEEE Transactionson 5(12): 3667-3679, 2006.

[3] S. M. Alamouti. A simple transmit diversity technique for wireless communications,IEEE Journal of Selected Areas in Communications 16(8): 1451-1458, 1998.

[4] K. Kusume, M. Joham, W. Utschick, and G. Bauch. Efficient Tomlinson- Hiroshima preceding for spatial multiplexing on flat MIMO channel, International Conferenceon Communication 3: 2021-2025, 2005.

[5] R. R. Muller, D. Guo, and A. L. Moustakas. Vector precoding for wireless MIMO systems and its replica analysis, IEEE Journal of Selected Areas in Communications 26(3): 530-540, 2008.

[6] G. Caire and S. Shamai. On achievable rates in a multi-antenna broadcast downlink,38th Annual Allerton Conference on Communication, Control and Computing,Monticello, IEEE, pp. 1188-1193, 2000.

[7] 3GPP TR 36.873. Study on 3D channel model for LTE (Release 12).

[8] X. Li and Z-P Nie. Mutual coupling effects on the performance of MIMO wireless channels, IEEE Antennas and Wireless Propagation Letters 3: 344-347, 2004.

[9] H. E. King. Mutual impedance of unequal length antennas in echelon, Antennasand Propagation, IRE Transactions on, Los Angeles, CA, IEEE, vol. 45, pp. 306-313,1957.

[10] F. Rusek, D. Persson, B. K. Lau, E. G. Larsson, T. L. Marzetta, O. Edfors, and F. Tufvesson. Scaling up MIMO: Opportunities and challenges with very largearrays, IEEE Signal Processing Magazine 30: 40-60, 2013.

[11] W. Calyton. Shepard, Argos: Practical Base Stations for Large-Scale Beamforming, Houston: Rice University, 2012.

第 8 章

[1] S. Fortes, A. Aguilar-Garca, R. Barco, F. B. Barba, J. A. Fernández-Luque, and A. Fernández-Durn. Management architecture for location-aware self-organizing LTE/

LTE-A small cell networks, IEEE Communications Magazine 53(1): 294-302, 2015.

[2] S. Hamalainen, H. Sanneck, and C. Sartori. LTE Self-Organising Networks (SON): Network Management Automation for Operational Efficiency. New York: John Wiley, 2012.

[3] L. Jorguseski, A. Pais, F. Gunnarsson, A. Centonza, and C. Willcock. Self-organizing networks in 3GPP: Standardization and future trends, IEEE Communications Magazine 52(12): 28-34, 2014.

[4] Socrates Project, Socrates Final Report (Deliverable D5.9), 2012.

[5] J. Ramiro and K. Hamied. Self-Organizing Networks (SON): Self-Planning, Self-Optimization and Self-Healing for GSM, UMTS and LTE. New York: John Wiley, 2011.

[6] R. Wang, H. Hu, and X. Yang. Potentials and challenges of C-RAN supporting multi-RATs toward 5G mobile networks, IEEE Access 2: 1187-1195, 2014.

[7] J. Meinilä, P. Kyösti, L. Hentilä, T. Jämsä, E. Suikkanen, E. Kunnari, and M. Narandžić. WINNER+Final channel models, CELTIC CP5-026 WINNER+Project, Deliverable D5.3, v1.0, 2010.

[8] O. G. Aliu, A. Imran, M. A. Imran, and B. Evans. A survey of self organisation in future cellular networks, IEEE Communications Surveys & Tutorials 15(1): 336-361, 2013.

[9] A. Imran and A Zoha. Challenges in 5G: How to empower SON with big data for enabling 5G, IEEE Network 28(6): 27-33, 2014.

[10] Q. Liao, M. Wiczanowski, and S. Stanczak. Toward cell outage detection with composite hypothesis testing, Communications (ICC), 2012 IEEE International Conference on, Ottawa, ON, IEEE, pp. 4883-4887, 2012.

[11] W. Wang, J. Zhang, and Q. Zhang. Cooperative cell outage detection in self-organizing femtocell networks, INFOCOM, 2013 Proceedings IEEE, Turin, IEEE, pp. 782-790, 2013.

[12] W. Wang, Q. Liao, and Q. Zhang. COD: A cooperative cell outage detection architecture for self-organizing femtocell networks, Wireless Communications, IEEE Transactions on, 13(11): 6007-6014, 2014.

[13] W. Xue, M. Peng, Y. Ma, and H. Zhang. Classification-based approach for cell outage detection in self-healing heterogeneous networks, Wireless Communications and Networking Conference (WCNC), 2014 IEEE, Istanbul, IEEE, pp. 2822-2826, 2014.

[14] O. Oluwakayode, I. Ali, I. M. Ali, and T. Rahim. Cell outage detection in heterogeneous networks with separated control and data plane, European Wireless 2014; 20th European Wireless Conference; Proceedings of, Barcelona, IEEE, pp. 1-6, 2014.

[15] M. Amirijoo, L. Jorguseski, T. Kurner, R. Litjens, M. Neuland, L. C. Schmelz, and U. Turke. Cell outage management in LTE networks, Wireless Communication Systems ISWCS 2009. 6th International Symposium on, Tuscany, IEEE, pp. 600-604, 2009.

[16] M. Amirijoo, L. Jorguseski, R. Litjens, and L. C. Schmelz. Cell outage compensation in LTE networks: Algorithms and performance assessment, Vehicular Technology Conference (VTC Spring), 2011 IEEE 73rd, Yokohama, IEEE, pp. 1-5, 2011.

[17] A. Saeed, O. G. Aliu, and M. A. Imran. Controlling self healing cellular networks using fuzzy logic, Wireless Communications and Networking Conference (WCNC), 2012 IEEE, Shanghai, IEEE, pp. 3080-3084, 2012.

[18] J. Moysen and L. Giupponi. A reinforcement learning based solution for self-healing in LTE networks, Vehicular Technology Conference (VTC Fall), 2014 IEEE 80th, Vancouver, IEEE, pp. 1-6, 2014.

[19] O. Onireti, A. Zoha, J. Moysen, A. Imran, L. Giupponi, M. Imran, and A. A. Dayya. A cell outage management framework for dense heterogeneous networks, Vehicular Technology, IEEE Transactions on, Budapest, 2015.

[20] S. Fan and H. Tian. Cooperative resource allocation for self-healing in small cell networks, Communications Letters, IEEE 19(7): 1221-1224, 2015.

[21] X. Ge, H. Cheng, M. Guizani, and T. Han. 5G wireless backhaul networks: Challenges and research advances, IEEE Network 28(6): 6-11, 2014.

[22] R. Taori and A. Sridharan. Point-to-multipoint in-band mmwave backhaul for 5G networks, IEEE Communications Magazine 53(1): 195-201, 2015.

[23] K. Zheng, L. Zhao, J. Mei, M. Dohler, W. Xiang, and Y. Peng. 10 Gb/s HetsNets with millimeter-wave communications: Access and networking—challenges and protocols, IEEE Communications Magazine 53(1): 222-231, 2015.

[24] J. Singh and S. Ramakrishna. On the feasibility of beamforming in millimeter wave communication systems with multiple antenna arrays, IEEE Transactions on Wireless Communications, Canada, IEEE, p. 1, 2015.

[25] ETSI TR 101 534 V1.1.1. Broadband Radio Access Networks (BRAN); Very high

capacity density BWA networks; System architecture, economic model and derivation of technical requirements, ETSI TR 101, 2012.

[26] Z. Khan, H. Ahmadi, E. Hossain, M. Coupechoux, L. DaSilva, and J. Lehtomaki. Carrier aggregation/channel bonding in next generation cellular networks: Methods and challenges, IEEE Network 28(6): 34-40, 2014.

[27] C. Bernardos, A. Oliva, P. Serrano, A. Banchs, L. Contreras, J. Hao, and J. Zuniga. An architecture for software defined wireless networking, IEEE Wireless Communications Magazine 21(3): 52-61, 2014.

[28] M. Selim, A. Kamal, K. Elsayed, H. Abd-El-Atty, and M. Alnuem. A novel approach for back-haul self healing in 4G/5G HetNets. (To appear in the proceedings of the IEEE ICC 2015.)

第 9 章

[1] Cisco Systems. Cisco visual networking index: Global mobile data traffic forecast update, 2014-2019, Digital Publication, 2015.

[2] T. Pötsch, S. N. K. Marwat, Y. Zaki, and C. Goerg. Influence of future M2M communication on the LTE system, in Wireless and Mobile Networking Conference, Dubai, UAE, 2013.

[3] G. Fetweiss. The tactile Internet: Applications and challenges, Vehicular Technology Magazine, IEEE 9(1): 64-70, 2014.

[4] F. Boccardi, R. W. Heath, A. Lozano, and T. L. Marzetta. Five disruptive technology directions for 5G, IEEE Communications Magazine 52(2): 74-80, 2014.

[5] C. Chen. C-RAN: The road towards green radio access network. Available from.

[6] C-RAN: Virtualizing the Radio Access Network. European 2014 Conference. Available from.

[7] A. Saleh and R. R. Roman. Distributed antennas for indoor radio communications, IEEE Transactions on Communications 35(12): 1024-1035, 1987.

[8] A. Pizzinat, P. Chanclou, F. Saliou, and T. Diallo. Things you should know about fronthaul, Journal of Lightwave Technology 33(5): 1077-1083, 2015.

[9] A. de La Oliva, X. C. Perez, A. Azcorra, A. D. Giglio, F. Cavaliere, D. Tiegelbekkers, J. Lessmann, T. Haustein, A. Mourad, and P. Iovanna. Xhaul: Towards an Integrated

Fronthaul/Backhaul Architecture in 5G Networks, Adava Publications, available from.

[10] J. Hoydis, M. Kobayashi, and M. Debbah. Green small-cell networks, IEEE Vehicular Technology Magazine 6(1): 38-43, 2011.

[11] P. T. Hoa and T. Yamada. Cooperative control of connected micro-cells for a virtual single cell for fast handover, 7th International Symposium on Communication Systems Networks and Digital Signal Processing (CSNDSP), Newcastle upon Tyne, IEEE, pp. 852-856, 2010.

[12] Common Public Radio Interface (CPRI), CPRI Specification V6.1 Interface Specification, available from.

[13] OBSAI. OBSAI Reference Point 3 Specification Version 4.2 OBSAI, available from.

[14] NGMN Alliance. Project RAN Evolution, Backhaul and Fronthaul Evolution. Version 1.01, available from.

[15] ETSI. Open Radio Equipment Interface Webpage, available from.

[16] NGMN Alliance. Fronthaul Requirements for C-RAN, available from.

[17] F. Rusek, D. Persson, B. K. Lau, E. G. Larsson, T. L. Marzetta, O. Edfors, and F. Tufvesson. Scaling up MIMO: Opportunities and challenges with very large arrays, Signal Processing Magazine, IEEE 30(1): 40, 60, 2013.

[18] T. S. Rappaport, S. Sun, R. Mayzus, Z. Hang, Y. Azar, K. Wang, G. N. Wong, J. K. M. Schulz, M. Samimi, and F. Gutierrez. Millimeter wave mobile communications for 5G cellular: It will work! IEEE Access 1: 335-349, 2013.

[19] S. Park, O. Simeone, O. Sahin, and S. Shamai. Robust and efficient distributed compression for cloud radio access networks, IEEE Transactions on Vehicular Technology 62(2): 692-703, 2013.

[20] S. Park, O. Simeone, O. Sahin, and S. Shamai. Joint decompression and decoding for cloud radio access networks, IEEE Signal Processing Letters 20(5): 503-506, 2013.

[21] S. Park, O. Simeone, O. Sahin, and S. Shamai. Joint precoding and multivariate fronthaul compression for the downlink of cloud radio access networks, IEEE Transactions on Signal Processing 61(22): 5646-5658, 2013.

[22] N. J. Gomes, P. Assimakopoulos, L. Vieira, and P. Sklika. Fiber link design considerations for cloud-radio access networks, IEEE International Conference on Communications (ICC 2014), Sydney, IEEE, pp. 10-14, 2014.

[23] E. B. Budish, P. Cramton, and J. J. Shim. The high-frequency trading arms race: Frequent batch auctions as a market design response, Chicago Booth Research Paper No. 14-03, available from.

[24] S. Julião, R. Nunes, D. Viana, P. Jesus, N. Silva, A. S. R. Oliveira, and P. Monteiro. High spectral efficient and flexible multicarrier D-RoF modem using up to 1024¬QAM modulation format, 41st European Conference in Optical Communications, Valencia, ECOC, 2015.

[25] G. Anjos, D. Riscado, J. Santos, A. S. R. Oliveira, P. Monteiro, N. V. Silva, and P. Jesus. Implementation and evaluation of a low latency and resource efficient compression method for digital radio transport of OFDM signals, 4th International Workshop on Emerging Technologies for 5G Wireless Cellular Networks - IEEE GLOBECOM 2015, San Diego, CA, December 2015.

[26] N. J. Gomes, P. P. Monteiro, and A. Gameiro. Eds.. Next Generation Wireless Communications Using Radio over Fiber, New York: John Wiley, 2012.

[27] P. P. Monteiro and A. Gameiro. Hybrid fiber infrastructures for cloud radio access networks, 16th International Conference on Transparent Optical Networks (ICTON), Graz, IEEE, 2014.

[28] S. Pato, F. Ferreira, P. Monteiro, and H. Silva. On supporting multiple radio channels over a SCM-based distributed antenna system: A feasibility assessment, Proceedings of ICTON 12th International Conference on Transparent Optical Networks, Munich, IEEE, 2010.

[29] L. F. Henning, P. P. Monteiro, and A. P. Pohl. Temperature and bias current behavior of uncooled light sources for application in passive optical networks, 17th International Conference on Transparent Optical Networks (ICTON), Budapest, IEEE, 2015.

[30] A. Hekkala and M. Lasanen. Performance of adaptive algorithms for compensation of radio over fiber links, Wireless Telecommunications Symposium, 2009, Prague, IEEE, 2009.

[31] A. S. Karar, Y. Jiang, J. C. Cartledge, J. Harley, D. J. Krause, and K. Roberts. Electronic precompensation of the nonlinear distortion in a 10 Gb/s 4-ary ASK directly modulated laser, in Optical Communication (ECOC), 2010 36th European Conference and Exhibition on, Torino, IEEE, pp. 1-3, 2010.

[32] Y. Pei, K. Xu, A. Zhang, Y. Dai, Y. Ji, and J. Lin. Complexity-reduced digital predistortion

for sub carrier multiplexed radio over fiber systems transmitting sparse multi-band RF signals, Optics Express 21(3): 3708-3714, 2013.

[33] L. Vieira. Digital Baseband Modelling and Predistortion of Radio over Fiber Links, PhD dissertation, Kent University, Kent, 2012.

[34] R. Costa, P. P. Monteiro, and M. C. R. Medeiros. Nonlinearities mitigation in a RoF link based on OFDM signal transmission by a direct modulation of a VCSEL, to be presented at CONFTEL 2015.

[35] M. C. R. Medeiros, R. Costa, H. A. Silva, P. Laurêncio, and P. P. Monteiro. Cost effective hybrid dynamic radio access supported by radio over fiber, Transparent Optical Networks (ICTON), 2015 17th International Conference on, Budapest, IEEE, 2015.

[36] A. Ghosh and R. Ratasuk. Essentials of LTE and LTE-A. Cambridge: Cambridge University Press, 2011.

[37] M. Hajduczenia, H. J. A. da Silva, and P. P. Monteiro. EPON versus APON and GPON: A detailed performance comparison, Journal of Optical Networking 5: 298- 319, 2006.

[38] CommScope Solutions Marketing. GPON-EPON Comparison, White Paper, available from.

[39] Recommendation ITU-T G.984.2. Gigabit-capable Passive Optical Networks (GPON): Physical Media Dependent (PMD) layer specification, available from.

[40] IEEE Std. 802.3ah-2004 (Amendment to IEEE Std. 802.3-2002), Media access control parameters, physical layers, and management parameters for subscriber access networks, 2004.

[41] Recommendation ITU-T G.987.2. 10-Gigabit-capable passive optical networks (XG-PON): Physical media dependent (PMD) layer specification, 2010.

[42] IEEE Std. 802.3av-2009 (Amendment to IEEE Std. 802.3-2008), Physical layer specifications and management parameters for 10 Gb/s passive optical networks, 2009.

[43] Recommendation G.984.5 (05/14). Gigabit-capable passive optical networks (G-PON): Enhancement band, available from.

[44] D. Nesset. NG-PON2 technology and standards, Journal of Lightwave Technology 33(5): 1136-1143, 2015

[45] J. Salgado, R. Zhao, and N. Monteiro. New FTTH-based technologies and applications, White Paper by the Deployment & Operations Committee, available from.

[46] P. P. Monteiro, D. Viana, J. da Silva, D. Riscado, M. Drummond, A. S. R. Oliveira, N. Silva, and P. Jesus. Mobile fronthaul RoF transceivers for C-RAN applications, Transparent Optical Networks (ICTON), 2015 17th International Conference on, Budapest, IEEE, 2015.

第 10 章

[1] Q. Zhao and B. Sadler. A survey of dynamic spectrum access, IEEE Signal Processing Magazine 24(3): 79-89, 2007.

[2] J. Mitola. Cognitive radio an integrated agent architecture for software defined radio, PhD dissertation, KTH Royal Institute of Technology Stockholm, Stockholm, Sweden, IEEE, 2000.

[3] S. Chatzinotas, A. Tsakmalis, and B. Ottersten. Modulation and coding classification for adaptive power control in 5G cognitive communications, in IEEE International Workshop on Signal Processing Advances in Wireless Communications (SPAWC), Toronto, ON, IEEE, pp. 234-238, 2014.

[4] V. N. Vapnik. The Nature of Statistical Learning Theory. New York: Springer, 1999.

[5] S. Boyd and L. Vandenberghe, Localization and Cutting-Plane Methods. EE364b Lecture Notes. Stanford, CA: Stanford University, 2008.

[6] Federal Communications Commission. Spectrum policy task force report. ET Docket 02-155, 2002.

[7] A. Goldsmith, S. A. Jafar, I. Maric, and S. Srinivasa. Breaking spectrum gridlock with cognitive radios: An information theoretic perspective, Proceedings of the IEEE 97(5): 894-914, 2009.

[8] O. A. Dobre, A. Abdi, Y. Bar-Ness, and W. Su. Survey of automatic modulation classification techniques: Classical approaches and new trends, IET Communications 1(2):137-156, 2007.

[9] J. J. Popoola and R. van Olst. A novel modulation-sensing method, IEEE Vehicular Technology Magazine 6(3): 60-69, 2011.

[10] M. Petrova, P. Mahonen, and A. Osuna. Multi-class classification of analog and digital

signals in cognitive radios using support vector machines, in 7th International Symposium on Wireless Communication Systems (ISWCS), York, IEEE, pp. 986-990, 2010.

[11] W. Gardner, A. Napolitano, and L. Paura. Cyclostationarity: Half a century of research, Signal Processing (Elsevier) 86(4): 639-697, 2006.

[12] B. Ramkumar. Automatic modulation classification for cognitive radios using cyclic feature detection, IEEE Circuits and Systems Magazine 9(2): 27-45, 2009.

[13] K. Kim, I. A. Akbar, K. K. Bae, J. Um, C. M. Spooner, and J. H. Reed. Cyclostationary approaches to signal detection and classification in cognitive radio, in 2nd IEEE International Symposium on New Frontiers in Dynamic Spectrum Access Networks, Dublin, IEEE, pp. 212-215, 2007.

[14] A. Fehske, J. Gaeddert, and J. H. Reed. A new approach to signal classification using spectral correlation and neural networks, in 1st IEEE International Symposium on New Frontiers in Dynamic Spectrum Access Networks, Baltimore, MD, IEEE, pp. 144-150, 2005.

[15] M. Bkassiny, S. K. Jayaweera, Y. Li, and K. A. Avery. Wideband spectrum sensing and non-parametric signal classification for autonomous self-learning cognitive radios, IEEE Transactions on Wireless Communications 11(7): 2596-2605, 2012.

[16] H. Hu, J. Song, and Y. Wang. Signal classification based on spectral correlation analysis and SVM in cognitive radio, in 22nd International Conference on Advanced Information Networking and Applications (AINA), Okinawa, IEEE, pp. 883-887, 2008.

[17] H.-C. Wu, M. Saquib, and Z. Yun. Novel automatic modulation classification using cumulant features for communications via multipath channels, IEEE Transactions on Wireless Communications 7(8): 3098-3105, 2008.

[18] O. A. Dobre, Y. Bar-Ness, and W. Su. Higher-order cyclic cumulants for high order modulation classification, IEEE Military Communications Conference (MILCOM) 1: 112-117, 2003.

[19] T. C. Clancy, A. Khawar, and T. R. Newman. Robust signal classification using unsupervised learning, IEEE Transactions on Wireless Communications 10(4): 1289-1299, 2011.

[20] M. Bkassiny, S. K. Jayaweera, and Y. Li. Multidimensional Dirichlet process-based non-parametric signal classification for autonomous self-learning cognitive radios, IEEE Transactions on Wireless Communications 12(11): 5413-5423, 2013.

[21] V. Choquese, M. Marazin, L. Collin, K. C. Yao, and G. Burel. Blind recognition of linear space-time block codes: A likelihood-based approach, IEEE Transactions on Signal Processing 58(3): 1290-1299, 2010.

[22] T. Xia and H. C. Wu. Novel blind identification of LDPC codes using average LLR of syndrome a posteriori probability, IEEE Transactions on Signal Processing 62(3): 632-640, 2014.

[23] R. Moosavi and E. G. Larsson. A fast scheme for blind identification of channel codes, in IEEE Global Telecommunications Conference (GLOBECOM), Houston, TX, IEEE, pp. 1-5, 2011.

[24] J. Hagenauer, E. Offer, and L. Papke. Iterative decoding of binary block and convolutional codes, IEEE Transactions on Information Theory 42(2): 429-445, 1996.

[25] C. U. Saraydar, N. B. Mandayam, and D. J. Goodman. Efficient power control via pricing in wireless data networks, IEEE Transactions on Communications 50(2): 291-303, 2002.

[26] R. Etkin, A. Parekh, and D. Tse. Spectrum sharing for unlicensed bands, IEEE Journal on Selected Areas on Communications 25(3): 517-528, 2007.

[27] M. Le Treust and S. Lasaulce. A repeated game formulation of energy-efficient decentralized power control, IEEE Transactions on Wireless Communications 9(9): 2860-2869, 2010.

[28] C. G. Yang, J. D. Li, and Z. Tian. Optimal power control for cognitive radio networks under coupled interference constraints: A cooperative game-theoretic perspective, IEEE Transactions on Vehicular Technology 59(4): 1696-1706, 2010.

[29] D. Niyato and E. Hossain. Competitive pricing for spectrum sharing in cognitive radio networks: Dynamic game, inefficiency of Nash Equilibrium, and collusion. IEEE Journal on Selected Areas on Communications 26(1): 192-202, 2008.

[30] H. Yu, L. Gao, Z. Li, X. Wang, and E. Hossain. Pricing for uplink power control in cognitive radio networks, IEEE Transactions on Vehicular Technology 59(4): 1769-1778, 2010.

[31] S. K. Jayaweera and T. Li. Dynamic spectrum leasing in cognitive radio networks via primary-secondary user power control games, IEEE Transactions on Wireless Communications 8(6): 3300-3310, 2009.

[32] M. van der Schaar and F. Fu. Spectrum access games and strategic learning in cognitive

radio networks for delay-critical applications, Proceedings of the IEEE 97(4): 720-740, 2009.

[33] P. Zhou, Y. Chang, and J. A. Copeland. Reinforcement learning for repeated power control game in cognitive radio networks, IEEE Journal on Selected Areas on Communications 30(1): 54-69, 2012.

[34] M. Maskery, V. Krishnamurthy, and Q. Zhao. Decentralized dynamic spectrum access for cognitive radios: Cooperative design of a non-cooperative game, IEEE Transactions on Communications 57(2): 459-469, 2009.

[35] J. D. Herdtner and E. K. P. Chong. Analysis of a class of distributed asynchronous power control algorithms for cellular wireless systems, IEEE Journal on Selected Areas on Communications 18(3): 436-446, 2002.

[36] G. Scutari, D. P. Palomar, and S. Barbarossa. Simultaneous iterative water-filling for Gaussian frequency-selective interference channels, IEEE International Symposium on Information Theory, Seattle, IEEE, pp. 600-604, 2006.

[37] G. Scutari, D. P. Palomar, and S. Barbarossa. Asynchronous iterative water-filling for Gaussian frequency-selective interference channels, in IEEE Transactions on Information Theory, La Jolla, CA, IEEE, pp. 2868-2878, 2008.

[38] N. Gatsis, A. G. Marques, and G. B. Giannakis. Power control for cooperative dynamic spectrum access networks with diverse QoS constraints, IEEE Transactions on Communications 58(3): 933-944, 2010.

[39] S. Huang, X. Liu, and Z. Ding. Decentralized cognitive radio control based on inference from primary link control information, IEEE Journal on Selected Areas in Communications 29(2): 394-406, 2011.

[40] P. Setoodeh and S. Haykin. Robust transmit power control for cognitive radio, Proceedings of the IEEE 97(5): 915-939, 2009.

[41] G. Scutari, D. P. Palomar, F. Facchinei, and J. S. Pang. Convex optimization, game theory, and variational inequality theory, IEEE Signal Processing Magazine 27(3):35-49, 2010.

[42] E. Lagunas, S. K. Sharma, S. Maleki, S. Chatzinotas, and B. Ottersten. Power control for satellite uplink and terrestrial fixed-service co-existence in Ka-band. In IEEE Vehicular Technology Conference (VTC), IEEE, 2015.

[43] A. Galindo-Serrano and L. Giupponi. Power control and channel allocation in cognitive

radio networks with primary users' cooperation, IEEE Transactions on Vehicular Technology 9(3): 1823-1834, 2010.

[44] D. P. Palomar and J. R. Fonollosa. Practical algorithms for a family of waterfilling solutions, IEEE Transactions on Signal Processing 53(2): 686-695, 2005.

[45] L. Zhang, Y. C. Liang, and Y. Xin. Joint beamforming and power allocation for multiple access channels in cognitive radio networks, IEEE Journal on Selected Areas in Communications 26(1): 38-51, 2008.

[46] E. Dall'Anese, S. J. Kim, G. B. Giannakis, and S. Pupolin. Power control for cognitive radio networks under channel uncertainty, IEEE Transactions on Wireless Communications 10(10): 3541-3551, 2011.

[47] D. I. Kim, L. B. Le, and E. Hossain. Joint rate and power allocation for cognitive radios in dynamic spectrum access environment, IEEE Transactions on Wireless Communications 7(12): 5517-5527, 2008.

[48] L. B. Le and E. Hossain. Resource allocation for spectrum underlay in cognitive radio networks, IEEE Transactions on Wireless Communications 7(12): 5306-5315, 2008.

[49] G. Marques, X. Wang, and G. B. Giannakis. Dynamic resource management for cognitive radios using limited-rate feedback, IEEE Transactions on Signal Processing 57(9): 3651-3666, 2009.

[50] G. Zhao, G. Y. Li, and C. Yang. Proactive detection of spectrum opportunities in primary systems with power control, IEEE Transactions on Wireless Communications 8(9): 4815-4823, 2009.

[51] F. Akyildiz, W.-Y. Lee, M. C. Vuran, and S. Mohanty. Next generation/dynamic spectrum access/cognitive radio wireless networks: A survey, Computer Networks Journal (Elsevier) 50(13): 2127-2159, 2006.

[52] B. C. Banister and J. R. Zeidler. A simple gradient sign algorithm for transmit antenna weight adaptation with feedback, IEEE Transactions on Signal Processing 51(5): 1156-1171, 2003.

[53] R. Mudumbai, J. Hespanha, U. Madhow, and G. Barriac. Distributed transmit beamforming using feedback control, IEEE Transactions on Information Theory 56(1): 411-426, 2010.

[54] Y. Noam and A. J. Goldsmith. The one-bit null space learning algorithm and its

convergence, IEEE Transactions on Signal Processing 61(24): 6135-6149, 2013.

[55] J. Xu and R. Zhang. Energy beamforming with one-bit feedback, IEEE Transactions on Signal Processing 62(20): 5370-5381, 2014.

[56] B. Gopalakrishnan and N. D. Sidiropoulos. Cognitive transmit beamforming from binary CSIT, IEEE Transactions on Wireless Communications 14(2): 895-906, 2014.

[57] A. Tsakmalis, S. Chatzinotas, and B. Ottersten. Power control in cognitive radio networks using cooperative modulation and coding classification, in 10th International Conference on Cognitive Radio Oriented Wireless Networks and Communications, Doha, Qatar, IEEE, 358-369, 2015.

第 11 章

[1] Y. Chen, S. Zhang, S. Xu, and G. Y. Li. Fundamental trade-offs on green wireless networks, IEEE Communications Magazine 49(6): 30-37, 2011.

[2] S. Verdú. Spectral efficiency in the wideband regime, IEEE Transactions on Information Theory 48(6): 1319-1343, 2002.

[3] F. Héliot, O. Onireti, and M. A. Imran. An accurate closed-form approximation of the energy efficiency-spectral efficiency trade-off over the MIMO Rayleigh fading channel, in Proceedings of the IEEE International Communications Workshops (ICC) Conference, Kyoto, IEEE, pp. 1-6, 2011.

[4] C. He, B. Sheng, P. Zhu, and X. You. Energy efficiency and spectral efficiency trad-eoff in downlink distributed antenna systems, IEEE Wireless Communications Letters 1(3): 153-156, 2012.

[5] C. Isheden and G. P. Fettweis. Energy-efficient multi-carrier link adaptation with sum rate-dependent circuit power, in Proceedings of the IEEE Globecom, Miami, FL, IEEE, pp. 1-6, 2010.

[6] G. Miao, N. Himayat, and G. Y. Li. Energy-efficient link adaptation in frequency-selective channels, IEEE Transactions on Communications 58(2): 545-554, 2010.

[7] G. Miao, N. Himayat, G. Y. Li, and S. Talwar. Distributed interference-aware energy-efficient power optimization, IEEE Transactions on Wireless Communications 10(4): 1323-1333, 2011.

[8] C. Xiong, G. Y. Li, S. Zhang, Y. Chen, and S. Xu. Energy- and spectral-efficiency trade off in downlink OFDMA networks, IEEE Transactions on Wireless Communications 10(11): 3874-3886, 2011.

[9] F. Héliot, M. A. Imran, and R. Tafazolli. On the energy efficiency-spectral efficiency trade-off over the MIMO Rayleigh fading channel, IEEE Transactions on Communications 60(5): 1345-1356, 2012.

[10] H. Kwon and T. Birdsall. Channel capacity in bits per joule, IEEE Journal of Oceanic Engineering 11(1): 97-99, 1986.

[11] O. Onireti, F. Héliot, and M. Imran. On the energy efficiency-spectral efficiency trade-off in the uplink of CoMP system, IEEE Transactions on Wireless Communications11(2): 556-561, 2012.

[12] O. Onireti, F. Héliot, and M. A. Imran. Trade-off between energy efficiency and spectral efficiency in the uplink of a linear cellular system with uniformly distributed user terminals, in Proceedings of the IEEE 22nd International Personal Indoor and Mobile Radio Communications (PIMRC) Symposium, Toronto, ON, IEEE,pp. 2407-2411, 2011.

[13] O. Onireti, F. Héliot, and M. A. Imran. On the energy efficiency-spectral efficiency trade-off of the 2BS-DMIMO system, in Proceedings of the IEEE 76th Vehicular Technology Conference (VTC Fall), Canada, IEEE, pp. 1-5, 2012.

[14] O. Onireti, F. Heliot, and M. A. Imran. On the energy efficiency-spectral efficiency trade-off of distributed MIMO systems, IEEE Transactions on Communications 61(9): 3741-3753, 2013.

[15] C. Shannon. A mathematical theory of communication, Bell System Technical Journal 27: 379-423, 623-656, 1948.

[16] A. A. M. Saleh, A. Rustako, and R. Roman. Distributed antennas for indoor radio communications, IEEE Transactions on Communications 35(12): 1245-1251, 1987.

[17] D. Castanheira and A. Gameiro. Distributed antenna system capacity scaling, IEEE Wireless Communications Magazine 17(3): 68-75, 2010.

[18] W. Roh and A. Paulraj. MIMO channel capacity for the distributed antenna, in Proceedings of the VTC 2002-Fall Vehicular Technology Conference 2002 IEEE 56th, Canada, IEEE, vol. 2, pp. 706-709, 2002.

[19] W. Roh and A. Paulraj. Outage performance of the distributed antenna systems in a

composite fading channel, in Proceedings of the IEEE 56th Vehicular Technology Conference (VTC Fall), Canada, IEEE, vol. 3, pp. 1520-1524, 2002.

[20] L. Dai. A comparative study on uplink sum capacity with co-located and distributed antenna, IEEE Journal on Selected Areas in Communications 29(6): 1200-1213,2011.

[21] D. Wang, X. You, J. Wang, Y. Wang, and X. Hou. Spectral efficiency of distributed MIMO cellular systems in a composite fading channel, in Proceedings of the IEEE International Conference on Communications ICC'08, Beijing, IEEE, pp. 1259-1264,2008.

[22] X. You, D. Wang, B. Sheng, X. Gao, X. Zhao, and M. Chen. Cooperative distributed antenna systems for mobile communications, IEEE Wireless Communications Magazine 17(3): 35-43, 2010.

[23] L. Xiao, L. Dai, H. Zhuang, S. Zhou, and Y. Yao. Information-theoretic capacity analysis in MIMO distributed antenna systems, In Proceedings of the VTC 2003-Spring Vehicular Technology Conference. The 57th IEEE Semiannual, vol. 1, IEEE, pp. 779-782, 2003.

[24] H. Zhang and H. Dai. On the capacity of distributed MIMO system, in Proceedings of the 2004 Conference on Information Sciences and Systems (CISs), Ottawa, ON, pp. 1-5, 2004.

[25] H. Zhuang, L. Dai, L. Xiao, and Y. Yao. Spectral efficiency of distributed antenna system with random antenna layout, Electronics Letters 39(6): 495-496, 2003.

[26] L. Dai, S. Zhou, and Y. Yao. Capacity analysis in CDMA distributed antenna systems, IEEE Transactions on Wireless Communications 4(6): 2613-2620, 2005.

[27] W. Choi and J. G. Andrews. Downlink performance and capacity of distributed antenna systems in a multicell environment, IEEE Transactions on Wireless Communications 6(1): 69-73, 2007.

[28] W. Feng, Y. Li, S. Zhou, J. Wang, and M. Xia. Downlink capacity of distributed antenna systems in a multi-cell environment, in Proceedings of IEEE Wireless Communications and Networking Conference WCNC 2009, Budapest, IEEE, pp. 1-5,2009.

[29] D. Aktas, M. N. Bacha, J. S. Evans, and S. V. Hanly. Scaling results on the sum capacity of cellular networks with MIMO links, IEEE Transactions on Information Theory 52(7): 3264-3274, 2006.

[30] F. Héliot, R. Hoshyar, and R. Tafazolli. An accurate closed-form approximation of the distributed MIMO outage probability, IEEE Transactions on Wireless Communications 10(1): 5-11, 2011.

[31] F. Héliot, M. A. Imran, and R. Tafazoll. Energy efficiency analysis of idealized coordinated multi-point communication system, in Proceedings of the IEEE 73rd Vehicular Technology Conference (VTC Spring), Yokohama, IEEE, pp. 1-5, 2011.

[32] S. Lee, S. Moon, J. Kim, and I. Lee. Capacity analysis of distributed antenna systems in a composite fading channel, IEEE Transactions on Wireless Communications 11(3): 1076-1086, 2012.

[33] A. M. Tulino and S. Verdú. Random Matrix Theory and Wireless Communications. Berkeley, CA: Now, 2004.

[34] C. He, B. Sheng, D. Wang, P. Zhu, and X. You. Energy efficiency comparison between distributed MIMO and co-located MIMO systems, International Journal of Communication Systems 27(1): 1-14, 2012.

[35] S. Tombaz, P. Monti, K. Wang, A. Vastberg, M. Forzati, and J. Zander. Impact of backhauling power consumption on the deployment of heterogeneous mobile networks, in Proceedings of the IEEE Global Telecommunications Conference (GLOBECOM 2011), Houston, TX, IEEE, pp. 1-5, 2011.

[36] R. M. Corless, G. H. Gonnet, D. E. G. Hare, D. J. Jeffrey, and D. E. Knuth. On the Lambert W Function, Advances in Computational Mathematics 5: 329-359, 1996.

[37] N. C. Beaulieu and F. Rajwani. Highly accurate simple closed-form approximations to lognormal sum distributions and densities, IEEE Communications Letters 8(12):709-711, 2004.

[38] ETSI TR 125 996 V10.0.0. 3rd Generation Partnership Project. Technical Specification Group Radio Access Network; Spatial channel model for Multiple Input Multiple Output (MIMO) simulations Release 10 (3GPP TR 25.996 V10.0.0), Technical Report, 2011.

[39] A. Lozano, A. M. Tulino, and S. Verdú. Multiple-antenna capacity in the low-power regime, IEEE Transactions on Information Theory 49(10): 2527-2544, 2003.

[40] N. Jindal. High SNR analysis of MIMO broadcast channels, in Proceedings of the International Symposium on Information Theory ISIT 2005, Adelaide, SA, IEEE, pp. 2310-2314, 2005.

[41] G. Auer, V. Giannini, C. Desset, I. Godor, P. Skillermark, M. Olsson, M. A.Imran, et al. How much energy is needed to run a wireless network? IEEE Wireless Communications Magazine 18(5): 40-49, 2011.

第12章

[1] S. Sesia, I. Toufik, and M. Baker (eds). LTE: The UMTS Long Term Evolution: From Theory to Practice, 2nd edn, New York: Wiley, 2011.

[2] FCC. Unlicensed operation in the TV broadcast bands, second report and order, FCC-08-260, 2008.

[3] B. Saltzberg. Performance of an efficient parallel data transmission system, IEEE Transactions on Communications Technology 15(6): 805-816, 1967.

[4] M. Tanda, T. Fusco, M. Renfors, J. Louveaux, and M. Bellanger. Data-aided synchronization and initialization (single antenna), PHYDYAS: Physical layer for dynamic access and cognitive radio, Deliverable D2.1, 2008.

[5] M. Bellanger. FS-FBMC: A flexible robust scheme for efficient multicarrier broadband wireless access, IEEE Globecom Workshops, Anaheim, CA, IEEE, pp. 192-196, 2012.

[6] M. Bellanger. FS-FBMC: An alternative scheme for filter bank based multicarrier transmission, in Proceedings of the 5th International Symposium on Communications, Control and Signal Processing, Rome, IEEE, pp. 1-4, 2012.

[7] R. Bregovic. Optimal design of perfect-reconstruction and nearly perfect-reconstruction multirate filter banks, PhD Thesis dissertation (introductory part), Tampere University of Technology, Tampere, Finland, 2013.

[8] B. Farhang-Boroujeny and C. H. Yuen. Cosine modulated and offset QAM filter bank multicarrier techniques: A continuous-time prospect, EURASIP Journal on Advances in Signal Processing 2010: 1-17, 2010.

[9] M. Bellanger. FBMC physical layer: A primer, PHYDYAS: Physical Layer for Dynamic Access and Cognitive Radio, 2010.

[10] L. Vargas and Z. Kollar. Low complexity FBMC transceiver for FPGA implementation, 23rd International Conference Radioelektronika (RADIOELEKTRONIKA), Budapest, IEEE, pp. 219-223, 2013.

[11] 5G Forum Technology Sub-committee. 5G Vision, Requirements, and Enabling Technologies, 2014.

[12] B. Le Floch, M. Alard, and C. Berrou. Coded orthogonal frequency division multiplex,

Proceedings of the IEEE 83(6): 982-996, 1995.

[13] T. Wild and F. Schaich. A reduced complexity transceiver for UF-OFDM, Proceedings of the IEEE 81st Vehicular Technology Conference, Glasgow, Spring, IEEE, pp. 1-6, 2015.

[14] F. Schaich, T. Wild, and Y. Chen. Waveform contenders for 5G: Suitability for short packet and low latency transmissions, Proceedings of the IEEE 79th Vehicular Technology Conference, Seoul, Spring, IEEE, pp. 1-4, 2014.

[15] T. Wild, G. Wunder, F. Schaich, Y. Chen, M. Kasparick, and M. Dryjanski. 5G NOW: Intermediate Transceiver and Frame Structure Concepts and Results, Bologna, 2014.

[16] N. Michailow, M. Matthe, I. S. Gaspar, A. N. Caldevilla, L. L. Mendes, A. Festag, and G. Fettweis. Generalized frequency division multiplexing for 5th generation cellular networks, Communications, IEEE Transactions on 62(9): 3045, 3061, 2014.

[17] 5G NOW Project. 5G Waveform Candidate Selection D3.1 Deliverable, 2013.

[18] G. Fettweis, M. Krondorf, and S. Bittner. GFDM: Generalized frequency division multiplexing, Vehicular Technology Conference, 2009. VTC Spring 2009. IEEE 69th, Barcelona, IEEE, pp. 1-4, 2009.

[19] N. Michailow, S. Krone, M. Lentmaier, and G. Fettweis. Bit error rate performance of generalized frequency division multiplexing, Vehicular Technology Conference (VTC Fall), 2012 IEEE, Quebec City, QC, IEEE, pp. 1-5, 2012.

[20] P. Zhu, 5G enabling technologies: A unified adaptive software defined air interface, IEEE PIMRC Huawei Keynote Presentation, 2014.

[21] J. Abdoli, M. Jia, and J. Ma. Filtered OFDM: A new waveform for future wireless systems, Proceedings of the IEEE 16th International Workshop on Signal Processing Advances in Wireless Communications (SPAWC), July 2015.

[22] I. Shomorony and A. S. Avestimehr. Worst-case additive noise in wireless networks, IEEE Transactions on Information Theory 59(6), 3833-3847, 2013.

[23] R. Padovani and J. Wolf. Coded phase/frequency modulation, IEEE Transactions on Communications 34(5), 446-453, 1986.

[24] S. S. Periyalwar and S. M. Fleisher. Multiple trellis coded frequency and phase modulation, IEEE Transactions on Communications 40(6), 1038-1046, 1992.

[25] A. Latif and N. D. Gohar. BER performance evaluation and PSD analysis of noncoherent hybrid MQAM-LFSK OFDM transmission system, in Proceedings of the IEEE 2nd

International Conference on Emerging Technologies, Peshawar, IEEE, pp. 53-59, 2006.

[26] A. Latif and N. D. Gohar. Performance of Hybrid MQAM-LFSK (HQFM)OFDM transceiver in Rayleigh fading channels, in Proceedings of the IEEE Multi Topic Conference, Islamabad, IEEE, pp. 52-55, 2006.

[27] Y. Saito, Y. Kishiyama, A. Benjebbour, T. Nakamura, A. Li, and K. Higuchi. Nonorthogonal multiple access (NOMA) for cellular future radio access, Proceedings of the IEEE 77th Vehicular Technology Conference (VTC Spring), Dresden, IEEE, pp. 1-5, 2013.

[28] C. Yan, A. Harada, A. Benjebbour, Y. Lan, A. Li, and H. Jiang. Receiver design for downlink non-orthogonal multiple access (NOMA), Proceedings of the IEEE 81st Vehicular Technology Conference (VTC Spring), Glasgow, IEEE, pp. 1-6, 2015.

[29] 3GPP TSG RAN Meeting #66. RP-142315 New Study Item Proposal: Enhanced Multiuser Transmissions and Network Assisted Interference Cancellation for LTE, Maui.

[30] H. Nikopour, E. Yi, A. Bayesteh, K. Au, M. Hawryluck, H. Baligh, and J. Ma. SCMA for downlink multiple access of 5G wireless networks, Proceedings of the IEEE Global Communications Conference (Globecom), pp. 3940-3945, 2014.

[31] Future Mobile Communications Forum. 5G White Paper, 2015.

[32] A. Li, A. Harada, and H. Kayama. Investigation on low complexity power assignment method and performance gain of non-orthogonal multiple access systems, submitted to IEICE Transactions on Communications.

[33] N. Otao, Y. Kishiyama, and K. Higuchi. Performance of nonorthogonal access with SIC in cellular downlink using proportional fair-based resource allocation, Proceedings of the IEEE International Symposium on Wireless Communications Systems (ISWCS), Paris, IEEE, pp. 476-480, 2012.

[34] K. Saito, A. Benjebbour, A. Harada, Y. Kishiyama, and T. Nakamura. Link-level performance of downlink NOMA with SIC receiver considering error vector magnitude, Proceedings of the IEEE 81st Vehicular Technology Conference (VTC Spring), Japan, IEEE, pp. 1-5, 2015.

[35] C. Yan, A. Harada, A. Benjebbour, Y. Lan, A. Li, and H. Jiang. Receiver designs for downlink non-orthogonal multiple access (NOMA), Proceedings of the IEEE 81st Vehicular Technology Conference (VTC Spring), May 2015.

[36] Y. Saito, A. Benjebbour, Y. Kishiyama, and T. Nakamura. System-level performance of

downlink non-orthogonal multiple access (NOMA) under various environments, Proceedings of the IEEE 81st Vehicular Technology Conference (VTC Spring), May 2015.

[37] M. Hojeij, J. Farah, C. A. Nour, and C. Douillard. Resource allocation in downlink non-orthogonal multiple access (NOMA) for future radio access, Proceedings of the IEEE 81st Vehicular Technology Conference (VTC Spring), May 2015.

[38] S. Khattak, W. Rave, and G. Fettweis. Distributed iterative multiuser detection through base station cooperation, EURASIP Journal on Wireless Communication and Networking 2008(17): 1-15, 2008.

[39] Y. Feng and J. Bajcsy. Improving throughput of faster-than-Nyquist signaling over multiple-access channels, Proceedings of the IEEE 81st Vehicular Technology Conference (VTC Spring), May 2015.

[40] J. E. Mazo. Faster-than-Nyquist signaling, The Bell System Technical Journal 54: 1451-1462, 1975.

[41] M. El Hefnawy and H. Taoka. Overview of faster-than-Nyquist for future mobile communication systems, Proceedings of the IEEE 77th Vehicular Technology Conference (VTC Spring), June 2013.

[42] R. Dinis, B. Cunha, F. Ganhão, L. Bernardo, R. Oliveira, and P. Pinto. A hybrid ARQ scheme for faster than Nyquist signaling with iterative frequency-domain detection, Proceedings of the IEEE 81st Vehicular Technology Conference (VTC Spring), May 2015.

[43] F. Rusek and J. Anderson. Constrained capacities for faster-than-Nyquist signaling, IEEE Transactions on Information Theory 55(2): 764-775, 2009.

[44] A. Goldsmith. Wireless Communications, New York: Cambridge University Press, 2005.

[45] D. Bharadia, E. McMilin, and S. Katti. Full duplex radios, Proceedings of ACM SIGCOMM 2013, pp. 375-386, 2013.

[46] Kumu Networks. Full-duplex revolution.

第13章

[1] G. P. Fettweis. The Tactile Internet: Applications and challenges, IEEE Vehicular Technology Magazine 9(1): 64-70, 2014.

[2] Next Generation Mobile Network 5G Initiative Team. NGMN 5G White Paper. In Final Report NGMN Project, 2015.

[3] N. Michailow, M. Matthe, I. S. Gaspar, A. N. Caldevilla, L. L. Mendes, A. Festag, and G. Fettweis. Generalized frequency division multiplexing for 5th generation cellular networks, IEEE Transactions on Communications 62(9): 3045-3061, 2014.

[4] G. Wunder, P. Jung, M. Kasparick, T. Wild, F. Schaich, Y. Chen, S. Brink, et al. 5G NOW: Non-orthogonal, asynchronous waveforms for future mobile applications, IEEE Communications Magazine 52(2): 97-105, 2014.

[5] C. Yang, S. Han, X. Hou, and A. F. Molisch. How do we design CoMP to achieve its promised potential? Wireless Communications, IEEE 20(1): 67-74, 2013.

[6] D. Evans. The Internet of Things: How the next evolution of the Internet is changing everything. In Cisco Internet Business Solutions Group (IBSG) White Paper, 2011.

[7] M. Matthe, L. L. Mendes, and G. Fettweis. Generalized frequency division multiplexing in a Gabor transform setting, IEEE Communications Letters 18(8): 1379-1382, 2014.

[8] R. Datta, N. Michailow, M. Lentmaier, and G. Fettweis. GFDM interference cancellation for flexible cognitive radio PHY design. In IEEE Vehicular Technology Conference (VTC Fall), Quebec City, QC, IEEE, pp. 1-5, 2012.

[9] N. Michailow, S. Krone, M. Lentmaier, and G. Fettweis. Bit error rate performance of generalized frequency division multiplexing. In Proceedings 76th IEEE Vehicular Technology Conference (VTC Fall '12), Quebec City, QC, IEEE, pp. 1-5, 2012.

[10] N. Michailow. Generalized frequency division multiplexing transceiver principles, PhD thesis, Technische Universitat Dresden.

[11] S. Benedetto and E. Biglieri. Principles of Digital Transmission with Wireless Applications. New York: Kluwer Academic/Plenum, 1999.

[12] H. Lin and P. Siohan. Multi-carrier modulation analysis and WCP-COQAM proposal, EURASIP Journal on Advances in Signal Processing, 2014(79): 1-19, 2014.

[13] I. Gaspar, L. Mendes, M. Matthé, N. Michailow, D. Zhang, A. Albertiy, and G.Fettweis. Frequency-domain offset-QAM for GFDM, IEEE Communications Letters 62(9): 3045-3061, 2015.

[14] I. Gaspar, M. Matthé, N. Michailow, L. Mendes, D. Zhang, and G. Fettweis. GFDM transceiver using precoded data and low-complexity multiplication in time domain, IEEE

Communications Letters 19(1): 106-109, 2015.

[15] I. Gaspar, N. Michailow, A. Navarro, E. Ohlmer, S. Krone, and G. Fettweis. Low complexity GFDM receiver based on sparse frequency domain processing. In IEEE 77th Vehicular Technology Conference (VTC Spring), Dresden, IEEE, pp. 1-6, 2013.

[16] N. Michailow, I. Gaspar, S. Krone, M. Lentmaier, and G. Fettweis. Generalized frequency division multiplexing: Analysis of an alternative multi-carrier technique for next generation cellular systems. In Wireless Communication Systems (ISWCS), 2012 International Symposium on, Paris, IEEE, pp. 171-175, 2012.

[17] N. Michailow, L. Mendes, M. Matthe, I. Gaspar, A. Festag, and G. Fettweis. Robust WHT-GFDM for the next generation of wireless networks, IEEE Communications Letters 19(1): 106-109, 2015.

[18] S. M. Alamouti. A simple transmit diversity technique for wireless communications, IEEE Journal on Selected Areas in Communications 16(8): 1451-1458, 1998.

[19] B. Picinbono and P. Chevalier. Widely linear estimation with complex data, Signal Processing, IEEE Transactions on, 43(8): 2030-2033, 1995.

[20] N. Al-Dhahir. Single-carrier frequency-domain equalization for space-time blockcoded transmissions over frequency-selective fading channels, IEEE Communications Letters 5(7): 304-306, 2001.

[21] M. Matthe, L. L. Mendes, I. Gaspar, N. Michailow, D. Zhang, and G. Fettweis. Multi-user time-reversal STC-GFDMA for future wireless networks, EURASIP Journal on Wireless Communications and Networking 2015(1): 1-8, 2015.

[22] M. Matthe, L. Mendes, N. Michailow, and G. Fettweis. Widely linear estimation for space-time-coded GFDM in low-latency applications, IEEE Transactions on Communications 62(9): 3045-3061, 2015.

[23] B. Picinbono and P. Chevalier. Widely linear estimation with complex data, Signal Processing, IEEE Transactions on 43(8): 2030-2033, 1995.

[24] S. M. Kay. Fundamentals of Statistical Signal Processing: Estimation Theory. Prentice Hall Signal Processing Series. Upper Saddle River, NJ: Prentice Hall, 1993.

[25] I. Gaspar, L. Mendes, M. Matthe, N. Michailow, A. Festag, and G. Fettweis. LTEcompatible 5G PHY based on generalized frequency division multiplexing. In 11th International Symposium on Wireless Communications Systems (ISWCS), Barcelona,

IEEE, pp. 209-213, 2014.

[26] N. Michailow, M. Lentmaier, P. Rost, and G. Fettweis. Integration of a GFDM secondary system in an OFDM primary system. In Proceedings of the Future Network & Mobile Summit, Warsaw, IEEE, pp. 1-8, 2011.

[27] P. Banelli, S. Buzzi, G. Colavolpe, A. Modenini, F. Rusek, and A. Ugolini. Modulation formats and waveforms for 5G networks: Who will be the heir of OFDM: An overview of alternative modulation schemes for improved spectral efficiency, Signal Processing Magazine, IEEE 31(6): 80-93, 2014.

[28] A. M. Tonello. A novel multi-carrier scheme: Cyclic block filtered multitone modulation. In Communications (ICC), 2013 IEEE International Conference on, Budapest, IEEE, pp. 5263-5267, 2013.

[29] I. Kanaras, A. Chorti, M. R. D. Rodrigues, and I. Darwazeh. Spectrally efficient FDM signals: Bandwidth gain at the expense of receiver complexity. In IEEE International Conference on Communications, Dresden, IEEE, pp. 1-6, 2009.

第14章

[1] P. Mogensen, K. Pajukoski, B. Raaf, E. Tiirola, E. Lahetkangas, I. Z. Kovacs,G. Berardinelli, L. G. U. Garcia, L. Hu, and A. F. Cattoni. Beyond 4G local area:High level requirements and system design, in IEEE Globecom International Workshopon Emerging Technologies for LTE-Advanced and Beyond-4G, Anaheim, CA, IEEE, pp. 613-617, 2012.

[2] P. Mogensen, K. Pajukoski, B. Raaf, E. Tiirola, E. Lahetkangas, I. Z. Kovacs,G. Berardinelli, L. G. U. Garcia, L. Hu, and A. F. Cattoni. Centimeter-wave conceptfor 5G ultra-dense small cells, in IEEE 79th VTC Spring Workshop on 5G Mobileand Wireless Communication System for 2020 and Beyond (MWC2020), Seoul, IEEE, pp. 1-6, 2014.

[3] A. Osseiran, F. Boccardi, V. Braun, K. Kusume, P. Marsch, M. Maternia, O. Queseth,et al. Scenarios for 5G mobile and wireless communications: The vision of theMETIS project, Communications Magazine, IEEE 52(5): 26-35, 2014.

[4] J. G. Andrews, S. Buzzi, W. Choi, S. V. Hanly, A. Lozano, A. C. K. Soong, and J. C. Zhang. What will 5G be? IEEE Journal on Selected Areas in Communications32(6): 1065-1082, 2014.

[5] E. Dahlman, G. Mildh, S. Parkvall, J. Peisa, J. Sachs, and Y. Selén. 5G radio access. Ericsson Review, 2014.

[6] E. Hossain, M. Rasti, H. Tabassum, and A. Abdelnasser. Evolution toward 5G multi-tier cellular wireless networks: An interference management perspective, Wireless Communications, IEEE 21(3): 118-127, 2014.

[7] M. Paolini. Mobile Data Move Indoors, 2011.

[8] N. H. Mahmood, G. Berardinelli, K. Pedersen, and P. Mogensen. A distributed inter-ference aware precoding scheme for 5G dense small cell networks, in 2015 IEEE International Conference on Communication (ICC) Workshop: Smallnets, London,IEEE, pp. 119-124, 2015.

[9] F. M. L. Tavares, G. Berardinelli, N. H. Mahmood, T. B. Sørensen, and P. Mogensen. On the potential of interference rejection combining in B4G networks, in VTC Fall,2013 IEEE 78th, Las Vegas, NV, IEEE, pp. 1-5, 2013.

[10] A. Ghosh, T. A. Thomas, M. C. Cudak, R. Ratasuk, P. Moorut, F. W. Vook, T. S.Rappaport, G. R. Maccartney, S. Sun, and S. Nie. Millimeter-wave enhanced localarea systems: A high-data-rate approach for future wireless networks, IEEE Journal onSelected Areas in Communications 32(6): 1152-1163, 2014.

[11] E. Ben-Dor, T. S. Rappaport, Y. Qiao, and S. J. Lauffenburger. Millimeter-wave 60GHz outdoor and vehicle AOA propagation measurements using a broadband chan-nel sounder, in 2011 IEEE Global Communications Conference (Globecom), Austin,TX, IEEE, pp. 1-6, 2011.

[12] S. G. Larew, T. A. Thomas, M. Cudak, and A. Ghosh. Air interface design and raytracing study for 5G millimeter wave communications, in Globecom Workshops:International Workshop on Emerging Techniques for LTE-Advanced and Beyond 4G, Atlanta, GA, IEEE, pp. 117-122, 2013.

[13] G. P. Fettweis. 5G-what will it be: The tactile Internet, in IEEE International Conference on Communication (ICC), Budapest, IEEE, 2013.

[14] P. Mogensen, K. Pajukoski, B. Raaf, E. Tiirola, E. Lahetkangas, I. Z. Kovacs,G. Berardinelli, L. G. U. Garcia, L. Hu, and A. F. Cattoni. 5G small cell optimizedradio design, in IEEE Globecom Workshops on Emerging Technologies for LTE-Advancedand Beyond-4G, Atlanta, GA, IEEE, pp. 111-116, 2013.

[15] H. Holma and A. Toskala. LTE for UMTS: Evolution to LTE-Advanced, New York:Wiley, 2011.

[16] 3GPP. Long Term Evolution, 2009.

[17] E. Lähetkangas, K. Pajukoski, E. Tiirola, G. Berardinelli, I. Harjula, and J. Vihriälä. On the TDD subframe structure for beyond 4G radio access network, in Future Network and Mobile Summit (Future Network Summit), 2013, Lisbon, IEEE, pp. 1-10, 2013.

[18] I. Poole. TDD FDD Duplex Schemes.

[19] G. Berardinelli, K. Pajukoski, E. Lahetkangas, R. Wichman, O. Tirkkonen, and P. Mogensen. On the potential of OFDM enhancements as 5G waveforms, in Vehicular Technology Conference (VTC Spring), 2014 IEEE 79th, Seoul, IEEE, pp. 1-5, 2014.

[20] B. Farhang-Boroujeny. OFDM versus filter bank multicarrier, Signal Processing Magazine, IEEE 28(3): 92-112, 2011.

[21] N. H. Mahmood, G. Berardinelli, F. M. L. Tavares, M. Lauridsen, P. Mogensen,and K. Pajukoski. An efficient rank adaptation algorithm for cellular MIMO systemswith IRC receivers, in IEEE 79th Vehicular Technology Conference (VTC-Spring), Seoul, IEEE, pp. 1-5, 2014.

[22] IEEE. 802.16-2004 IEEE Standard for Local and Metropolitan Area Networks Part16: Air Interface for Fixed Broadband Wireless Access Systems, 2004.

[23] Z. Shen, A. Khoryaev, E. Eriksson, and X. Pan. Dynamic uplink-downlink configu-ration and interference management in TD-LTE, IEEE Communications Magazine 50(11): 51-59, 2012.

[24] N. H. Mahmood, G. Berardinelli, F. M. L. Tavares, and P. Mogensen. A distributed interference-aware rank adaptation algorithm for local area MIMO systems withMMSE receivers, in ISWCS, Barcelona, IEEE, pp. 697-701, 2014.

[25] M. Lauridsen. Studies on mobile terminal energy consumption for LTE and future 5G, PhD thesis, Aalborg University, Aalborg, 2015.

[26] M. Lauridsen, A. Jensen, and P. Mogensen. Fast control channel decoding for LTE UE power saving, VTC Spring, 75th, Yokohama, IEEE, pp. 1-5, 2012.

[27] 3GPP. Physical channels and modulation. TS 36.211 V8.9.0, 2010.

[28] T. Tirronen, A. Larmo, J. Sachs, B. Lindoff. and N. Wiberg. Machine-to-machine communication in long-term evolution with reduced device energy consumption,

Transactions on Emerging Telecommunications Technologies 24(4): 413-426, 2013.

[29] Cadex Electronics Inc. Bu-802b: Elevating Self-Discharge, 2014.

[30] N. H. Mahmood, G. Berardinelli, F. M. L. Tavares, and P. Mogensen. On the potential of full duplex communication in 5G small cell networks, in 2015 IEEE 81st Vehicular Technology Conference: VTC 2015-Spring, Glasgow, IEEE, pp. 1-5, 2015.

[31] M. Lauridsen, P. Mogensen, and T. B. Sørensen. Estimation of a 10 Gb/s 5G receiver's performance and power evolution towards 2030, IEEE Vehicular Technology Conference Proceedings, 2015.

第 15 章

[1] World Telecommunication Development Report 2002: Reinventing Telecoms. Report, International Telecommunication Union, Geneva, 2002.

[2] The World in 2014: ICT Facts and Figures. Report, International Telecommunication Union, 2014.

[3] Ericsson Mobility Report. Report, Ericsson, 2015.

[4] Resolution ITU-R 56-1: Naming for International Mobile Telecommunications. ITU-R Resolutions, ITU, Geneva, 2012.

[5] Report ITU-R M.1034-1: Requirements for the radio interface(s) for international mobile telecommunications-2000 (IMT-2000). ITU-R Recommendations and Reports, ITU, Geneva, 1997.

[6] Report ITU-R M.2134: Requirements related to technical performance for IMT Advanced radio interface(s). ITU-R Recommendations and Reports, ITU, Geneva, 2008.

[7] Standard ECMA-387: High rate 60 GHz PHY, MAC and HDMI PALs, pp. 1-302, 2010.

[8] IEEE Standard for Information technology—Telecommunications and information exchange between systems—Local and metropolitan area networks—Specifc requirements. Part 15.3: Wireless medium access control (MAC) and physical layer (PHY) specifcations for high rate wireless personal area networks (WPANs) Amendment 2: Millimeter-wave-based Alternative Physical Layer Extension. IEEE Std 802.15.3c-2009 (Amendment to IEEE Std 802.15.3-2003), pp. c1-187, 2009.

[9] IEEE Standard for Information technology-Telecommunications and information

exchange between systems-Local and metropolitan area networks-Specifc requirements-Part 11: Wireless LAN Medium Access Control (MAC) and Physical Layer (PHY) Specifcations Amendment 3: Enhancements for very high throughput in the 60 GHz Band. IEEE Std 802.11ad-2012 (Amendment to IEEE Std 802.11-2012, as amended by IEEE Std 802.11ae-2012 and IEEE Std 802.11aa-2012), pp. 1-628, 2012.

[10] T. Yilmaz, G. Gokkoca, and O. B. Akan. Millimetre Wave Communication for 5G IoT Applications. New York: Springer, 2016.

[11] Cisco visual networking index: Global mobile data trafc forecast update, 2014-2019. Report, Cisco Systems, 2015.

[12] Wireless HD Consortium. Wireless HD Specifcation Version 1.1, 2010.

[13] Commission implementing decision of 8 December 2011 amending Decision 2006/771/EC on harmonisation of the radio spectrum for use by short-range devices, 2011.

[14] In the Matter of Revision of Part 15 of the Commission's Rules Regarding Operation in the 57-64 GHz Band, 2013.

[15] H. Wang, W. Hong, J. Chen, B. Sun, and X. Peng. IEEE 802.11aj (45 GHz): A new very high throughput millimeter-wave WLAN system. Communications, China 11(6): 51-62, 2014.

[16] G. R. MacCartney and T. S. Rappaport. 73 GHz millimeter wave propagation measurements for outdoor urban mobile and backhaul communications in New York City. In Communications (ICC), 2014 IEEE International Conference on, Sydney, NSW, IEEE, pp. 4862-4867, 2014.

[17] T. Yilmaz, E. Fadel, and O. B. Akan. Employing 60 GHz ISM band for 5G wireless communications. In Communications and Networking (BlackSeaCom), 2014 IEEE International Black Sea Conference on, Odessa, IEEE, pp. 77-82, 2014.

[18] T. Yilmaz and O. B. Akan. On the use of low terahertz band for 5G indoor mobile networks. Computers & Electrical Engineering, 2015.

[19] Te Radio Regulations, Edition of 2012, 2012.

[20] Recommendation ITU-R P.676-9: Attenuation by atmospheric gases. ITU-R Recommendations, P Series Fasicle, ITU, Geneva, 2012.

[21] Recommendation ITU-R P.835-5: Reference standard atmospheres. ITU-R Recommendations, P Series Fasicle, ITU, Geneva, 2012.

[22] Recommendation ITU-R P.838-3: Specifc attenuation model for rain for use in prediction methods. ITU-R Recommendations, P Series Fasicle, ITU, Geneva, 2005.

[23] H. T. Friis. A note on a simple transmission formula. Proceedings of the IRE, 34(5): 254-256, 1946.

[24] R. Piesiewicz, C. Jansen, S. Wietzke, D. Mittleman, M. Koch, and T. Kurner. Properties of building and plastic materials in the THz range. International Journal of Infrared and Millimeter Waves 28(5): 363-371, 2007.

[25] P. Beckmann and A. Spizzichino. Te Scattering of Electromagnetic Waves from Rough Surfaces. London: Artech House, 1986.

[26] C. Jansen, S. Priebe, C. Moller, M. Jacob, H. Dierke, M. Koch, and T. Kurner. Diffuse scattering from rough surfaces in THz communication channels. Terahertz Science and Technology, IEEE Transactions on 1(2): 462-472, 2011.

[27] M. Jacob, S. Priebe, R. Dickhoff, T. Kleine-Ostmann, T. Schrader, and T. Kurner. Diffraction in mm and sub-mm Wave indoor propagation channels. Microwave Teory and Techniques, IEEE Transactions on 60(3): 833-844, 2012.

[28] T. Yilmaz and O. B. Akan. Utilizing terahertz band for local and personal area wireless communication systems. In Computer Aided Modeling and Design of Communication Links and Networks (CAMAD), 2014 IEEE 19th International Workshop on, Athens, IEEE, pp. 330-334, 2014.

[29] W. Mohr and W. Konhauser. Access network evolution beyond third generation mobile communications. Communications Magazine, IEEE 38(12): 122-133, 2000.

[30] D. Varodayan, A. Aaron, and B. Girod. Rate-adaptive codes for distributed source coding. Signal Processing 86(11): 3123-3130, 2006.

[31] D. Slepian and J. K. Wolf. Noiseless coding of correlated information sources. Information Teory, IEEE Transactions on 19(4): 471-480, 1973.

[32] M. Marinkovic, M. Piz, Choi Chang-Soon, G. Panic, M. Ehrig, and E. Grass. Performance evaluation of channel coding for Gbit/s 60-GHz OFDM-based wireless communications. In Personal Indoor and Mobile Radio Communications (PIMRC), 2010 IEEE 21st International Symposium on, Instanbul, IEEE, pp. 994-998, 2010.

[33] C. Jastrow, K. Munter, R. Piesiewicz, T. Kurner, M. Koch, and T. Kleine-Ostmann. 300 GHz transmission system. Electronics Letters 44(3): 213, 2008.

[34] W. Cheng, L. Changxing, C. Qi, L. Bin, D. Xianjin, and Z. Jian. A 10-Gbit/s wireless communication link using 16-QAM modulation in 140-GHz band. Microwave Teory and Techniques, IEEE Transactions on 61(7): 2737-2746, 2013.

[35] N. Kukutsu, A. Hirata, T. Kosugi, H. Takahashi, T. Nagatsuma, Y. Kado, H. Nishikawa, A. Irino, T. Nakayama, and N. Sudo. 10-Gbit/s wireless transmission systems using 120-GHz-band photodiode and MMIC technologies. In Compound Semiconductor Integrated Circuit Symposium, 2009. CISC 2009. Annual IEEE, Greensboro, NC, IEEE, pp. 1-4, 2009.

[36] E. Laskin, P. Chevalier, B. Sautreuil, and S. P. Voinigescu. A 140-GHz doublesideband transceiver with amplitude and frequency modulation operating over a few meters. In Bipolar/BiCMOS Circuits and Technology Meeting, 2009. BCTM 2009. IEEE, Capri, IEEE, pp. 178-181, 2009.

[37] T. Yilmaz and O. B. Akan. On the use of the millimeter wave and low terahertz bands for internet of things. In Internet of Tings (WF-IoT), 2015 IEEE 2nd World Forum on, Milan, IEEE, 2015.

[38] Z. Shengli and G. B. Giannakis. How accurate channel prediction needs to be for transmit-beamforming with adaptive modulation over Rayleigh MIMO channels? Wireless Communications, IEEE Transactions on 3(4): 1285-1294, 2004.

[39] X. Pengfei, Z. Shengli, and G. B. Giannakis. Multiantenna adaptive modulation with beamforming based on bandwidth-constrained feedback. Communications, IEEE Transactions on 53(3): 526-536, 2005.

[40] Hittite Microwave Corporation. HMC6000LP711E-60 GHz Tx with Integrated Antenna, 2013.

[41] Hittite Microwave Corporation. HMC6001LP711E-60 GHz Rx with Integrated Antenna, 2013.

[42] A. M. Niknejad. Siliconization of 60 GHz. Microwave Magazine, IEEE 11(1): 78-85, 2010.

[43] A. M. Niknejad and H. Hashemi. mm-Wave Silicon Technology: 60 GHz and Beyond. New York: Springer, 2008.

[44] T. S. Rappaport, J. N. Murdock, and F. Gutierrez. State of the art in 60-GHz integrated circuits and systems for wireless communications. Proceedings of the IEEE 99(8): 1390-1436, 2011.

[45] S.-K. Yong, P. Xia, and A. Valdes-Garcia. 60 GHz Technology for Gbit/s WLAN and WPAN: From Teory to Practice. New York: Wiley, 2011.

[46] J. Grzyb, Z. Yan, and U. R. Pfeiffer. A 288-GHz lens-integrated balanced triple-push source in a 65-nm CMOS technology. Solid-State Circuits, IEEE Journal of 48(7): 1751-1761, 2013.

[47] K. Sengupta and A. Hajimiri. A 0.28 THz power-generation and beam-steering array in CMOS based on distributed active radiators. Solid-State Circuits, IEEE Journal of 47(12): 3013-3031, 2012.

[48] J. Hirokawa and M. Ando. Single-layer feed waveguide consisting of posts for plane TEM wave excitation in parallel plates. Antennas and Propagation, IEEE Transactions on 46(5): 625-630, 1998.

[49] M. Bozzi, A. Georgiadis, and K. Wu. Review of substrate-integrated waveguide circuits and antennas. Microwaves, Antennas & Propagation, IET 5(8): 909-920, 2011.

[50] Z. Cao, X. Tang, and K. Qian. Ka-band substrate integrated waveguide voltagecontrolled Gunn oscillator. Microwave and Optical Technology Letters 52(6):1232-1235, 2010.

[51] L. Gwang-Hoon, Y. Chan-Sei, Y. Jong-Gwan, and K. Jun-Chul. SIW (substrate integrated waveguide) quasi-elliptic flter based on LTCC for 60-GHz application. In Microwave Integrated Circuits Conference, 2009. EuMIC 2009. European, Rome, IEEE, pp. 204-207, 2009.

[52] H. F. Fan, W. Ke, H. Wei, H. Liang, and C. Xiao-Ping. Low-cost 60-GHz smart antenna receiver subsystem based on substrate integrated waveguide technology. Microwave Theory and Techniques, IEEE Transactions on 60(4): 1156-1165, 2012.

[53] A. B. Guntupalli and W. Ke. Multi-dimensional scanning multi-beam array antenna fed by integrated waveguide Butler matrix. In Microwave Symposium Digest (MTT), 2012 IEEE MTT-S International, Montreal, QC, IEEE, pp. 1-3, 2012.

[54] S. Priebe, M. Jacob, and T. Kurner. Te impact of antenna directivities on THz indoor channel characteristics. In Antennas and Propagation (EUCAP), 2012 6th European Conference on, Prague, IEEE, pp. 478-482, 2012.

第 16 章

[1] W. Tong. 5G goes beyond smartphone, keynote speech at IEEE Globecom'14, Austin,

TX, 2014.

[2] T. Rappaport, S. Sun, R. Mayzus, H. Zhao, Y. Azar, K. Wang, G. N. Wong, J. K. Schulz, M. Samimi, and F. Gutierrez. Millimeter wave mobile communications for 5G cellular: It will work! IEEE Access 1: 335-349, 2013.

[3] W. Roh, J. Y. Seol, J. H. Park, B. Lee, J. Lee, Y. Kim, J. Cho, and K. Cheun. Millimeterwave beamforming as an enabling technology for 5G cellular communications: Theoretical feasibility and prototype results, IEEE Transactions on Communications 52(2): 106-113, 2014.

[4] Y. Wang, J. Li, L. Huang, J. Yao, A. Georgakopoulos, and P. Demestichas. 5G Mobile: Spectrum broadening to higher-frequency bands to support high data rates, IEEE Vehicular Technology Magazine 9(3): 39-46, 2014.

[5] Z. Shi, Y. Wang, and L. Huang. System capacity of 72GHz mmWave transmission in hybrid networks, submitted to IEEE Globecom'15, San Diego, CA, 2015.

[6] J. Zhang, A. Beletchi, Y. Yi, and H. Zhuang. Capacity performance of millimeter wave heterogeneous networks at 28GHz/73GHz, in Proceedings of the IEEE Globecom'14 Workshop on Mobile Communications with Higher Frequency Bands, Austin, TX, pp. 405-409, 2014.

[7] J. He, T. Kim, H. Ghauch, K. Liu, and G. Wang. Millimeter wave MIMO channel tracking systems, in Proceedings of the IEEE Globecom '14 Workshop on Mobile Communications in Higher Frequency Bands, Austin, TX, pp. 414-419, 2014.

[8] H. Huang, K. Liu, R. Wen, Y. Wang, and G. Wang. Joint channel estimation and beamforming for millimeter wave cellular system, accepted for IEEE Globecom '15, San Diego, CA, 2015.

[9] Samsung. Samsung achieves 7.5Gbit/s transmission speeds on a 5G data network.

[10] S. Suyama, J. Shen, Y. Oda, H. Suzuki, and K. Fukawa. DOCOMO and Tokyo Institute of Technology achieve world's frst 10 Gbit/s packet transmission in outdoor experiment, 2013.

[11] Huawei. Huawei named key member of new 5G association, announces faster than 100 Gbit/s speed achievement at Mobile World Congress 2014.

[12] Nokia. Nokia networks showcases 5G speed of 10Gbit/s with NI at the Brooklyn 5G summit, 2015.

[13] Y. Wang, L. Huang, Z. Shi, H. Huang, D. Steer, J. Li, G. Wang, and W. Tong. An introduction to 5G mmWave communications, accepted for Proceedings IEEE Globecom 2015 Workshop, San Diego, USA, December 2015.

[14] ITU-R WP 5D. Document 5D/TEMP/548(Rev.3), Preliminary draft new recommendation ITU-R M, 2015.

[15] RP-150483. RAN Chairman, Getting ready for 5G, 3GPP TSG RAN #67, Shanghai, China, 2015.

[16] ITU-R Resolution 233. Studies on frequency-related matters on International Mobile Telecommunications and other terrestrial mobile broadband applications, 2012.

[17] ITU-R Administrative Circular CA/201. To administrations of member states of ITU and radio communication sector members: Preparation of the draft CPM Report to WRC-15, 2013.

[18] ITU-R Joint Task Group Document 4-5-6-7/393-E, Annex 3 to joint task group 4-5-6-7 chairman's report working document towards preliminary draft CPM text for WRC-15 agenda item 1.1, 2013.

[19] 3GPP RP-131635. Introducing LTE in unlicensed spectrum, Qualcomm, 3GPP TSG RAN Meeting #62, Busan, Korea, 2013.

[20] WRC-15 Document 462-E, Report on the results of the discussion on the pending issues under agenda item 10, 25 November 2015, Geneva, Switzerland.

[21] Wireless LAN medium access control (MAC) and physical layer (PHY) specifcations, IEEE std 802.11ad, 2012.

[22] Z. Zhu, Y. Zhu, T. Zhang, and Z. Zeng. A time-variant MIMO channel model based on the IMT-Advanced channel model, in Proceedings of the International Conference on Wireless Communications & Signal Processing (WCSP), 2012, vol. 1, no. 5, pp. 25-27, 2012.

[23] 3GPP TR 25.996. 3GPP TSGRAN, spatial channel model for multiple input multiple output (MIMO) simulations (Release 11), 2012-09.

[24] Z. Niu. TANGO: Trafc-aware network planning and green operation, IEEE Transactions on Wireless Communications 18(5): 25-29, 2011.

[25] H. Ishii, Y. Kishiyama, and H. Takahashi. A novel architecture for LTE-B: C-plane/ U-plane split and phantom cell concept, in Proceedings of the IEEE Globecom '12

Workshops, Anaheim, CA, pp. 624-630, 2012.

[26] T. Nihtila, V. Tykhomyrov, O. Alanen, M. A. Uusitalo, A. Sorri, M. Moisio, S. Iraji, R. Ratasuk, and N. Mangalvedhe. System performance of LTE and IEEE 802.11 coexisting on a shared frequency band, in Proceedings of the IEEE Wireless Communications and Networking Conference (WCNC) 2013, Shanghai, pp. 1038-1043, 2013.

[27] H. Li, L. Huang, and Y. Wang. Scheduling schemes for interference suppression in millimeter-wave cellular network, in Proceedings of IEEE PIMRC 2015, pp. 46-50, 2015.

第 17 章

[1] J.Kim and A. F. Molisch. Fast millimeter-wave beam training with receive beamforming, IEEE/KICS Journal of Communications and Networks 16(5): 512-522,2014.

[2] ITU Recommendation. Reference radiation patterns of omnidirectional, sectoral and other antennas for the fixed and mobile services for use in sharing studies in the frequency range from 400 MHz to about 70 GHz, ITU-R F.1336-4, 2014.

[3] A. F. Molisch. Wireless Communications, 2nd Edn, New York: Wiley, 2011.

[4] ITU Recommendation. A general purpose wide-range terrestrial propagation model in the frequency range 30 MHz to 50 GHz, ITU-R P.2001-1, 2013.

[5] ITU Recommendation. Propagation data and prediction methods for the planning of short-range outdoor radiocommunication systems and radio local area networks in the frequency range 300 MHz to 100 GHz, ITU-R P.1411-7, 2013.

[6] J. Kim and A. F. Molisch. Quality-aware millimeter-wave device-to-device multi-hop routing for 5G cellular networks, in Proceedings of IEEE International Conference on Communications (ICC), Sydney, IEEE, 2014.

[7] Y. Azar, G. N. Wong, K. Wang, R. Mayzus, J. K. Schulz, H. Zhao, F. Gutierrez, Jr., D. D. Hwang, and T. S. Rappaport. 28 GHz propagation measurements for outdoor cellular communications using steerable beam antennas in New York City, in Proceedings of IEEE International Conference on Communications (ICC), Budapest, IEEE, 2013.

[8] T. S. Rappaport, F. Gutierrez, Jr., E. Ben-Dor, J. N. Murdock, Y. Qiao, and J. I. Tamir. Broadband millimeter wave propagation measurements and models using adaptive beam antennas for outdoor urban cellular communications, IEEE Transactions on Antenna and

Propagation 61(4): 1850-1859, 2013.

[9] A. Maltsev, E. Perahia, R. Maslennikov, A. Lomayev, A. Khoryaev, and A. Sevastyanov. Path loss model development for TGad channel models, IEEE 802.11-09/0553r1, 2009.

[10] ITU Recommendation. Attenuation by atmospheric gases, ITU-R P.676-10, 2013.

[11] ITU Recommendation. Characteristics of precipitation for propagation modelling, ITU-R PN.837-1, 1994.

[12] Federal Communications Commission (FCC). Office of Engineering and Technology, Bulletin Number 70, 1997.

[13] FCC. Operation of unlicensed devices in the 57-64 GHz band, FCC 13-112, 2013.

[14] J. Kim, Y. Tian, S. Mangold, and A. F. Molisch. Joint scalable coding and routing for 60 GHz real-time live HD video streaming applications, IEEE Transactions on Broadcasting 59(3): 500-512, 2013.

第18章

[1] S. Salous, V. Degliesposti, M. Nekovee, and S. Hur. Millimeter-wave propagation characterization and modelling towards 5G systems, 10th IC1004 MC and Scientific Meeting, contribution TD(14)10091, Aalborg, 2014.

[2] Cisco Systems. The zettabyte era: Trends and analysis, White Paper, Cisco Visual Networking Index (VNI), 2014.

[3] Cisco Systems. Global mobile data traffic forecast update 2014-2019, White Paper, Cisco Visual Networking Index (VNI), 2015.

[4] P. Zhouyue and F. Khan. An introduction to millimeter-wave mobile broadband systems, IEEE Communications Magazine 49(6): 101-107, 2011.

[5] S. Rangan, T. S. Rappaport, and E. Erkip. Millimeter wave cellular wireless networks: Potentials and challenges, Proceedings of the IEEE 102(3): 366-385, 2014.

[6] F. Boccardi, R. W. Heath, A. Lozano, T. L. Marzetta, and P. Popovski. Five disruptive technology directions for 5G, IEEE Communications Magazine 52(2): 74-80, 2014.

[7] M. R. Akdeniz, L. Yuanpeng, M. K. Samimi, S. Sun, S. Rangan, T. S. Rappaport, and E. Erkip. Millimeter wave channel modeling and cellular capacity evaluation, IEEE Journal on Selected Areas in Communications 32(6): 1164-1179, 2014.

[8] A. Ghosh, T. A. Thomas, M. C. Cudak, R. Ratasuk, P. Moorut, F. W. Vook, T. S.Rappaport, G. R. MacCartney, S. Sun, and S. Nie. Millimeter-wave enhanced local area systems: A high-data-rate approach for future wireless networks, IEEE Journal on Selected Areas in Communications 32(6): 1152-1163, 2014.

[9] T. Rappaport, R. W. Heath, R. Daniels, and J. Murdock. Millimeter Wave Wireless Communications. Westford, MA: Pearson Education, 2014.

[10] J. Karjalainen, M. Nekovee, H. Benn, W. Kim, J. Park, and H. Sungsoo. Challenges and opportunities of mm-wave communication in 5G networks, 2014 9th International Conference on Cognitive Radio Oriented Wireless Networks and Communications (CROWNCOM), Oulu, pp. 372-376, 2014.

[11] W. Roh, J.-Y. Seol, J. Park, B. Lee, J. Lee, Y. Kim, J. Cho, K. Cheun, and F. Aryanfar. Millimeter-wave beamforming as an enabling technology for 5G cellular communications: Theoretical feasibility and prototype results, IEEE Communications Magazine 52(2): 106-113, 2014.

[12] Nokia Solutions and Networks. White Paper—Looking Ahead to 5G—Building a Virtual Zero Latency Gigabit Experience, White Paper, 2014.

[13] IWPC. White Paper on 5G: Evolutionary and disruptive visions towards ultra-high capacity networks, International Wireless Industry Consortium, White Paper, 2014.

[14] Advanced 5G Network Infrastructure for the Future Internet—Public Private Partnership in Horizon 2020. Horizon 2020 5GPPP Initiative, 2013.

[15] T. S. Rappaport, R. S. Shu, H. Z. Mayzus, Y. Azar, K. Wang, G. N. Wong, J. K.Schulz, M. Samimi, and F. Gutierrez. Millimeter wave mobile communications for 5G cellular: It will work! IEEE Access 1: 335-349, 2013.

[16] K-C. Huang and Z. Wang. Millimeter Wave Communication Systems, Piscataway, NJ: Wiley-IEEE, 2011.

[17] P. Kántor, L. Csurgai-Horváth, Á. Drozdy, and J. Bitó. Precipitation modelling for performance evaluation of ad-hoc microwave 5G mesh networks, 2015 9th European Conference on Antennas and Propagation (EuCAP2015), Lisbon, IEEE, paper: 1570048329, 2015.

[18] G. R. MacCartney and T. S. Rappaport. 73 GHz millimeter wave propagation measurements for outdoor urban mobile and backhaul communications in New York City,

2014 IEEE International Conference on Communications, Sydney, NSW, IEEE, pp. 4862-4867, 2014.

[19] R. K. Crane. Propagation Handbook for Wireless Communication System Design, Boca Raton, FL: CRC LLC, 2003.

[20] H. T. Friis. A note on a simple transmission formula, Proceedings of the IRE 34(5): 245-256, 1946.

[21] S. Misra. Selected Topics in Communication Networks and Distributed Systems, New York: World Scientific, 2009.

[22] M. Kyrö. Radio wave propagation and antennas for millimeter-wave communications, Doctoral dissertation, Aalto University, 2012.

[23] ITU Recommendations P.530-16. Propagation Data and Prediction Methods Required for the Design of Terrestrial Line-of-Sight Systems, 2015.

[24] S. Ranvier, J. Kivinen, and P. Vainikainen. Millimeter-wave MIMO radio channel sounder, IEEE Transactions on Instrumentation and Measurement 56(3): 1018-1024, 2007.

[25] Y. Niu, Y. Li, D. Jin, L. Su, and A. V. Vasilakos. A survey of millimeter wave (mmWave) communications for 5G: Opportunities and challenges, Wireless Networks 21(8): 2657-2676, 2015.

[26] L. M. Correia and P. O. Francês. Estimation of materials characteristics from power measurements at 60 GHz, IEEE International Symposium on Personal, Indoor, Mobile Radio Communications, The Hague, IEEE, pp. 510-513, 1994.

[27] J. Lu, D. Steinbach, P. Cabrol, P Pietraski, and R. V. Pragada. Propagation characterization of an office building in the 60 GHz band, 8th European Conference on Antennas and Propagation (EuCAP 2014), The Hague, IEEE, pp. 809-813, 2014.

[28] I. Cuinas, J-P. Pugliese, A. Hammoudeh, and M.G. Sanchez. Comparison of the electromagnetic properties of building materials at 5.8 GHz and 62.4 GHz, Vehicular Technology Conference, 2000. IEEE 52nd VTS Fall, Boston, MA, IEEE, vol. 2, pp. 780-785, 2000.

[29] H. Zhao, R. Mayzus, S. Shu, M. Samimi, J. K. Schulz, Y. Azar, K. Wang, G. N. Wong, F. Gutierrez, and T. S. Rappaport. 28 GHz millimeter wave cellular communication measurements for reflection and penetration loss in and around buildings in New York City, in Proceedings of the IEEE International Conference, Budapest, IEEE, pp.

5163-5167, 2013.

[30] H. Xu, T. S. Rappaport, R. J. Boyle, and J. H. Schaffner. Measurements and models for 38-GHz point-to-multipoint radiowave propagation, IEEE Journal on Selected Areas in Communications, 18(3): 310-321, 2000.

[31] S. Hur, Y. Chang, S. Baek, Y. Lee, and J. Park. mmWave propagation models based on 3D ray-tracing in urban environments, 10th IC1004 MC and Scientific Meeting, contribution TD(14)10054, Aalborg, IEEE, 2014.

[32] I. Sarris and A. Nix. Power azimuth spectrum measurements in home and office environments at 62.4 GHz, in Proceedings of the IEEE 18th Int. Symp. Personal, Indoor and Mobile Radio Communications (PIMRC'07), Athens, IEEE, pp. 1-4, 2007.

[33] N. Moraitis, P. Constantinou, and D. Vouyioukas. Power angle profile measurements and capacity evaluation of a SIMO system at 60 GHz, Proceedings of the IEEE 21th Int. Symp. Personal, Indoor and Mobile Radio Communications (PIMRC'10), Istanbul, IEEE, pp. 1027-1031, 2010.

[34] Z. Muhi-Eldeen, L. Ivrissimtzis, and M. Al-Nuaimi. Modelling and measurements of millimetre wavelength propagation in urban environments, IET Microwaves, Antennas and Propagation 4(9): 1300-1309, 2010.

[35] E. Ben-Dor, T. S. Rappaport, Y. Qiao, and S. J. Lauffenburger. Millimeterwave 60 GHz outdoor and vehicle AOA propagation measurements using a broadband channel sounder, Proceedings of the IEEE Global Telecommunications Conference (GLOBECOM 2011), Houston, TX, IEEE, pp. 1-6, 2011.

[36] Y. Shoji, H. Sawada, C.-S. Choi, and H. Ogawa. A modified SV-model suitable for line-of-sight desktop usage of millimeter-wave WPAN systems, IEEE Transactions on Antennas and Propagation 57(10): 2940-2948, 2009.

[37] H. Xu, V. Kukshya, and T. S. Rappaport. Spatial and temporal characteristics of 60-GHz indoor channels, IEEE Journal on Selected Areas in Communications 20(3): 620-630, 2002.

[38] S. Ranvier, M. Kyrö, K. Haneda, T. Mustonen, C. Icheln, and P. Vainikainen. VNAbased wideband 60 GHz MIMO channel sounder with 3-D arrays, in Proceedings of the IEEE Radio and Wireless Symposium (RWS'09), San Diego, CA, pp. 308-311, 2009.

[39] D. de Wolf and L. Ligthart. Multipath effects due to rain at 30-50 GHz frequency

communication links, IEEE Transactions on Antennas and Propagation 41(8): 1132-1138, 1993.

[40] S. Takahashi, A. Kato, K. Sato, and M. Fujise. Distance dependence of path loss for millimeter wave inter-vehicle communications, IEEE 58th Vehicular Technology Conference, VTC 2003-Fall, IEEE, pp. 26-30, 2003.

[41] A. Kato, K. Sato, and M. Fujise. Technologies of millimeter-wave inter-vehicle communications—Propagation characteristics, Journal of the Communications Research Laboratory 48(4): 100-110, 2001.

[42] Y. Karasawa. Multipath fading due to road surface reflection and fading reduction by means of space diversity in ITS vehicle-to vehicle communications at 60 GHz, Transactions on IEICE 83(4): 518-524, 2000.

[43] K. Tokuda, Y. Shiraki, K. Sekine, and S. Hoshina. Analysis of millimeter-wave band road surface reflection fading (RSRF) in vehicle-to vehicle communications, Technical Report of IEICE AP98-134, 1999.

[44] A. Kato, K. Sato, M. Fujise, and S. Kawakami. Propagation characteristics of 60-GHz millimeter waves for ITS inter-vehicle communications, IEICE Transactions on Communications E84-B(9): 2530-2539, 2001.

[45] P. Kyösti, J. Meinilä, L. Hentilä, X. Zhao, T. Jämsä, C. Schneider, M. Narandzić, et al. WINNER II channel models, IST-4-027756 WINNER II, D1.1.2 V1.2, 2008.

[46] G. R. MacCartney, M. K. Samimi, and T. S. Rappaport. Omnidirectional path loss models in New York City at 28 GHz and 73 GHz, IEEE 2014 Personal Indoor and Mobile Radio Communications (PIMRC), Washington, DC, IEEE, 2014.

[47] T. Jämsä, T. Rappaport, G. R. MacCartney Jr, M. K. Samimi, J. Meinilä, and T. Imai. Harmonization of 5G path loss models, 10th IC1004 MC and Scientific Meeting, contribution TD(14)10073, Aalborg, IEEE, 2014.

[48] G. R. MacCartney Jr., M. K. Samimi, T. S. Rappaport, and T. Jämsä. Path loss models in New York City at 28 GHz and 73 GHz, 10th IC1004 MC and Scientific Meeting, contribution TD(14)10072, Aalborg, IEEE, 2014.

[49] M. K. Samimi, K. Wang, Y. Azar, G. N. Wong, R. Mayzus, H. Zhao, J. K. Schulz, S. Sun, F. Gutierrez, Jr., and T. S. Rappaport. 28 GHz angle of arrival and angle of departure analysis for outdoor cellular communications using steerable beam antennas in New York

City, Proceedings of the IEEE VTC, New York, IEEE, pp. 1-6, 2013.

[50] Y. Azar, G. N. Wong, K. Wang, R. Mayzus, J. K. Schulz, H. Zhao, F. Gutierrez, D. Hwang, and T. S. Rappaport. 28 GHz propagation measurements for outdoor cellular communications using steerable beam antennas in New York City, in Proceedings of the IEEE International Conference on Communications, New York, IEEE, pp. 1-6, 2013.

[51] J. N. Murdock, E. Ben-Dor, Y. Qiao, J. I. Tamir, and T. S. Rappaport. A 38 GHz cellular outage study for an urban campus environment, Proceedings of the IEEE Wireless Communications and Networking Conference, Paris, France, pp. 3085-3090, 2012.

[52] T. S. Rappaport, Y. Qiao, J. I. Tamir, J. N. Murdock, and E. Ben-Dor. Cellular broadband millimeter wave propagation and angle of arrival for adaptive beam steering systems (invited paper), Proceedings of the IEEE Radio Wireless Symposium, Santa Clara, CA, IEEE, pp. 151-154, 2012.

[53] T. S. Rappaport, E. Ben-Dor, J. N. Murdock, and Y. Qiao. 38 GHz and 60 GHz angle-dependent propagation for cellular and peer-to peer wireless communications, Proceedings of the IEEE International Conference on Communications, Ottawa, ON, IEEE, pp. 4568-4573, 2012.

[54] S. Geng, J. Kivinen, X. Zhao, and P. Vainikainen. Millimeter-wave propagation channel characterization for short-range wireless communications, IEEE Transactions on Vehicular Technology 58(1): 3-13, 2009.

[55] Y. Chang, S. Baek, S. Hur, Y. Mok, and Y. Lee. A novel dual slope mmWave channel model based on 3D ray-tracing in urban environments, IEEE 2014 Personal Indoor and Mobile Radio Communications (PIMRC), Washington, DC, IEEE, pp. 222-226, 2014.

[56] M. Jacob, S. Priebe, T. Kurner, M. Peter, M. Wisotzki, R. Felbecker, and W. Keusgen. Extension and validation of the IEEE 802.11ad 60 GHz human blockage model, 7th European Conference on Antennas and Propagation (EuCAP2013), Gothenburg, IEEE, pp. 2806-2810, 2013.

[57] W. Peter, W. Keusgen, and R. Felbecker. Measurement and ray-tracing simulation of the 60 GHz indoor broadband channel: Model accuracy and parameterization, 2nd European Conference on Antennas and Propagation (EuCAP'07), Edinburgh, IEEE, pp. 1-8, 2007.

[58] D. Dupleich, F. Fuschini, R. Mueller, E. Vitucci, C. Schneider, V. Degli Esposti, and R. Thomä. Directional characterization of the 60 GHz indoor-office channel, 31th URSI

General Assembly and Scientific Symposium, Beijing, pp. 1-4, 2014.

[59] K. Sato, T. Manabe, T. Ihara, H. Saito, S. Ito, T. Tanaka, K. Sugai, et al.. Measurements of reflection and transmission characteristics of interior structures of office building in the 60-GHz band, IEEE Transactions on Antennas and Propagation 45(12): 1783-1792, 1997.

[60] B. Langen, G. Lober, and W. Herzig. Reflection and transmission behaviour of building materials at 60 GHz, in Proceedings of the IEEE 5th International Symposium on Personal, Indoor and Mobile Radio Communications (PIMRC'94), The Hague, IEEE, vol. 2, pp. 505-509, 1994.

[61] H. C. Nguyen, G. R. Maccartney, T. Thomas, T. S. Rappaport, B. Vejlgaard, and P. Mogensen. Evaluation of empirical ray-tracing model for an urban outdoor scenario at 73 GHz E-band, in 2014 IEEE 80th Vehicular Technology Conference (VTC Fall), Vancouver, BC, pp. 1-6, 2014.

[62] T. Jämsä, P. Kyösti, and K. Kusume (Eds). Initial channel models based on measurements, ICT-317669-METIS Deliverable D1.2 V1.0, 2014.

第 19 章

[1] S. Singh, F. Ziliotto, U. Madhow, E. Belding, and M. Rodwell. Blockage and directivity in 60 GHz wireless personal area networks: From cross-layer model to multihop MAC design, IEEE Journal on Selected Areas in Communications 27(8): 1400-1413, 2009.

[2] S. Singh, R. Mudumbai, and U. Madhow. Interference analysis for highly directional 60 GHz mesh networks: The case for rethinking medium access control, IEEE/ACM Transactions on Networking 19(5): 1513-1527, 2011.

[3] F. Dai and J. Wu. Efficient broadcasting in ad hoc wireless networks using directional antennas, IEEE Transactions on Parallel and Distributed Systems 17(4): 335-347, 2006.

[4] J. Kim. Elements of next-generation wireless video systems: Millimeter-wave and device-to-device algorithms, PhD Dissertation, University of Southern California, Los Angeles, CA, 2014.

[5] J. Kim and A. F. Molisch. Fast millimeter-wave beam training with receive beamforming, IEEE/KICS Journal of Communications and Networks 16(5): 512-522, 2014.

[6] E. Perahia, C. Cordeiro, M. Park, and L. L. Yang. IEEE 802.11ad: Defining the next

generation multi-Gbit/s Wi-Fi, in Proceedings of IEEE Consumer Communications and Networking Conference (CCNC), Las Vegas, NV, IEEE, pp. 1-5, 2010.

[7]   T. Baykas, C.-S. Sum, Z. Lan, J. Wang, M. A. Rahman, H. Harada, and S. Kato. IEEE 802.15.3c: The first IEEE wireless standard for data rates over 1 Gb/s, IEEE Communications Magazine 49(7): 114-121, 2011.

[8]   J. Kim, A. Mohaisen, and J-K. Kim. Fast and low-power link setup for IEEE 802.15.3c multi-gigabit/s wireless sensor networks, IEEE Communications Letters 18(3): 455-458, 2014.

[9]   J. Kim and S-N. Hong. Dynamic two-stage beam training for energy-efficient millimeter-wave 5G cellular systems, Telecommunication Systems 59(1): 111-122, 2015.

[10] M. X. Gong, D. Akhmetov, R. Want, and S. Mao. Directional CSMA/CA protocol with spatial reuse for mmWave wireless networks, in Proceedings of the IEEE Global Telecommunications Conference (GLOBECOM), Miami, FL, IEEE, pp. 1-5, 2010.

[11] C.-S. Sum, L. Zhou, M. A. Rahman, J. Wang, T. Baykas, R. Funada, H. Harada, and S. Kato. A multi-Gbit/s millimeter-wave WPAN system based on STDMA with heuristic scheduling, in Proceedings of the Global Telecommunications Conference (GLOBECOM), Honolulu, HI, IEEE, pp. 1-6, 2009.

[12] R. R. Choudhury and N. F. Vaidya. Deafness: A MAC problem in ad hoc networks when using directional antennas, in Proceedings of the IEEE International Conference on Network Protocols (ICNP), pp. 283-292, 2004.

[13] Y. Niu, Y. Li, D. Jin, L. Su, and D. Wu. Blockage robust and efficient scheduling for directional mmWave WPANs, IEEE Transactions on Vehicular Technology 64(2): 728-742, 2015.

[14] J. Kim, Y. Tian, A. F. Molisch, and S. Mangold. Joint optimization of HD video coding rates and unicast flow control for IEEE 802.11ad relaying, in Proceedings of IEEE International Symposium on Personal Indoor and Mobile Radio Communications (PIMRC), Toronto, IEEE, pp. 1109-1113, 2011.

[15] J. N. Laneman, D. N. C. Tse, and G. W. Wornell. Cooperative diversity in wireless networks: Efficient protocols and outage behavior, IEEE Transactions on Information Theory 50(12): 3062-3080, 2004.

[16] J. Kim, Y. Tian, S. Mangold, and A. F. Molisch. Quality-aware coding and relaying for 60

GHz real-time wireless video broadcasting, in Proceedings of IEEE International Conference on Communications (ICC), Budapest, IEEE, pp. 5148-5152, 2013.

[17] J. Kim, Y. Tian, S. Mangold, and A. F. Molisch. Joint scalable coding and routing for 60 GHz real-time live HD video streaming applications, IEEE Transactions on Broadcasting 59(3): 500-512, 2013.

[18] J. Kim and A. F. Molisch. Quality-aware millimeter-wave device-to-device multi-hop routing for 5G cellular networks, in Proceedings of IEEE International Conference on Communications (ICC), Sydney, IEEE, pp. 5251-5256, 2014.

[19] X. Wu, S. Tavildar, S. Shakkottai, T. Richardson, J. Li, R. Laroia, and A. Jovicic. Flash Lin Q: A synchronous distributed scheduler for peer-to-peer ad hoc networks, IEEE/ACM Transactions on Networking 21(4): 1215-1228, 2013.

第 20 章

[1] T. Rappaport, S. Sun, R. Mayzus, H. Zhao, Y. Azar, K. Wang, G. Wong, J. Schulz,M. Samimi, and F. Gutierrez. Millimeter wave mobile communications for 5G cellular:It will work! IEEE Access 1: 335-349, 2013.

[2] T. S. Rappaport, R. W. Heath Jr, R. C. Daniels, and J. N. Murdock. Millimeter Wave Wireless Communications. New York: Pearson Education, 2014.

[3] R. R. Choudhury, X. Yang, R. Ramanathan, and N. F. Vaidya. On designing MAC protocols for wireless networks using directional antennas, IEEE Transactions on Mobile Computing 5(5): 477-491, 2006.

[4] J. Qiao, X. Shen, J. W. Mark, and Y. He. MAC-layer concurrent beamforming protocol for indoor millimeter-wave networks, IEEE Transactions on Vehicular Technology 64(1): 327-338, 2014.

[5] FP7 EU Project METIS (Online).

[6] IEEE Std. 802.15.3-2003 ed. Wireless medium access control (MAC) and physical layer (PHY) specifications for high rate wireless personal area networks (WPANs),Piscataway, NJ, 2006.

[7] WirelessHD: WirelessHD specification overview, 2009.

[8] Standard ECMA-387 2nd Edition: High Rate 60 GHz PHY, MAC and HDMI PAL,2010.

[9] IEEE P802.11ad. Part 11: Wireless LAN Medium Access Control 5 (MAC) and Physical Layer (PHY) Specifications. Amendment 3: Enhancements for Very High Throughput in the 60 GHz Band, 2013.

[10] Wireless Gigabit Alliance (Online).

[11] R. Maslennikov and A. Lomayev. Implementation of 60 GHz WLAN Channel Model. IEEE doc. 802.11-10/0854r3, 2010.

[12] Z. Xun, C. A. O. Ya-Nan, and Z. Qiang-Wei. New medium access control protocol of terahertz ultra-high data-rate wireless network, Journal of Computer Applications 33(11): 3019-3023,2013.

[13] J. Wang, R. V. Prasad, and I. G. M. M. Niemegeers. Enabling multi-hop on mm Wave WPANs, in Proceedings of the IEEE ISWCS08, Reykjavik, IEEE, pp. 371-375, 2008.

[14] S. Sushil, F. Ziliotto, U Madhow, E. Belding, and M. Rodwell. Blockage and directivity in 60 GHz wireless personal area networks: From cross-layer model to multihop MAC design, IEEE Journal on Selected Areas in Communications 27(8): 1400-1413, 2009.

[15] J. Lu, D. Steinbach, P. Cabrol, and P. Pietraski. Modeling the impact of human blockers in millimeter wave radio links, ZTE Communication Magazine 10(4): 23-28, 2012.

[16] S. Rangan, T. Rappaport, and E. Erkip. Millimeter wave cellular wireless networks: Potentials and challenges, Proceedings of the IEEE 102(3): 366-385, 2014.

[17] K. C. Allen, N. DeMinco, J. Hoffman, Y. Lo, and P. Papazian. Building Penetration Loss Measurements at 900 MHz, 11.4 GHz, and 28.8 MHz, U.S. Department of Commerce, National Telecommunications and Information Administration Rep, pp. 94-306, 1994.

[18] A. V. Alejos, M. G. Sanchez, and I. Cuinas. Measurement and analysis of propagation mechanisms at 40 GHz: Viability of site shielding forced by obstacles, IEEE Transactions on Vehicular Technology 57(6): 3369-3380, 2008.

[19] H. Zhao, R. Mayzus, S. Sun, M. Samimi, J. K. Schulz, Y. Azar, K. Wang, G. N. Wong, F. Gutierrez, and T. S. Rappaport. 28 GHz millimeter wave cellular communication measurements for reflection and penetration loss in and around buildings in New York City, in Proceedings of the IEEE International Conference on Communications (ICC), Budapest, IEEE, pp. 5163-5167, 2013.

[20] M. X. Gong, R. Stacey, D. Akhmetov, and S. Mao. A directional CSMA/CA protocol for mmWave wireless PANs, Wireless Communications and Networking Conference

(WCNC), 2010 IEEE, Santa Clara, CA, IEEE, 2010.

[21] S. Singh, R. Mudumbai, and U. Madhow. Interference analysis for highly directional 60-GHz mesh networks: The case for rethinking medium access control, IEEE/ACM Transactions on Networking 19(5): 1513-1527, 2011.

[22] S. Scott-Hayward and E. Garcia-Palacios. Multimedia resource allocation in mmWave 5G networks, Communications Magazine, IEEE 53(1): 240-247, 2015.

[23] J. W. Lee, R. R. Mazumdar, and N. B. Shroff. Nonconvexity issues for Internet rate control with multiclass services: Stability and optimality, Proceedings of the 23rd Annual IEEE INFOCOM, 1: 1-12, 2004.

[24] B. Ma, B. Niu, Z. Wang, and V. W. S. Wong. Joint power and channel allocation for multimedia content delivery using millimeter wave in smart home networks, Global Communications Conference (GLOBECOM), 2014 IEEE, Austin, TX, IEEE, 2014.

[25] R. Bernasconi, I. Defilippis, S. Giordano, and A. Puiatti. An enhanced MAC architecture for multi-hop wireless networks, in M. Conti (ed.), Personal Wireless Communications. Berlin: Springer, pp. 811-816, 2003.

[26] L. X. Cai, L. Cai, X. Shen, and M. Jon. REX: A randomized exclusive region based scheduling scheme for mmWave WPANs with directional antenna, IEEE Transactions on Wireless Communications 9(1): 113-121, 2010.

[27] Q. Jian. Enabling multi-hop concurrent transmissions in 60 GHz wireless personal area networks, IEEE Transactions on Wireless Communications 10(11): 3824-3833, 2011.

[28] C. Sum, Z. Lan, R. Funada, J. Wang, T. Baykas, M. A. Rahman, and H. Harada. Virtual time-slot allocation scheme for throughput enhancement in a millimeterwave multi-Gbps WPAN system, IEEE Journal on Selected Areas in Communications 27(8): 1379-1389, 2009.

[29] S. Singh, R. Mudumbai, and U. Madhow. Distributed coordination with deaf neighbors: Efficient medium access for 60 GHz mesh networks, in Proceedings of the IEEE INFOCOM, San Diego, CA, IEEE, pp. 1-9, 2010.

[30] Y. Niu, Y. Li, D. Jin, and L. Su. Blockage robust and efficient scheduling for directional mmWave WPANs, IEEE Transactions on Vehicular Technology 64(2): 728-742, 2015.

[31] S. Singh, F. Ziliotto, U. Madhow, E. M. Belding, and M. J. W. Rodwell. Millimeter wave WPAN: Cross-layer modeling and multihop architecture, in Proceedings of the IEEE

INFOCOM07, Anchorage, AK, IEEE, pp. 2336-2240, 2007.

[32] H. Kang, G. Ko, I. Kim, J. Oh, M. Song, and J. Choi. Overlapping BSS interference mitigation among WLAN systems, in Proceedings of the IEEE 2013 International Conference on ICT Convergence, Jeju, South Korea, IEEE, pp. 913-917, 2013.

[33] H. Park, S. Park, T. Song, and S. Pack. An incremental multicast grouping scheme for mmWave networks with directional antennas, IEEE Communications Letters 17(3): 616-619, 2013.

[34] C. W. Pyo and H. Harada. Throughput analysis and improvements of hybrid multiple access in IEEE 802.15.3c mmWave-WPAN, IEEE Journal on Selected Areas in Communications 27(8): 1414-1424, 2009.

[35] L. X. Cai, L. Cai, X. Shen, and J. W. Mark. Capacity analysis of UWB networks in three-dimensional space, IEEE/KICS Journal of Communications and Networks 11(3): 287-296, 2009.

[36] E. Shihab, L. Cai, and J. Pan. A distributed asynchronous directional-to-directional MAC protocol for wireless ad hoc networks, IEEE Transactions on Vehicular Technology 58(9): 5124-5134, 2009.

[37] M. Sanchez, T. Giles, and J. Zander. CSMA/CA with beam forming antennas in multi-hop packet radio, Proceedings of the Swedish Workshop on Wireless Ad Hoc Networks, pp. 63-69, 2001.

[38] J. Wang, Z. Lan, C-W. Pyo, B. T. Chin-Sean Sum, M. A. Rahman, J. Gao, R. Funada, F. Kojima, H. Harada, and S. Kato. Beam codebook based beamforming protocol for multi-Gbps millimeter-wave WPAN systems, IEEE Journal on Selected Areas in Communications 27(8): 1390-1399, 2009.

[39] H. H. Lee and Y. C. Ko. Low complexity codebook-based beamforming for MIMO-OFDM systems in millimeter-wave WPAN, IEEE Transactions on Wireless Communications 10(11): 3607-3612, 2011.

[40] B. Li, Z. Zhou, W. Zou, X. Sun, and G. Du. On the efficient beamforming training for 60 GHz wireless personal area networks, IEEE Transactions on Wireless Communications 12(2): 504-515, 2013.

[41] S. Hur, T. Kim, D. J. Love, J. V. Krogmeier, T. A. Thomas, and A. Ghosh. Multilevel millimeter wave beamforming for wireless backhaul, in Proceedings of the IEEE

GLOBECOM Workshops, Houston, TX, IEEE, pp. 253-257, 2012.

[42] L. Zhou and Y. Ohashi. Efficient codebook-based MIMO beamforming for millimeter-wave WLANs, in Proceedings of the IEEE PIMRC, pp. 1885-1889, 2012.

[43] S. Bellofiore, J. Foutz, R. Govindarajula, I. Bahceci, C. A. Balanis, A. S. Spanias, J. Capone, and T. M. Duman. Smart antenna system analysis, integration, and per- formance for mobile ad-hoc networks (Manets), IEEE Transactions on Antennas and Propagation 50(5): 571-581, 2002.

[44] D. Lal, R. Toshniwal, R. Radhakrishna, D. Agrawal, and J. Caffery. A novel MAC layer protocol for space division multiple access in wireless ad hoc networks, Eleventh International Conference on Computer Communications and Networks, IEEE, pp. 614-619, 2002.

[45] H. Singh and S. Singh. DOA-ALOHA: Slotted ALOHA for ad hoc networking using smart antennas, Proceedings Vehicular Technology Conference (VTC), IEEE, pp. 2804-2808, 2003.

[46] J. Qiao, X. Shen, J. Mark, and Y. He. MAC-layer concurrent beamforming protocol for indoor millimeter-wave networks, IEEE Transactions on Vehicular Technology 64(1): 327-338, 2015.

[47] J. Qiao, L. X. Cai, X. Shen, and J. Mark. Enabling multi-hop concurrent transmissions in 60 GHz wireless personal area networks, IEEE Transactions on Wireless Communications 10(11): 3824-3833, 2011.